国家科学技术学术著作出版基金资助出版

飞行器系列丛书

结构疲劳寿命分析

姚卫星　著

科学出版社

北　京

内 容 简 介

疲劳破坏是结构的主要失效形式,因此结构的疲劳强度和疲劳寿命是结构性能研究的主要内容之一。本书系统阐述了结构疲劳寿命分析的基本原理、方法和过程。主要包括金属材料的疲劳性能、疲劳载荷谱、影响结构疲劳性能的主要因素、疲劳累积损伤理论、估算结构疲劳寿命的名义应力法、局部应力应变法和应力应变场强法、多轴疲劳、振动疲劳等内容。本书的特点是围绕结构疲劳寿命估算,系统地介绍了所需的材料性能、估算原理、估算方法和估算步骤,并给出了丰富的算例和工程实例。

本书可供从事结构设计和结构强度研究的人员参考,也可作为研究生教材。

图书在版编目(CIP)数据

结构疲劳寿命分析 / 姚卫星著. — 北京:科学出版社,
2019.1
　(飞行器系列丛书)
　ISBN 978 - 7 - 03 - 058465 - 6

　Ⅰ. ①结… Ⅱ. ①姚… Ⅲ. ①飞行器—疲劳寿命估算
Ⅳ. ①V216.6

中国版本图书馆 CIP 数据核字(2018)第 184066 号

责任编辑:许　健 / 责任校对:谭宏宇
责任印制:黄晓鸣 / 封面设计:殷　靓

科 学 出 版 社 出版
北京东黄城根北街 16 号
邮政编码:100717
http://www.sciencep.com

南京展望文化发展有限公司排版
上海时友数码图文设计制作有限公司印刷
科学出版社发行　各地新华书店经销

*

2019 年 1 月第 一 版　开本:B5(720×1000)
2024 年 11 月第二十六次印刷　印张:24 1/4
字数:500 000
定价:180.00 元
(如有印装质量问题,我社负责调换)

丛 书 序

飞行器是指能在地球大气层内外空间飞行的器械,可分为航空器、航天器、火箭和导弹三类。航空器中,飞机通过固定于机身的机翼产生升力,是数量最大、使用最多的航空器;直升机通过旋转的旋翼产生升力,能垂直起降、空中悬停、向任意方向飞行,在航空器中具有独特的不可替代的作用。航天器可绕地球飞行,也可远离地球在外太空飞行。1903 年,美国的莱特兄弟研制成功了人类第一架飞机,实现了可持续、有动力、带操纵的飞行。1907 年,法国的科尔尼研制成功了人类第一架直升机,实现了有动力的垂直升空和连续飞行。1957 年,人类第一颗人造地球卫星由苏联发射成功,标志着人类由此进入了航天时代。1961 年,苏联宇航员加加林乘"东方 1 号"飞船进入太空,实现了人类遨游太空的梦想。1969 年,美国的阿姆斯特朗和奥尔德林乘"阿波罗 11 号"飞船登月成功,人类实现了涉足地球以外的另一个天体。这些飞行器的成功,实现了人类两千年以来的各种飞行梦想,推动了飞行器的不断进步。

目前,飞行器科学与技术快速发展,各种新构型、新概念飞行器层出不穷,反过来又催生了许多新的飞行器科学与技术,促使人们不断地去研究和探索新理论、新方法。出版"飞行器系列丛书",将为人们的研究和探索提供非常有益的参考和借鉴,也将有力促进飞行器科学与技术的进一步发展。

"飞行器系列丛书",将介绍飞行器科学与技术研究的最新成果与进展,主要由南京航空航天大学从事飞行器设计及相关研究的教授、专家撰写。南京航空航天大学已研制成功了 30 多种型号飞行器,包括我国第一架大型无人机、第一架通过适航审定的全复合材料轻型飞机、第一架直升机、第一架无人直升机、第一架微型飞行器等,参与了我国几乎所有重大飞行器型号的研制,拥有航空宇航科学与技术一级学科国家重点学科。在这样厚重的航空宇航学科基础上,撰写出"飞行器系列丛书"并由科学出版社出版,具有十分重要的学术价值,将为我国航空航天界献上一份厚重的礼物,为我国航空航天事业的发展作出一份重要的贡献。

祝"飞行器系列丛书"出版成功!

夏品奇

2017 年 12 月 1 日于南京

前　　言

强度、刚度和疲劳寿命是一切工程结构的基本性能,疲劳破坏是结构失效的主要形式之一,因此疲劳性能是工程结构研究的关键内容之一。

材料的疲劳是一个十分复杂的问题,至今还是一个科学之"谜",因为影响材料疲劳强度或疲劳寿命的因素很多,而且绝大多数影响因素目前还无法很好地从物理上给予定量的数学描述,因此也就无法对结构的疲劳强度或疲劳寿命作出精确的分析。

本书的初版出版于 2003 年,得到国防科技图书出版基金的资助,并一直用作南京航空航天大学研究生教材,还多次作为培训教材在结构强度培训班上使用。初版内容仅限于金属材料在常规机械载荷作用下的疲劳寿命分析。随着我国先进装备制造的不断进步,其内容已不太适应现代结构疲劳寿命分析的需要,同时近年来结构疲劳寿命分析的理论和方法也有了很大进展,因此有必要进行比较大的调整和补充。本书仍然主要介绍作者及其研究小组在结构疲劳寿命分析研究方面的理论和工程应用成果,但增加了多轴疲劳和振动疲劳内容,删掉了疲劳可靠性方面的内容,同时增加了多个具有代表性的工程实例。

本书的特点有两个:其一,用数学方法对有关疲劳行为作定量描述,便于在疲劳寿命分析时应用;其二,理论与实践相结合,给出了多个分析实例,通过实例加深对理论、算法和步骤的理解。

在此,首先要感谢我的研究生导师——西北工业大学的杨庆雄教授,是他引导我进入了结构疲劳研究领域,他研究学术问题的思想、方式和作风深深影响了我。我要感谢我的博士后合作导师——清华大学俞新陆教授和颜永年教授,我从他们的研究中汲取了思考问题的方法,从他们的研究中得到了启示,发展了一套在理论上完备和自洽的场强法理论。同时还要感谢我的研究生和博士后,本书的很多内容得益于他们的具体研究工作。

由于水平有限,书中不妥之处在所难免,敬请读者批评指正。

2017 年 6 月于南京航空航天大学东华湖畔

目　　录

第1章 绪 论

强度、刚度和疲劳寿命是工程结构使用的三个基本要求。疲劳破坏是工程结构和机械失效的主要原因之一,引起疲劳失效的循环载荷的峰值往往远小于根据静态断裂分析估算出来的"安全"载荷。因此开展结构疲劳研究有着重要的意义。

本章简要介绍与结构疲劳有关的概念和结构疲劳寿命分析的方法。

1.1 疲 劳

1.1.1 疲劳定义

疲劳一词的英文是"fatigue",意思是"劳累、疲倦"。作为专业术语,用来表达材料在循环载荷作用下的损伤和破坏。国际标准化组织(ISO)在1964年发表的报告《金属疲劳试验的一般原理》中对疲劳所作的定义是:"金属材料在应力或应变的反复作用下所发生的性能变化叫做疲劳;虽然在一般情况下,这个术语特指那些导致开裂或破坏的性能变化"。这一描述也普遍适用于非金属材料。

一次加载导致材料或结构失效的最大载荷被称为静强度,多次载荷作用导致材料或结构失效的情况被称为疲劳,其载荷的作用次数被称为疲劳寿命,对应的载荷值被称为疲劳强度。

1.1.2 疲劳的分类

可以从不同的角度对疲劳进行分类。

在常温下工作的材料或结构的疲劳破坏取决于外载的大小。从微观上看,疲劳裂纹的萌生都与局部微观塑性有关,但从宏观上看,在循环应力水平较低时,弹性应变起主导作用,此时疲劳寿命较长,称为应力疲劳或高周疲劳(high cycle fatigue,HCF)。在循环应力水平较高时,塑性应变起主导作用,此时疲劳寿命较短,称为应变疲劳或低周疲劳(low cycle fatigue,LCF)。如果循环应力水平很低,材料或结构宏观上处于弹性状态,此时疲劳寿命很长($>10^7$),这种情况被称为超高周疲劳(very high cycle fatigue,VHCF; gigacycle fatigue,GCF),见图1.1。

不同的外部载荷会造成不同的疲劳破坏形式,由此可以将疲劳分为:机械疲

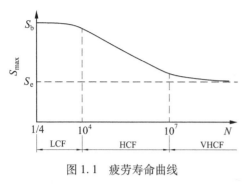

图 1.1　疲劳寿命曲线

劳——仅有外加应力或应变波动造成的疲劳失效;蠕变疲劳——循环载荷同高温联合作用引起的疲劳失效;热机械疲劳——循环载荷和循环温度同时作用引起的疲劳失效;腐蚀疲劳——在存在侵蚀性化学介质或致脆介质的环境中施加循环载荷引起的疲劳失效;滑动接触疲劳和滚动接触疲劳——载荷的反复作用与材料间的滑动和滚动接触相结合分别产生的疲劳失效;预腐蚀疲劳——材料或结构先经过一段时间的腐蚀,然后再在机械载荷作用下发生的疲劳失效;微动疲劳——脉动应力与表面间的来回相对运动和摩擦滑动共同作用产生的疲劳失效;振动疲劳——外载荷仅作用一个循环,但在材料或结构内部产生多个应力或应变循环而引起的疲劳失效。材料或结构的失效大多数是由于发生上述某一种疲劳过程,但某些工程结构的疲劳失效是在多种疲劳荷载的共同作用下发生的。

　　从疲劳危险点的应力状态看,疲劳又可以分为单轴疲劳和多轴疲劳。多轴疲劳又分为多轴比例疲劳和多轴非比例疲劳。单轴疲劳是指材料或结构的疲劳危险点的应力状态只有一个应力或应变分量,材料的疲劳性能试验通常属于这种情况。对于工程结构,如果一个应力或应变分量远大于其他分量,那么也可近似为单轴疲劳。多轴比例疲劳是指疲劳危险部位受到两个或两个以上比例关系不随时间变化的应力或应变分量的作用而引起的疲劳失效,单工况外载荷作用下的缺口件的疲劳问题属于这一情况。多轴非比例疲劳是指疲劳危险部位受到两个或两个以上比例关系随时间变化的应力或应变分量的作用而引起的疲劳失效,多工况外载荷作用下的结构疲劳问题通常属于这一情况,通常这种情况被简称为多轴疲劳。

1.2　疲　劳　寿　命

　　疲劳寿命是指材料或结构直至破坏所受到的循环载荷的作用次数或时间。所谓疲劳破坏或疲劳失效的定义或准则是多种多样的。

1.2.1　按损伤发展定义的疲劳寿命

　　从疲劳损伤发展过程看,有二阶段疲劳寿命模型、三阶段疲劳寿命模型和多阶段疲劳寿命模型。二阶段模型将疲劳寿命分为裂纹形成寿命和裂纹扩展寿命,如图 1.2 所示。结构或材料从受载开始到裂纹达到某一给定的裂纹长度 a_0 为止的循环次数称为裂纹形成寿命,此后裂纹扩展到临界裂纹长度 a_{cr} 为止的循环次数称为裂纹扩展寿命;从疲劳寿命预测的角度看,这一给定的裂纹长度与预测所采用的寿命性能曲线有关[1]。

图1.2 二阶段疲劳寿命模型

三阶段模型认为疲劳损伤过程由无裂纹、小裂纹和大裂纹三个阶段组成[2],见图1.3。其中,a_{smU} 为小裂纹的上限尺寸,a_{smL} 为小裂纹的下限尺寸,a_0 为工程裂纹尺寸。上述各裂纹尺寸与材料和外载有关[2]。从开始加载直到裂纹尺寸为 a_{smL} 的载荷循环次数或时间被称为裂纹形成寿命,从裂纹尺寸 a_{smL} 到 a_{smU} 的载荷循环次数或时间被称为小裂纹扩展寿命,从裂纹尺寸 a_{smU} 到 a_{cr} 的载荷循环次数或时间被称为大裂纹扩展寿命,小裂纹扩展寿命与大裂纹扩展寿命之和被称为裂纹扩展寿命,裂纹扩展寿命与裂纹形成寿命之和则被称为疲劳全寿命。但是在工程上通常还是以 a_0 作为有无裂纹的分界点。

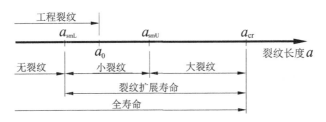

图1.3 三阶段疲劳破坏模型

多阶段模型将小裂纹阶段再细分为三个阶段:微观小裂纹、物理小裂纹和结构小裂纹[3],如图1.4所示。其中,a_{pl} 为塑性驻留区形成尺寸,a_{sml} 为微观结构小裂纹尺寸,a_{psl} 为物理小裂纹尺寸,a_1 为线弹性断裂力学可应用的最小裂纹长度。

图1.4 多阶段疲劳寿命模型

上述模型中各阶段疲劳寿命之和称为疲劳全寿命。除上述三个模型外,还有不少模型研究了各个阶段的分界点,参见文献[4]~文献[11]。

1.2.2　由设计准则定义的疲劳寿命

从设计准则看,有试验寿命、设计寿命、安全寿命、经济寿命、可靠性寿命等诸多术语。

试验寿命是指材料或结构在疲劳试验中实际达到的寿命。

设计寿命是工程结构设计的一个性能指标,是设计方或产品所有者期望实现的寿命值,由产品的设计要求确定。结构的实际疲劳寿命应大于等于设计寿命。

安全寿命对应于安全寿命设计准则,是由疲劳试验给出的。安全寿命 N_s 等于试验寿命 N_{test} 除以疲劳分散系数 n_f,即 $N_s = N_{test}/n_f$,对于航空结构 n_f 通常取 4。

经济寿命对应于耐久性设计准则,是执行耐久性工作计划所表示的疲劳寿命。通常已考虑了分析和试验中暴露出来的结构局部设计和制造缺陷的改进。当试验结构出现遍布损伤,对其修理不经济,而若不进行修理又影响其功能时所对应的试验寿命被称为经济极限寿命。经济寿命 N_e 等于经济极限寿命 N_{e0} 除以裂纹扩展寿命分散系数 n_e,即 $N_e = N_{e0}/n_e$,对于航空结构 n_e 通常取 2。

可靠性寿命对应于可靠性设计准则,是指在规定的使用条件下,达到指定的可靠度,材料或结构仍然能够完成规定功能的时间。所以可靠性寿命 N_R 是结构可靠度 R 的函数。

1.2.3　从使用角度定义的疲劳寿命

从使用的角度出发,又有使用寿命、修理寿命、剩余寿命等术语[12]。

使用寿命是一个不十分明确的概念,有时将结构开始使用到当前的使用时间称为使用寿命;有时又将结构的实际寿命除以疲劳分散系数称为使用寿命,也即可能是安全寿命或者是经济寿命。

修理寿命是指结构修理后所具有的总寿命,有时也把结构修理产生的疲劳寿命增量称为修理寿命。

剩余寿命是指结构消耗了一部分寿命后,结构还具有的寿命。这种消耗可能是结构服役了一段时间,结构受到意外损伤,结构受到了其他荷载的作用,或者结构经过了一段时间的试验,其本质是在结构中产生了一定的损伤,而损伤造成了结构对抗疲劳载荷能力的下降。

1.3　疲劳寿命分析发展简史

疲劳是一个既古老又年轻的交叉学科研究分支,自 Wöhler 将疲劳纳入科学研究的范畴至今,疲劳研究仍有方兴未艾之势,材料疲劳的真正机理以及对其的科学描述至今尚未得到很好的解决。疲劳寿命分析方法是疲劳研究的主要内容之一,从疲劳研究史可以看到疲劳寿命分析方法的研究伴随了整个疲劳研究史。这里作一简单回顾[13-15]。

金属疲劳的最初研究是德国矿业工程师 W. A. J. Albert 在 1829 年前后完成的。他对铁制的矿山升降机链条进行了反复加载试验,以校验其可靠性,1837 年 Albert 首次公开发表了疲劳试验结果。

1842 年,英国铁路工程师 W. J. M. Rankine 对疲劳断裂的不同特征有了认识,并注意到机器部件存在应力集中的危险性。

1854 年,术语"fatigue"一词首次在 Braithwaite 的文章中出现。

1852~1869 年,Wöhler 对疲劳破坏进行了系统的研究。1858 年他测试了火车轮轴的使用载荷,并建议采用无限寿命设计。1860 年他开始公开发表火车轮轴的疲劳试验结果,从这些结果中,他得出了应力幅值对疲劳寿命影响最大的结论;他还探讨了平均应力的影响以及有限疲劳寿命和无限疲劳寿命间的差别。他发现由钢制作的车轴在循环载荷作用下,其强度大大低于它们的静载强度,提出了利用 $S-N$ 曲线来描述疲劳行为的方法,并且提出了疲劳"耐久极限"这个概念。其间他还注意到了疲劳的分散性,建议疲劳设计时的安全系数应比静强度设计时的要大。1910 年 Spangenberg 首先给出了 $S-N$ 曲线(即 Wöhler 曲线,而 Wöhler 采用的是表格形式),但直到 1920 年才由 Basquin 用公式 $\sigma_a = CR^n$ 表述了有限寿命的 $S-N$ 曲线,并指出应力对疲劳循环数的双对数图在很大的应力范围内表现为线性关系。

1874 年,德国工程师 H. Gerber 开始研究疲劳设计方法,提出了考虑平均应力影响的疲劳寿命计算方法;Goodman 也讨论了类似的问题。1886 年,Bauschinger 提出了"Bauschinger 效应"。1889 年,Kirsch 首先计算了含圆孔的无限大板的应力集中系数。

1903 年,Ewing 观察到了旋转弯曲疲劳试验件表面有滑移带,1934 年,Polanyi 提出位错理论,这两者构成了金属疲劳机理研究的基础。

1905~1925 年,Smith 研制了疲劳试验机并通过试验获得了迟滞回线;Gough 进行了扭转疲劳试验,给出了拉扭联合作用下的疲劳强度;Griffith 和 Inglis 研究了含裂纹板的断裂问题。英国进行了全尺寸飞机结构的疲劳试验,提到了"疲劳缺口效应"。1929 年,Haigh 研究了缺口敏感性。1937 年,Neuber 指出缺口根部区域内的平均应力比峰值应力更能代表受载的严重程度。

1931 年,NACA 测量了飞机的载荷谱、Batson 等测量了汽车弹簧的疲劳载荷谱。1931 年,人们认识到高静强度材料并不一定具有较高的疲劳强度;1938 年,人们认识到残余压应力可以改善疲劳强度。

变幅载荷下的疲劳累积损伤假设分别由 Palmgren（1924）、Langer（1937）、Serensen（1938）和 Miner（1945）提出。

1954 年，两架彗星号飞机失事，从而导致了大规模的疲劳研究和试验计划，其中包括全尺寸疲劳试验。1955 年，提出了安全寿命设计准则。20 世纪 50 年代，对 Miner 理论的可靠性提出了疑问，因为临界损伤的试验值在 0.1~10。

1954 年，Coffin 和 Manson 各自独立提出了塑性应变幅和疲劳寿命之间的经验关系，即 Coffin‐Manson 公式，随后形成了局部应力应变法。

1958 年，Irwin 基于 Griffith 思想建立了线弹性断裂力学。1962 年，基于线弹性断裂力学，Paris 提出了裂纹扩展速率公式，即 Paris 公式；1968 年，Elber 发现了裂纹闭合效应。

1970 年前后，美国多架军用飞机因结构疲劳断裂而失事，推动了断裂力学理论的发展和工程应用。1974 年，美国空军提出了损伤容限设计准则。

1988 年，Aloha 航空公司的一架 Beoing737 飞机的失事推动了多部位（MSD）和广布损伤（WFD）的研究，现已经将此纳入军机和民机结构设计规范。

多轴疲劳问题的研究始于 Gough 的拉扭疲劳试验，电液伺服试验机的发明推动了多轴疲劳的研究，近 20 年多轴疲劳寿命分析方法的研究受到疲劳界广泛关注，但是非比例下金属材料和结构的多轴疲劳行为和寿命分析尚未得到解决。

随着交通运输工具速度的提高，以及能源动力设备的使用寿命延长，近几年超高周疲劳（VHCF）问题受到疲劳界的关注。

回顾疲劳研究历史，某些方面是十分有意思的，值得大家思考。

（1）有些研究十分经典，其基本思想、研究结论和研究方法直到今天仍在使用，如 Wöhler 的有限寿命设计观点、$S-N$ 曲线、疲劳试验方法，Palmgren‐Miner 的线性累积损伤理论等。

（2）有些问题讨论了几十年才得以澄清，如加载频率对疲劳的影响，甚至今天还在讨论这一问题。

（3）有些理论和观点数十年后才被重视，如 Griffith 的断裂理论、Wöhler 的疲劳性能分散性观点等。

（4）工程实践的需要是推动疲劳研究的原动力。疲劳研究伴随蒸汽机而出现，飞机结构的疲劳断裂推动了疲劳断裂研究的繁荣，老旧飞机的失事导致了广布损伤的研究；高速长寿命动力机械结构引发了多轴疲劳、超高周疲劳、热机械疲劳等研究的开展；载运工具的新材料和结构形式引起了对复合材料疲劳、振动疲劳、腐蚀疲劳的研究；等等。

（5）著名的疲劳研究科学家和工程师所发表的论文不多，而不被人们所知者却发表了大量的论文。例如，Miner 仅发表了 5 篇论文、Palmgren 仅发表了 3 篇，而有些作者虽发表了 500 多篇疲劳研究的论文，但仍不为人们所知。

1.4 疲劳研究方法

疲劳是一个包含许多学科的研究分支,工程实践中多种多样的疲劳现象为基础研究和工程研究提供了素材和动力。材料、力学、结构等学科从不同的侧面对疲劳问题进行着研究。

1.4.1 疲劳研究的三个尺度

图1.5表示了原子、微观力学、宏观力学和结构尺度下材料的强度和每个尺度相对应的研究材料强度的学科,从中可以看到不同学科研究疲劳问题的内容和目的有所不同。

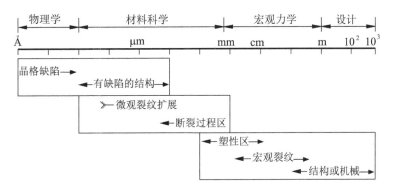

图1.5 材料的尺度和相应的学科

材料科学研究疲劳问题,着重材料在反复载荷作用下材料中损伤出现和演化的机制。宏观力学着重研究光滑或简单缺口试验件在反复载荷作用下的力学行为,而结构或机械设计研究人员则着重结构疲劳寿命的评估和抗疲劳设计的研究。显然,这三种不同尺度的疲劳研究没有特别明确的界限。宏微观相结合是当前疲劳研究的一个重要策略。

1.4.2 疲劳机制

典型的金属材料疲劳裂纹萌生和扩展过程如图1.6所示,整个过程分为四个阶段,即滑移带形成、小裂纹扩展、大裂纹扩展和最终断裂。通常所说的疲劳泛指在反复载荷作用下结构的破坏,因此它包含了这四个阶段。狭义的疲劳是指裂纹萌生阶段,即包含了滑移带形成和小裂纹扩展阶段的一部分。

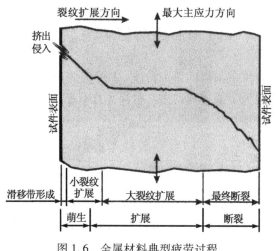

图 1.6　金属材料典型疲劳过程

1. 关于裂纹萌生问题

何为裂纹萌生？这是一个哲学问题，是一个有和无的存在性问题。不同专业领域和不同的研究目的对此作出了不同的回答。疲劳学家 Miller 对此作出了系统而简洁明了的表述[16]，如图 1.7 所示。

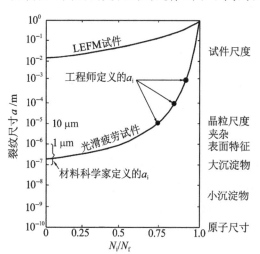

图 1.7　疲劳裂纹初始尺寸与疲劳寿命

图 1.7 是基于典型多晶金属材料的试验结果给出的，是一种物理性的论述。如果从结构设计或宏观唯象角度可以对裂纹萌生作如下的定义[2]：若一个试件或结构中存在一个裂纹 $a \leqslant a_{smL}$，其疲劳寿命或疲劳强度与无裂纹时相同，若 $a > a_{smL}$，则其疲劳寿命或疲劳强度低于无裂纹时的值，那么 a_{smL} 可定义为裂纹萌生尺寸。此 a_{smL} 也是传统疲劳力学与断裂力学研究对象的分界点。

2. 滑移带的形成

滑移带的形成，可以用四个阶段来描述：① 在数百到 1 000 周内，位错密度从 10^6cm^{-2} 增加到 10^9cm^{-2}；② 在 1 000～5 000 周内，塑性应变不再增加而趋于稳定，但位错开始集群化；③ 塑性应变量达到饱和值，位错胞的胞壁渐渐清晰，裂纹核心随即形成;④ 裂纹形核后,塑性应变回升。图 1.8 给出了碳钢中滑移带随循环加载次数逐渐加密加粗的典型照片。

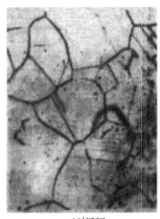

10^4循环　　　　　　　　$5×10^4$循环　　　　　　　　$27×10^4$循环

图 1.8　碳钢中滑移带随循环次数增加而加密加粗

金属材料的疲劳裂纹主要萌生于表面处的驻留滑移带、晶界、夹杂、气孔等缺陷处。裂纹萌生寿命占总寿命的比例主要取决于裂纹萌生的定义,但至今关于裂纹的萌生尺寸尚无公认的定论。表 1.1 给出了两种金属材料的试验观察结果。

表 1.1　疲劳裂纹萌生寿命占总寿命的比例

材　　料	组织形态	名义应力/MPa	裂纹位置	总寿命 N_f	裂纹长度/mm	比例 N_i/N_f
45#钢	混合马氏体	240	晶界	$6×10^4$	0.006 2	0.47
		380		$3.5×10^3$	0.005 2	0.26
	位错马氏体	240	滑移带	$7.2×10^4$	0.22	0.36
		380		$1.03×10^4$	0.024 8	0.21
42CrMo	混合马氏体	180	晶界	$1.6×10^6$	—	—
		240		$1.96×10^5$	0.139	0.26
		360		$2.5×10^4$	0.155	0.22
		540		$3.3×10^3$	0.063	0.12
	位错马氏体	180	晶界和滑移带	$2.85×10^5$	—	—
		240		$6.5×10^4$	0.039	0.25
		360		$3.14×10^4$	0.031	0.17
		540	滑移带	$6.3×10^3$	0.072	0.11

通过对金属材料疲劳过程微观机制的研究,已提出了多种疲劳裂纹萌生模

型[17-20]，如滑移带挤出侵入模型，其把疲劳裂纹形核机制看作是位错滑动到自由表面(挤入槽)的几何学结果，见图1.9；位错塞积模型，该模型假设位错运动到晶界或第二相界面处或夹杂物粒子等处时大量塞积，导致晶界处裂纹萌生；位错反应模型，其认为位错发生反应产生空位，或在一循环硬化区内，因应力的增加而出现局部损伤。

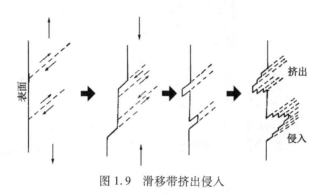

图 1.9　滑移带挤出侵入

滑移带挤出侵入模型有很多，最具代表性的模型是 Wood 模型，见图 1.10。

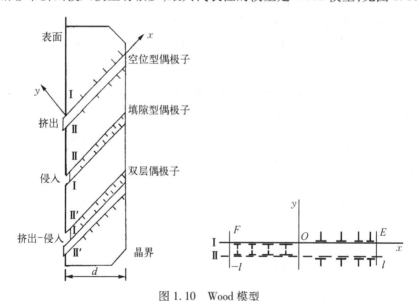

图 1.10　Wood 模型

T. Mura 和 K. Tanaka 采用位错偶极子模型提出了研究 Wood 机制的微观力学模型(T-K 模型)，该模型认为剪应力是裂纹萌生的控制因素，在摩擦力 k 为常数的条件下，该模型给出的疲劳裂纹萌生准则为

$$\Delta \tau = 2k + \sqrt{8AW_s/n}/\sqrt{l} \tag{1.1}$$

式中，$A = \dfrac{G}{2\pi(1-\gamma)}$（刃型位错）和 $A = \dfrac{G}{2\pi}$（螺型位错），G 为剪切模量，γ 为泊松比；W_s 为单位面积上的断裂能；n 为疲劳载荷循环数；l 为滑移带长度，其值等于晶粒尺寸。

由 Wood 模型可以看到：① 疲劳与材料性质的关系极大；② 疲劳是一个累积过程，每个挤出/侵入的台阶只有几十至几千 Å；③ 疲劳与局部应力的大小密切相关；④ 疲劳损伤起始于表面。

由于工程结构金属材料在某个空间位置点的成分、性质、缺陷等具有随机性，所以裂纹的萌生位置是多种多样的，典型萌生位置见图 1.11。

(a) 晶粒内的驻留滑移带   (b) 多晶材料的孪晶界处   (c) 夹杂处

图 1.11 疲劳裂纹萌生位置

3. 小裂纹阶段

对于长度很小的裂纹，有的文献称之为小裂纹（small crack），有的称之为短裂纹（short crack）。一般而言，小裂纹的概念包含了短裂纹，所以本书用小裂纹通称之。

所谓小裂纹是指裂纹的尺度与材料的组织结构尺度在同一个量级上。在这个尺度上，宏观连续均匀介质的假设已经不成立，此时已不能完全采用连续介质力学的理论处理小裂纹的演化问题。小裂纹阶段的具体尺寸范围有很多说法，但大多是由某种具体材料的试验结果而得出的结论。有关小裂纹范围的定义可用图 1.12 来表示。Smith[21]、EI Haddad 等[22] 提出了一个表征材料组织结构的长度参数 a_0，小于 a_0 的裂纹定义为小裂纹。a_0 定义为

$$a_0 = \frac{1}{\pi}\left(\frac{\Delta K_{th}}{\Delta \sigma_e}\right)^2 \tag{1.2}$$

Miller[16] 从线弹性断裂力学的适用性出发，认为小于 a_{02} 的裂纹属于小裂纹，还有人以 a_{01} 为界将小裂纹划分为微观小裂纹和宏观小裂纹，$a_{02} = ca_0$，c 值取决于材料。

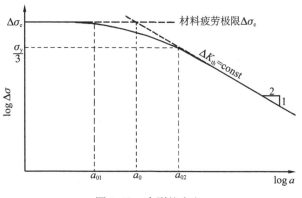

图 1.12　小裂纹定义

事实上,小裂纹的尺寸范围主要取决于材料的组织结构。Tanaka 总结了不同材料在不同裂纹长度时疲劳应力门槛值的归一化图,见图 1.13。

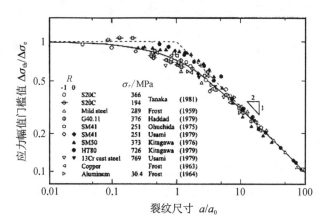

图 1.13　裂纹尺寸与材料的疲劳强度

图 1.14　缺口附近的小裂纹群

小裂纹阶段通常不存在一条主裂纹,而是出现很多弥散在疲劳危险部位的小裂纹,见图 1.14,随着循环载荷的作用,有的小裂纹继续扩展,有的小裂纹停止扩展,有的小裂纹则汇合,然后形成一条主裂纹。

1.4.3　经验方法

尽管疲劳研究已有比较长的历史,但因为影响结构疲劳特性的因素很多,至今还没有建立完备的理论体系,所以疲劳学科常常被称为疲劳分析、疲劳设计、疲劳计算等,而鲜有称之为疲劳力学的。

宏观的疲劳研究通常假定材料是连续的、均匀的、无初始缺陷的。通过试验可以获得材料的基本疲劳性能,如应力-寿命曲线、应变-寿命曲线、疲劳缺口系数、疲劳极限等,这些基本性能对应的疲劳裂纹长度一般是含糊不清的。

由于对材料疲劳机理的认识还不够全面,在目前的疲劳行为分析中有很多经验成分,主要反映在:

(1) 没有从系统和顶层建立起有理论基础的疲劳特性分析模型;

(2) 疲劳寿命分析模型中有多个经验参数,其取值需要设计分析人员具有丰富的经验;

(3) 材料和结构的疲劳参数之间没有建立对应关系,如 K_T 与 K_f、σ_{-1} 与 τ_{-1} 等;

(4) 不同材料、同一材料不同状态、同一材料不同载荷方式等情况下的疲劳行为有所不同,几乎都要经过试验获取相关疲劳性能。

所谓的经验方法就是基于对疲劳机理的认识,依据疲劳试验结果而建立的针对某一问题或某一类问题的疲劳特性分析方法,如目前用于疲劳寿命分析的名义应力法、应力严重系数法、局部应力-应变法等。

1.4.4 断裂力学方法

用断裂力学的方法研究结构的疲劳特性是解决某些疲劳行为分析难题的重要途径之一。用断裂力学研究结构的疲劳行为时,首先假设结构材料中存在着初始裂纹长度 a_0,随着循环次数增加,初始缺陷不断扩展,当裂纹长度 a 达到其临界值 a_{cr} 时,结构失效。在此假设基础上,裂纹或缺陷的扩展过程可以采用断裂力学的理论来处理。裂纹的扩展速率 da/dN 可表述为

$$\frac{da}{dN} = f(\Delta K) = f(a, \Delta S, \cdots) \tag{1.3}$$

式中,ΔK 为应力强度因子;ΔS 为疲劳载荷幅值;a 为裂纹长度。对上式积分可得疲劳寿命 N_f

$$N_f = \int_{a_0}^{a_{cr}} \frac{da}{f(a, \Delta S, \cdots)} \tag{1.4}$$

式中,a_0 为初始裂纹长度;a_{cr} 为临界裂纹长度。

由于断裂力学是建立在完备的弹塑性力学基础上的,所以采用断裂力学可以

很好地解决裂纹扩展寿命和剩余强度问题。

显然采用断裂力学进行疲劳寿命分析需要解决三个问题：① 初始裂纹尺寸多大？② 裂纹扩展速率是多少？③ 断裂判据是什么？

由表 1.1 可知，对于试验件来说，小裂纹以前的疲劳寿命在总寿命中占有很大的比例，又由于目前的断裂力学还不能解决小裂纹阶段的寿命分析问题，所以断裂力学主要用于大裂纹疲劳寿命的分析。

1.4.5 讨论

（1）金属材料疲劳问题的研究涉及材料、力学、结构设计等很多方面，影响结构疲劳性能的因素很多，不同情况下的疲劳机理又有所不同，这导致了疲劳问题的复杂性，图 1.15 形象地说明了结构疲劳学是一个交叉学科。

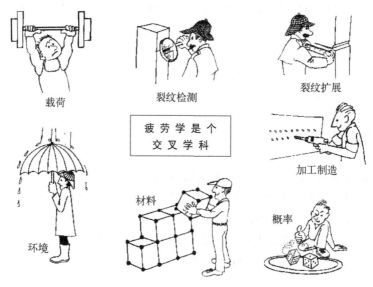

图 1.15 疲劳学是交叉学科

（2）关于裂纹有无的界限问题。用疲劳方法分析计算结构的疲劳裂纹形成寿命，用断裂力学分析计算裂纹扩展寿命，那么两者的分界点在何处呢？原则上讲，裂纹形成寿命对应的裂纹长度是采用的 $S - N$ 曲线或者 $\varepsilon - N$ 曲线所对应的裂纹长度，但是 $S - N$ 曲线和 $\varepsilon - N$ 曲线是由标准疲劳试验件试验得到的，由于标准试验件较小，通常一旦发现肉眼可见裂纹，试件便断裂了，这时的裂纹长度不仅与材料韧性有关，还与疲劳载荷大小有关，因此这一分界点是不确定的。目前从工程实用性出发，一般假定这一分界点大致与图 1.2 中的工程裂纹长度 a_0 相当。

（3）裂纹与缺口之间的界限问题。从材料强度的观点看,裂纹可看作是长短轴之比为无穷大的椭圆形缺口,对于缺口可以采用"点应力"准则估计其疲劳强度,其关键参数是理论应力集中系数 K_T,当 $a/b \to \infty$ 时, $K_T = 1 + 2a/b \to \infty$,显然这是不符合事实的,此时"点应力"准则已不适用。图1.16给出了缺口与裂纹的疲劳强度之间的关系。

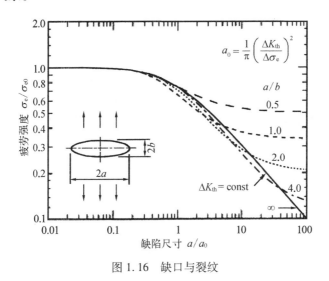

图 1.16 缺口与裂纹

1.5 确定疲劳寿命的方法

确定结构疲劳寿命的方法主要有两类,即试验法和试验分析法。试验分析法亦称为科学疲劳寿命分析法。

确定疲劳寿命的试验法顾名思义完全依赖于试验,是最传统的方法,它直接通过与实际使用情况相同或相似的试验来获取所需要的疲劳数据。这种方法虽然可靠,但是在设计阶段,或构件太复杂、太昂贵时,以及在实际情况的类别(如几何形式、结构尺度、加载方式、环境条件、工艺状况等)数量太庞大的情况下,无论从人力、物力、财力,还是从工作周期上来说,都是不大可行的。由于工程结构、外载荷和服役环境的差异性,也使得试验结果不具有通用性。但对于对疲劳寿命有明确要求和复杂的机械与工程结构来说,却必须通过试验来确定整个产品的最终寿命,如飞机的全机疲劳试验等。

确定疲劳寿命的分析法是依据材料的疲劳性能,对照结构所受到的载荷历程,按分析模型来确定结构的疲劳寿命。伴随着疲劳研究的发展历史,研究人员不断地探索着能更好地预测结构疲劳寿命的疲劳寿命分析方法。任何一个疲劳寿命分

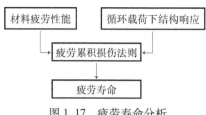

图 1.17 疲劳寿命分析

析方法都必定包含有三部分的内容：① 材料疲劳行为的描述；② 循环载荷下结构的响应；③ 疲劳累积损伤法则（图 1.17）。

研究疲劳分析方法所追求的目标之一是降低疲劳分析对于大量试验（特别是有关结构形状、尺寸、载荷等的统计试验）的依赖性，减少分析处理方法中的经验性成分。为此，已发展了多种分析方法。按照计算疲劳损伤参量的不同可以将疲劳寿命分析方法分为名义应力法、局部应力应变法、应力和应变场强法、能量法、损伤力学法、功率谱密度法等。在工程实践中比较实用的是前三种方法，本书将主要论述这三种疲劳分析方法。

疲劳寿命分析方法随着计算机技术和有限元分析的发展而得到了广泛的应用。在产品设计阶段，设计人员借助这一方法可以比较不同方案的疲劳寿命品质的优劣，可以校核产品的疲劳寿命是否满足设计要求，还可以进行抗疲劳设计。在产品试验前，通过疲劳分析可以确定疲劳危险部位，以确定疲劳试验过程中监控的关键部位。

参 考 文 献

[1] MIL - STD - 1530A. Aircraft structural integrity program, airplane requirements. USAF, 1975.

[2] 姚卫星,杨庆雄.孔边小裂纹扩展率的描述.西北工业大学学报,1987,5(1)：107 - 116.

[3] Wang C H, Miller K J. Short fatigue crack growth under mean stress, uniaxial loading. Fatigue and Fracture of Materials and Structures, 1993, 16(2)：181 - 198.

[4] Dowling N E. Notched member fatigue life prediction combing crack initiation and propagation. Fatigue and Fracture of Engineering Materials and Structures, 1979, 2(2)：129 - 138.

[5] Sehiwglu H. Fatigue life prediction of notched members based on local strain elastic-plastic fracture mechanics concepts. Engineering Fracture Mechanics, 1983, 18(6)：609 - 621.

[6] Miller K J. The behavior of short fatigue cracks and their initiation Part I - A review of two recent books. Fatigue and Fracture of Engineering Materials and Structures, 1987, 10(1)：75 - 91.

[7] DuQuesnay D L, Topper T H, Ye M T. The effect of notch radius on the fatigue notch factor and the propagation of short cracks//Miller K J, Delos Rios E R Ed. The Behaviour of Short Fatigue Cracks, London: M. E. P, 1986: 323 - 335.

[8] Shang D G, Yao W X, Wang D J. A new approach to the determination of fatigue crack initiation size. International Journal of Fatigue, 1998, 20(9)：683 - 687.

[9] Socie D F, Morrow J A. A procedure for estimating the total fatigue life of notched and cracked members. Engineering Fracture Mechanics, 1979, 11：851 - 899.

[10] Smith, R A, Miller K J. Fatigue cracks at notches. International Journal of Mechanical Science, 1977, 19：11 - 22.

[11]　姚卫星. 疲劳寿命中的小裂纹问题. 汉中: 陕西省航空学会 1984 年年会,1984.

[12]　李克唐,张行,付祥炯,等. 飞机结构损伤容限设计指南. 北京: 航空工业部科学技术情报研究所,1985.

[13]　Schutz W. A history of fatigue. Engineering Fracture Mechanics, 1996, 54(2): 263–300.

[14]　Pook L. Metal fatigue. Netherland Dordrecht: Springer, 2007.

[15]　徐灏. 疲劳强度. 北京: 高等教育出版社,1988.

[16]　Miller K J. The short crack problem. Fatigue of Engineering Materials and Structures, 1982, 5(3): 223–232.

[17]　李玉春,姚卫星. 高周疲劳裂纹萌生的非线性微观力学模型. 南京航空航天大学学报, 1998,30(3): 261–267.

[18]　Mura T, Tanaka K. Dislocation dipolemodels for fatigue crack initiation. Mechanics of Fatigue//The Winter Annual Meeting of ASME, 1981: 111–131.

[19]　Kima H J, Lee C S, Park S H, et al. Quantitative analysis on low cycle fatigue damage: a microstructural model for the prediction of fatigue life. Materials Science and Engineering A, 2004, 379: 210–217.

[20]　Yi J Z, Lee P D, Lindley T C, et al. Statistical modeling of microstructure and defect population effects on the fatigue performance of cast A356 – T6 automotive components. Materials Science and Engineering A, 2006, 432: 59–68.

[21]　Smith R A. On the short crack limitation of fracture mechanics. International Journal of Fracture, 1977, 13(6): 712–719.

[22]　EI Haddad M H, Smith K N, Topper T H. Fatigue crack propagation of short cracks. Journal of Engineering Materials and Technology, 1979, 101(1): 42–46.

第 2 章　金属材料的疲劳性能

金属材料的疲劳性能包括两部分的内容,一是材料在循环加载下的应力-应变关系,即循环应力-应变曲线,二是材料的载荷-寿命关系。这些是结构疲劳寿命分析的基本数据。

本章将介绍金属材料在循环载荷作用下的应力-应变关系、应力-寿命曲线和应变-寿命曲线。

2.1　金属材料的拉伸特性

金属材料的拉伸特性通常用 $P - \delta$ 曲线描述。材料的机械性能,如屈服强度 σ_S、拉伸强度 σ_b、弹性模量 E 等参数由拉伸试验得到,且可由 $P - \delta$ 曲线获得。

材料的工程应力 S 和工程应变 e 定义为

$$S = \frac{载荷\, P}{试验件加载前的截面积\, A_0}$$
$$e = \frac{试件加载后的长度改变量(l - l_0)}{试件标距原始长度\, l_0} \tag{2.1}$$

由于在拉伸过程中试件的长度和截面积都在不断地变化,故工程应力 S 和工程应变 e 并不能精确地反映材料变形过程中的真实应力和应变情况,因此提出了真应力 σ 和真应变 ε 的概念,

$$\sigma = \frac{载荷\, P}{试验件瞬时截面积\, A}$$
$$\mathrm{d}\varepsilon = \frac{瞬时伸长量\, \mathrm{d}l}{瞬时长度\, l} \tag{2.2}$$
$$\varepsilon = \int_{l_0}^{l} \mathrm{d}\varepsilon = \ln\left(\frac{l}{l_0}\right)$$

因为在变形过程中试件的体积保持不变,即 $A_0 l_0 = Al$,则由式(2.1)和式(2.2)可得

$$\begin{cases} \varepsilon = \ln(1 + e) \\ \sigma = S(1 + e) \end{cases} \tag{2.3}$$

由于绝大多数实际工程结构受载后所产生的应变不大于 2%，所以工程应力、工程应变与真应力、真应变之间的差别不大(图 2.1)。因此在本书以后的论述中除非必要，一般不再区分工程应力与真应力和工程应变与真应变。

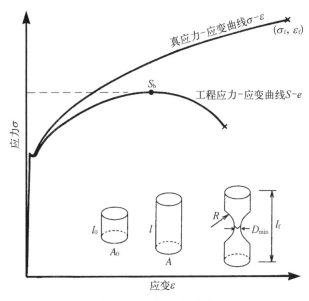

图 2.1　应力-应变曲线

对于韧性材料，试件断裂时会出现颈缩(图 2.1)，颈缩处的应力处于三轴状态，断裂真应力 σ_f 为

$$\sigma_f = \frac{P_f/A_f}{(1 + 4R/D_{min})\ln(1 + D_{min}/4R)} \tag{2.4}$$

式中的分母项为三轴应力修正项[1]。

绝大多数金属材料是弹塑性材料，在刚进入塑性时，会出现塑性流动现象，如图 2.2(a)所示，图中的 S_b 为材料极限强度，S_p 为材料比例极限。为了方便数学描述，对试验获得的应力-应变曲线模型化，见图 2.2(b)。描述应力-应变曲线的模型有很多种，而工程结构材料一般为硬化材料，大多可用 Ramberg－Osgood 模型近似描述[2]

$$\varepsilon = \frac{\sigma}{E} + \left(\frac{\sigma}{K}\right)^{\frac{1}{n}} \tag{2.5}$$

式中,K 为强度系数;n 为应变硬化指数。

就绝大多数工程结构材料而言,对于单调拉伸的 $\sigma - \varepsilon$ 曲线可作如下假定:
① 单调拉伸和单调压缩曲线关于原点 O 反对称;② 在屈服极限 A 点以内是直线,
见图 2.2(b)。

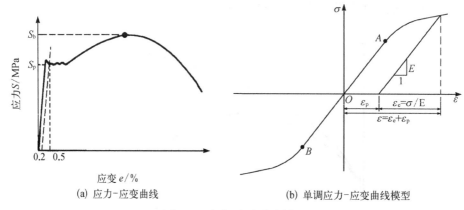

(a) 应力-应变曲线　　　　　　　　(b) 单调应力-应变曲线模型

图 2.2　应力-应变曲线模型

2.2　金属材料的循环应力-应变特性

金属材料在循环加载下的应力-应变曲线叫做循环应力-应变曲线,它与单调
加载下的应力-应变曲线有很大的不同,它对结构在循环加载下的应力-应变状态
的描述起着至关重要的作用。

当材料所受到的外载荷处于材料的弹性范围内时,宏观上认为材料不产生塑
性。但当承受的外载荷超过材料的比例极限时,就形成了迟滞回线,亦即滞后环,
因而产生塑性耗散,如图 2.3 所示。实际工程材料由于其瞬态特性不同,它们的循
环应力-应变曲线的形状有很大不同。

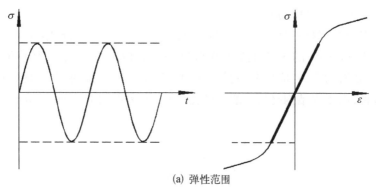

(a) 弹性范围

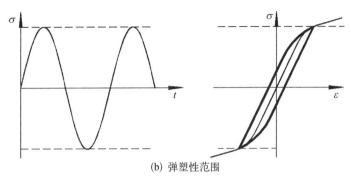

(b) 弹塑性范围

图 2.3　迟滞回线的产生

2.2.1　循环硬化和循环软化

当外加循环应力-应变使材料进入塑性后,由于反复产生塑性变形,金属的塑性流动特性改变,材料抵抗变形的能力增加或减小,这种现象称为循环硬化或循环软化。

循环加载有两种控制方式,即应力控制和应变控制。在应力控制下,对循环硬化材料,其应变不断减小;对循环软化材料,其应变则不断增加,如图 2.4 所示。

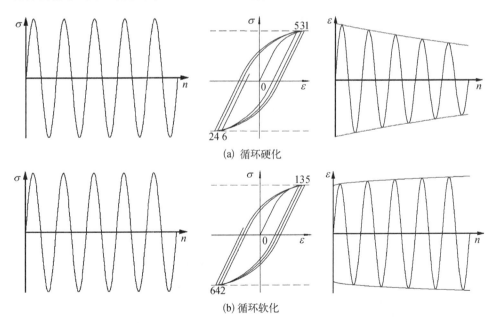

(a) 循环硬化

(b) 循环软化

图 2.4　应力控制下材料的循环硬化和循环软化

在应变控制下,对循环硬化材料,其应力不断增加;而对循环软化材料,其应力则不断减小,如图 2.5 所示。

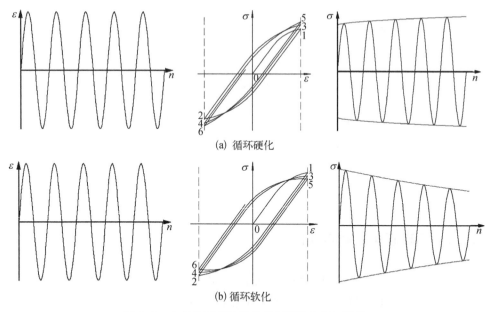

(a) 循环硬化

(b) 循环软化

图 2.5　应变控制下材料的循环硬化和循环软化

　　材料的循环硬化和循环软化行为在疲劳试验开始时表现得比较强烈,随后逐渐减弱,并趋于稳定。趋于稳定的快慢程度取决于材料本身。也有研究者在 LY12 - CZ 的疲劳试验中发现,尽管在寿命后期其硬化量很小,但其循环硬化并不趋于稳定[3]。

　　材料的循环硬化或软化特性与材料的屈强比 σ_s/σ_b 有关,通常 $\sigma_s/\sigma_b < 0.7$ 的材料为循环硬化材料,$\sigma_s/\sigma_b > 0.8$ 的材料为循环软化材料,而 σ_s/σ_b 在 0.7~ 0.8 的材料就有可能是循环硬化材料,也可能是循环软化材料。也可用断裂延性 ε_f 来判断材料是循环硬化材料还是循环软化材料。还有个别材料是先循环硬化后循环软化或先循环软化后循环硬化的。图 2.6 是由试验得到的 SAE1045 钢和完全退火状态铜的迟滞回线。

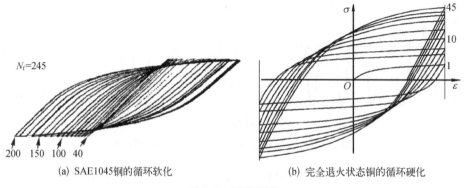

(a) SAE1045钢的循环软化　　　　　　　(b) 完全退火状态铜的循环硬化

图 2.6　迟滞回线

金属材料的循环硬化与循环软化取决于其应力/应变水平、加载次数以及材料本身。有关这方面的定量研究不多,试验资料也不太丰富,有关的数学描述将在2.2.7 节中加以叙述。

2.2.2　循环蠕变和循环松弛

循环蠕变和循环松弛是材料循环应力-应变的另一个瞬态特性。在常幅应力控制下,应变不断提升的现象叫循环蠕变(图 2.7);在常幅应变控制下,应力不断下滑的现象叫循环松弛(图 2.8)。

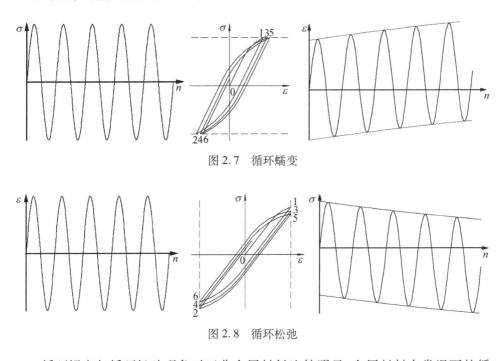

图 2.7　循环蠕变

图 2.8　循环松弛

循环蠕变与循环松弛现象对于非金属材料比较明显,金属材料在常温下的循环蠕变和循环松弛现象不明显,但在高温下却必须考虑之。图 2.9 是具有明显蠕变行为的材料的典型应力-应变曲线。

2.2.3　Bauschinger 效应

在一定量的拉伸或压缩塑性形变之后再进行反向加载时,材料的屈服强度会低于连续形变的屈服强度,这一现象被称为 Bauschinger 效应。它是影响迟滞回线几何形状的重要因素。图 2.10 中的 OAB 为单调拉伸时的 σ - ε 曲线,材料在 A 点

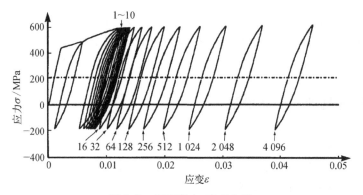

图 2.9　蠕变应力-应变曲线

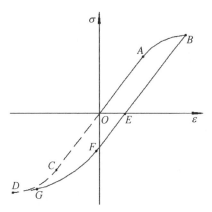

图 2.10　Bauschinger 效应

发生屈服;同一材料单调压缩的 σ - ε 曲线为图中的虚线 OCD,它与 OAB 关于 O 点反对称。若材料先拉伸至 B 点后卸载,卸载后再反向加载的路径为 EFG,则屈服点 F 处的应力值远小于 C 点的应力值。

2.2.4　Masing 特性

图 2.11(a) 是在不同的应力水平下得到的迟滞回线,若将图中迟滞回线的最低点 E、F、G、H 平移到与坐标原点 O 相重合,如果迟滞回线的最高点 A、B、C、D 的边线与上行段迹线相吻合[图 2.11(b)],则该材料称为 Masing 材料,即其具有 Masing 特性。反之,若迟滞回线的最高点的边线与其上行段迹线有明显的差异,则该材料不具有 Masing 特性,称为非 Masing 材料。

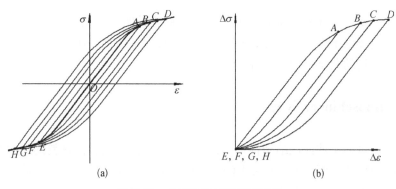

(a)　　　　　　　　　　　　　　　　(b)

图 2.11　坐标平移后的迟滞回线

许多试验结果表明,多数金属材料的迟滞回线可以用放大 1 倍后的双倍应力-应变曲线,即 $\Delta\sigma - \Delta\varepsilon$ 曲线来近似描述。

2.2.5　稳态循环应力-应变曲线

1. 稳态循环 $\sigma - \varepsilon$ 曲线

材料的稳态循环应力-应变曲线描述了当材料的瞬态行为达到了相对稳定状态时的应力-应变关系,是材料疲劳性能的基本数据之一。由于材料的循环硬化/循环软化、循环蠕变/循环松弛等行为,材料的每次循环应力-应变滞后环有所不同。但是,材料的循环硬化/循环软化、循环蠕变/循环松弛在开始时比较明显,大多数材料在循环数达到其寿命的 20%~50% 后就趋于稳定了。稳定后的滞后环形状就不再变化。

稳态循环应力-应变曲线是由在应变比 $R_\varepsilon = \varepsilon_{min}/\varepsilon_{max} = -1$ 下的应变控制疲劳试验得到的。将不同应变水平下的稳态滞后环的尖点连接起来后得到的曲线就是稳态循环应力-应变曲线,如图 2.12 所示。

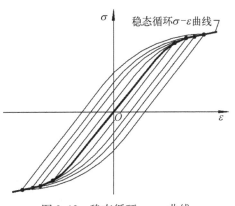

图 2.12　稳态循环 $\sigma - \varepsilon$ 曲线

稳态循环应力-应变曲线与单调应力-应变曲线有很大的差别,对于循环硬化材料,稳态循环应力-应变曲线高于单调应力-应变曲线;对于循环软化材料,稳态循环应力-应变曲线则低于单调应力-应变曲线。无论是循环硬化材料还是循环软化材料,稳态循环应力-应变曲线与单调应力-应变曲线在线性段的斜率都是相同的,即这两种情况下的弹性模量相同,如图 2.13 所示。

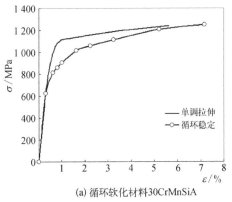

(a) 循环软化材料30CrMnSiA

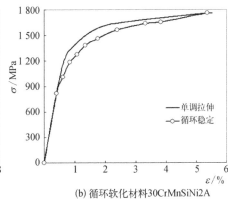

(b) 循环软化材料30CrMnSiNi2A

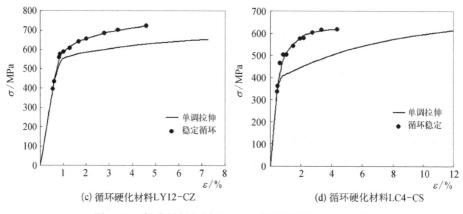

(c) 循环硬化材料LY12-CZ　　　　　　　(d) 循环硬化材料LC4-CS

图 2.13　部分材料的循环 σ-ε 曲线与单调 σ-ε 曲线

2. 稳态循环 σ-ε 曲线的数学描述

试验结果表明,稳态循环 σ-ε 曲线中循环应力与塑性应变之间的关系可用幂函数近似描述:

$$\sigma_{a} = K'(\varepsilon_{Pa})^{n'} \tag{2.6}$$

式中,σ_{a} 为循环应力幅值;ε_{Pa} 为循环塑性应变幅值;K' 为循环强度系数;n' 为循环应变硬化指数。由此可以得到稳态循环 σ-ε 曲线的近似表达式为

$$\varepsilon_{a} = \varepsilon_{ae} + \varepsilon_{ap} = \frac{\sigma_{a}}{E} + \left(\frac{\sigma_{a}}{K'}\right)^{\frac{1}{n'}} \tag{2.7}$$

循环强度系数 K' 和循环应变硬化指数 n' 是材料常数。有关研究表明,它们与其他材料常数有一定的关系。表2.1列出了部分材料的 K' 和 n' 以及其他的一些静态材料性能。

表 2.1　某些材料的 K' 和 n'

材　　料	E/GPa	σ_{S}/MPa	σ_{b}/MPa	ε_{f}/%	K/MPa	n	K'/MPa	n'
LY12 - CZ(棒)	73	399	545	18.00	850	0.158	870	0.097
LY12 - CZ(板)	71	332	476	30.92	545	0.089	646	0.067
2024 - T351	73	379	469	28.00	455	0.032	655	0.065
LC4 - CS	73	571	614	18.15	775	0.063	950	0.080
LC9 - CS	72	518	560	23.57	725	0.071	906	0.101
30CrMnSiNi2A	200	1 308	1 655	74.00	2 355	0.091	2 648	0.130
30CrMnSiA	203	1 022	1 177	77.27	1 475	0.063	1 762	0.130
GC - 4	200	1 513	1 875	63.32	3 150	0.147	3 411	0.140

3. $\Delta\sigma$ - $\Delta\varepsilon$ 曲线

材料在循环加载下的应力-应变路径可用双倍应力-应变曲线,即 $\Delta\sigma$ - $\Delta\varepsilon$ 曲线来表示。J. Morrow 提出, $\Delta\sigma$ - $\Delta\varepsilon$ 曲线是由循环 σ - ε 曲线放大 1 倍后所得到的曲线,如图 2.14 所示。从 0 加载到 A 点是单调加载,遵循循环 σ - ε 曲线;从 A 点反向加载到 B 点,遵循双倍 $\Delta\sigma$ - $\Delta\varepsilon$ 曲线。 $\Delta\sigma$ - $\Delta\varepsilon$ 曲线上每段的长度是 σ - ε 曲线相应段的两倍。 $\Delta\sigma$ - $\Delta\varepsilon$ 曲线由循环 σ - ε 曲线相似放大方法得到,如图 2.14(b)所示。

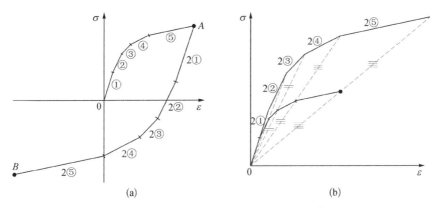

图 2.14　循环 σ - ε 曲线和双倍 $\Delta\sigma$ - $\Delta\varepsilon$ 曲线

2.2.6　记忆特性与可用性系数

材料的记忆特性是指材料在循环载荷作用下应力-应变响应似乎能够记得曾经经历过的变形的特性。用以描述材料记忆特性的手段是可用性系数。

为了方便数值计算与可用性系数的配合使用,材料的循环应力-应变曲线可用分段折线近似,折线段的多少取决于对精度的要求。图 2.15 是对金属材料记忆特

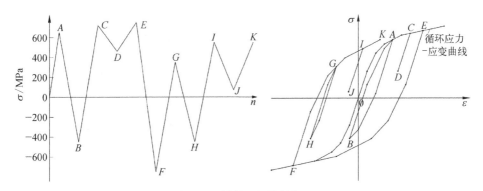

图 2.15　材料记忆特性解释

性解释的一个简单例子,表 2.2 是用 5 段折线描述的稳态循环应力-应变曲线,而表 2.3 则是记录该例子材料变形历程的可用性系数表。

表 2.2　材料的循环 $\sigma - \varepsilon$ 曲线

站号 i	σ_i/MPa	$\varepsilon_i/\%$
1	0	0.0
2	300	0.2
3	500	0.4
4	600	0.6
5	700	1.0
6	800	2.0

表 2.3　材料的可用性系数

(a) 拉伸可用性系数 $F_+(j, p)$

段号 j	加载点 p										
	0	A	B	C	D	E	F	G	H	I	J	K
①	1.0	0.0	2.0	0.0	1.2	0.0	2.0	0.0	2.0	0.0	1.6	0.0
②	1.0	0.0	2.0	0.0	0.0	0.0	2.0	0.0	1.0	0.0	0.0	0.0
③	1.0	0.0	0.3	0.0	0.0	0.0	2.0	1.0	1.0	0.0	0.0	0.0
④	1.0	0.5	0.5	0.0	0.0	0.0	2.0	2.0	0.0	1.0	1.0	0.0
⑤	1.0	1.0	1.0	0.8	0.8	0.5	1.5	1.5	1.5	1.5	1.5	1.5

(b) 压缩可用性系数 $F_-(j, p)$

段号 j	加载点 p										
	0	A	B	C	D	E	F	G	H	I	J	K
①	1.0	2.0	0.0	2.0	1.2	2.0	0.0	2.0	0.0	2.0	0.4	2.0
②	1.0	2.0	0.0	2.0	0.0	2.0	0.0	2.0	1.0	2.0	2.0	2.0
③	1.0	2.0	1.7	2.0	0.0	2.0	0.0	1.0	1.0	2.0	2.0	2.0
④	1.0	1.5	1.5	2.0	0.0	2.0	0.0	0.0	1.0	1.0	1.0	2.0
⑤	1.0	1.0	1.0	0.8	1.2	1.5	0.5	0.5	0.5	0.5	0.5	0.5

当外载荷处于 0 点时,加载反复数为 0,此时拉伸和压缩曲线各段的可用性系数均为 1,即 $F_+(j, p) = 1$,$F_-(j, p) = 1$。从 0 点加载到 A 点,A 点处于第 4 段的中点,此时拉伸段①、②、③全部用完,④段用掉一半,即 $F_+(1, A) = F_+(2, A) = F_+(3, A) = 0$,$F_+(4, A) = 0.5$,$F_+(5, A) = 1$;压缩段①、②、③加大一倍,④段加大半倍,即 $F_-(1, A) = F_-(2, A) = F_-(3, A) = 2$,$F_-(4, A) = 1.5$,$F_-(5, A) = 1$。可以看到,$F_+(j, p) + F_-(j, p) = 2$。也即当加载到 A 点时,如果将 (σ, ε) 的原点平移到 A 点,其继续拉伸的 $\Delta\sigma - \Delta\varepsilon$ 曲线为 $F_+(j, A)$ 乘以循环 $\sigma - \varepsilon$ 曲线而得

到的曲线,而压缩(反向加载)的 $\Delta\sigma - \Delta\varepsilon$ 曲线为 $F_-(j, A)$ 乘以循环 $\sigma - \varepsilon$ 曲线而得到的曲线。同理,可以获得以后各加载点的可用性系数和 $\Delta\sigma - \Delta\varepsilon$ 曲线。所谓的记忆特性是指加载过程中小的循环好像不存在了一样,如 AB、CD、GH、IJ 为闭合循环。当载荷从 B 点加载到 C 点时,材料记住了它曾经经历过的 A 点,可用性系数简洁、合理地记下了这一记忆特性。本例对于图 2.15 的加载过程,相应的应力-应变值列于表 2.4 中。

表 2.4　各加载点的应力-应变值

加载点 p	A	B	C	D	E	F	G	H	I	J	K	...
应力 σ/MPa	650	−450	720	460	750	−750	350	−450	550	70	550	
应变 ε/%	0.8	−0.2	1.2	0.6	1.5	−1.5	−0.5	−0.9	0.1	−0.22	0.5	

2.2.7　瞬态循环应力-应变曲线

稳态循环应力-应变曲线代表了材料在循环稳定后的应力-应变关系,它比较简单。但实际上由于循环硬化/循环软化、循环蠕变/循环松弛等瞬态行为的存在,材料在不同的循环次数时的应力-应变滞后环是不同的。瞬态循环 $\sigma - \varepsilon$ 曲线描述了在不同循环次数时的应力-应变响应。

按照前述的材料循环特性,根据试验结果对瞬态循环 $\sigma - \varepsilon$ 曲线可以作以下的假设:① 各支瞬态曲线线性段的斜率是相同的,即弹性模量 E 相同,只是直线段的长度不同,也即屈服强度不同,如图 2.16(a)所示。② 各支瞬态曲线的曲线段的形态相同,如图 2.16(b)所示。③ 循环硬化材料,随着循环数的增加,直线段的长度不断增长,直至饱和;而循环软化材料,随着循环数的增加,直线段的长度不断缩短,直至饱和。

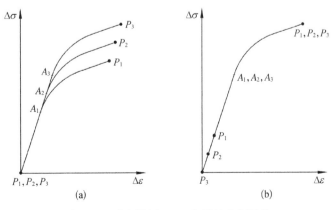

(a)　　　　　　　　　　　(b)

图 2.16　瞬态循环 $\sigma - \varepsilon$ 曲线的几何形状

第一次循环的 $\sigma-\varepsilon$ 曲线称为骨架曲线。用屈服强度增量 $\delta\sigma_Y$ 来表示直线段的变化,则第 i 次循环的屈服强度 σ_{Yi} 可表示为

$$\sigma_{Yi} = \sigma_{Y1} + \delta\sigma_{Yi} \tag{2.8}$$

式中,σ_{Y1} 为骨架曲线上的屈服点。

1. Jhansale 对屈服强度增量 $\delta\sigma_Y$ 的描述

H. R. Jhansale[3] 对瞬态应力-应变曲线作了研究后提出了对屈服强度增量的描述。在对称应变循环($R_\varepsilon = -1$)下,$\delta\sigma_{Yi}$ 可表示为

$$\delta\sigma_{Yi} = \delta\sigma_{YS}\left(1 - \frac{1}{i^{C_{HS}}}\right) \tag{2.9}$$

式中,$\delta\sigma_{YS}$ 是屈服强度增量的饱和值,对循环硬化材料 $\delta\sigma_{YS} > 0$,对循环软化材料 $\delta\sigma_{YS} < 0$;C_{HS} 是循环硬化/循环软化系数,如对于 2024 - T3 铝合金材料,$\delta\sigma_{YS} = 168.95$ MPa,$C_{HS} = 0.1$。

在不对称应变循环($R_\varepsilon \neq -1$)下,屈服强度增量的变化比较复杂,Jhansale 给出的 $\delta\sigma_{YS}$ 按图 2.17 进行计算。

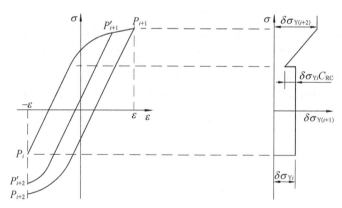

图 2.17　$R_\varepsilon \neq -1$ 时的屈服强度增量计算模型

图中 i 为前次加载的循环数,P_{i+1} 为按 $R_\varepsilon = -1$ 计算得到的点,与之相应的屈服强度增量 $\delta\sigma_{Yi}$ 和 $\delta\sigma_{Y(i+1)}$ 按式(2.9)计算。若本次加载 $R_\varepsilon \neq -1$,则可按以下几种情况加以讨论:

(1) 如果本次加载增量 $\Delta\sigma < \Delta\sigma_{Yi}$,即在线性段上,则本次加载的屈服强度增量 $\delta\sigma'_{Y(i+1)}$ 不变,即

$$\delta\sigma'_{Y(i+1)} = \delta\sigma_{Yi} \tag{2.10a}$$

（2）如果 $\Delta\sigma = \Delta\sigma_{Yi}$，即本次加载增量正好在双倍曲线的屈服极限上，则产生循环松弛，即

$$\delta\sigma'_{Y(i+1)} = \delta\sigma_{Yi}(1 - C_{RC}) \tag{2.10b}$$

式中，C_{RC} 为循环蠕变/循环松弛系数。

（3）如果 $\Delta\sigma_{Yi} < \Delta\sigma < \Delta\sigma_{Y(i+1)}$，则作线性修正，即

$$\delta\sigma'_{Y(i+1)} = (1 - C_{RC})\delta\sigma_{Yi} + \left[\delta\sigma_{Y(i+1)} - (1 - C_{RC})\delta\sigma_{Yi}\right]\left(\frac{\Delta\sigma - \Delta\sigma_{Yi}}{\Delta\sigma_{i+1} - \Delta\sigma_{Yi}}\right)$$

$$\tag{2.10c}$$

式中，$\Delta\sigma_{i+1}$ 是与上次加载对称的载荷增量。

（4）如果 $\Delta\sigma > \Delta\sigma_{Yi}$，则

$$\delta\sigma'_{Y(i+1)} = \delta\sigma_{Y(i+1)} \tag{2.10d}$$

2. 杨庆雄对屈服强度增量 $\delta\sigma_Y$ 的描述

杨庆雄教授及其领导的研究小组对瞬态循环应力-应变曲线进行了大量的研究工作，并对 LY12 - CZ、LC4 - CS、LC9 - CS、30CrMnSiNi2A、30CrMnSiA 5 种常用国产航空材料进行了系统的试验研究。研究发现影响 $\delta\sigma_{Yi}$ 的因素很多，欲从物理机制出发给出 $\delta\sigma_{Yi}$ 的表达式几乎是不可能的，但 $\delta\sigma_{Yi}$ 唯象地可用多级拟合公式加以描述[4]：

$$\delta\sigma_{Yi} = \begin{bmatrix} A_1 & A_2 & A_3 & A_4 \end{bmatrix}\begin{Bmatrix} \lg i \\ (\lg i)^2 \\ (\lg i)^3 \\ (\lg i)^4 \end{Bmatrix} \tag{2.11a}$$

$$A_i = \begin{bmatrix} 1 & R_\varepsilon & R_\varepsilon^2 \end{bmatrix}\begin{bmatrix} a_{11}^{(i)} & a_{12}^{(i)} & a_{13}^{(i)} & a_{14}^{(i)} & a_{15}^{(i)} \\ a_{21}^{(i)} & a_{22}^{(i)} & a_{23}^{(i)} & a_{24}^{(i)} & a_{25}^{(i)} \\ a_{31}^{(i)} & a_{32}^{(i)} & a_{33}^{(i)} & a_{34}^{(i)} & a_{35}^{(i)} \end{bmatrix}\begin{Bmatrix} 1 \\ \varepsilon_a \\ \varepsilon_a^2 \\ \varepsilon_a^3 \\ \varepsilon_a^4 \end{Bmatrix} \quad (i \in 4) \tag{2.11b}$$

式中，$a_{pq}^{(i)}(p \in 3, q \in 5)$ 为材料拟合系数。图 2.18 为用式（2.11）对不同应变水平下屈服强度增量试验结果的拟合。从图中可见，式（2.11）的拟合能力很好。

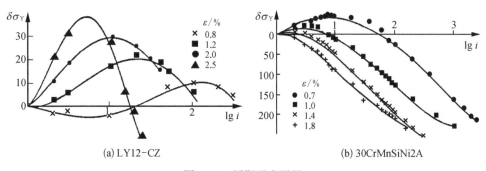

(a) LY12-CZ   (b) 30CrMnSiNi2A

图 2.18　屈服强度增量

2.3　金属材料的 S–N 曲线

为了评价和估算疲劳寿命或疲劳强度,需要建立外载荷与材料寿命之间的关系。反映外加应力 S 和疲劳寿命 N 之间关系的曲线叫做 S–N 曲线,或称之为 Wöhler 曲线。

2.3.1　S–N 曲线

图 2.19 所示为一典型的 S–N 曲线。一条完整的 S–N 曲线可分为三段,即低周疲劳区(LCF)、高周疲劳区(HCF)和亚疲劳区(SF)。$N = 1/4$,即静拉伸,对应的疲劳强度为 $S_{max} = S_b$;$N = 10^6 \sim 10^7$ 对应的疲劳强度为疲劳极限 $S_{max} = S_e$(有时称之为条件疲劳极限);在 HCF 区,S–N 曲线在对数坐标系上几乎是一条直线。近几年,人们通过试验[5-8]发现在 10^8 甚至 10^9 循环,仍然可能会发生疲劳破坏,并且疲劳源常常出现在毗邻表面的内部,且通常起始于夹杂。

描述 S–N 曲线在 HCF 区的这一段直线或 HCF 区及以后范围的 S–N 曲线的经验方程如下。

（1）指数函数公式。

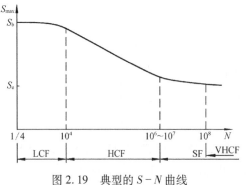

图 2.19　典型的 S–N 曲线

$$N \cdot e^{\alpha S} = C \qquad (2.12a)$$

式中,α 和 C 为材料常数。对上式两边取对数可得

$$\lg N = a + bS \qquad (2.12b)$$

式中,a 和 b 为材料常数。由此可见,指数函数的 S–N 经验公式在半对数

坐标图上为一直线。

（2）幂函数公式。

$$S^\alpha N = C \tag{2.13a}$$

式中,α 和 C 为材料常数。上式两边取对数,并整理后得

$$\lg N = a + b \cdot \lg S \tag{2.13b}$$

式中,a 和 b 为材料常数。由此可见,幂函数的 $S-N$ 经验公式在双对数坐标图上为一直线。

（3）Basquin 公式。

$$S_\mathrm{a} = \sigma_\mathrm{f}'(2N)^b \tag{2.14}$$

式中,σ_f' 为疲劳强度系数;b 为试验常数。

（4）Weibull 公式。

式(2.12)~式(2.14)均为两参数公式,故只适用于 HCF 区的 $S-N$ 曲线的描述。而 Weibull 提出的公式包含了疲劳极限

$$N = S_\mathrm{f}(S_\mathrm{a} - S_{\mathrm{ae}})^b \tag{2.15}$$

式中,S_f、b 和 S_{ae} 为材料常数,其中 $b<0$。郑修麟[9]通过试验数据分析,认为 $b=-2$。S_{ae} 为理论应力疲劳极限幅值。

（5）中高周疲劳 $S-N$ 曲线的三参数公式。

将式(2.13b)扩展为三参数公式

$$\lg N = a + b\lg(S - S_\mathrm{e}) \tag{2.16}$$

式中,S_e 为疲劳极限,该公式的拟合能力较强,在飞机结构材料疲劳性能手册中被广泛使用,该式即为式(2.15),只是获得表达式的技术途径不同。另一个三参数公式为

$$S = S_\mathrm{e}\left(1 + \frac{C}{N^\alpha}\right) \tag{2.17}$$

式中,C 和 α 为材料常数,其中 $\alpha>0$,该公式在直升机结构疲劳领域被广泛使用。

（6）其他形式的 Weibull 公式。

为描述材料全寿命区域内的 $S-N$ 曲线,文献[10]提出了一个三参数的 Weibull 公式

$$s = 1 + m\left(\exp\left[-\left(\frac{\lg N}{b}\right)^a\right] - 1\right) \tag{2.18}$$

式中，$s = \sigma_{\max}/\sigma_{\mathrm{b}}$ 是材料所受的正则化疲劳外载；N 是材料在相应载荷下的疲劳寿命；m、a 和 b 是材料常数。描述材料全寿命区域内 $S-N$ 曲线的另一个三参数公式[11]为

$$S = S_{\mathrm{ae}} + (S_{\mathrm{b}} - S_{\mathrm{ae}}) \exp\left[-\left(\frac{N - 1/4}{b}\right)^{a}\right] \tag{2.19}$$

式中，S_{ae} 为材料的理论疲劳极限，a 和 b 为材料常数。

最近几十年已完成了大量的 $S-N$ 曲线的试验测试工作[12]。影响 $S-N$ 曲线的因素很多，而对于标准试验测试，则主要有以下几种影响因素。

1. 应力集中系数 K_{T}

应力集中系数 K_{T} 不同，$S-N$ 曲线不同；材料不同，K_{T} 对 $S-N$ 曲线的影响也不同。图 2.20 所示为几条不同 K_{T} 下的 $S-N$ 曲线。

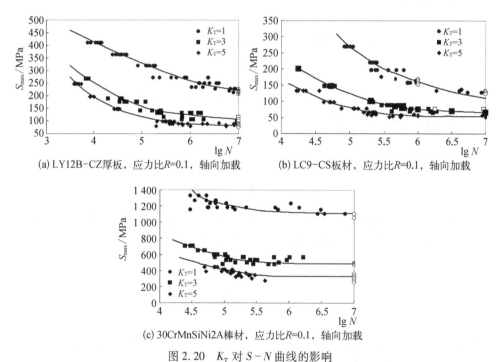

(a) LY12B-CZ厚板，应力比R=0.1，轴向加载　　(b) LC9-CS板材，应力比R=0.1，轴向加载

(c) 30CrMnSiNi2A棒材，应力比R=0.1，轴向加载

图 2.20　K_{T} 对 $S-N$ 曲线的影响

2. 应力比 R

应力比 R 不同，$S-N$ 曲线也不同，这种影响在有缺口存在时有所变化，如图 2.21 所示。

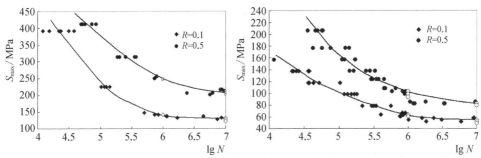

(a) LY12-CS板材，应力集中系数K_T=1，轴向加载　(b) LY12-CS板材，应力集中系数K_T=3，轴向加载

图 2.21 应力比 R 对 $S-N$ 曲线的影响

3. 平均应力 S_m

与应力比 R 对 $S-N$ 曲线的影响类似，平均应力 S_m 也影响着 $S-N$ 曲线，如图 2.22 所示。

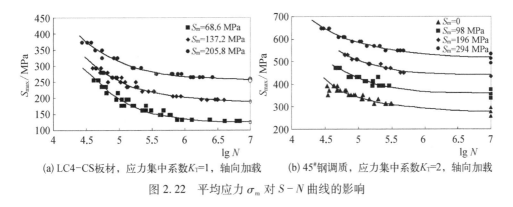

(a) LC4-CS板材，应力集中系数K_T=1，轴向加载　(b) 45#钢调质，应力集中系数K_T=2，轴向加载

图 2.22 平均应力 σ_m 对 $S-N$ 曲线的影响

4. 加载方式

在不同的加载方式下，名义应力 S 与寿命的关系（即 $S-N$ 曲线）是不同的，由拉压试验得到的 $S-N$ 曲线低于由旋转弯曲试验得到的 $S-N$ 曲线，如图 2.23 所示。

2.3.2　$S-N$ 曲线的拟合

材料或构件的 $S-N$ 曲线由疲劳

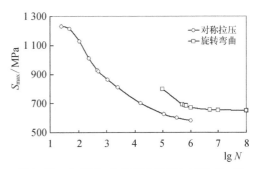

图 2.23　加载方式对 30CrMnSiA 材料 $S-N$ 曲线的影响（应力集中系数 $K_T=1$）

试验获得,通常成组法用于测定中短寿命区的 $S-N$ 曲线,升降法用于测定某一给定寿命下的疲劳强度。$S-N$ 曲线有多种表达形式,用三参数 $S-N$ 曲线可较好地表示中长寿命区的 $S-N$ 曲线。如式(2.16)的三参数幂函数模型,可重写为如下形式:

$$N(S_{\max} - S_0)^H = C \qquad (2.20)$$

式中,S_0 为理论疲劳极限;H,C 为待定常数;$S_{\max}$ 为应力峰值;N 为疲劳寿命。对式(2.20)取对数,得

$$y = a_1 + a_2 x \qquad (2.21)$$

式中,$y = \lg N$, $a_1 = \lg C$, $a_2 = -H$, $x = \lg(S_{\max} - S_0)$。

在给定有限试验数据的情况下,如何获得高准确度的 $S-N$ 曲线是一个曲线拟合问题,目前大多采用最小二乘法。

$S-N$ 曲线拟合的本质是由疲劳试验点预测其真实值,是对疲劳试验信息规律的提炼和总结。而疲劳试验结果既存在物理性不确定性又存在样本容量的差别,寻找一种融合疲劳试验信息的 $S-N$ 曲线拟合方法将很有意义。

1. 双加权最小二乘法

一组试验数据 (x_i, y_i) $(i = 1, 2, \cdots, n)$,现有拟合函数 $f(x; \boldsymbol{a})$,其中函数 $f(x)$ 的拟合参数是 $\boldsymbol{a} = (a_1, a_2, \cdots, a_k)$ $(k \leqslant n)$。拟合 $f(x; \boldsymbol{a})$ 的最小二乘法为:确定参数 $\boldsymbol{a}$, 使得 $\boldsymbol{a}$ 满足

$$Q = \sum_{i=1}^{n} w_i \parallel y_i - f(x_i) \parallel_2 = \min \qquad (2.22)$$

的必要条件是

$$\frac{\partial Q}{\partial a_j} = 0 \quad (j = 1, 2, \cdots, k) \qquad (2.23)$$

式中,$\parallel \cdot \parallel_2$ 是 2 范数,解方程组(2.23),便可确定 k 个待定系数 $\boldsymbol{a}$。设拟合函数 $f(x)$ 是关于参数 $\boldsymbol{a}$ 的线性函数,即

$$f(x) = \sum_{i=1}^{k} a_i \varphi_i \qquad (2.24)$$

确定参数 $\boldsymbol{a}$ 的最小二乘法的解为

$$\boldsymbol{a} = (\boldsymbol{G}^{\mathrm{T}} \boldsymbol{W} \boldsymbol{G})^{-1} \boldsymbol{G}^{\mathrm{T}} \boldsymbol{W} \boldsymbol{Y} \tag{2.25}$$

其中

$$\boldsymbol{a} = \{a_1, a_2\}^{\mathrm{T}} \tag{2.25a}$$

$$\boldsymbol{Y} = \{y_1, y_2, \cdots, y_n\}^{\mathrm{T}} \tag{2.25b}$$

$$\boldsymbol{W} = \begin{bmatrix} w_1 & \cdots & 0 \\ \vdots & \ddots & \vdots \\ 0 & \cdots & w_n \end{bmatrix} \tag{2.25c}$$

$$\boldsymbol{G} = \begin{bmatrix} 1 & x_1 \\ \vdots & \vdots \\ 1 & x_n \end{bmatrix} = \begin{bmatrix} 1 & \lg(S_{\max 1} - \hat{S}_0) \\ \vdots & \vdots \\ 1 & \lg(S_{\max n} - \hat{S}_0) \end{bmatrix} \tag{2.25d}$$

式中，$\boldsymbol{W}$ 为加权矩阵。

通常情况下，给定应力 $S_{\max i}$ 下疲劳寿命服从对数正态分布。在已知对数疲劳寿命样本标准差而未知对数疲劳总体标准差的情况下，给定应力水平下疲劳寿命均值的置信区间为

$$\bar{y}_i - t_{\alpha/2}(m_i - 1) \frac{\sigma_i}{\sqrt{m_i}} < \mu_i < \bar{y}_i + t_{\alpha/2}(m_i - 1) \frac{\sigma_i}{\sqrt{m_i}} \tag{2.26}$$

式中，μ_i 为对数寿命母体均值；$\bar{y}_i$ 为对数寿命样本均值；σ_i 为对数寿命样本标准差；$t_{\alpha/2}$ 为 t 分布百分位数；m_i 是应力为 $S_{\max i}$ 时疲劳试验的样本容量。第 i 组应力水平下试验数据的置信区间长度 d_i 为

$$d_i = 2t_{\alpha/2}(m_i - 1) \frac{\sigma_i}{\sqrt{m_i}} \tag{2.27}$$

而权重系数可定义为

$$w_i = \cfrac{1}{d_i \times \sum_{j=1}^{n} \cfrac{1}{d_j}} \tag{2.28}$$

图 2.24 给出本拟合方法的示意图。

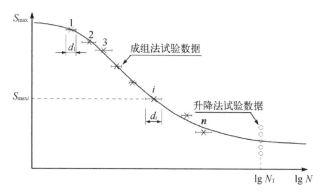

图 2.24　疲劳成组试验和升降试验结果示意图

2. 试验数据分散性的表征

试件材料和状态的不确定性,导致了疲劳寿命和疲劳强度的试验结果的不确定性。在实验室条件下,这种不确定性主要属于物理性的随机不确定性,采用概率统计的方法解决这种不确定性比较恰当。一般可用变异系数来表征随机变量的分散程度。对于成组法试验数据,本书采用总体变异系数 ν_1 来表征疲劳寿命的分散性。

$$\nu_1 = \frac{1}{n} \sum_{j=1}^{n} \left(\frac{\sigma_j}{\overline{y}_j} \right) \tag{2.29}$$

式中,n 为成组试验法的组数;$\overline{y}_j$,σ_j 为第 j 个应力水平下对数疲劳寿命的样本均值和标准差。

对于升降法的试验结果,疲劳强度分散性用变异系数 ν_2 表征

$$\nu_2 = \frac{\sigma^*}{S_e} \tag{2.30}$$

$$S_e = \frac{1}{m^*} \sum_{i=1}^{l} (m_i^* S_{\max i}^*) \tag{2.30a}$$

$$\sigma^* = \sqrt{\frac{\sum_{i=1}^{l} [(S_{\max i}^* - S_e)^2 m_i^*]}{m^* - 1}} \tag{2.30b}$$

式中,S_e 为升降法获得的条件疲劳极限;σ^* 为条件疲劳极限标准差;m_i^* 为应力 $S_{\max i}^*$ 下的配成对子数;m^* 为对子总数;l 为应力 $S_{\max i}^*$ 的级数。

3. 双加权最小二乘法

根据 n 组成组法疲劳寿命试验数据和给定寿命 N_T 下的升降法疲劳寿命试验数据,提出双加权最小二乘法。首先,给定疲劳极限 S_0 的初值 $\hat{S}_0$,利用 n 组成组疲

劳试验数据,采用加权最小二乘法,估计 $S-N$ 曲线的两个参数 H 和 C;然后,计算得到 $S-N$ 曲线与成组疲劳试验数据以及疲劳强度试验数据之间的加权误差。改变 $\hat{S}_0$,使误差达到最小即可确定 $S-N$ 曲线的三个参数。

分别用 e_1 和 e_2 表征由加权最小二乘法所得 $S-N$ 曲线与成组试验数据和升降试验数据的误差,

$$e_1 = \frac{1}{n}\sqrt{\sum_{i=1}^{n}(S_{\max i} - \hat{S}_{\max i})^2} \tag{2.31}$$

$$e_2 = |S_e - \hat{S}_e| \tag{2.32}$$

式中,$S_{\max i}$ 为第 i 个成组试验应力水平;S_e 为升降法获得的条件疲劳极限;$\hat{S}_{\max i}$、$\hat{S}_e$ 分别为 $S_{\max i}$、S_e 的估计值。

随着 $\hat{S}_0$ 的变化,e_1 和 e_2 也在变化,一般不会同时达到最小值。为了获得评判 $S-N$ 曲线精度的标准,引入二次加权系数 ξ_1 和 ξ_2 以获得总误差 e

$$e = \xi_1 e_1 + \xi_2 e_2 \tag{2.33}$$

其中,ξ_i 满足以下准则:① $\xi_1 + \xi_2 = 1$;② 包含成组和升降试验数据分散性影响;③ 包含成组和升降试验样本容量的影响。

定义 ξ_1 和 ξ_2 的计算表达式为

$$\xi_1 = \frac{\dfrac{1}{\nu_1}\sum_{i=1}^{n}m_i}{\dfrac{1}{\nu_1}\sum_{i=1}^{n}m_i + \dfrac{2m^*}{\nu_2}} \tag{2.34a}$$

$$\xi_2 = \frac{\dfrac{2m^*}{\nu_2}}{\dfrac{1}{\nu_1}\sum_{i=1}^{n}m_i + \dfrac{2m^*}{\nu_2}} \tag{2.34b}$$

式中,$\sum_{i=1}^{n}m_i$ 为成组试验件数;$2m^*$ 为升降试验件数;ν_1、ν_2 分别为成组试验和升降试验数据变异系数。

按照双加权最小二乘法,拟合步骤如下:

(1) 给出 S_0 的初值 $\hat{S}_0 \leqslant S_e$,可取 S_e 作为 S_0 的迭代初值;

(2) 计算第 i 组试验数据的对数寿命均值 $\bar{y}_i$ 和标准差 δ_i;

(3) 按式(2.27)计算第 i 组试验数据的对数寿命均值置信区间长度,按式

(2.28)计算各应力水平下的权重系数,并按式(2.25c)写出加权矩阵;

（4）按式(2.25)计算得到拟合曲线参数列向量 $\boldsymbol{a} = \{a_1, a_2\}^T$;

（5）解方程(2.20)得到各对数寿命均值 $\bar{y}_i$ 的疲劳强度估计值 $\hat{S}_{\max i}$ 和 N_T 下的疲劳强度估计值 $\hat{S}_e$;

（6）按式(2.31)和式(2.32)分别计算成组法和升降法的疲劳强度估计误差 e_1 和 e_2;

（7）按式(2.33)计算总体误差 e;

（8）以 e 最小为目标,优化寻找 S_0,可确定式(2.20)中的 S_0,H 和 C 三个参数。

4. 例子

为了验证本节方法拟合的 $S-N$ 曲线在中长寿命区的疲劳强度预测精度,选择航空工业中常用铝合金 LY12 - CS 和 LY11 - CZ 的试验数据,见表 2.5 和表 2.6。

表 2.5　LY12 - CS 疲劳试验数据($R=0.5$)[13]

$\sigma_{\max}$/MPa	子样大小	对数寿命均值	标准差
210	5	4.689 3	0.085 2
180	6	4.894 9	0.195 7
160	5	5.170 5	0.101 1
140	5	5.344 9	0.155 8
126	5	5.537 9	0.073 4
103.9	14	6	(3.59)
83.6	14	7	(1.55)

表 2.6　LY11 - CZ 疲劳试验数据($S_m = 69$ MPa)[14]

$\sigma_{\max}$/MPa	子样大小	对数寿命均值	标准差
350	18	4.375	0.182 5
300	13	4.844	0.170 9
250	23	5.437	0.244 9
186	24	7	(10.0)
174	38	8	(9.3)

现只选择表 2.1 和表 2.2 中成组试验数据和 $N_T = 10^7$ 下的升降试验数据拟合 $S-N$ 曲线,结果如图 2.25 所示。

由图 2.25 可知,拟合的 $S-N$ 曲线通过了疲劳试验数据的 95% 置信区间,具有较高的可信度。拟合的 $S-N$ 曲线给出的 LY12 - CS 在 $N_T = 10^6$ 下的疲劳强度与升降法获得的疲劳强度的差别为 1.32%;给出的 LY11 - CZ 在 $N_T = 10^8$ 下的疲劳强度与升降法获得的疲劳强度的差别为 3.14%,它们都在疲劳强度的置信区间内。因此采用该方法拟合的 $S-N$ 曲线具有较高的预测精度。

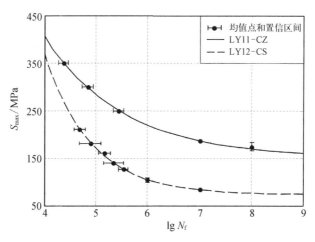

图 2.25 $S-N$ 曲线预测精度验证

进一步利用文献[12]和文献[13]中的疲劳试验数据,采用双加权最小二乘法 (DWLSM)拟合了十余种材料的 $S-N$ 曲线,并与相关系数优化法(CCOM)所得结果进行对比,下面给出四组典型曲线。

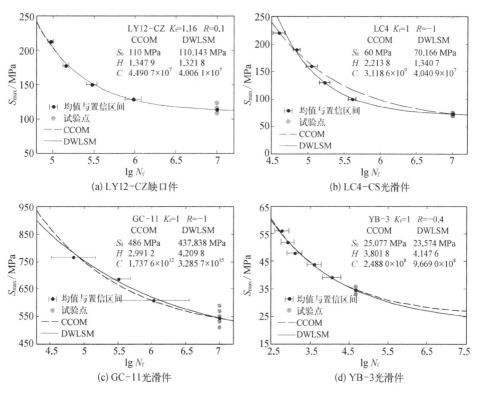

(a) LY12-CZ缺口件

(b) LC4-CS光滑件

(c) GC-11光滑件

(d) YB-3光滑件

图 2.26 $S-N$ 曲线的双加权拟合

由上图给出的 $S-N$ 曲线可知:

(1) 相关系数优化法给出的 $S-N$ 曲线在某些情况下不通过疲劳试验数据的 95%置信区间,如图 2.26(b)所示;而双加权最小二乘法给出的 $S-N$ 曲线基本上都通过疲劳试验数据的 95%置信区间。

(2) 如果 $S-N$ 曲线存在水平趋势段,且升降法测定的疲劳强度在该区域,那么两种方法所得结果差别不大,如图 2.26(a)所示。

(3) 如果 N_T 较小或者 $S-N$ 曲线在试验寿命范围内不存在水平趋势段,则相关系数优化法给出的结果不理想,如图 2.26(c)和(d)所示。

(4) 根据式(2.33),分别计算两种方法所得 $S-N$ 曲线的总误差。总误差大者精度低,反之则精度高。计算结果见表 2.7。由表可知,双加权方法的 $S-N$ 曲线拟合精度优于相关系数优化法。

表 2.7　拟合精度对比

材　　料	$S-N$ 曲线总误差 $e/\%$	
	CCOM	DWLSM
LY12 - CZ	0.821 5	0.758 6
LC4 - CS	1.615 6	1.434 9
GC - 11	3.533 5	1.952 0
YB - 3	0.153 8	0.123 3

2.3.3　等寿命曲线

在 S_m-S_a 或 $S_{min}-S_{max}$ 平面上将等寿命点连接起来就得到了等寿命曲线,典型且完整的等寿命曲线如图 2.27 所示。等寿命曲线是从 $S-N$ 曲线图上插值得到的。例如,对图 2.22(b)的 $S-N$ 曲线在寿命 $N=10^5$、10^6、10^7 处进行插值,就可得到相应 S_m 和 S_{max} 值,并将由此计算得到的 S_a 和 S_{min} 值一同列于表 2.8 中,相应的等寿命曲线如图 2.28 所示。

表 2.8　45# 钢棒材的等寿命曲线数据

应力/MPa	寿　命		
	10^5	10^6	10^7
S_{max}	343.0	289.1	279.3
	423.4	367.5	358.7
	503.7	448.8	441.0
	586.0	535.1	518.4

续表

应力/MPa	寿　命		
	10^5	10^6	10^7
S_{min}	−443.0	−289.1	−279.3
	−227.4	−171.5	−162.7
	−111.7	−56.8	−49.0
	2.0	52.9	69.6
S_m	0.0	0.0	0.0
	98.0	98.0	98.0
	196.0	196.0	196.0
	294.0	294.0	294.0
S_a	343.0	289.1	279.3
	325.4	269.5	260.7
	307.7	252.8	245.0
	292.0	241.1	224.4

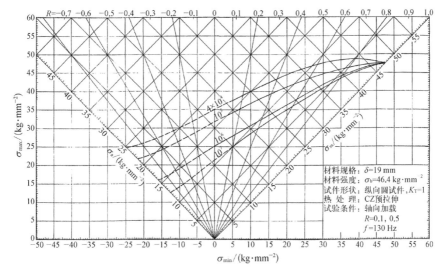

图 2.27　等寿命曲线

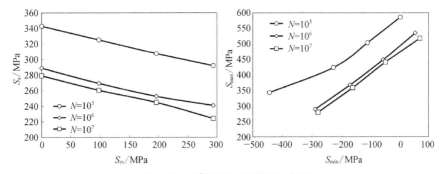

图 2.28　45#钢棒材的等寿命曲线

有关平均应力 S_m 对疲劳寿命的影响有很多研究,提出了很多模型,其中比较著名的是 Smith 模型[15]。该模型采用函数 $\sqrt{ES_{max}e_a}$ 表示平均应力的影响,见图 2.29。在材料处于弹性范围时有

$$\sqrt{ES_{max}e_a} = \sqrt{S_{max}S_a} = S_a\sqrt{\frac{2}{1-R}} \qquad (2.35)$$

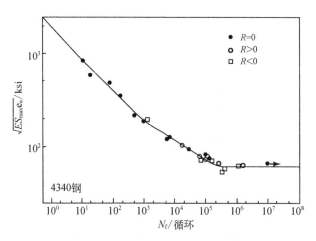

图 2.29　Smith 的平均应力模型

2.3.4　疲劳极限

在恒幅加载条件下,有些金属材料的 $S-N$ 曲线在超过大约 10^6 疲劳循环数时会趋于水平,当应力幅值低于此水平线时,试件可承受无限多次循环而不破坏,此应力幅值被称为疲劳极限或耐久极限(缺口试件记作 S_e 或 ΔS_e,光滑试件记作 σ_e 或 $\Delta\sigma_e$)。有观点认为许多不存在应变时效硬化的高强度钢、铝合金等材料则没有疲劳极限,随着循环数的增加,其疲劳强度会不断地缓缓下降。在这种情况下,按实际应用需要定义一个较大的循环数 N_L,对应于 N_L 的应力水平则被称为条件疲劳极限,也记作 S_e 或 σ_e 等。

1. 一些试验数据

表 2.9a 列出了一些国产结构钢在 10^7 时的疲劳极限;表 2.9b 列出了一些国产铝合金、钛合金和镁合金在 10^7 时的疲劳极限;表 2.9c 列出了部分国外常用工程金属材料的疲劳极限。

表 2.9a　某些国产结构钢的疲劳极限[12,15]

材　　料	条　　件			σ_b/MPa	σ_y/MPa	S_e/MPa
	状态	R	K_T			
A3	热轧	-1	1	449~457	267.8	200.5
		-1	2			132.4
		0	1			273.2
		0.3	1			336.8
35#	850℃正火	-1	1	570.7	357.5	228.3
			2			153.9
45#	850℃正火	-1	1	576~624	376.0	218.6
		-1	2			161.0
		0	1			345.9
		0.3	1			346.2
	调质	-1	2	833	686.5	279.5
		-0.454				358.7
		-0.111				441.0
		0.134				518.4
16Mn	热轧	-1	1	533~586	360.0	268.4
		-1	2			169.9
		0	1			376.4
		0.3	1			430.0
40Cr	850℃油淬 560℃回火	-1	1	854~940	805.0	344.5
		-1	2			239.2
		0	1			628.1
		0.3	1			670.6
40MnB	850℃油淬 500℃回火	-1	1	970	880.0	436.2
		-1	2			279.7
30CrMnSiA 棒材	890℃油淬 520℃回火 旋转弯曲	-1	1	1 109.4	1 010.4	640.9
		-1	2			357.5
		-1	2.5			277.4
		-1	3			244.5
		-1	4			207.7
	890℃油淬 520℃回火 轴向加载	0.1	1	1 183.6	1 087.5	1 088.6
		0.1	3			328.3
		0.5	3			607.6

材　料	条　件			σ_b/MPa	σ_y/MPa	S_e/MPa
	状态	R	K_T			
40CrNiMoA 棒材	850℃ 火淬 580℃ 回火 旋转弯曲	−1	1	1 038.8	916.3	556.6
		−1	2			307.5
		−1	3			209.1
GC−4 棒材	920℃ 加热 300℃ 保温 轴向加载	0.1	1	1 891.4	1 386.7	1 064.3
		−1	1			717.4
		0.1	3			426.3
		−1	3			256.1
30CrMnSiNi2A 棒材	900℃ 淬火 230℃ 回火 轴向加载	0.1	1	1 664.0	1 308.3	1 107.4
		0.1	3			484.0
		0.1	5			328.3
		0.445	3			573.0
		0.5	5			509.2
		−0.5	5			244.5

表 2.9b　某些国产铝合金、钛合金和镁合金的疲劳极限[12,14,16]

材　料	条　件			σ_b/MPa	σ_y/MPa	S_e/MPa
	状态	R	K_T			
LY12−CZ 板材	CZ 轴向加载	0.020	1	456.7	336.1	127.4
		0.600	1			249.9
		0.400	2	448.8	317.5	98.0
		0.787	2			230.3
		0.647	4			83.3
		0.953	4			210.7
		−0.067	1	450.8	352.8	147.0
		−0.070	1			164.9
		0.278	1			176.4
		−0.026	2.5			98.0
		0.377	2.5			128.1
		0.448	2.5			142.1
		0.503	2.5			149.9

续表

材　　　料	条　　件			σ_b/MPa	σ_y/MPa	S_e/MPa
	状态	R	K_T			
LY12B－CZ	CZ 预拉伸轴向加载	0.1	1	454.7	343.0	223.7
		0.5	1			319.5
		0.1	3			108.8
		0.5	3			140.3
		0.1	5			83.0
		0.5	5			103.7
	CZ 人工时效	0.1	1	480.2	438.1	229.3
		0.5	1			305.4
		0.1	3			98.5
		0.5	3			130.5
		-0.5	5			82.3
LC4－CS	CS 轴向加载	0.096	1	538.0	484.1	125.1
		0.448	1			189.5
		0.605	1			256.5
		0.306	2			105.1
		0.621	2			169.2
		0.741	2			236.4
		0.584	4			86.6
		0.787	4			153.6
		0.867	4			220.5
		-1	1	552.2	498.8	71.5
		-1	2			47.3
		-1	4			30.1
LC9－过时效板	460℃淬火轴向加载	0.1	1	497.8	423.4	130.2
		0.5	1			185.4
		-1	1			87.2
		0.1	3			67.1
		0.5	3			109.5
		-1	3			43.9
		0.1	5			53.1
		0.5	5			76.1
		-1	5			23.5

续表

材　料	条　件			σ_b/MPa	σ_y/MPa	S_e/MPa
	状态	R	K_T			
LC9 - CS 板	CS 轴向加载	-1	1.0	646.8	602.7	166.6
		-1	2.4			68.6
		-0.144	2.4			160.2
		0.415	2.4			193.9
		0.603	2.4			256.8
LD10 - CS 棒	CS 轴向加载	0.1	1	541.0	454.7	303.8
		0.1	3			151.9
TC4 棒	800℃加热 1 h 空冷	0.5	1	973	939	713.0
		0.1				539.0
		-1				346.0
		0.5	3			371.0
		0.1				258.0
		-1				147.9
		0.5	5			172.0
		0.1				109.0
		-1				68.0
TC4 锻件		-1	1	1 026	—	370.0
TC2 板	800℃加热，35 min 空冷	0.5	1	844	712	567.0
		0.06				423.0
		-1				284.0
		0.5	3			247.0
		0.06				183.0
		-1				134.0
		0.5	5			151.0
		0.06				108.0
		-1				78.0
TC11 棒	950℃加热，1 h 空冷 530℃加热，6 h 空冷	0.5	1	1 133	1 024	955.0
		0.1				820.0
		-1				550.0
		0.5	3			335.0
		0.1				235.0
		-1				160.0

续表

材料	条件			σ_b/MPa	σ_y/MPa	S_e/MPa
	状态	R	K_T			
Ti－1023 棒	760℃加热，2 h 水淬510℃加热，8 h 空冷	0.5	1	1 166	1 133	912.0
		0.1				715.0
		0.5	3			466.0
		0.1				388.0
		－1				255.0
Ti－1023 锻件		0.1	1	1 197	1 154	770.0
		0.1	3			359.0
ZM5 棒	T4	0.5	2	248	—	75.0
		0.06				53.0
		－1				17.0

表 2.9c 某些国外金属材料的疲劳极限[12,16]

材料	热处理	σ_b/MPa	σ_y/MPa	S_e/MPa
1100	退火	90	34	34
2024	T3	483	345	138
6061	T6	310	276	97
1015	退火	455	275	240
	60%冷加工	710	605	350
1040	退火	670	405	345
4340	退火	745	475	340
	淬回火+(204℃)	1 950	1 640	480
	淬回火+(538℃)	1 260	1 170	670
HY140	淬回火+(538℃)	1 030	980	480

2. 金属材料疲劳极限的经验模型

疲劳极限是长寿命机械和结构抗疲劳设计的基本数据，但试验测定疲劳极限却十分耗资且费力，因此研究者试图通过材料的静力性能数据去估计疲劳极限。目前已有一些建立在试验数据基础上的经验关系式，它们大多是在应力比 $R=-1$ 时的疲劳极限 σ_{-1} 的表达式。

对于 $\sigma_b < 1\,800$ MPa 的钢： $\sigma_{-1} = 0.5\sigma_b$ (2.36a)

对于镁、铜和镍合金： $\sigma_{-1} = 0.35\sigma_b$ (2.36b)

对于铝合金： $\sigma_{-1} = 1.49\sigma_b^{0.63}$ (2.36c)

对于碳钢,有文献认为材料的旋转弯曲疲劳极限 $\sigma_{-1} = 0.27(\sigma_{0.2} + \sigma_b)$。

对于某种材料,材料的疲劳极限和其静强度之间的关系可能不太容易确定,但是从统计的角度看材料的疲劳极限与材料的静强度存在某种联系。文献[16]给出了如图 2.30 所示的统计结果,可以看到几乎没有哪种材料的疲劳极限超过其静强度的 60%,大多数材料的疲劳极限大于其静强度的 40%。

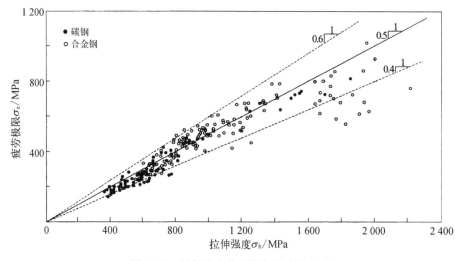

图 2.30　材料的疲劳极限与强度的关系

张哲峰等[17-19]比较系统地研究了金属材料的疲劳极限与静强度之间的关系,试图从材料的内部结构解释两者之间的内在联系,给出了一个经验模型

$$\frac{\sigma_{-1}}{\sigma_b} = a - c \times 10^{-4} \times \sigma_b \tag{2.37}$$

式中,a 和 c 为拟合参数;σ_{-1} 和 σ_b 的单位为 MPa。张哲峰等统计分析了多种金属材料,对多种金属材料式(2.37)的预测误差在 ±5% 之内,表 2.10 为几种材料 a 和 c 的统计值。

表 2.10　几种材料 a 和 c 的统计值

材　　料	a	c	误　　差
AISI 4340 钢	0.70	1.85	±5%
SAE 4140 钢	0.87	2.65	±5%
SAE 4340 钢	0.76	1.78	±5%
SAE 2340 钢	0.74	1.89	±5%
SAE 4063 钢	0.92	2.37	±5%

续表

材　料	a	c	误　差
低碳钢	0.60	2.13	±10%
铝合金	0.53	5.66	±20%
1023 钛	0.87	2.96	±5%
钛合金	0.61	1.09	±20%

还有一些文献报道了材料的疲劳极限与材料硬度、屈服强度等其他性能之间的关系的研究结果,这些结果可作为材料力学性能研究的参考,在工程结构设计中还不能直接使用。

3. 有关疲劳极限的一些讨论

是否存在理论疲劳极限目前还是一个有争议的问题。通常认为碳素钢存在理论疲劳极限,而铝、铜及其合金不存在理论疲劳极限。有研究者认为任何材料均存在理论疲劳极限,它稍低于试验测定的疲劳极限[9],如图 2.31 所示,铜试件受到疲劳载荷 10^{10} 循环作用后,仍然表现出疲劳极限。何家文等[20]通过 X 射线测定了 4 种钢材的疲劳极限 σ_{-1} 和表面微观屈服强度 $\sigma_{s,m}$ 的关系,给出 $\sigma_{s,m} = (0.81 \sim 1.02)\sigma_{-1}$;还有研究者通过热耗散、磁参量等研究理论疲劳极限。

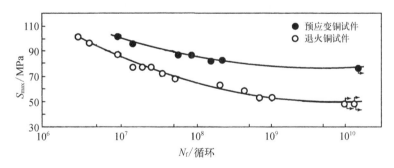

图 2.31　超声疲劳试验获得的铜的 $S-N$ 曲线

疲劳极限或者说疲劳强度与材料的静力性能之间是否存在某种联系也是一个有争议的问题。大多数研究者认为疲劳极限是金属材料微量塑性变形抗力的指标,具有与抗拉强度不同的物理本质,因此根据静力性能去估算疲劳极限不可能得到令人满意的,且具有明确物理机制支持的结果。但另有一些研究者认为对于同一种材料,不同的力学性能之间一定会存在某种联系,疲劳强度和静力性能应该是关联的,通过材料微观形变机制的研究,可以找到两者的关系。

2.3.5　获得疲劳极限的试验方法

　　材料疲劳性能试验通常采用成组法和升降法。仅采用成组法不能直接获得疲劳极限,但可以通过对成组法疲劳试验数据的 S-N 曲线的拟合,间接获得疲劳极限,如式(2.15)~式(2.19)的 S-N 曲线模型中都有疲劳极限参数。由于疲劳极限或者条件疲劳极限都处在长寿命区或,因此采用式(2.16)可能更合适一些。拟合获得的疲劳极限的准确程度主要取决于中高寿命区的试验数据的信息量。例如,疲劳极限对应的寿命为 10^7,如果在 10^5~10^7 区域内有 3 组以上的成组疲劳试验数据,那么拟合得到的疲劳极限准确度比较高;如果只在小于 10^5 区域内有成组疲劳试验数据,那么拟合得到的疲劳极限的准确度可能比较低。

　　升降法由 Dixon 和 Mood 于 1948 年首次提出[21],后被用于获取疲劳极限的试验,目前已成为获得疲劳极限的公认试验方法。升降法试验按序贯进行,后一个试验件的应力水平视前次试验结果而定。若试验件在指定寿命 N_T 之前破坏,则下个试验件在低一级的应力水平下进行,否则在高一级应力水平下进行,依次类推,直到完成全部试验。

　　高镇同[22]将升降法用于疲劳极限试验,提出了小子样升降法。试验安排与一般升降法相同,当升降图闭合时则各数据点可配成对子。闭合的条件是:根据有效数据的终点为越出(○)或者破坏(×),可设想在某一应力水平还应存在一数据点,若该点与有效数据的起点位于同一应力水平上,则表示闭合,有效数据的起点为第一次出现相反试验结果的两个数据点的一个,典型的升降法试验数据如图 2.32 所示。

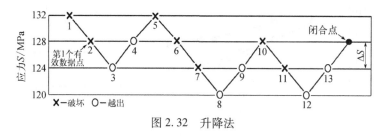

图 2.32　升降法

　　升降法试验的疲劳极限的均值和标准差的计算公式为

$$S_m = \frac{1}{n_S} \sum_{i=1}^{n_S} S_i$$

$$S_s = \sqrt{\frac{1}{n_S - 1} \sum_{i=1}^{n_S} (S_i - S_m)^2} \qquad (2.38)$$

$$S_i = \frac{S_F + S_S}{2}$$

式中，S_i 为对子应力；S_F 和 S_s 为出现相反试验结果的一对数据；n_s 为对子应力的个数。图中的对子为 2—3、4—5、7—8、9—10、11—12、13—6，即 $n_s = 6$。按式 (2.38)可计算得到 $S_m = 125.33$ MPa，$S_s = 3.01$ MPa。

采用升降法安排试验时，第 5 点的试验不需要做，可直接采用第 1 点的数据，因为试验数据是随机的，同理闭合点的数据可采用点 6 的数据。应力的级差 ΔS 要小于疲劳极限的 5%。试验件的数量一般为 13~15 个。

2.3.6 疲劳极限图

不同应力比时的疲劳极限 σ_e 是不同的。将不同应力比 R 时的疲劳极限画在 σ_a 和 σ_m 图上，即为疲劳极限图，即疲劳寿命 $N \to \infty$ 或 $N = N_T$ 时的等寿命图。由于试验测定不同应力比时的疲劳极限 σ_e 十分困难，因此提出了一些经验模型来估算疲劳极限图。

Gerber 抛物线模型：

$$\sigma_a = \sigma_{-1}\left[1 - \left(\frac{\sigma_m}{\sigma_b}\right)^2\right] \tag{2.39}$$

Goodman 直线模型：

$$\sigma_a = \sigma_{-1}\left[1 - \left(\frac{\sigma_m}{\sigma_b}\right)\right] \tag{2.40}$$

Soderberg 直线模型：

$$\sigma_a = \sigma_{-1}\left[1 - \left(\frac{\sigma_m}{\sigma_s}\right)\right] \tag{2.41}$$

上述三个模型如图 2.33 所示，可以看到，Soderberg 模型太保守，Gerber 模型可能偏于危险。为了提高精度，又有人提出了一个折线模型，设由试验得到的应力比 $R = 0$ 的疲劳极限为 σ_0，其折线方程为

$$\sigma_a = \sigma_{-1} - \frac{2\sigma_{-1} - \sigma_0}{\sigma_0}\sigma_m, \quad R \leqslant 0$$

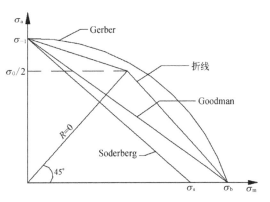

图 2.33 疲劳极限图近似模型

$$\sigma_a = \sigma_0 \left(\frac{\sigma_m - \sigma_b}{\sigma_0 - 2\sigma_b} \right), \quad R > 0 \tag{2.42}$$

除上述四个近似模型外,还有一些近似模型,如郑修麟的模型[9],

$$\sqrt{\frac{2}{1-R} \left(\frac{\sigma_a}{\sigma_0} \right)} = 1 \tag{2.43}$$

该模型与边界条件 $\sigma_a|_{R=1} = \sigma_b$ 不符,而在 $R<0$ 时与 Soderberg 模型相近。

图 2.34 给出了某些国产铝合金和结构钢的疲劳极限图,同时画出了 Goodman 直线和 Gerber 抛物线,从中可以看到,总体上讲,Goodman 模型比较合适。

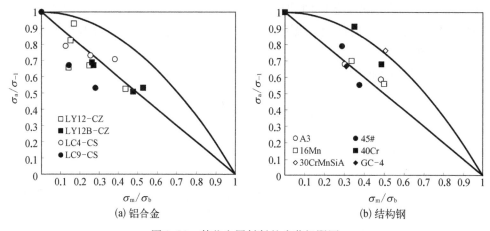

图 2.34　某些金属材料的疲劳极限图

2.3.7　p-S-N 曲线

p-S-N 曲线是不同成活率 p 下的 S-N 曲线集。这一曲线集给出了① 在给定的应力水平下失效循环次数 N 的分布数据;② 在给定的有限寿命下疲劳强度 S 的分布数据;③ 无限寿命或 $N>N_L$ 的疲劳极限的分布数据。图 2.35 为一典型的 p-S-N 曲线。p-S-N 曲线主要由成组疲劳试验获得。p-S-N

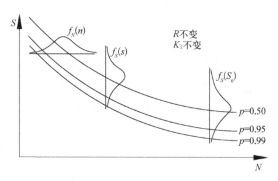

图 2.35　p-S-N 曲线

曲线在有限寿命阶段($10^3 < N < 10^5 \sim 10^6$)时,在双对数坐标系上近似为一条直线[式
(2.13)],重写为

$$\lg N_p = a_p + b_p \lg S \tag{2.44}$$

式中,N_p 是存活率为 p 时的疲劳寿命;S 是应力,它对应于某一应力比的应力幅值 S_a
或最大应力值 S_{max},或对应于某一最小应力 S_{min} 的最大应力值 S_{max};a_p 和 b_p 为与存活
率有关的材料常数。表 2.11 给出了某些材料在旋转弯曲加载下的 a_p 和 b_p 值[18]。

表 2.11　某些材料的 a_p 和 b_p 值

材　料	热处理	强度极限均值 $\bar{\sigma}_b$/MPa	不同存活率 p 下的 a_p 和 b_p 值				
			p/%	50	90	95	99	99.9
35#	正火	569	a_p	50.7868	41.1803	38.4561	33.3450	27.6206
			b_p	−18.4030	−14.6370	−13.5690	−11.5652	−9.3210
45#	调质	624	a_p	46.4561	41.5280	41.6803	42.1828	42.4865
			b_p	−15.6866	−13.8957	−13.9613	−14.1594	−14.2776
16Mn	热轧	571	a_p	37.7963	33.2235	31.9285	29.5020	26.7791
			b_p	−12.7395	−11.0021	−10.5100	−9.5881	−8.5536
40Cr	调质	940	a_p	23.9454	23.7437	23.6894	23.5835	23.4627
			b_p	−6.8775	−6.8610	−6.8573	−6.8490	−6.8389
40MnB	调质	970	a_p	26.1130	25.2717	25.8889	28.5391	34.0529
			b_p	−7.6879	−7.4421	−7.6893	−8.7042	−10.7820
35CrMo	调质	924	a_p	29.2348	23.5464	21.9352	18.9151	15.5260
			b_p	−8.8072	−6.7974	−6.2282	−5.1612	−3.9638

1. 疲劳寿命与疲劳强度概率分布之间的关系

疲劳破坏是疲劳损伤逐渐累积的结果,已有众多的试验结果和理论分析表明,
材料中宏观或微观的不可逆变形是疲劳损伤的主要形式,除非在疲劳过程中有热
处理等改变材料结构状态的环节参与,否则材料的疲劳损伤是不可逆的,其宏观表
现为任何材料的 $S-N$ 曲线是广义
单调降的。可以说这是材料疲劳的
一个共同特性。

定义母体为元件、零件或构件
等同类实体所组成的集合。设在一
疲劳载荷谱作用下,母体在给定疲
劳强度 S^* 下的疲劳寿命 N 的概率
分布密度为 $f(n|S^*)$,而在给定疲劳
寿命 N^* 下的疲劳强度 S 的概率分
布密度为 $g(s|N^*)$,如图 2.36 所

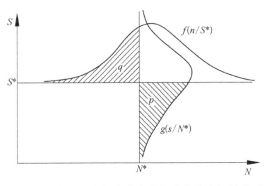

图 2.36　疲劳强度与疲劳寿命概率分布之间的关系

示,则可以证明下式成立：

$$\int_0^{N^*} f(n\mid S^*)\,\mathrm{d}n = \int_0^{S^*} g(s\mid N^*)\,\mathrm{d}s \tag{2.45}$$

亦即在给定的疲劳强度 S^* 下疲劳寿命 N 小于或等于 N^* 的概率与在给定的疲劳寿命 N^* 下疲劳强度 S 小于或等于 S^* 的概率相等。即在 $S-N$ 平面上的任意一点，疲劳强度破坏概率和疲劳寿命失效率相等。令

$$p = \int_0^S g(s\mid N)\,\mathrm{d}s \tag{2.46}$$

将式(2.46)代入式(2.45)就得到了普遍的 $p-S-N$ 曲面方程：

$$p = \int_0^N f(n\mid S)\,\mathrm{d}n \tag{2.47}$$

将式(2.45)两边对 S 求偏导数，得

$$g(S\mid N) = \int_0^N \frac{\partial}{\partial S} f(n\mid S)\,\mathrm{d}n \tag{2.48}$$

上式即为由给定疲劳强度 S 下的寿命分布求给定寿命 N 下疲劳强度分布的公式。用 Weibull 分布描述给定疲劳强度 S 下的寿命分布常常是合适的，即

$$f(n\mid S) = \frac{\alpha(S)}{\beta(S)}[n-\delta(S)]^{\alpha(S)-1}\exp\left\{-\frac{[n-\delta(S)]^{\alpha(S)}}{\beta(S)}\right\} \tag{2.49}$$

式中，$\alpha(S)$、$\beta(S)$ 和 $\delta(S)$ 分别为 Weibull 分布的形状参数、尺度参数和位置参数，是给定的疲劳强度 S 的函数，可以通过拟合不同疲劳载荷下的疲劳寿命试验数据得到。将式(2.49)代入式(2.48)就可得到给定疲劳寿命 N 下疲劳强度 S 的分布为

$$g(S\mid N) = \frac{(N-\delta)^\alpha[\beta\ln(N-\delta)\alpha' - \beta(N-\delta)^{-1}\delta' - \beta']}{\beta^2}\exp\left\{-\frac{[n-\delta(S)]^{\alpha(S)}}{\beta(S)}\right\} \tag{2.50}$$

式中，$\alpha' = \dfrac{\partial\alpha(S)}{\partial S}$；$\beta'(S) = \dfrac{\partial\beta(S)}{\partial S}$；$\delta' = \dfrac{\partial\delta(S)}{\partial S}$

2. $p-S_m-S_a$ 曲线

疲劳强度也可以用 S_m-S_a 坐标系来描述。在 S_m-S_a 坐标系中，将各个寿命相等的点连接起来，就构成了等寿命图。平均应力 S_m 和应力幅值 S_a 为随机变量，将

S_m - S_a 平面上概率相等的等寿命点连接起来,便可以得到二维分布的 p - S_m - S_a 曲线,如图 2.37 所示。

3. 概率疲劳极限图

概率疲劳极限图描述了长寿命时疲劳强度的二维分布,如图 2.38 所示。显然完全通过试验获得概率疲劳极限图十分困难,但可以仿照一般的疲劳极限图近似模型给出概率疲劳极限图模型。以折线近似模型为例,疲

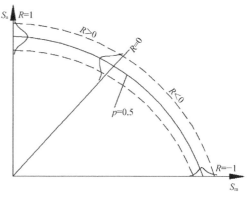

图 2.37 p - S_m - S_a 曲线

劳强度通常服从对数正态分布或正态分布,对应力比 $R = -1$ 的试验数据进行统计处理,可以得到在存活率 p 下的值 A 点,同样可求出静态强度 σ_b 在存活率 p 下的值 B 点及脉动疲劳极限 σ_0 在存活率 p 下的值 C 点,然后用直线将 A、B、C 连接起来,便得到了存活率 p 下的疲劳极限近似图;由不同存活率 p 下的疲劳极限曲线组成的曲线集即为概率疲劳极限图,如图 2.39 所示,图中 $\mu_{\sigma_{-1}}$ 和 μ_{σ_b} 分别为对称疲劳极限 σ_{-1} 和静强度 σ_b 的均值。

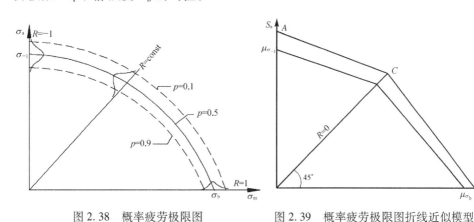

图 2.38 概率疲劳极限图   图 2.39 概率疲劳极限图折线近似模型

2.4 应变-寿命曲线

应变-寿命曲线描述了材料的应变与寿命之间的关系。根据描述应变-寿命曲线的控制参数的不同,可将其分为两种,即 $\Delta\varepsilon$ - N 曲线和 ε_{eq} - N 曲线。$\Delta\varepsilon$ - N 曲线以应变 $R_\varepsilon = -1$ 时的应变幅为参数来描述材料的寿命特性,当 $R_\varepsilon \neq -1$ 时再对 $\Delta\varepsilon$ - N 进行平均应力修正;ε_{eq} - N 曲线则先寻找一个能反映不同应变比 R_ε 的统一

参数 ε_{eq}，然后用 $\varepsilon_{eq}-N$ 去描述材料的疲劳寿命特性。

2.4.1　$\Delta\varepsilon-N$ 曲线

1. Manson – Coffin 公式

在所有的 $\Delta\varepsilon-N$ 曲线中，Manson – Coffin 公式使用最为广泛。Manson – Coffin 公式的表达式[24-26]为

$$\varepsilon_a = \varepsilon_{ea} + \varepsilon_{pa} = \frac{\sigma_f'}{E}(2N)^b + \varepsilon_f'(2N)^c \qquad (2.51)$$

式中，σ_f' 为疲劳强度系数；ε_f' 为疲劳延性系数；b 为疲劳强度指数；c 为疲劳延性指数。疲劳寿命 N 与弹性应变分量 ε_{ea}、塑性应变分量 ε_{pa}、总应变 ε_a 的关系如图 2.40 所示。

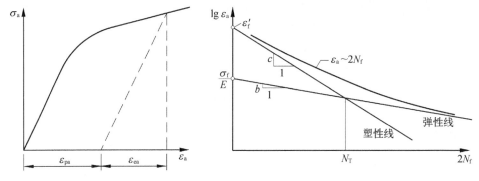

图 2.40　应变-寿命的 Manson – Coffin 公式

由式(2.51)和图 2.40 可以看到：① 弹性线和塑性线有一交叉点 N_T，在寿命 $N<N_T$ 时，塑性应变起主要作用；在寿命 $N>N_T$ 时，弹性应变起主要作用，N_T 被称为过渡疲劳寿命。② 在疲劳寿命 $N=1/4$ 时，总应变 $\varepsilon_a=\varepsilon_f$，对于某些钢材这对数据符合较好，但是很多金属材料却不符合这一关系。③ 关系式(2.51)不存在水平极值线，而实际上所有材料均存在疲劳极限，所以该式只适用于描述较短疲劳寿命区（如 $10\sim10^5$）的 $\Delta\varepsilon-N$ 曲线。

Manson – Coffin 公式是一个经验表达式，对于有些金属材料在小于 10^5 疲劳寿命内描述得很好，对于有些金属材料则精度较差，因为其弹性线和塑性线都不是直线。图 2.41 是 4 种金属材料的应变-寿命曲线，1Cr11Ni2W2MoV 的弹性线和塑性线在双对数坐标系上是直线，而 2124 – T851 和 30CrMnSiNi2A 的塑性线在双对数坐标系上不是直线。表 2.12 给出了常用航空金属材料的 Manson – Coffin 公式的参数[16]。

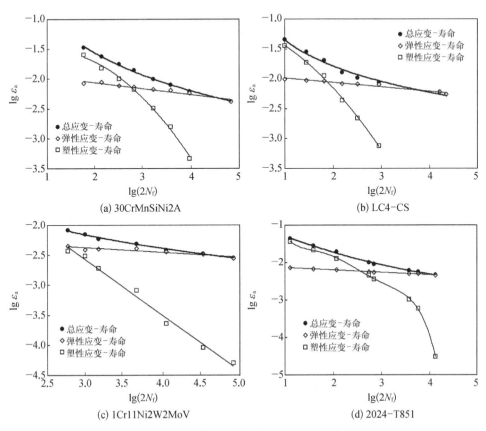

图 2.41　某些金属材料的 $\Delta\varepsilon - N$ 曲线

表 2.12　常用航空金属材料的 Manson - Coffin 公式的参数

材　　料	σ_b/MPa	σ'_f/MPa	b	ε'_f/%	c
LY12 - CZ 棒材	545	759	−0.063 8	21.5	−0.653 9
LY12 - CZ 板材	455	768	−0.088 2	36.1	−0.639 3
LC4 - CS 棒材	614	876	−0.078 7	80.0	−0.920 6
LC9 - CS 棒材	641	1 098	−0.097 7	19.0	−0.669 0
2024 - T851 板材	495	851	−0.109 6	58.9	−0.720 3
7475 - T7351 板材	500	786	−0.095 7	187.0	−0.953 7
30CrMnSiA 棒材	1 177	1 864	−0.086 0	278.8	−0.773 5
30CrMnSiNi2A 棒材	1 655	2 974	−0.102 6	207.5	−0.781 6
GC4 棒材	1 875	3 501	−0.105 4	288.4	−0.873 2
300M 棒材	1 945	2 575	−0.087 0	80.4	−0.746 7
TC4 棒材	989	1 564	−0.070 0	269.0	−0.960 0
TC11 棒材	1 133	1 578	−0.080 0	112.0	−0.850 0

2. 疲劳性能参数的估计

获得材料的 $\Delta\varepsilon - N$ 曲线的最好办法是进行应变控制下的疲劳试验,特别是在中等寿命区($10^3 \sim 10^5$)。在无试验数据时,可用材料的抗拉强度 σ_b、弹性模量 E、真实断裂延性 ε_f、真实断裂强度 σ_f 等静拉伸性能近似估算材料的疲劳性能,常用的估算方法列于表 2.13。这种估算是有理论和实际意义的,因为:① 对于静拉伸性能与材料微观结构和热处理工艺之间的关系已作了大量的研究,累积了丰富的经验和数据,将疲劳性能与静拉伸性能相联系,为改善材料的疲劳性能提供了一个途径;② 在缺乏试验数据时,可用疲劳性能的估计值去估算结构的疲劳寿命。

最常用的估算方法有通用斜率法、四点关联法和改进的四点关联法等。通用斜率法是 Manson 根据 29 种材料的性能数据拟合得到的结果。四点关联法是 Manson 建议的由弹性线和塑性线上四个特殊点的值去估算材料的疲劳性能的方法[27]。文献[28]对 98 种材料进行了统计分析,分析结果也列于表 2.13 中。

表 2.13　Manson - Coffin 公式中疲劳常数估算方法

方　法	参　　数	
通用斜率法	b	-0.12
	c	-0.6
	σ_f'	$1.75\sigma_b$
	ε_f'	$0.5\varepsilon_f^{0.6}$
四点关联法	b	$-\left[0.083 + 0.166\lg\left(\dfrac{\sigma_f}{\sigma_b}\right)\right]$
	c	$-\left\{0.52 + 0.25\lg(\varepsilon_f) - \dfrac{1}{3}\left[1 - 81.8\left(\dfrac{\sigma_b}{E}\right)\left(\dfrac{\sigma_f}{\sigma_b}\right)^{0.179}\right]\right\}$
	σ_f'	$\dfrac{9}{4}\sigma_b\left(\dfrac{\sigma_f}{\sigma_b}\right)^{0.9}$
	ε_f'	$0.413\varepsilon_f\left[1 - 82\left(\dfrac{\sigma_b}{E}\right)\left(\dfrac{\sigma_f}{\sigma_b}\right)^{0.179}\right]^{-1/3}$
改进的四点关联法	b	$-\left[0.083 + 0.166\lg\left(\dfrac{\sigma_f}{\sigma_b}\right)\right]$
	c	$-\left\{0.52 + 0.25\lg(\varepsilon_f) - \dfrac{1}{3}\left[1 - 81.8\left(\dfrac{\sigma_b}{E}\right)\left(\dfrac{\sigma_f}{\sigma_b}\right)^{0.179}\right]\right\}$

续表

方　　法	参　　　数	
改进的 四点关联法	σ'_{f}	$2.383\sigma_{\mathrm{b}}\left(\dfrac{\sigma_{\mathrm{f}}}{\sigma_{\mathrm{b}}}\right)^{0.950}$
	$\varepsilon'_{\mathrm{f}}$	$0.413\times2^{-c}\varepsilon_{\mathrm{f}}\left[1-82\left(\dfrac{\sigma_{\mathrm{b}}}{E}\right)\left(\dfrac{\sigma_{\mathrm{f}}}{\sigma_{\mathrm{b}}}\right)^{0.179}\right]^{-1/3}$
数据统计 分析结果	b	-0.09
	c	-0.6
	σ'_{f}	$6.19\sigma_{\mathrm{b}}^{0.79}$
	$\varepsilon'_{\mathrm{f}}$	$\lg(\varepsilon'_{\mathrm{f}})=(5.45-92.65\sigma_{\mathrm{b}}/E)/E$

3. 其他 $\Delta\varepsilon-N$ 曲线

除了 Manson-Coffin 公式外，还有一些描述应变-寿命的关系式。它们中有的是为了更精确地描述低寿命时的行为，有的则包含了疲劳极限，见表 2.14。

表 2.14 $R_{\varepsilon}=-1$ 的部分其他 $\Delta\varepsilon-N$ 曲线

作　者	$\Delta\varepsilon-N$ 曲线表达式	材料常数
M. A. Manson L. F. Coffin	$\varepsilon_{\mathrm{a}}=\dfrac{\sigma'_{\mathrm{f}}}{E}(2N)^{b}+\varepsilon'_{\mathrm{f}}(2N)^{c}$	$E,\sigma'_{\mathrm{f}},b,\varepsilon'_{\mathrm{f}},c$
R. W. Landgraf	$\dfrac{1}{N}=2\left(\dfrac{\sigma'_{\mathrm{f}}}{\varepsilon'_{\mathrm{f}}E}\right)\left(\dfrac{\varepsilon_{\mathrm{pa}}}{\varepsilon_{\mathrm{ea}}}\right)^{\frac{1}{b-c}}$	$E,\sigma'_{\mathrm{f}},b,\varepsilon'_{\mathrm{f}},c$
傅惠民	$N=\dfrac{C}{(\Delta\varepsilon_{\mathrm{t}}-\Delta\varepsilon_{0})^{m}}$	$C,m,\Delta\varepsilon_{0}$
郑修麟	$N=\varepsilon_{\mathrm{f}}^{2}(\Delta\varepsilon_{\mathrm{t}}-\Delta\varepsilon_{0})^{-2}$	$\varepsilon_{\mathrm{f}},\Delta\varepsilon_{0}$

4. 平均应力修正

实际疲劳载荷几乎都是非对称应变循环，因此在使用 $R_{\varepsilon}=-1$ 下的 $\Delta\varepsilon-N$ 曲线进行疲劳寿命估算时，需要对 $\Delta\varepsilon-N$ 曲线进行修正。原则上这种修正应以试验数据为依据，因为对不同的材料，平均应力的影响是不同的。在没有试验数据可用时，可采用一些经验的修正办法。目前有两种途径可对 $\Delta\varepsilon-N$ 曲线进行修正以考虑平均应变或平均应力的影响，一是对表 2.13 中给出的表达式进行修正（表 2.15a），另一则是给出新的包含了平均应力或平均应变的 $\Delta\varepsilon-N$ 曲线（表 2.15b）。

表 2.15a　Manson - Coffin 公式的平均应力修正

修 正 方 法	修正的 Manson - Coffin 公式
Morrow 弹性应力线性修正	$\varepsilon_a = \dfrac{\sigma_f' - \sigma_m}{E}(2N)^b + \varepsilon_f'(2N)^c$
Gerber 弹性应力曲率修正	$\varepsilon_a = \dfrac{\sigma_f'^2 - \sigma_m^2}{E\sigma_f'}(2N)^b + \varepsilon_f'(2N)^c$
Morrow 总应变修正	$\varepsilon_a = \dfrac{\sigma_f' - \sigma_m}{\sigma_f'}\left[\dfrac{\sigma_f'}{E}(2N)^b + \varepsilon_f'(2N)^c\right]$
Sachs 弹性修正	$\varepsilon_a = \dfrac{\sigma_f'}{E}\left(1 - \dfrac{\sigma_m}{\sigma_b}\right)(2N)^b + \varepsilon_f'(2N)^c$

表 2.15b　直接考虑平均应力影响的一些 $\Delta\varepsilon - N$ 曲线

作 者	$\Delta\varepsilon - N$ 曲线表达式	材 料 常 数
K. N. Smith	$\sigma_{max}\varepsilon_a = \dfrac{\sigma_f'^2}{E}(2N)^{2b} + \sigma_f'\varepsilon_f'(2N)^{b+c}$	$E, \sigma_f', b, \varepsilon_f', c$
F. Erdogan	$\sigma_a^r\sigma_{max}^{1-r}\varepsilon_a = \dfrac{\sigma_f'^2}{E}(2N)^{2b} + 2\sigma_f'\varepsilon_f'(2N)^{b+c}$	$E, \sigma_f', b, \varepsilon_f', c, r$
Bergmann	$(\sigma_a + k\sigma_m)\varepsilon_a = \dfrac{\sigma_f'^2}{E}(2N)^{2b} + 2\sigma_f'\varepsilon_f'(2N)^{b+c}$	$E, \sigma_f', b, \varepsilon_f', c, k$
V. Adrov	$\dfrac{1}{N} = 2\left(\dfrac{4\sigma_f'\varepsilon_f'}{I\beta/\alpha}\right)^{a+b}$ 其中 $\alpha = f(\sigma_{max}, \sigma_a)$, $I = g(\Delta\varepsilon, \Delta\sigma)$	$\sigma_f', b, \varepsilon_f', c$

2.4.2　$\varepsilon_{eq} - N$ 曲线

Manson - Coffin 公式适用于中短寿命区,同时在 $R_\varepsilon \neq -1$ 时需要作平均应力的修正。通常不做试验难以选择平均应力的修正方法。$\varepsilon_{eq} - N$ 曲线首先定义了一个包含平均应力的参量——等效应变 ε_{eq}[29]

$$\varepsilon_{eq} = (2\varepsilon_a)^m\left(\frac{\sigma_{max}}{E}\right)^{1-m} \tag{2.52}$$

式中,m 为材料常数。然后用反双曲正切函数拟合试验数据

$$\lg N = A_0 + A_1 \mathrm{arctanh}\left\{\frac{\lg(\varepsilon_e\varepsilon_u/\varepsilon_{eq}^2)}{\lg(\varepsilon_u/\varepsilon_e)}\right\} \tag{2.53}$$

式中,A_0、A_1 为回归常数;ε_u 为对应于 1/4 循环时的应变,由 $\varepsilon_u = \varepsilon_{eq}|_{N=10} + 0.0025$

确定;ε_e 为对应于疲劳极限时的应变,由 $\varepsilon_e = \varepsilon_{eq} \mid_{N=10^8} - 0.0005$ 确定。图 2.42 给出了 $\varepsilon_{eq} - N$ 曲线的形状,可以看到:$\varepsilon_{eq} - N$ 曲线适用于各个寿命区,且不需要作平均应力的修正。当然相对 Manson-Coffin 公式,其试验工作量要大一些。

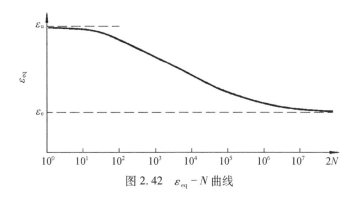

图 2.42 $\varepsilon_{eq} - N$ 曲线

目前对于 $\varepsilon_{eq} - N$ 曲线的研究较少,原因之一是试验工作量较大,曲线的拟合稍复杂。国内已完成了 5 种常用航空材料 $\varepsilon_{eq} - N$ 曲线的试验测定工作[4]。有关材料的 $\varepsilon_{eq} - N$ 曲线的参数列于表 2.16。

表 2.16 某些材料 $\varepsilon_{eq} - N$ 曲线的常数

材 料	m	A_0	A_1	$\varepsilon_u/\%$	$\varepsilon_e/\%$
LY12-CZ 板材	0.794	3.433	2.755	5.30	0.135
30CrMnSiNi2A 板材	0.780	3.287	2.032	4.31	0.35
2024-T3 薄板	0.40	4.644	2.914	1.52	0.18
7075-T6 薄板	0.40	4.899	2.809	1.50	0.16
300M 坯件和锻件	0.40	4.796	2.565	1.54	0.26

参 考 文 献

[1] Bridgman P W. Studies in large plastic flow and fracture. New York: McGraw-Hill Book Co., 1952.

[2] Ramberg W, Osgood W E. Description of stress strain curves by three parameters. NACA TN-902, 1943.

[3] Jhansale H R. A unified approach for modeling inelastic behaviour of structural metals under complex cyclic loadings. AD-A040741, 1977.

[4] 杨庆雄. 局部应力应变法寿命计算中材料疲劳特性选用的评论. 威海:第五届全国疲劳学术会议,1991: 230-235.

[5] Yao W X, Guo S J. VHCF test and life distribution of aluminum alloy LC4CS. International Journal of Fatigue, 2008, 30(1): 172-177.

[6] Bathias C, Drouillac L, Le François P. How and why the fatigue S-N curve does not approach

a horizontal asymptote. International Journal of Fatigue, 2001, 23(s): S143 – S151.

[7] Wang C, Wagner D, Wang Q Y, et al. Gigacycle fatigue initiation mechanism in Armco iron. International Journal of Fatigue, 2012, 45: 91 – 97.

[8] 于洋. Mn – Si – Cr 系贝/马复相高强钢超高周疲劳行为及机理研究. 北京: 清华大学, 2010.

[9] 郑修麟. 金属疲劳的定量理论. 西安: 西北工业大学出版社, 1994.

[10] 吴富强, 姚卫星. 一个新的材料疲劳寿命曲线模型. 中国机械工程, 2008, 19(13): 1634 – 1637.

[11] 王明珠. 结构振动疲劳寿命分析方法研究. 南京: 南京航空航天大学, 2009.

[12] 高镇同. 航空金属材料疲劳性能手册. 北京: 北京航空材料研究所, 1981.

[13] 高镇同, 蒋新桐, 熊峻江, 等. 疲劳性能试验设计和数据处理. 北京: 北京航空航天大学出版社, 1999: 17 – 24, 56 – 106.

[14] 马群, 佟晓君, 武春亭. $p – S – N$ 曲线的处理与比较. 工程力学, 2002, (增): 676 – 679.

[15] Smith R N, Watson P, Topper T H. A stress-strain function for the fatigue of metals. Journal of Materials, 1970, 5(4): 767 – 778.

[16] 吴学仁. 飞机结构金属材料力学性能手册. 第 1 卷. 静强度·疲劳/耐久性. 北京: 航空工业出版社, 1996: 212 – 247.

[17] Pang J C, Li S X, Wang Z G, et al. General relation between tensile strength and fatigue strength of metallic materials. Materials Science & Engineering A, 2013, 564(3): 331 – 341.

[18] Pang J C, Li S X, Wang Z G, et al. Relations between fatigue strength and other mechanical properties of metallic materials. Fatigue & Fracture of Engineering Materials & Structures, 2014, 37(9): 958 – 976.

[19] Liu R, Tian Y, Zhang Z, et al. Exceptional high fatigue strength in Cu – 15at. %Al alloy with moderate grain size. Scientific Reports, 2016, 6: 27433.

[20] 王宏伟, 马晋生, 南俊马, 等. 表面微观屈服强度与疲劳极限的关系. 金属学报, 1991, 27(5): A365 – A369.

[21] Dixon W J, Mood A M. A method for obtaining and analyzing sensitivity data. Journal of the American Statistical Association, 1948, 43(241): 109 – 126.

[22] 高镇同. 疲劳应用统计学. 北京: 国防工业出版社, 1986: 336 – 344.

[23] 徐灏. 疲劳强度. 北京: 高等教育出版社, 1988.

[24] Forrest P G. Fatigue of metals. Oxford: Pergamon Press, 1962.

[25] Coffin L F. A study of the effects of cyclic thermal stresses on a ductile metal. Transactions of the American Society of Mechanical Engineers, 1954, 76: 931 – 950.

[26] Manson S S. Behaviour of materials under condition of thermal stress. NACA TN – 2933, 1954.

[27] Manson S S. Fatigue behabiour in strain cycling in the low and inter-cycle range. Fatigue — A Interdisciplinary Approach. Syracuse: Syracuse University Press, 1964.

[28] 徐鹏. 金属材料应变寿命曲线估算的新方法. 南京: 南京航空航天大学, 2012.

[29] Jaske C E, Feddersen C E, Davis K B, et al. Analysis of fatigue, fatigue crack propagation, and fracture data. NASA CR – 132332, 1973.

第3章 疲劳载荷谱

作用在结构上的疲劳载荷谱是通过实测统计结构实际使用情况,并经处理和规范得到的。对于某一类型的结构,载荷谱具有一定的规律性,并逐渐将之规范化而形成设计标准、准则、指南或者规范,例如,对于飞机结构,在飞机进入试飞和服役使用之前就可以给出设计载荷谱,这一载荷谱可用于结构疲劳性能评估和抗疲劳设计,也可以用于结构零件、部件或全机的疲劳试验。飞机的实际载荷谱肯定与设计谱有差异,可以通过对机群实际载荷谱的等损伤折算给出飞机机群的疲劳寿命,也可以通过单机监控,确定某一架飞机的疲劳寿命。

众所周知,工程结构和机械在服役中受到的载荷通常是不规则的。不同的结构和机械受到的疲劳载荷具有不同的特点,如飞机结构的地-空-地循环载荷(图3.1)、车辆在路面上行驶的随机载荷(图3.2)、海洋结构的风浪载荷等。不同结构的载荷谱大多是通过分析和实测获得的,各行业均有各自的标准和做法。

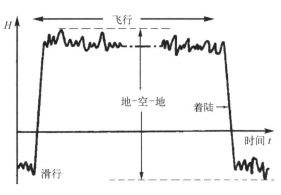

图 3.1 飞机结构的载荷-时间历程

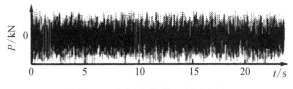

图 3.2 车辆的载荷-时间历程

由分析和实测获得的载荷-时间历程可采用多种方法(如计数法、谱分析法等)处理成可用于结构疲劳寿命分析或试验的载荷谱。载荷谱的基本参数如图3.3所示,包括变程、幅值、峰值、谷值、参考载荷等,其中从一个折返点到相邻一个折返点被称为变程,其余名词解释见图3.3。

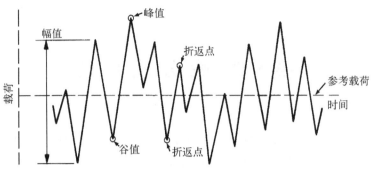

图 3.3　疲劳载荷的基本参数

3.1　疲劳载荷谱的种类

载荷谱有三种类型,即常幅谱、块谱和随机谱。

3.1.1　常幅谱

所有循环载荷的峰值相等和谷值相等的载荷-时间历程被称为常幅谱。描述一个常幅疲劳载荷谱需要两个参数,如图 3.4 所示。设最大应力为 S_{max} 和最小应力为 S_{min}。定义应力幅值 S_a、平均应力 S_m、应力比 R 如下:

$$S_a = \frac{S_{max} - S_{min}}{2}$$

$$S_m = \frac{S_{max} + S_{min}}{2} \qquad (3.1)$$

$$R = \frac{S_{min}}{S_{max}}$$

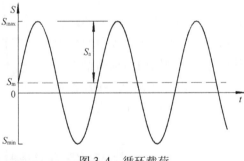

图 3.4　循环载荷

若应力比 $R = -1$,则称之为对称循环疲劳载荷;若 $R = 0$,则称之为脉动循环疲劳载荷。5 个参数中只要知道其中任意 2 个,就可求出其他 3 个参数。

常幅载荷谱的最大值 S_{max} 和最小值 S_{min} 不随时间而变。常幅谱常用于材料疲劳性能试验,也用于疲劳分析方法的研究,有时还用于比较两个结构的疲劳性能的优劣。

3.1.2　块谱

载荷-时间历程具有周期性重复的疲劳载荷谱被称为块谱,块谱也称程序块谱,如图 3.5 所示。试验结果表明,当整个寿命期内块谱的块数较少(如只有几块时),则块的不同编排对疲劳寿命有一定的影响;而当块数较多时,则不管块谱如何编排,疲劳寿命基本相同。通常,程序块谱的每个小块采用低-高-低的方式编排;有些谱则根据工程结构的实际情况按某种方式对各块进行编排,例如,对飞机结构,可按任务剖面编排。

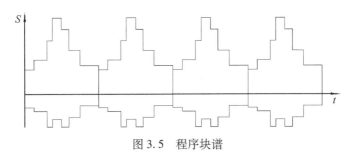

图 3.5　程序块谱

通常块谱是以表格的形式给出的,如表 3.1 为某飞机结构细节 100 飞行小时所受到的某任务剖面的载荷谱。表中的载荷作用次数可能为小数,这一载荷谱可以直接用于疲劳寿命的分析计算;在用于试验时,小数向后累积,当累积次数大于等于 1 时,在所对应的块中加一次循环。

表 3.1　某飞机结构细节 100 飞行小时某任务剖面的飞行载荷谱

级　　数	1	2	3	4	5	6	7	8	9
S_{max}/MPa	76.5	74.0	80.5	109.0	104.0	148.4	127.5	117.0	80.0
S_{min}/MPa	20.0	10.5	0.0	20.0	0.0	20.0	30.0	0.0	9.5
载荷次数	520.6	106.0	19.0	3.5	11.0	0.1	0.8	1.6	8.0

3.1.3　随机谱

载荷的大小和次序毫无规律可循的载荷-时间历程被称为随机谱。工程实践中的随机谱是将实测和/或分析得到的载荷按结构服役过程中的受载特点进行随机编排得到的,是一种伪随机谱。目前已有多种随机编谱的方法,各行业也有各自的做法。本书介绍一种飞机结构疲劳载荷随机谱的编排方法,其编制过程比较简单。

飞机结构的疲劳载荷随机谱通常按一个任务(段)接一个任务(段)来编制。

首先准备好结构所受到的总谱,并准备好相应的随机数列;然后以循环为单位从总谱中取数,编制成飞-续-飞随机谱。下面以表 3.2 给出的谱为例,编制随机谱。

表 3.2　总谱及其编号

级　　数	S_{max}	S_{min}	循环次数	编　　号
1	76.5	20.0	52 060	0 ~ 52 059
2	74.0	10.5	10 600	52 060 ~ 62 659
3	80.5	0	1 900	62 660 ~ 64 559
4	109.0	20.0	350	64 560 ~ 64 909
5	104.0	0	1 100	64 910 ~ 66 009
6	148.4	20.0	10	66 010 ~ 66 019
7	127.5	30.0	80	66 020 ~ 66 099
8	117.0	0	160	66 100 ~ 66 259
9	80.0	9.5	800	66 260 ~ 67 059

（1）总谱：设该飞机的设计寿命为 10 000 飞行小时，每次飞行平均为 45 分钟。这样，总共有 12 500 次飞行起落，总循环载荷次数 $M = 67 060$ 次。载荷总谱及其相应的循环数编号见表 3.2。

（2）每次起落所受循环载荷次数：10 000 设计飞行小时寿命共有起落数 $L = 12 500$ 次，每次起落所受到的循环载荷次数为 NF $= M/L = 5.3648$，对其向上归整，取 NF $= 6$，即相应于一个起落抽取 6 个随机号。因此伪随机数的长度应大于等于 NF $\cdot L = 75 000$。

（3）伪随机数列：准备伪随机数列，其周期 $T = 75 000$。伪随机数列可通过数学算法求得，如乘同余法、混合同余法等[1,2]。

（4）抽号编谱：按伪随机数在总谱中抽号。若第 i 个随机数目 m_i 满足 $M \leq m_i < T$，则第 i 次抽号为空号，该次抽号有效，但本次起落少一次循环载荷。如对于本例，前几次起落对应的随机载荷系列为：

第 1 次起落：0—76.5—20—76.5—20—76.5—20—76.5—20—76.5—20—

第 2 次起落：76.5—20—74—10.5—74—10.5—76.5—20—76.5—20—

第 3 次起落：76.5—20—76.5—20—76.5—20—76.5—20—74—10.5—76.5—20—

第 4 次起落：76.5—20—74—10.5—76.5—20—76.5—20—76.5—20—76.5—20—

第 5 次起落：74—10.5—74—10.5—74—10.5—76.5—20—80—9.5—76.5—20—

由此可以看到，每个起落包括空号共 6 次循环，而实际的载荷循环次数可能是不同的，如第 1 和第 2 个起落是 5 次，而第 3、4、5 个起落为 6 次。上述峰谷值如图 3.6 所示。

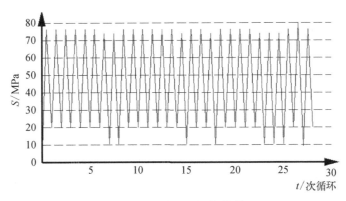

图 3.6　某飞机随机载荷谱

3.2　雨 流 法

载荷-时间历程的统计处理方法很多,与局部应力应变法的稳态法原理相一致的计数方法是雨流法。雨流法建立在对封闭的应力应变迟滞回线进行逐个计数的基础上,较好地反映了随机加载的全过程。图 3.7 解释了材料的迟滞回线与加载峰谷值之间的关系。图中一个大循环是 1—4—7;其中,小循环 2—3—2′ 进入塑性,形成一个小的迟滞回线,小循环 5—6—5′ 没有进入塑性,其迟滞回线是一条线。从稳态法的角度,这一加载历程可以看作是由一个大循环和两个小循环组成的。

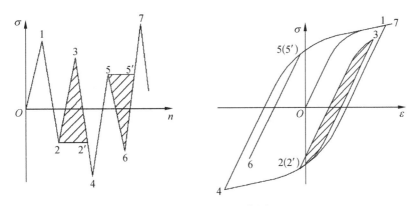

图 3.7　雨流法的基本原理

设 X 为当前变程,Y 为 X 前面的一个变程。雨流计数法的计数规则[3] 为:

(1) 读下一个峰或谷。若超出峰谷值点总数,转到第(6)步。

(2) 若少于 3 个点,去第(1)步。利用未曾被抛弃的最新的 3 个峰和谷,确定变程 X 和 Y。

（3）比较变程 X 和 Y 的绝对值。① 若 $X<Y$，去第（1）步；② 若 $X \geqslant Y$，去第（4）步。

（4）若变程 Y 包含起点 S，去第（5）步；否则计 Y 为一个循环；抛弃 Y 的峰和谷；去第（2）步。

（5）计变程 Y 为半个循环；抛弃变程 Y 的第一个点（峰或谷）；把起点移到变程 Y 的第二个点；去第（2）步。

（6）将以前未曾计数的每个变程计为半个循环。

下面通过一个例子解释上述计数规则。如图 3.8（a）所示为一个载荷-时间历程。按照计数规则：

（1）$S = A$，$Y = |A - B|$，$X = |B - C|$。因为 $X > Y$，且 Y 包含 S（即 A 点），所以计 $|A-B|$ 为半个循环，且抛弃 A 点，并记 $S = B$，见图 3.8（b）。

（2）$Y = |B - C|$，$X = |C - D|$。因为 $X > Y$，且 Y 包含 S（即 B 点），所以计 $|B-C|$ 为半个循环，且抛弃 B 点，并记 $S = C$，见图 3.8（c）。

（3）$Y = |C - D|$，$X = |D - E|$。因为 $X < Y$，所以继续。

（4）$Y = |D - E|$，$X = |E - F|$。因为 $X < Y$，所以继续。

（5）$Y = |E - F|$，$X = |F - G|$。因为 $X > Y$，所以计 $|E-F|$ 为半个循环，且抛弃 E 点和 F 点，见图 3.8（d）。

（6）$Y = |C - D|$，$X = |D - G|$。因为 $X > Y$，且 Y 包含 S（即 C 点），所以计 $|C-D|$ 为半个循环，且抛弃 C 点，并记 $S=D$，见图 3.8（e）。

（7）$Y = |D - G|$，$X = |G - H|$。因为 $X < Y$，所以继续。

（8）$Y = |G - H|$，$X = |H - I|$。$X < Y$，达到载荷-时间历程终点。

（9）计 $|D-G|$、$|G-H|$、$|H-I|$ 为半循环。

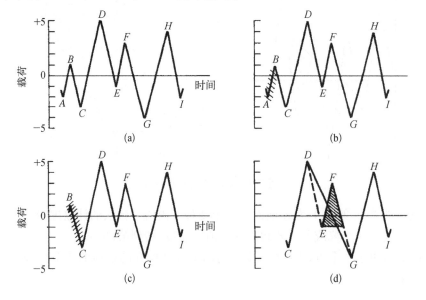

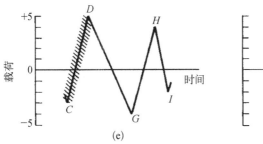 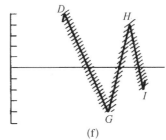

图 3.8　雨流计数例子

上述雨流法的一个缺点就是计数的结果会出现半循环。为此人们针对这一问题进行了大量的研究,出现了很多种改进方法[4-8],但差别不大。

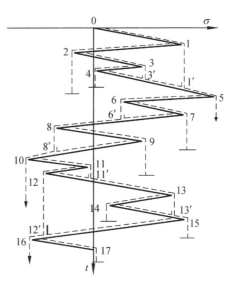

雨流法也叫塔顶法,其名称来源于雨流处理的一种形象比拟。将载荷-时间历程顺时针转 90°,如图 3.9 所示。想象雨水从起始点往下落,并遵循如下规则:

（1）雨流的起点依次在每个峰(或谷)的内侧;

（2）雨流在下一个峰(或谷)处落下,直到有一个比其更大的峰(或更小的谷)为止;

（3）当雨流遇到来自上面屋顶流下的雨流时,就停止;

（4）取出所有的全循环,并记录下各自的幅值和均值。

图 3.9　雨流计算法原理

图 3.9 解释了雨流计数法原理。第一个雨流自 0 点处第一个谷的内侧流下,从 1 点落至 1′后流至 5,然后下落。第二个雨流从峰 1 点内侧流至 2 点落下,由于 1 点的峰值低于 5 点的峰值,故停止。第三个雨流从谷 2 点的内侧流到 3,自 3 落下至 3′,流到 1′处遇到上面屋顶流下的雨流而停止。如此下去,可以得到如下的计数结果:全循环 7 个:3—4—3′、1—2—1′、6—7—6′、8—9—8′、11—12—11′、13—14—13′和 12—15—12′;变程 0—5、5—10、10—15、15—16 和 16—17,这些变程构成了低-高-低谱。因为 10 点和 16 点值相等,所以可以处理成图 3.10(a)或图 3.10(b)的结果。

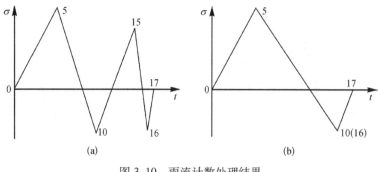

图 3.10　雨流计数处理结果

3.3　机动类飞机的载荷谱

3.3.1　任务剖面

　　飞机的疲劳载荷谱分为飞行谱和地面谱,各类飞机的疲劳载荷谱由统计得到。

　　飞机疲劳载荷谱编制的基本依据是飞机的任务剖面。任务剖面是一些任务段或事件的顺序表,这些任务段或事件组成一个完整的任务。任务剖面可以用图线(图 3.11)或表格(表 3.3)来表示。每个任务剖面必须包含任务类型、任务使用

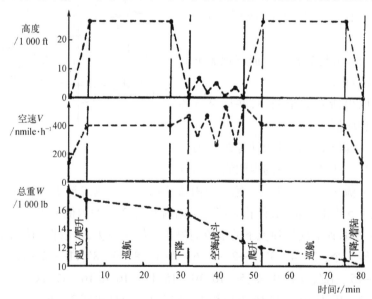

任务类型:对地攻击。飞机外形:A 型外挂。任务使用率:35%

图 3.11　某战斗机的对地攻击任务剖面

1 ft = 0.304 8 m;1 mile = 1.609 344 km;1 lb = 0.453 5 kg

率、外形布局、空速、高度、总重、时间、着陆次数(含复飞触地)等内容,还可能包括外挂物投放、其他明显的重量变化、任务半径、不同于标准的其他跑道形式,以及可用于和有助于确定典型任务的任何其他补充资料。

表 3.3 某战斗机的近距空中支援任务剖面

(任务类型:近距空中支援。任务使用率:20%。外形布局:A 型外挂)

任务段	1 总重 W/lb	2 高度 H/ft	3 使用 燃油/lb	4 飞行 距离 /mile	5 当量空速 V/(mile· h⁻¹)	6 动力 状态	7 最大持续 推力百 分比/%	8 时间 /min	9 总时间 百分比 /%	10 累计 总时间 /min
地面滑行	45 007	0	0	0				7.0	3.1	7.0
起飞	47 007	0	94	0	0~200	最大起飞推力		0.9	0.4	7.9
爬升	44 913	0~20 000	980	53	200~250	最大爬升率		14.0	6.1	21.9
巡航	43 933	20 000	1 656	169	300	最佳巡航	91	34.0	14.9	55.9
下降	42 277	20 000~5 000	62	28	250~200	空转		7.5	3.3	63.4
巡逻	42 215	5 000	1 735		200	中等	50	42.1	18.5	105.5
战斗	40 484	5 000~0	4 046		200~450	最大推力		50.0	21.9	155.5
爬升	25 409	5 000~25 000	350	23	225~260	最大爬升率		5.0	2.2	160.5
巡航	25 059	25 000	1 066	174	260	最佳巡航	55	41.3	18.1	201.8
下降	23 993	25 000~1 000	158	50	200~150			17.5	7.7	219.3
进场着陆	23 835	1 000~0	503		150~0	空转中等	34~	1.7	0.7	221.0
滑行	23 332	0						7.0	3.1	228.8

3.3.2 载荷谱组成

飞机载荷谱由 5 类基本载荷组成,它们是突风载荷、机动载荷、着陆撞击载荷、地面滑行载荷、地-空-地循环载荷。

1. 突风载荷

突风(或称阵风,gust)是由大气紊流造成的。飞机在大气中飞行,当遇到或穿越方向和大小不断变化的突风时,作为一个质点的飞机受到大气紊流的作用,在其升力面和操纵面上产生附加载荷,造成飞机结构的不同部位出现不同的附加作用力。

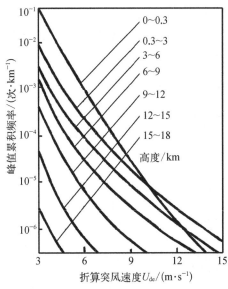

图 3.12　垂直突风速度统计曲线

大气紊流分为暴风紊流和非暴风紊流两大类,雷暴是暴风紊流的主要来源,非雷雨天的云、地形地貌变化引起的对流等则是非暴风紊流的主要来源。大气紊流是不确定的,且事先无法准确预计。目前已对大气紊流的分布作了统计,习惯上用垂直折算(当量)突风速度 U_{de} 描述,早期的统计数据见图 3.12。

1) 离散突风模型

离散突风模型认为突风是一次一次独立地来到的。相比飞机的飞行速度,水平突风速度很小,因而引起的水平方向的过载也很小,可以忽略不计。而垂直方向的突风,使飞机的攻角发生变化,因而会产生较大的过载。如图 3.13 所示,在飞机以平飞速度 V 飞行时,遇到垂直突风 U,此时产生了一个攻角的改变量 $\Delta\alpha = \tan^{-1}(U/V) \approx U/V$。

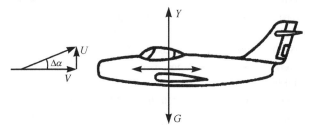

图 3.13　垂直突风过载

在无突风作用时,飞机的升力 Y 为

$$Y = \frac{1}{2}\rho V^2 S c_y^\alpha \alpha \tag{3.2}$$

式中,ρ 为空气密度;S 为机翼面积;α 为飞机攻角;c_y^α 为飞机的升力系数斜率。在垂直突风 U 作用下,飞机有了一个 $\Delta\alpha = U/V$ 的攻角增量,飞机的升力为

$$Y = \frac{1}{2}\rho V^2 S c_y^\alpha (\alpha + \Delta\alpha) \tag{3.3}$$

按照飞机过载系数的定义,得到突风作用时,飞机的过载系数为

$$n_y = \frac{Y}{G} = n_{y0} + \frac{c_y^\alpha \rho V U}{2G/S} \tag{3.4}$$

式中,G 为飞机质量;G/S 被定义为飞机翼载荷;n_{y0} 为无突风时飞机的垂直过载系数,平飞时 $n_{y0}=1$。

上述突风过载模型被称为简单陡边突风模型,其基本假设是垂直突风是突然出现的,且飞机是刚性的,显然这与事实有差异。后有人对此模型进行了改进[9,10],认为用一个突风缓和系数 K_g 可以很好地克服简单陡边突风模型假设的缺陷(图 3.14),即

$$n_y = \frac{Y}{G} = n_{y0} + \frac{c_y^\alpha \rho V U}{2G/S} K_g$$

$$K_g = \frac{0.88 U_g}{5.3 + U_g}$$

(3.5)

式中,$U_g = \dfrac{2G}{\rho \bar{c} S C_y^\alpha}$ 为飞机质量比,其中 $\bar{c}$ 为飞机平均气动弦长。

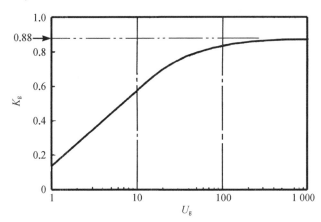

图 3.14 突风缓和系数

2)连续突风模型

连续突风模型基于功率谱密度技术,考虑所有波长的突风对飞机的影响。某一高度上突风谱的计算公式[11]为

$$N(U_{de}) = 10.8 P_1 e^{\frac{-U_{de}}{0.67 k_1}} + 8.1 P_2 e^{\frac{-U_{de}}{1.62 k_2}}$$

(3.6)

其中,$N(U_{de})$ 为突风速度每千米的超越频次;P_1 和 P_2 是非暴风紊流和暴风紊流所占的比例;k_1 和 k_2 是非暴风紊流和暴风紊流的紊流强度因子;k_1、k_2、P_1 和 P_2 的取值与高度有关。由于空域及天气状况等因素的影响,即使在同样的高度上,$N(U_{de})$ 的统计数据仍然具有较大的分散性[12-17],如图 3.15 所示。分析实测数据可以发现,在同一高度段上,紊流强度因子 k_1 和 k_2 近似相等,但 P_1 和 P_2 差别较

大,因此有理由认为同一高度段上的紊流强度因子 k_1 和 k_2 为固定值,而 P_1 和 P_2 为随机变量,且相互独立。拟合实测数据,对 P_1 和 P_2 进行 K‐S 检验,结果表明 P_1 和 P_2 可以用对数正态分布描述,各高度段上 k_1、k_2 的取值和 P_1、P_2 的对数正态分布参数见表 3.4。

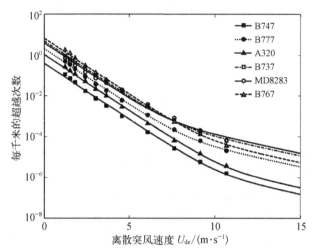

图 3.15　突风速度每千米超越数($H<4\,500$ ft)

表 3.4　k_1、k_2 的取值和 P_1、P_2 的分布参数

高度/ft	k_1	k_2	P_1		P_2	
			μ_1	σ_1	μ_2	σ_2
<4 500	1.18	1.52	−0.7	0.46	−3.89	0.84
4 500~9 500	0.95	0.82	−1.35	0.40	−2.94	0.22
9 500~19 500	0.85	0.89	−1.79	0.21	−3.59	0.18
19 500~29 500	0.73	0.96	−2.24	0.16	−4.60	0.09
29 500~39 500	0.69	0.81	−2.53	0.15	−4.83	0.13

将式(3.6)作用于飞机结构,解飞机的动力学方程,可得到飞机对于大气紊流的响应,其超越频率曲线为

$$N(\Delta n) = N(0)_{\Delta n}\left[p_1\exp\left(-\frac{\Delta n}{A_{\Delta n}b_1}\right) + p_2\exp\left(-\frac{\Delta n}{A_{\Delta n}b_2}\right) \right] \tag{3.7}$$

式中,p_1、p_2、b_1、b_2 为与飞机飞行高度和飞机结构弹性有关的系数,可通过飞机的飞行测量获得。

2. 机动载荷

机动载荷是机动类飞机的主要疲劳载荷,由飞行统计给出。如表 3.5 是美军规范 MIL－A－008866B 给出的 1 000 飞行小时的统计数据。

表 3.5 机动载荷值(1 000 飞行小时)

n_y	爬 升	巡 航	下 降	巡 逻	空－地	特种武器	空－空
2.0	5 000	10 000	20 000	15 000	175 000	70 000	300 000
3.0	90	2 500	5 500	2 200	100 000	25 000	150 000
4.0	1	400	500	500	40 000	7 500	50 000
5.0		1	1	1	10 000	2 000	13 000
6.0					1 500	250	2 500
7.0					200	15	900
8.0					15	1	180
9.0					1		60
10.0							15
0.5						10 000	44 000
0						350	4 000
−1.0						7	350
−2.0						1	8
−2.5							1

3. 着陆撞击载荷

飞机着陆的过程中有大量的能量需要吸收,所以,着陆是起落架的严重受载情况,对于机翼、机身和水平尾翼结构,也是必须考虑的载荷情况之一。影响着陆载荷的变量包括飞机质量、下沉速度、水平速度、重心位置、缓冲器充填情况、飞机姿态、地面风速、轮胎与道面、机场高度与温度等。机动类飞机的着陆撞击疲劳载荷主要取决于飞机的下沉速度 V_y 以及飞机与起落架的弹性特性,主要通过统计得到,如 MIL－A－008866 给出的飞机 1 000 次着陆的下沉速度统计值,见表 3.6。

表 3.6 飞机下沉速度统计值(1 000 次着陆)

下沉速度/$(ft \cdot s^{-1})$	教 练 机	所有其他类型飞机
1	130	180
2	190	290
3	220	260
4	190	155
5	125	78
6	70	26
7	37	8
8	17	1.5
9	8	1.0
10	2.6	1.0

下沉速度/(ft·s⁻¹)	教 练 机	所有其他类型飞机
11	1.4	0.5
12	0.9	
13	0.6	

飞机着陆过程中大量的能量需要起落架来吸收。起落架的状态在着陆过程中可分为着陆撞击、机轮起转和回弹三个阶段。图 3.16 给出了某型飞机主起落架垂直着陆撞击载荷、航向起转载荷和回弹载荷的累积频率曲线[18]。

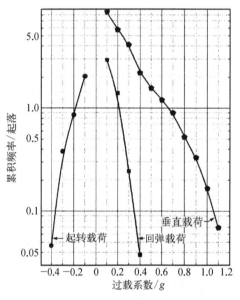

图 3.16　某飞机主起落架着陆撞击载荷累积频率曲线

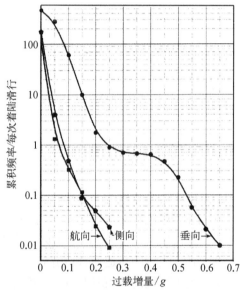

图 3.17　某型飞机主起落架着陆滑行过载系数累积频率曲线

4. 地面滑行载荷

由于路面不平度的影响,飞机在跑道上滑行时会引起随机振动,理论分析飞机在地面滑行的随机响应是一个复杂的问题。当路面不平度对飞机的激励与飞机的弹性模态产生耦合时,滑行将导致起落架及其附属结构上产生较大的动态载荷。在飞机结构疲劳寿命分析中,对于机翼、机身、水平尾翼和起落架结构,地面滑行都是必须考虑的载荷情况之一。

因跑道表面的不平度激励而产生的垂直反复载荷在停机过载 1 附近波动,航向和侧向载荷在过载 0 附近波动。因此地面滑行载荷的大小取决于跑道的平整度和起落架的缓冲性能,图 3.17 给出了某型飞机主起落架滑行过载系数的累积频率分布[18]。表 3.7 为 MIL‑A‑008866 给出的 1 000 次着陆滑行载荷的统计值。

表 3.7 飞机地面滑行垂直过载统计值(1 000 次着陆)

重心处过载	累积出现次数
1±0.0	494 000
1±0.1	194 000
1±0.2	29 000
1±0.3	2 000
1±0.4	94
1±0.5	4
1±0.6	0.155
1±0.7	0.005

5. 地‑空‑地循环载荷

地‑空‑地循环载荷是指一次飞行的空中最大载荷和地面最小载荷所组成的大循环 A—B—C,见图 3.1 和图 3.18,对于气密座舱来说每次飞行存在增压‑卸压的大循环。在疲劳试验时,如果采用飞‑续‑飞(按地‑空‑地编谱)疲劳载荷谱,那么地‑空‑地循环载荷自动加入到了载荷谱中,但是如果空中谱和地面谱分别加载,那么需要在疲劳载荷谱中加入地‑空‑地循环载荷。

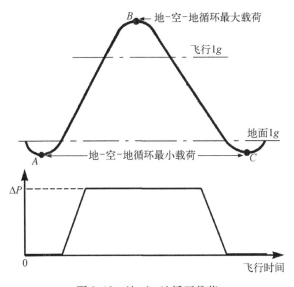

图 3.18 地‑空‑地循环载荷

3.4　运输类飞机载荷谱

运输类飞机在服役过程中主要受到突风和机动载荷的作用。从 20 世纪 30 年代到现在,各国对很多型号的飞机进行了载荷实测,获得了大量的统计数据。

3.4.1　突风载荷

突风载荷对军用飞机结构造成的疲劳损伤不大,但却是民用飞机疲劳损伤的主要来源。民用飞机适航规章规定最大突风载荷是在 $2×10^5$ 飞行小时内遇到 1 次的最大载荷。有 6 个有名的突风统计数据库,见表 3.8。突风循环载荷的计算方法与 3.3.2 节第 1 部分相同。

表 3.8　突风载荷实测数据信息

编　　号	数据信息	时　　间	飞行小时	来　　源
A	NACA4332	1958	—	[19]
B	FATIGUEMETER	1950~1960	25 144	[20]
C	TURBOJET	1960~1962	8 359	[21－22]
D	ACMS	1974~1984	121 893	[20]
E	ONERA	1980~1990	1 781 548	[20]
F	FAA	1998~2006	223 441	[23－28]

3.4.2　机动载荷

机动载荷是指飞机在空中飞行时驾驶员操纵飞机所产生的附加载荷,受舒适性要求的限制,运输类飞机的机动过载通常较小,它对结构疲劳寿命的影响远小于突风载荷。机动载荷可以分为航线飞行机动载荷和训练飞行机动载荷。航线飞行机动指在正常商业运营中为保持规划航线而进行的机动,训练飞行机动指在飞行员训练或飞行检查中进行的机动,通常训练飞行在整个飞机服役期内所占的比例小于 5%。机动载荷谱主要通过飞行实测得到,常以增量过载 $±\Delta n_{cg}$ 的超越数曲线给出,到目前为止,已有大量的针对商业运输机的实测数据,包括突风、机动、着陆和地面载荷的实测数据等[18-36],新飞机可依据类似飞机的已有数据进行适当修正后采用。波音公司从中导出的载荷谱从 20 世纪 70 年代就开始使用并形成了一个用于设计和服役评估的分析标准载荷谱[37],该载荷谱中包含突风、机动和地面滑行载荷,并被用于编制 B757/767 飞机的全机疲劳试验谱。本书对 B747 - 400、B767 - 200ER、B777 - 200ER 和 A320 四种机型的机动载荷数据进行了统计分析[25~28],其中离场任务段并入爬升段中,进场任务段并入下降段中,结果如图 3.19~图 3.21 所示。

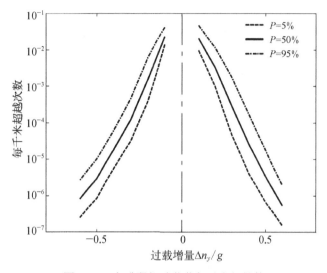

图 3.19　爬升段机动载荷每千米超越数

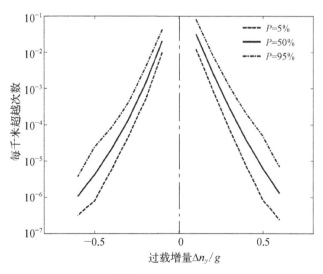

图 3.20　下降段机动载荷每千米超越数

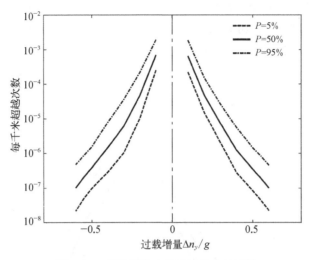

图 3.21　巡航段机动载荷每千米超越数

3.4.3　地面载荷

运输类飞机的地面载荷来源主要有滑行、起飞滑跑、着陆撞击、着陆滑跑和地面操作运行，包括刹车、转弯、牵引等。

1. 着陆撞击

着陆的过程由着陆撞击、起转和回弹三个阶段组成，前起落架与主起落架分别受载，载荷顺序如图 3.22 所示，P_y 为着陆撞击载荷，P_x 的峰谷值分别为起转和回弹载荷，P_z 为侧向载荷。目前，针对民用运输机的着陆撞击过载已有大量的实测数据，图 3.23 列出其中的一部分[23-28]。

2. 地面滑行

运输类飞机的地面滑行载荷谱一般通过实测得到[23-28]，图 3.24~图 3.26 示出了部分统计实测数据。

3. 滑行

滑行指起飞前和着陆之后飞机在地面上的运动过程。滑行阶段的速度一般较低，载荷的大小与地面滑跑段相比要小很多，在疲劳载荷谱编制的过程中，有时直接并入滑跑段。但也有一些运输机是单独给出的[23-28]，如图 3.27 和图 3.28 所示。

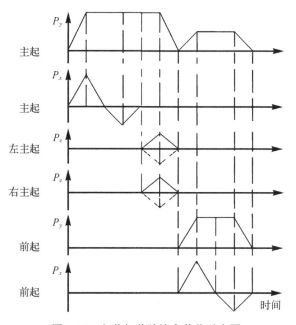

图 3.22　起落架着陆撞击载荷示意图

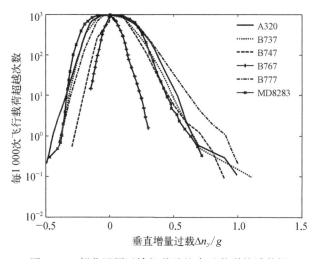

图 3.23　部分民用运输机着陆撞击过载谱统计数据

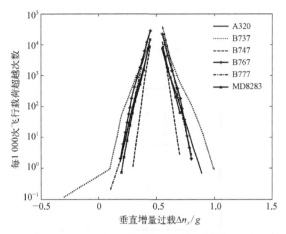

图 3.24 起飞滑行过载谱统计数据

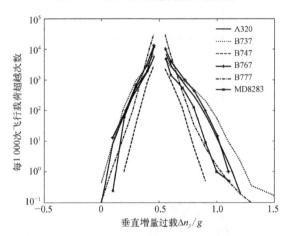

图 3.25 着陆滑行过载谱统计数据(反推力关闭)

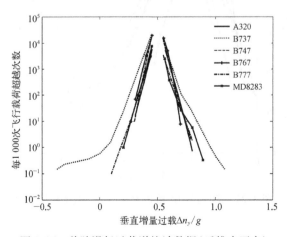

图 3.26 着陆滑行过载谱统计数据(反推力开启)

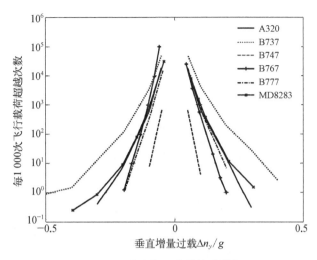

图 3.27　滑出段过载谱统计数据

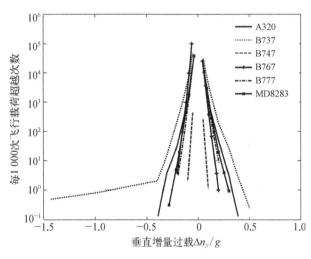

图 3.28　滑入段过载谱统计数据

4. 转弯

在地面运行过程中,转弯是飞机地面操纵时侧向力最大的载荷情况[38], 通常是起落架和飞机机体结构设计的重要情况之一。转弯可以通过操纵前轮 转弯系统、使用发动机非对称推力或采用差动刹车方式实现,主要考察起落架 承受侧向载荷的能力。图 3.29 给出了民用运输机的地面转弯的侧向载荷系 数谱。

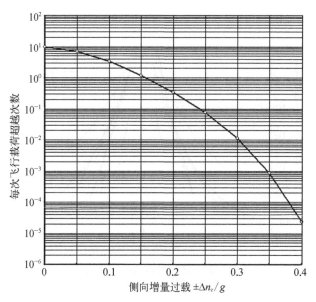

图 3.29　地面转弯侧向载荷谱

3.4.4　地-空-地循环

对于运输类飞机,地-空-地循环所造成的损伤占总损伤的大部分,有的高达80%以上,因此在编制运输类飞机载荷谱时需予以专门考虑。在编制飞-续-飞载荷谱的过程中,在每次空中飞行中间插入地面载荷,这样就自然包括了地-空-地循环。对于程序块谱,则需要将地-空-地循环单独考虑,但是在加入地-空-地循环之后,就要在程序块谱中扣除构成地-空-地循环的空中最大载荷和地面最小载荷。

3.5　试验谱编制

飞机结构疲劳试验载荷谱编制的依据是连续载荷-超越频次曲线。该曲线是飞机结构所受载荷的统计代表数据,是根据历史经验或试飞实测得到的。由于飞机型号的差异和/或试飞实测数据有限,其中部分数据是按概率统计规律外推得到的,载荷谱中存在着大量的小载荷和整个寿命期仅出现数次的罕见高载。在编制载荷谱之前,首先需要对连续超越频次曲线进行处理,主要是对出现概率极小的高载进行截除处理和对疲劳损伤贡献极小的小载荷进行删除或等效处理,其目的是一方面尽量保证载荷谱的真实性,另一方面尽量减少试验时间。

对原始连续载荷超越频次曲线经过高载截除和低载删除或等效处理后便可得

到试验载荷谱编制用的连续载荷超越频次曲线,并以此为依据进行飞-续-飞载荷谱或者等幅谱的编制。

3.5.1 高载截除

在原始试验谱中包含了出现概率极低的高水平载荷。对这些高载荷进行截除处理的原因是极少量的高载会引起疲劳裂纹萌生的超载效应和疲劳裂纹扩展的迟滞效应而导致偏危险的试验结果,因此截除高载意味着减少疲劳试验寿命,是属于偏保守的处理,同时由于这些高载实际出现的概率很小,很多飞机在全寿命期间也可能碰不到一次,因此截除高载也从一定程度上保证了试验谱的真实性。

目前高载截除的标准大致如下:将一个设计使用寿命期内超越次数小于或等于10的高载进行截除处理。这一选择基于这样的准则:机队中大多数飞机在试验寿命期内至少遇到几次的载荷作为试验谱中的最高载荷。例如,B757、B767飞机的目标寿命为50 000飞行小时(FH),则取每个试验块谱(5 000 FH)中出现一次的载荷作为高载截除值[24]。

3.5.2 低载删除

在原始试验谱中包含了大量的小载荷。这些小载荷次数很多但对疲劳损伤的贡献很小,因此删除掉这些小载荷可以节省很多试验时间;也可以将很多个小载荷循环折算成损伤相当的一个大载荷。这样既保证了试验谱的真实性同时也减少了试验时间。

关于低载删除目前还没有公认的标准,文献或实践中提出了几种准则可以参考:① 最大幅值载荷的10%~14%;② 疲劳极限的70%[39];③ 疲劳极限的50%[40]等。原则上,一方面低载删除值应该尽可能的小以保证试验谱的真实性,另一方面低载删除值应该尽可能的大以缩短试验时间和降低试验费用,工程实践中需要折中考虑。

实际上低载删除的基本原则是删除的小载荷不应该对结构的疲劳损伤产生影响,这一原则是公认的。但是如何实现这一原则目前尚无很好的办法,其根本原因是不仅连续载荷超越频次曲线具有不确定性,而且材料的疲劳性能曲线也具有不确定性,同时结构也具有不确定性,这对于建立删除准则造成了困难,图3.30形象地解释了这一问题。

由于结构的疲劳性能存在不确定性,对于一个指定的疲劳寿命N_0,结构的疲劳强度S可看作是一个随机变量。对于连续载荷超越频次曲线$S-n$,通常给出的是中值曲线($p=0.5$),如果指定了一个小载荷删除阈值S_{omit},实际载荷谱中,在N_0处有50%概率出现大于S_{omit}的载荷,这些载荷会使结构产生损伤。因为结构疲劳

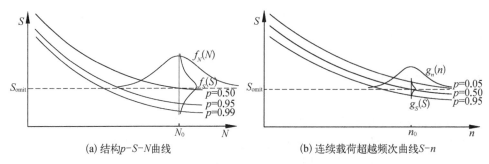

(a) 结构 p-S-N 曲线　　　　　　　(b) 连续载荷超越频次曲线 S-n

图 3.30　小载荷删除原理

极限为随机变量,其损伤的大小不仅与载荷的分散性相关,也与结构疲劳极限的分散性相关。另外对于实际工程结构,其关键疲劳薄弱部位会有多处多个,疲劳载荷工况也多种多样,这样就造成了确定 S_{omit} 值的困难。

1. 随机变量之间差异性的度量

概率距离是对两个随机变量相似性的度量。度量概率距离的常见参量有 KL 距离、Bhattacharyya 距离(简称 B 距离)、Chernoff 距离、Kolmogorv 距离、Patrick - Fisher 距离、Symmetric KL 距离等,KL 距离和 B 距离在统计学中的应用较为广泛。

设连续随机变量 F 和 G 的概率分布密度函数分别为 $f(x)$ 和 $g(x)$,它们之间的差异程度可用 KL 距离 L_{KL} 来描述[41],

$$L_{KL}(F \parallel G) = \int f(x) \ln \frac{f(x)}{g(x)} dx \qquad (3.8)$$

KL 距离越大,则两个随机变量的差异也越大。两者完全相同时,$L_{KL}(F \parallel G) = 0$。若两个随机变量均服从对数正态分布,则对式(3.8)积分,可得 $L_{KL}(F \parallel G)$[42] 为

$$L_{KL}(F \parallel G) = \frac{1}{2}\left[\ln \frac{\sigma_G^2}{\sigma_F^2} + \frac{\sigma_F^2}{\sigma_G^2} - 1 + \frac{(\mu_F - \mu_G)^2}{\sigma_G^2} \right] \qquad (3.9)$$

式中,μ_F 和 σ_F 是随机变量 F 的对数均值和对数标准差;μ_G 和 σ_G 为随机变量 G 的对数均值和对数标准差。

两个随机变量概率分布的相似程度还可以用 B 距离来度量[43]。先定义 B 系数为

$$D = \int \sqrt{f(x)g(x)} dx \qquad (3.10)$$

由上式可知,B 系数对应于两个随机变量概率分布的重叠部分,如果两个随机变量完全没有重叠,则 B 系数为 0。由此定义 B 距离 D_B 为

$$D_{\mathrm{B}}(F \parallel G) = -\ln D = -\ln \int \sqrt{f(x)g(x)}\,\mathrm{d}x \qquad (3.11)$$

若 F 服从正态分布 $N(\mu_F, \sigma_F^2)$，G 也服从正态分布 $N(\mu_G, \sigma_G^2)$，则它们的 B 距离为

$$D_{\mathrm{B}} = \frac{1}{4}\frac{(\mu_G - u_F)^2}{\sigma_F^2 + \sigma_G^2} + \frac{1}{2}\ln\left(\frac{\sigma_F^2 + \sigma_G^2}{2\sigma_F\sigma_G}\right) \qquad (3.12)$$

从上式可以直观看出，B 距离量化了两个随机变量的平均值和方差差异的总和。当两个分布完全相同时，$D_{\mathrm{B}}(F \parallel G) = 0$；当两个随机变量完全没有重叠时，$D_{\mathrm{B}}(F \parallel G) = \infty$。

2. 小载荷删除试验

试验件材料为 LC4CS 铝合金，试验件为如图 3.31 所示的光滑试件，取自厚度为 2.5 mm 的板材，纵向取样。

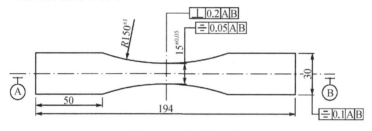

图 3.31　试验件尺寸

试验在 MTS 370 电液伺服疲劳试验机上进行，采用成组法和升降法相结合的试验方法测定了 LC4CS 光滑板试件在平均应力 $S_{\mathrm{m}} = 210$ MPa 下的 $p-S-N$ 曲线，并完成了小载荷删除试验。

1）成组法试验

共进行了 5 级应力水平下的成组法试验，平均应力均为 210 MPa，最大应力分别为 355 MPa、330 MPa、300 MPa、280 MPa 和 260 MPa。试验件共 31 件，试验频率 10 Hz，疲劳试验结果如表 3.9 所示。可以看出，相同应力水平下，疲劳寿命存在一定的分散性。假设指定应力水平下结构疲劳寿命服从对数正态分布，计算了疲劳寿命的对数均值和对数标准差，计算结果也列于表中。

表 3.9　成组法疲劳试验结果

最大应力/MPa	疲劳试验结果/循环	对数均值	对数标准差
355	28 294,37 738,45 357,39 269,33 351,36 203	4.560 8	0.069 5
330	67 601,56 030,59 882,63 645,58 454,61 440,49 531	4.772 8	0.043 2
300	77 664,142 094,116 895,114 670,127 068,109 385	5.052 2	0.088 8

续表

最大应力/MPa	疲劳试验结果/循环	对数均值	对数标准差
280	206 171,266 423,212 609,229 492,219 823,260 511	5.364 3	0.046 4
260	950 436,1 132 960,919 548,977 573,696 813,1 211 058	5.985 4	0.083 8

2）升降法试验

测定了 5×10^6 循环数下的疲劳强度分布,试验在 3 级应力水平下进行,分别为 255 MPa、253.5 MPa 和 252 MPa,试验件数为 12 件,试验频率 10 Hz,升降法测试图见图 3.32。将试验结果相反且顺序相邻的试验点配对,1—2、4—5、6—7、8—9、10—11 和 3—12,得到 6 个对子应力,分别为 254.25 MPa、254.25 MPa、254.25 MPa、252.75 MPa、252.75 MPa 和 252.75 MPa。假设疲劳强度服从正态分布,按照文献[44]等提出的小子样升降法,计算其均值和标准差,分别为 253.5 MPa 和 0.821 6 MPa。

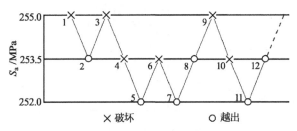

图 3.32　升降法试验结果

3）$p-S-N$ 曲线拟合

采用双加权最小二乘法拟合不同可靠度下的 $S-N$ 曲线(见 2.3.2 节),拟合得到的 $p-S-N$ 曲线如图 3.33 所示,其参数列于表 3.10。

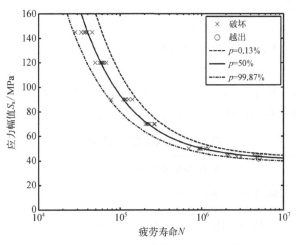

图 3.33　LC4CS 光滑件 $p-S-N$ 曲线

表 3.10　不同可靠度的 p-S-N 曲线参数

可靠度 p	H_p	$\lg C_p$	S_{0p}/MPa
99.87%	1.394 8	7.257 7	38.5
97.72%	1.381 1	7.282 8	39.2
84.1%	1.366 0	7.305 2	39.9
50%	1.349 3	7.324 7	40.6
15.9%	1.330 7	7.341 0	41.3
2.28%	1.310 2	7.353 9	42.0
0.013%	1.287 6	7.363 0	42.7

4）原始谱和删除谱

原始载荷谱来源于 Y7 飞机的实测重心过载谱,每个谱块代表 2 000 次飞行,载荷循环数为 431 620 次。某结构细节在平飞 $1g$ 状态下的应力为 210 MPa,通过全机有限元分析,将重心过载谱转换为应力谱,得到该细节的超越数曲线为 $S_a =$ 209.37 $-$ 37.15$\lg n$。在地面 $1g$ 状态和地面运动状态,该结构细节几乎不受力,故假设其平均应力和应力幅值均为 0。

选取 4 个不同的删除水平,其 S_a 分别为 31 MPa、41 MPa、52 MPa 和 64 MPa,将小于上述删除水平的小载荷舍去,得到的删除谱分别记为 L1、L2、L3 和 L4,见表3.11,其中 L0 为原始谱。

表 3.11　载荷谱

载荷谱	L0	L1	L2	L3	L4
删除水平 S_{omit}/MPa	—	31	41	52	64
循环数	431 620	62 918	34 135	17 218	8 159
保留载荷的循环数比/%	—	14.58	7.91	3.99	1.89

先将连续谱 L0~L4 离散,然后编制成飞-续-飞随机载荷谱,具体编制方法见3.5.4 节。

5）试验结果

疲劳试验在 MTS 370 电液伺服疲劳试验机上进行,试验频率 10 Hz,将试件断裂时的块谱数记为裂纹形成寿命,5 个载荷谱的疲劳试验结果见表 3.12 和图 3.34。

表 3.12　L0~L4 谱的疲劳试验结果

载荷谱	裂纹形成寿命/块(1 块 = 2 000 次飞行)							均值	标准差
L0	5.07	4.62	6.10	5.27	4.59	5.16	5.6	5.201	0.532 6
L1	4.86	4.74	4.22	4.42	4.47	4.18	5.37	4.609	0.418 3
L2	4.84	6.00	5.42	5.22	6.34	5.84	5.77	5.590	0.539 4
L3	7.53	7.31	8.11	8.10	6.74	7.84		7.605	0.528 4
L4	9.17	8.40	10.83	10.85	10.49	9.54		9.880	1.002 6

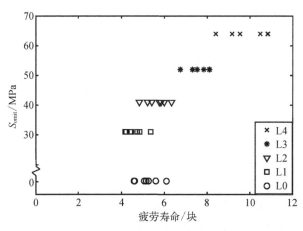

图 3.34　原始谱和删除谱的试验结构

采用 T 检验法对不同载荷谱下的裂纹形成寿命的均值进行检验,判断谱 L1~L4 的对数寿命均值是否与谱 L0 差异较大[45]。T 统计量的计算值列于表 3.13,取显著性水平 $\alpha = 0.05$,T 统计量的临界值 $T_{\alpha/2}$ 和 $T_{1-\alpha/2}$ 也列于表 3.13。

表 3.13　不同载荷谱下疲劳寿命的对数均值检验结果

载荷谱	T	$T_{\alpha/2}$	$T_{1-\alpha/2}$
L1	2.12	−2.45	2.45
L2	1.21	−2.45	2.45
L3	15.7	−2.57	2.57
L4	14.9	−2.57	2.57

将表 3.13 中各统计量的计算值与临界值进行对比,可以看出:① 对于载荷谱 L1~L2,有 $T_{\alpha/2} < T < T_{1-\alpha/2}$,谱 L1 和 L2 的对数寿命均值与谱 L0 对比,没有显著差别;② 对于载荷谱 L3~L4,$T < T_{1-\alpha/2}$,谱 L3 和 L4 的对数寿命均值与 L0 谱对比,差别较大。

采用 F 检验法对不同载荷谱下的裂纹形成寿命的方差进行检验,判断谱 L1~L4 的对数寿命标准差是否与谱 L0 差异较大[45]。F 统计量的计算值列于表 3.14,取显著性水平 $\alpha = 0.05$,F 统计量的临界值 $F_{\alpha/2}$ 和 $F_{1-\alpha/2}$ 也列于表 3.14。

表 3.14　不同载荷谱下疲劳寿命的对数标准差检验结果

载荷谱	F	$F_{\alpha/2}$	$F_{1-\alpha/2}$
L1	0.76	0.17	5.88
L2	0.81	0.17	5.88
L3	0.51	0.14	6.98
L4	1.08	0.14	6.98

由表 3.14 可以看出：对于载荷谱 L1～L4，均有 $F_{\alpha/2} < F < F_{1-\alpha/2}$，谱 L1～L4 的对数寿命标准差与谱 L0 相比没有变化。

由此可得出结论：在显著性水平 $\alpha = 0.05$ 下，谱 L1 和谱 L2 的疲劳寿命与谱 L0 的疲劳寿命属于同分布。

3. 谱损伤当量的删除准则

1）删除准则

设载荷删除水平为 S_{omit}，对于任意载荷谱，指定一个小载荷删除水平 S_{omit}，删除载荷谱中所有 $S_a \leqslant S_{omit}$ 的小载荷，若删除小载荷后的载荷谱（简称删除谱）与原谱的疲劳寿命分布一致，则认为该删除水平合理[46]。

设原谱的疲劳寿命分布为 F，删除掉 $S_a \leqslant S_{omit}$ 的小载荷之后，删除谱的疲劳寿命分布为 G，若下式成立：

$$L_{KL}(F \parallel G) \leqslant \delta \tag{3.13}$$

则认为 F 和 G 同分布，删除小载荷对疲劳寿命无影响。式中的 δ 为容限值，反映了两个分布的差异程度。

结构疲劳寿命的影响因素可以分为内在分散性和外在分散性两大类[47]。内在分散性指由材料微观结构的不均匀性、构成物质的不均匀性和缺陷分布的不均匀性等引起的材料疲劳性能的分散性，是材料固有的分散性，其特性只能由疲劳试验得到。外在分散性包括结构几何尺寸、工作环境和外载等的随机性。几何尺寸的随机性使得即使在相同的疲劳载荷下，结构危险点的应力也是随机的，这一点体现在材料疲劳性能和结构疲劳性能的差异上。外载随机性包括两个方面：一是外载次序的随机排列；二是外载值的随机分布。工程结构所受的重复载荷大多具有一定的周期性，对实际载荷时间历程进行雨流法处理后可以得到一个外载分布，当统计周期达到一定长度时，外载分布趋于稳定，从这一角度来看，外载值的随机分布实际上是一个确定的概率分布函数。因此，外载随机性主要是外载作用次序的随机排列。总的来说，引起结构疲劳寿命分散的主要因素包括材料疲劳性能、结构几何尺寸和外载作用次序。

材料的疲劳性能常用材料 $p-S-N$ 曲线描述，考虑结构几何尺寸的随机性，可以将材料 $p-S-N$ 曲线修正为结构的 $p-S-N$ 曲线[48]。进行结构疲劳可靠性分析时，载荷大小的分布是给定的，仅存在载荷次序的随机性，这时需要综合运用一定的累积损伤准则和结构的 $p-S-N$ 曲线进行疲劳可靠性分析。根据二维概率 Miner 准则[49]，可求得在二维随机应力时间历程作用下给定可靠度时结构的疲劳寿命。

$$T_p g \sum_i \sum_j \frac{n_{ij}}{N_{cp}(S_{ai}, S_{mj})} = 1$$

$$N_{vp} = T_p g \sum_i \sum_j n_{ij} \tag{3.14}$$

$$N_{vp} g \iint_Q \frac{l(S_a, S_m)}{N_{cp}(S_a, S_m)} dS_a dS_m = 1$$

式中，n_{ij} 为各级载荷的作用次数；S_{ai} 和 S_{mj} 为载荷幅值和均值；T_p 为可靠度 p 下结构破坏时的块谱数；N_{cp} 为可靠度 p 下的疲劳寿命；N_{vp} 为可靠度 p 下结构破坏时的载荷循环数；$l(S_a, S_m)$ 为二维应力分布密度函数。

假设载荷谱的应力分布密度函数为 $l(S)$，根据二维 Miner 准则，在任意可靠度 p 下原谱的疲劳寿命 N_{vp_ori} 和删除谱的疲劳寿命 N_{vp_tra} 分别为

$$N_{vp\_ori} = \frac{1}{\int_0^\infty \frac{l(S)}{N_{cp}(S)} dS}$$

$$\tag{3.15}$$

$$N_{vp\_tra} = \frac{1}{\int_{S_{omit}}^\infty \frac{l(S)}{N_{cp}(S)} dS}$$

式中，$N_{cp}(S)$ 为给定可靠度 p 下，由 p-S-N 曲线给出的疲劳寿命。如果原谱和删除谱下结构的疲劳寿命均服从对数正态分布，那么可以得到式（3.9）中的各个参数为

$$\mu_F = \lg N_{v50\_ori}$$

$$\mu_G = \lg N_{v50\_tra}$$

$$\sigma_F = \frac{1}{u_p}[\mu_F - \lg N_{vp\_ori}] \tag{3.16}$$

$$\sigma_G = \frac{1}{u_p}[\mu_G - \lg N_{vp\_tra}]$$

式中，u_p 为给定可靠度 p 下的标准正态偏量；N_{vp_ori} 和 N_{vp_tra} 分别为原始谱和删除谱下对应于存活率 p 的疲劳寿命。

当可靠度 p、应力分布密度函数 $l(S)$ 和结构的 p-S-N 曲线给定时，$L_{KL}(F \parallel G)$ 仅为关于删除水平 S_{omit} 的函数。将式（3.15）和式（3.16）代入式（3.9），求解不等式，即可得到 S_{omit} 的取值。因式（3.9）的形式较为复杂，无法直接求出 S_{omit} 的解析表达式，需要采用数值方法计算。

2）验证试验

根据二维概率 Miner 准则计算不同可靠度 p 时在谱 L0 作用下的疲劳寿命，

如图 3.35 所示。可以看到,不同 p 下的疲劳寿命服从对数正态分布,且 $\mu_F =$ 4.210 4, $\sigma_F = 0.061$。采用相同方法计算不同删除水平下删除谱的疲劳寿命的分布参数 μ_G 和 σ_G。根据式(3.9)计算 KL 距离,如图 3.36 所示。KL 距离是关于删除水平 S_{omit} 的单调递增函数,从曲线上查找对应于容限值 δ 的 S_{omit} 值,即为所求的删除水平。容限值为删除小载荷时所能容忍的删除谱与原谱寿命分布的最大差异,通常为一个小量,在工程实践中可根据具体要求选取,如可取 δ 为 10^{-5} 或 10^{-4}。由表 3.12 和图 3.36 可知,对于本例,取 δ 为 10^{-4} 比较合适,对应的 $S_{\mathrm{omit}} = 41\ \mathrm{MPa}$。

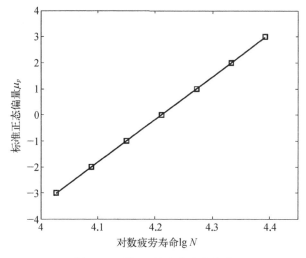

图 3.35　谱 L0 的疲劳寿命分布

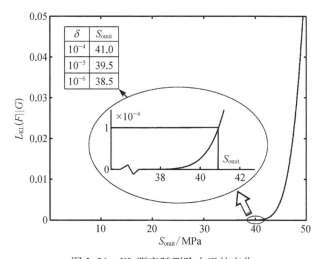

图 3.36　KL 距离随删除水平的变化

4. 疲劳损伤容限删除准则

记载荷频次曲线为 $S-n$，其中 S 是应力（最大应力或者幅值应力），n 为应力 S 对应的超越频次；记材料的疲劳性能曲线为 $S-N$，其中 N 为疲劳寿命。假设材料的疲劳极限为 S_e，由于载荷和材料性能的随机性，应力 S 及疲劳极限 S_e 都是随机变量，如图 3.37 所示。

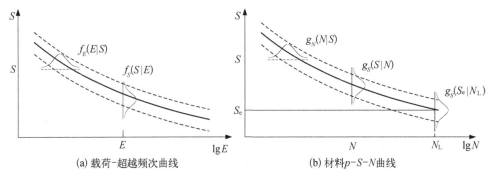

(a) 载荷-超越频次曲线　　　　　　　　(b) 材料 p-S-N 曲线

图 3.37　载荷和材料疲劳性能分布曲线

按照疲劳理论，当随机变量 S 大于 S_e 时，产生疲劳损伤；当随机变量 S 小于 S_e 时，不产生疲劳损伤。把某一应力 S 下能产生损伤假设为事件 A，当载荷组 (S, S_e) 位于图 3.38 中的阴影区域时，事件 A 发生，即 $A = \{(S, S_e) \mid S > S_e\}$，图 3.38 中的 $f_S(S|n)$ 及 $g_{S_e}(S_e|N_L)$ 分别为某一固定超越频次 n 对应载荷 S 的概率密度函数和疲劳极限 S_e 对应的概率密度函数，一般情况下，认为二者都服从正态分布。从图 3.38 的阴影部分的面积可以看出，当外载荷 S 从小到大逐步递增时，能产生损伤的概率也逐步递增；当载荷 S 相当小时，能产生损伤的概率趋近于零，当递增到一定数值（超越频次 n_3 对应的载荷）时，能产生损伤的概率无限趋近于 1。

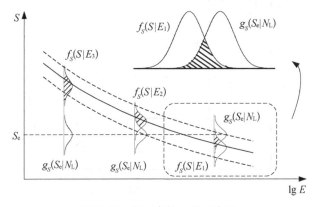

图 3.38　发生事件 A 的示意图

设事件 A 发生的概率为 $P(A)$，则 $P(A)$ 的计算公式为

$$P(A) = \iint_{\Omega} g_{S_e}(y)f_S(x)\,\mathrm{d}x\mathrm{d}y = \int_0^{\infty}\left[\int_0^x g_{S_e}(y\mid N_L)\,\mathrm{d}y\right]f_S(x\mid n)\,\mathrm{d}x \qquad (3.17)$$

式中的积分区域 Ω 如图 3.39 所示。

$P(A)$ 为载荷 S 的函数，载荷 S 取不同值时产生损伤的概率不同。

当载荷的删除水平为 S_{omit} 时，定义损伤当量概率 δ 描述为载荷在 S_{omit} 之内产生损伤的平均概率，

$$\delta = \frac{1}{S_{\mathrm{omit}}}\int_0^{S_{\mathrm{omit}}} P(A)\,\mathrm{d}S \qquad (3.18)$$

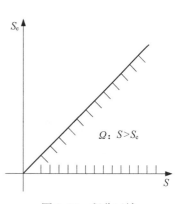

图 3.39　积分区域

把损伤当量概率限制在概率容限值 δ_{CR} 之内，即可认为删除的小载荷对疲劳寿命的影响可接受，即疲劳小载荷的删除准则为

$$\delta \leqslant \delta_{\mathrm{CR}} \qquad (3.19)$$

使用 3.5.2 节第 2 部分的试验结果，取不同的删除水平 S_{omit}，计算对应的当量概率 δ，计算结果图 3.40 所示。当量概率为删除水平 S_{omit} 的单调递增函数，从曲线上查找对应于概率容限值 δ_{CR} 的 S_{omit} 值，即为所求的删除水平。概率容限值为允许删除的小载荷能产生损伤的最大当量概率，在工程中根据具体要求选取。

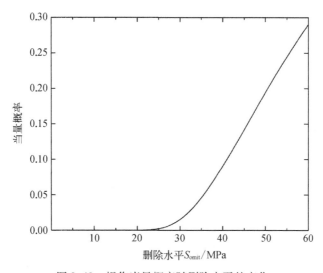

图 3.40　损伤当量概率随删除水平的变化

表 3.15 列出了为谱 L0 ~ L5 对应的损伤当量概率。可以看出,如果删除水平为 41 MPa,则疲劳损伤当量概率为 10%,工程上可以接受。

表 3.15　载荷谱 L0 ~ L5

载荷谱	L0	L1	L2	L3	L4	L5
删除水平 S_{omit}/MPa	0	22	31	41	52	64
循环数	431 681	99 266	62 918	34 135	17 218	8 159
循环数保留率	100%	23%	15%	8%	4%	2%
疲劳损伤当量概率 δ	0	3.05×10^{-4}	0.02	0.10	0.21	0.32

3.5.3　载荷谱的等效

1. 等效原理

为了进一步压缩疲劳试验时间,可以将造成微小损伤的多个载荷循环等效为次数较少的大载荷循环。已有一些研究者对此进行了探索性研究[51-54],这些研究都是基于中值 $S - N$ 曲线开展的。受结构疲劳性能随机性的影响,载荷循环造成的疲劳损伤应采用随机变量来描述。下面从载荷谱等效的本质出发,探讨载荷谱的等效问题,其基本思想是等效前后的疲劳寿命不变。

设原始谱为 $S_0(n)$,S 是应力,n 为应力 S 的超越数。给定一个载荷折算水平 S_{eqv},将应力 $S < S_{eqv}$ 的所有小载荷折算成某些大载荷,得到新载荷谱 $S(n)$。设载荷谱 $S_0(n)$ 和 $S(n)$ 对应的疲劳寿命为随机变量 F 和 G,若 $G = F$,则认为 $S_0(n)$ 和 $S(n)$ 相互等效,并称 $S(n)$ 为原始谱 $S_0(n)$ 的等效谱。

通常情况下,很难找到一个等效谱 $S(n)$ 完全满足 $G = F$。因此这一问题可表述为找到一个载荷谱 $S(n)$ 使两者导致的疲劳寿命分布之间的差异最小,可写为

$$\begin{aligned} &\text{find}\quad S(n)\\ &\text{min}\quad L(F \parallel G)\\ &\text{s.t.}\quad S(n_{\min}) = S_0(n_{\min}) \end{aligned}$$

$$(3.20)$$

式中,$L(F \parallel G)$ 为概率距离,可采用 KL 距离或 B 距离。载荷谱的等效过程如图 3.41 所示。由于最大应力 $S(n_{\min})$(通常为每个块谱中 $n_{\min} = 1$)对裂纹形成寿命和裂纹扩展寿命的影响较大,因此,载荷谱等效时,最大应力保持不变。

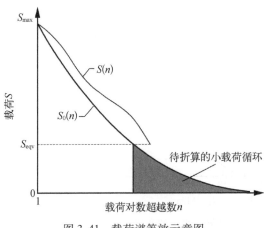

图 3.41　载荷谱等效示意图

显然式(3.20)是一个变分问题,为方便求解,假设等效谱 $S(n)$ 和原始谱 $S_0(n)$ 之间为线性关系,即

$$\lg n(S) = c\lg n(S_0) \qquad\qquad (3.21)$$

式中, $n(S_0)$ 和 $n(S)$ 为 $S_0(n)$ 和 $S(n)$ 的反函数。

先取一系列 c 值,这样就得到了一系列对应的等效谱 $S(n)$,然后采用 5.3.2 节第 3 部分所述的方法计算载荷谱 $S_0(n)$ 和 $S(n)$ 作用下的疲劳寿命分布。假设疲劳寿命服从对数正态分布,采用式(3.9)计算 KL 距离。若 KL 距离小于某个容限值 δ,则可接受 $S(n)$ 和 $S_0(n)$ 等效的假设。

2. 试验验证

采用 3.5.2 节第 2 部分的试验件和随机载荷谱,将小载荷删除后的连续载荷谱 L2 作为原始谱,选取载荷折算水平 $S_{eqv} = 46$ MPa,并记等效谱为 S1。

取容限值 $\delta = 1‰$,经过不同 c 值下疲劳寿命分布的计算,可以得到在系数 $c = 1.003$ 时,KL 距离 $L_{KL}(F \| G) = 8 \times 10^{-4}$,符合容限值要求。2 000 飞行小时的等效谱 S1 的重复载荷次数为 25 687,较谱 L2 的 34 135 次下降了约 1/4。

对 S1 谱经过离散化处理,编制成飞-续-飞随机谱,并完成了 7 个试验件的疲劳试验,试验结果列于表 3.14。为方便比较,将表 3.12 中 L2 谱作用下的疲劳寿命结果也列于表 3.16。

表 3.16　等效谱 S1 疲劳试验结果

载荷谱	裂纹形成寿命/块(1 块 = 2 000 次飞行)							均值	方差
L2	4.84	6.00	5.42	5.22	6.34	5.84	5.77	5.59	0.539 4
S1	5.83	6.06	5.14	6.23	6.65	6.86	6.53	6.18	0.577 3

取显著性水平 $\alpha = 0.10$,采用 T 检验法和 F 检验法对表中两个载荷谱作用下的疲劳寿命分布进行差异性检验,结果表明:两个疲劳寿命分布没有显著差别。

3.5.4　飞-续-飞试验谱的编制

1. 连续载荷谱的离散

连续载荷谱是以载荷(或应力)超越频次曲线的形式给出的,在转变成试验谱之前需要对其进行离散化处理,如图 3.42 所示。其中 LB_i 为第 i 级离散段边界处的载荷值, LD_i 为第 i 级离散载荷,级数可以根据实际情况确定,目前运输类飞机的离散载荷等级数通常取 5 级。

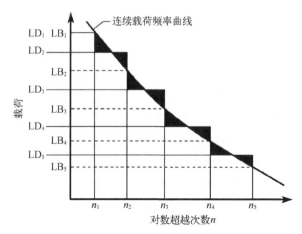

图 3.42 载荷谱离散示意图

2. 飞-续-飞试验谱的编制

TWIST 编谱方法[55]是当前运输类飞机中广泛采用的飞-续-飞谱编制方法,该方法对损伤模型假设的依赖性较低,并能给出符合实际使用情况的疲劳载荷谱。① 因为突风载荷是运输类飞机结构疲劳损伤的主要来源,该方法在编谱过程中以突风载荷为主要对象,力求编谱得到的载荷-时间历程与实测载荷-时间历程相似。统计数据显示,对于不同的天气状况,实测得到的载荷谱具有相同的形状和不同的等级,等级的大小与天气状况有关[56],这与连续突风模型吻合。② 分析 B727、B720 和 Transall 飞机的载荷实测数据,可以发现每次飞行中的增量载荷极值服从对数正态分布,最新的 B747、B777 和 A320 飞机的统计数据也反映出类似的特征。

通常试验谱的长度为设计寿命的 1/10,如飞机的设计寿命为 5 000 FH,那么一个试验谱的长度一般为 500 FH。因此试验谱由若干次飞行组成,谱内存在两种随机性,一是各类飞行次序的随机排列,二是每类飞行的各任务段内载荷顺序的随机排列。将每次飞行通过地面停机状态连接起来,即构成整个飞-续-飞谱,如图 3.43 所示。

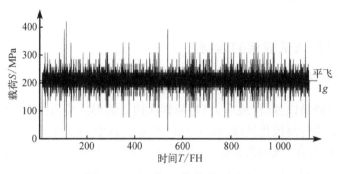

图 3.43 飞-续-飞载荷谱(片段)

3.5.5 严重谱

疲劳试验载荷谱的编制依据是连续载荷-超越频次曲线,由于载荷具有随机性,所以一般采用中值载荷曲线。由于存在载荷的分散性和结构疲劳性能的分散性,经过数十年的理论和实践研究,飞机结构强度规范规定飞机结构疲劳试验的疲劳分散系数取 4。

4 倍使用寿命的疲劳试验必定持续很长的时间,特别地全尺疲劳试验是一项耗时费钱的工程,如何降低全尺寸疲劳试验的时间具有十分重大的工程价值。小载荷删除和等效是缩短疲劳试验时间的途径之一,另一个途径是加大试验载荷。美国在《飞机结构联合使用规范指南 JSSG—2006》[57] 中规定:用中值谱(也可称为平均谱)进行疲劳试验,疲劳试验寿命应达到使用寿命的 4 倍,其中 3 倍裂纹形成寿命,1 倍裂纹扩展寿命;用严重谱进行疲劳试验,试验时间由原来的 4 倍降到 2 倍。我国在《军用飞机结构强度规范》(GJB 67.6A—2008)[58] 中也如此规定。也即用严重谱试验可降低 2 倍的疲劳分散系数。

1. 严重谱概念

严重谱可定义为"该谱可反映飞机在设计使用范围内的严重情况,能代表使用寿命期内机队至少 90% 的飞机预期的使用情况"[57]。如何确定严重谱是一个没有完全解决的问题,如美国 F/A-18C/D 全机疲劳试验曾采用 3σ 谱(对应的严重程度为 99.87%),但 F/A-18E/F 飞机取为 90%[59],随后 JSSG—2006 建议用 90% 的严重谱[60],可是 1998 年 P-3C 飞机定延寿时却采用 85% 的严重谱[61],见图 3.44。

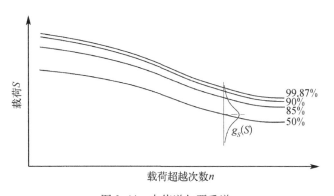

图 3.44 中值谱与严重谱

如果按照 JSSG—2006 关于严重谱的定义,严重谱的选取标准不仅与载荷的分散性有关,而且还与结构特征和材料性能的分散性有关[62]。下面简单阐述严重谱可减少疲劳试验时间的基本原理。

2. 严重谱可减少疲劳试验时间的原理

结构受到的疲劳载荷是多工况和随机的,为讨论问题简便,此处用单级载荷加以阐述。因为严重谱本质上是加大了结构的疲劳试验载荷,设中值谱载荷值为 S_0,那么严重谱的载荷 S_P 为

$$S_P = S_0 + \mu_P \sigma_S = S_0(1 + V_S \mu_P) \tag{3.22}$$

式中,μ_P 为标准正态偏量;$V_S = \sigma_S / S_0$ 为载荷的分散系数。设结构在中值谱 S_0 作用下的疲劳寿命为 N_0,在严重谱 S_P 作用下的疲劳寿命为 N_P,对照结构的 $S - N$ 曲线有

$$\begin{aligned} \lg N_0 &= a + b \lg S_0 \\ \lg N_P &= a + b \lg S_P \end{aligned} \tag{3.23}$$

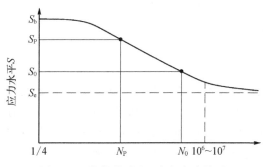

图 3.45　载荷谱严重程度与寿命关系

式中,a 和 b 为结构材料常数,$S - N$ 曲线用幂函数形式表示,见图 3.45。

由式(3.23)可以得到

$$\begin{aligned} \lg\left(\frac{N_0}{N_P}\right) &= -b \lg\left(\frac{S_P}{S_0}\right) \\ &= -b \lg(1 + V_S \mu_P) \end{aligned} \tag{3.24}$$

由上式可知,知道了结构的 $p - S - N$ 曲线和载荷分散系数,就可获得中值谱和严重谱之间的疲劳寿命关系。文献[62]采用两种常用航空结构材料对此解释进行了试验验证。表 3.17 给出了 LC4 铝合金的试验结果,表 3.18 给出 30CrMnSiA 钢的试验结果。从表中结果可以看到,严重谱可以减少疲劳试验时间,90%严重谱比中值谱的疲劳寿命大约缩短了 1 倍。

表 3.17　LC4 铝合金不同载荷谱下的试验寿命

不同严重度谱	试验寿命/FH					对数均值	对数方差	寿命系数
50.0%	28 017	21 000	23 000	24 022	22 808	4.374	0.046 15	1.0
58.3%	14 022	22 372	22 216	21 007	28 386	4.324	0.110 95	1.22
75.0%	12 126	14 855	17 416	15 547	17 128	4.184	0.063 20	1.55
91.5%	10 963	17 250	8 890	13 681	9 433	4.067	0.119 17	2.03

表 3.18 30CrMnSiA 钢不同载荷谱下的试验寿命

不同严重度谱	试验寿命/循环					对数均值	对数方差	寿命系数
50.0%	1 786 578	2 054 696	1 863 638	1 996 932	1 889 659	6.282	0.024 2	1.0
58.3%	1 921 273	1 970 877	1 542 834	1 923 266	1 763 340	6.259	0.043 8	1.05
75.0%	984 492	1 328 577	1 390 062	1 597 758	1 641 433	6.136	0.088 6	1.40
91.5%	915 707	817 920	902 670	1 008 606	881 485	5.956	0.032 8	2.12

参 考 文 献

[1] 杨振海,张国志. 随机数生成. 数理统计与管理,2006,25(2):224-252.

[2] 徐钟济. 蒙特卡罗方法. 上海:上海科学技术出版社,1985.

[3] ASTM E1049 - 85. Standard practices for cycle counting in fatigue analysis. West Conshohocken, Pennsylvania: ASTM International, 2005.

[4] Anthes R J. Modified rainflow counting keeping the load sequence. International Journal of Fatigue, 1997, 19(7): 529-535.

[5] McInnes C H, Meehan P A. Equivalence of four-point and three-point rainflow cycle counting algorithms. International Journal of Fatigue, 2008, 30(3): 547-559.

[6] 陆明万,寿比南,杨国义. 疲劳分析中变幅载荷的循环计数方法. 压力容器,2012,29(11): 25-29.

[7] 蒋东方. 雨流计数的递归算法. 航空学报,2009,30(1):99-103.

[8] Nagode M, Klemenc J, Fajdiga M. Parametric modelling and scatter prediction of rainflow matrices. Int. J. Fatigue, 2001, 23(6): 525-532.

[9] Frederic M H. Gust loads on aircraft, concepts and applications. American Institute of Aeronautics and Astronautics Inc. , 1988.

[10] 柏振珠,姚卫星. 考虑俯仰时鸭式布局飞机突风载荷系数计算. 南京航空航天大学学报, 1994,26(5):615-620.

[11] Harry P, Roy S. An approach to the problem of estimating severe and repeated gust loads for missile operations. NACA TN 4332, 1958.

[12] Jones T, Rustenburg J W, Skinn D A, et al. Statistical data for the boeing-747-400 aircraft in commercial operations: DOT/FAA/AR - 04/44. Springfield, Virginia: The National Technical Information Service, 2005: A2; 2005: A25-49.

[13] Tipps D O, Rustenburg J W, Skinn D A. Statistical loads data for B-767-200ER aircraft in commercial operations: DOT/FAA/AR-00/10. Springfield, Virginia: The National Technical Information Service, 2000: A6; 2000: A15-35.

[14] Tipps D O, Skinn D A, Rustenburg J W, et al. Statistical loads data for the Boeing 777 - 200ER aircraft in commercial operations: DOT/FAA/AR-06/11. Springfield, Virginia: The National Technical Information Service, 2006: C2; 2006: C23-47.

[15] Rustenburg J W, Skinn D A, Tipps D O. Statistical loads data for the airbus A-320 aircraft in commercial operations: DOT/FAA/AR-02/35. Springfield, Virginia: The National Technical Information Service, 2002: A2; 2002: A26-51.

[16] Rustenburg J W, Skinn D A, Daniel O. Tipps. Statistical loads data for Boeing 737 - 400 aircraft in commercial operations: DOT/FAA/AR - 98/28. Springfield, Virginia: The National Technical Information Service, 1998: A7; 1998: A16 - 35.

[17] Skinn D A, Tipps D O, Rustenburg J W. Statistical loads data for MD - 82/83 aircraft in commercial operations: DOT/FAA/AR - 98/65. Springfield, Virginia: The National Technical Information Service, 1999: A5; 1999: A14 - 33.

[18] 蒋祖国,田丁栓,周占廷.飞机结构载荷/环境谱.北京:电子工业出版社,2012.

[19] Press H, Meadows M T, Hadlock I. A reevaluaion of data on atmospheric turbulence and airplane gust loads for application in spectral calculations. NACA R1272, 1956.

[20] Mcdougal R L, Coleman T L, Smith P L. The variation of atmospheric turbulence with altitude and its effect on airplane gust loads. NACA RM - L53G15a, 1953.

[21] Hunter P A. An analysis of VGH data from one type of four-engine turbojet transport airplane during commercial operations. Hampton, Virginia: Langley Research Center, 1968.

[22] Hunter P A, Fetner M W. An analysis of VGH data collected from one type of four-engine turbojet transport airplane. Hampton, Virginia: Langley Research Center, 1970.

[23] Rustenburg J W, Skinn D A, Tipps D O. Statistical loads data for Boeing 737 - 400 aircraft in commercial operations. Washington, D. C.: U. S. Department of Transportation, Frederal Aviation Administration Offece of Aviation Research, 1998.

[24] Skinn D A, Tipps D O, Rustenburg J W. Statistical loads data for MD - 82/83 aircraft in commercial operations. Washington, D. C.: U. S. Department of Transportation, Frederal Aviation Administration Offece of Aviation Research, 1999.

[25] Tipps D O, Rustenburg J W, Skinn D A. Statistical loads data for the Boeing - 767 - 200ER aircraft in commercial operations. Washington, D. C.: U. S. Department of Transportation, Frederal Aviation Administration Offece of Aviation Research, 2000.

[26] Rustenburg J W, Skinn D A, Tipps D O. Statistical loads data for the Airbus A - 320 aircraft in commercial operations. Washington, D. C.: U. S. Department of Transportation, Frederal Aviation Administration Offece of Aviation Research, 2002.

[27] Jones T, Rustenburg J W, Skinn D A, et al. Statistical data for the Boeing - 747 - 400 aircraft in commercial operations. Washington, D. C.: U. S. Department of Transportation, Frederal Aviation Administration Offece of Aviation Research, 2005.

[28] Tipps D O, Skinn D A, Rustenburg J W, et al. Statistical loads data for the Boeing 777 - 200ER aircraft in commercial operations. Washington, D. C.: U. S. Department of Transportation, Frederal Aviation Administration Offece of Aviation Research, 2006.

[29] de Jonge J B, Hol P A. Reanalysis of European flight loads data. Atlanctic City International Airport, NJ: U. S. Department of Transportation, Frederal Aviation Administration Offece of Aviation Research, 1994.

[30] Coleman T L. Trends in repeated loads on transport airplanes. Hampton, Virginia: Langley Research Center, 1968.

[31] Zalovcik J A, Jewel J W, Jr., Morris G J. Comparison of VGH data from wide-body and narrow-body long-haul turbine-powered transports. Hampton, Virginia: Langley Research Center, 1977.

［32］ Crabill N L. The NASA digital VGH program-exploratin of methods and final results, Volume Ⅰ – development of methods. Hampton, Virginia: Langley Research Center, 1989.

［33］ Crabill N L. The NASA digital VGH program-exploratin of methods and final results, Volume Ⅱ – L1011 data 1978 – 1979: 1619 hours. Hampton, Virginia: Langley Research Center, 1989.

［34］ Crabill N L. The NASA digital VGH program-exploratin of methods and final results, Volume Ⅲ – B727 data 1978 – 1980: 1765 hours. Hampton, Virginia: Langley Research Center, 1989.

［35］ Crabill N L. The NASA digital VGH program-exploratin of methods and final results, Volume Ⅳ – B747 data 1978 – 1980: 1689 hours. Hampton, Virginia: Langley Research Center, 1989.

［36］ Crabill N L. The NASA digital VGH program-exploratin of methods and final results, Volume Ⅴ – DC10 data 1981 – 1982: 129 hours. Hampton, Virginia: Langley Research Center, 1989.

［37］ Fowler K R, Watanabe R T. Development of jet transport airframe fatigue test spectra: Symposium on development of fatigue loading spectra. Cincinnati, Ohio: 1987.

［38］ 刘锐琛,苏开鑫.飞机起落架强度设计指南.成都:四川科学技术出版社,1989.

［39］ 李元镜.飞续飞试验载荷谱(5 乘 5 谱)编制方法初探.民用飞机设计与研究,2003,(1): 1 – 11.

［40］ Heuler P, Seeger T. A criterion for omission of variable amplitude loading histories. International Journal of Fatigue. 1986, 8(4): 225 – 230.

［41］ 盛骤,谢式千,潘承毅.概率论与数理统计.北京:高等教育出版社,1979.

［42］ Gil M, Alajaji F, Linder T. Rényi divergence measures for commonly used univariate continuous distributions. Information Sciences, 2013, 249: 124 – 131.

［43］ Choi E, Lee C. Feature extraction based on the Bhattacharyya distance. Pattern Recognition, 2003, (36): 1703 – 1709.

［44］ 高镇同.疲劳应用统计学.北京:国防工业出版社,1986.

［45］ 顾玉娣,杨纪龙.概率论与数理统计.北京:航空工业出版社,2002.

［46］ Wang C J, Yao W X, Xia T X. A small-load-omitting criterion based on probability fatigue. International Journal of Fatigue, 2014, 68: 224 – 230.

［47］ 姚卫星.Miner 理论的统计特性分析.航空学报,1995,16(5): 601 – 604.

［48］ de Jesus A M P, Pinto H, Fernández-Canteli A, et al. Fatigue assessment of a riveted shear splice based on a probabilistic model. International Journal of Fatigue, 2010, 32(2): 453 – 462.

［49］ 倪侃,高镇同.疲劳可靠性二维概率 Miner 准则.固体力学学报,1996,17(4): 365 – 371.

［50］ 姚卫星,顾怡.结构可靠性设计.北京:航空工业出版社,1997.

［51］ 隋福成,刘文珽.飞机等幅疲劳试验载荷谱编制技术研究.机械强度,2008,30(2): 266 – 269.

［52］ Xiong J, Shenoi R A. A load history generation approach for full-scale accelerated fatigue tests. Engineering Fracture Mechanics, 2008, 75(10): 3226 – 3243.

［53］ 张保法,傅祥炯.运输机随机载荷谱的简化和浓缩.航空学报,1994,15(1): 50 – 53.

[54] 许晖,傅祥炯. 浓缩随机载荷谱试验研究. 机械强度,2003,25(2):541-543.

[55] de Jonge J B, Schutz D, Lowak H. A standardized load sequence for flight simulation tests on transport aircraft wing structures. Amsterdam: National Aerospace Laboratory NLR, 1973.

[56] Bullen N I. The chance of a rough flight. London: Royal Aircraft Establishment, 1965.

[57] Anon. JSSG—2006, Joint service specification guide: aircraft structures (second edition). USA: Department of Defense of USA, 2002.

[58] GJB 67.6A—2008. 军用飞机强度规范重复载荷,耐久性和损伤容限. 中国:国家军用标准,2009.

[59] Hoffman M E, Hoffman P C. Corrosion and fatigue research-structural issues and relevance to naval aviation. International Journal of Fatigue, 2001, 23: 1-10.

[60] Manders C. Incorporation of buffer into the f-35 full scale durability tests spectra. USA: Aircraft Structural Integrity Program Conference, 2006.

[61] Iyyer N, Sarkar S, Merrill R, et al. Aircraft life management using crack initiation and crack growth models P-3C Aircraft experience. International Journal of Fatigue, 2007, 29(9/10/11): 1584-1607.

[62] 张福泽. 寿命系数定寿的原理和方法. 航空学报,2016,37(2):404-410.

第4章 影响结构疲劳性能的主要因素

影响结构静强度的因素同样也影响其疲劳强度或疲劳寿命,但影响的程度有差别。此外,很多对静强度几乎没有影响的因素对疲劳强度或疲劳寿命却有着明显的影响。影响疲劳寿命的因素很多,归纳起来有三个方面,列于表4.1。

表4.1 影响疲劳强度的因素

工作条件	零件状态	材 料
载荷特性;	缺口效应;	化学成分;
加载频率;	尺寸效应;	金相组织;
服役温度;	零件热处理;	纤维方向;
环境介质	表面粗糙度;	内部缺陷分布
	表面热处理;	
	残余应力和应变	

按照疲劳机理又可以将影响疲劳强度或疲劳寿命的因素分成三类:① 影响局部应力-应变大小的因素,主要有载荷特性(应力状态、循环特性、高载效应、残余应力等)和零件的几何形状(缺口应力集中、尺寸大小等);② 影响材料微观结构的因素,主要有材料种类、热处理状态(影响材料的延性、缺陷分布、缺陷的种类等)和机械加工(如锻造使晶粒细化,缺陷增多;表面淬火使表面层强度增加,延性下降);③ 影响疲劳损伤源的因素,主要有表面粗糙度、腐蚀和应力腐蚀等。

影响人们了解结构疲劳行为的另一个重要因素是其不确定性,包括:① 物理性不确定性,如材料的弹性模量、循环应力-应变曲线、载荷-寿命曲线等;② 统计性不确定性,材料的疲劳性能是通过试验获得的,但由于疲劳试验时间长、费用高,因而试验件的数量十分有限,有时甚至只做1件,由小样本试验结果推断母体的疲劳性能常常带有很大的不确定性;③ 模型性不确定性,由于对于疲劳机理了解不够深入全面,目前所建立的疲劳行为的分析模型有很多局限性。这三类不确定性进一步导致了结构疲劳行为分析的复杂性,严重影响了人们对于疲劳机理和疲劳破坏规律的认识。不确定性的存在要求人们应该通过大量系统的疲劳试验来研究疲劳行为的统计特性,但却由于疲劳试验往往需消耗大量的时间和经费,所以对疲劳行为的研究尚不够充分。

影响疲劳强度或疲劳寿命的因素众多,这是至今人们对疲劳问题的认识尚未很好解决的主要原因。随着人们对疲劳问题的研究不断深入,对各种影响因素的认识也在不断地加深。本章将就在疲劳寿命分析中经常碰到的四种影响因素作较为详细的分析。

4.1　应力集中的影响

缺口或者零件截面积的变化使这些部位的应力和应变增大,这称为应力集中,其严重程度度用系数 K_T 来表示。任何结构或机械的零部件几乎都存在应力集中。脆性材料制造的零部件的静强度略大于 $1/K_T$,而弹塑性材料制造的零部件由于塑性流动会引起应力重新分配,应力集中对其静强度几乎没有影响。因为绝大多数工程结构为弹塑性材料所制,所以在静强度设计时通常不考虑应力集中对强度的削弱作用,但对疲劳破坏而言,情况则完全不同。通常,在循环载荷作用下,结构的名义应力小于屈服应力时,结构局部已进入塑性,零部件的疲劳强度取决于局部的应力应变状态,因此应力集中部位是结构的疲劳薄弱环节,其控制了结构的疲劳寿命。K_T 被称为缺口件的理论应力集中系数,其表达式为

$$K_T = \frac{\text{最大局部弹性应力 } \sigma_{\max}}{\text{名义应力 } \sigma_0} \tag{4.1}$$

名义应力 σ_0 有两种定义方式,一是净面积应力,另一是毛面积应力。已有一些手册列出了各种缺口情况的理论应力集中系数[1-4]。对于一些复杂结构和载荷位移边界条件,K_T 可以用有限元方法方便地求出。

应力集中对疲劳强度有显著影响,但用理论应力集中系数不足以描述其影响。为此人们提出了一个缺口对疲劳强度影响的系数,即疲劳缺口系数 K_f,也称为疲劳应力集中系数或疲劳缺口强度下降系数,见图 4.1,其定义为

$$K_f = \frac{\text{光滑试件的疲劳强度 } S_e}{\text{缺口试件的疲劳强度 } S_N} \tag{4.2}$$

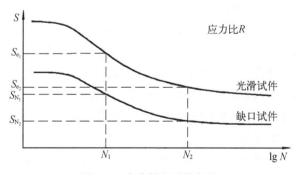

图 4.1　疲劳缺口系数定义

从图 4.1 中可以看到,在不同的寿命下,疲劳缺口系数 K_f 是不同的;在不同的应力比下,疲劳缺口系数也是不同的。在很多场合,疲劳缺口系数是指疲劳寿命为 10^7 循环、应力比 $R=-1$ 时的 K_f 值。即便如此,K_f 不仅与理论应力集中系数 K_T 有关,而且还与材料的金相组织、内部缺陷、化学成分、表面状态、载荷特性及使用环境等诸多因素有关。显然,确定 K_f 最直接可靠的办法是进行疲劳试验,但进行这样的疲劳试验耗资费时,且得到的 K_f 还与试件尺寸有关。在一种试件上得到的 K_f 不能直接用到同种材料而不同尺寸的试件上去,再加上不同的材料对应力集中的疲劳敏感性不同,故不能仅依赖试验手段获得 K_f。工程实际中往往是先通过某种方法确定 K_f,然后再估算缺口试件的疲劳强度 S_N。

试验研究表明,材料的塑性是影响 K_f 的主要原因之一。塑性好的材料,K_f 远小于 K_T,即疲劳强度对缺口不敏感;脆性材料,K_f 接近 K_T,即疲劳强度对缺口敏感。为此引入缺口敏感系数 q

$$q = \frac{K_f - 1}{K_T - 1} \tag{4.3}$$

敏感系数 q 的变化范围介于 0 和 1 之间,即 $0 \leqslant q \leqslant 1$,它是 K_f 和 K_T 一致性的量度。$q=0$,表示材料无缺口效应,此时 $K_f=1$,如橡胶等延性极好的材料几乎无缺口效应;$q=1$,表示材料对缺口非常敏感,此时 $K_f=K_T$,如玻璃、陶瓷等脆性材料。因此,K_f 的限制范围为 $1 \leqslant K_f \leqslant K_T$。式(4.3)可重写为

$$K_f = 1 + q(K_T - 1) \tag{4.4}$$

由于与疲劳缺口系数 K_f 有关的载荷形式、平均应力、加载次数、机械加工、热处理以及环境条件等外在因素都具有随机性,因此,研究疲劳缺口系数 K_f 时,要考虑其主要影响因素,并利用概率统计方法进行处理。至今还没有一个公式可以囊括其所有的影响因素。

迄今,已有不少具有实用价值的 K_f 表达式。这些表达式都是基于各种不同的假设提出的,各有不同的适用范围。按照其建立的物理基础,可以将其分为平均应力模型、场强法模型和断裂力学模型三类。

4.1.1　平均应力模型

金属材料疲劳机理的研究结果表明,金属材料的疲劳并不完全取决于最大应力点的应力大小,裂纹的形核总是在材料的数个晶粒范围内进行,见图 4.2。因此疲劳裂纹形核与数个晶粒尺度上的应力水平有关,如图 4.2 的区域 I 中的某种平均应力或平均应变水平有关。

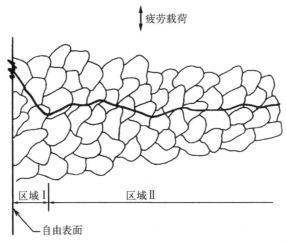

图 4.2　疲劳裂纹形核草图

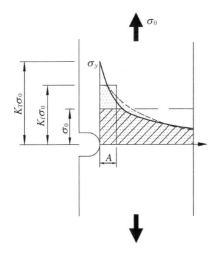

图 4.3　平均应力模型

　　H. Neuber 和 P. Kuhn 等据此提出了平均应力模型,并已成为这类模型的基础。Neuber 基于结构单元的思想,认为可以在最小截面的平面(韧带)上从缺口根部向内取一长度为 A 的结构单元,当长度 A 上的平均应力大于光滑试件疲劳极限时,疲劳破坏发生,见图 4.3。Kuhn 和 Hardraht 据此提出的关系式为

$$K_f = 1 + \frac{K_T - 1}{1 + \frac{\pi}{\pi - \omega}\sqrt{A/\rho}} \qquad (4.5)$$

式中,ρ 为缺口根部半径;A 为材料常数,是抗拉强度的函数,介于 $0.025 \sim 0.51$ mm;系数 $\pi/(\pi-\omega)$ 为考虑缺口张开角 ω 的影响而作的修正。若将 A 表示为屈服应力的函数,就得到下列无须作张开角修正的关系式,即 Neuber - Kuhn 表达式,

$$K_f = 1 + \frac{K_T - 1}{1 + \sqrt{a/\rho}} \qquad (4.6)$$

此式也简称为 K_f 的 Neuber 公式。式中 a 为 Neuber 参数,$a = f(\sigma_b)$ 是材料常数,《机械工程手册》推荐的 a 的曲线如图 4.4 所示。

　　R.E. Peterson 假设从缺口根部向内应力线性下降(图 4.5),考虑应力相对较低的材料对高应力材料的支撑效应,认为当缺口根部 a 处的应力等于或大于光滑

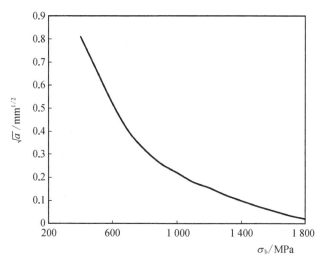

图 4.4　Neuber – Kuhn 公式中的 $\sqrt{a}$ 值

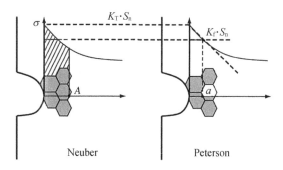

图 4.5　Peterson 模型

试件疲劳强度时,疲劳破坏发生,由此得到公式

$$K_f = 1 + \frac{K_T - 1}{1 + a/\rho} \tag{4.7}$$

式中,ρ 为缺口根部半径;a 为材料常数,对于铝合金 $a = 0.635$ mm; 对于钢材 a 值可由图 4.6 给出的曲线查取,或者采用经验公式计算

$$a = 0.025\,4\left(\frac{2\,070}{\sigma_b}\right)^{1.8} \text{ (mm)} \tag{4.8}$$

　　显然 Peterson 公式也可以说是点应力模型。工程应用结果表明,由它计算出来的 K_f 值在某种场合略偏于保守,但因公式简洁且使用效果较好,故目前在工程实际中广为应用。

　　与 Peterson 公式相类似的另一拟合公式是[5]

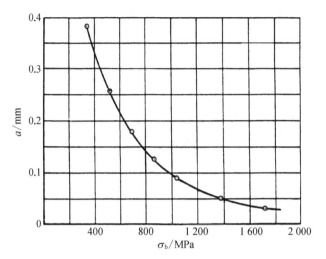

图 4.6　Peterson 公式中的 a 值

$$K_f = \lambda K_T \tag{4.9}$$

式中, λ 为疲劳转换系数, 它综合考虑了缺口的应力集中系数和缺口根部半径、材料类型和材料强度极限的影响,

$$\lambda = \frac{1}{1 + 2(1 - 1/K_T)\sqrt{a/\rho}} \tag{4.10}$$

对于有载孔, 可以用应力严重系数 SSF 值替代公式(4.9)中的 K_T 来求出疲劳缺口系数 K_f。

R. B. Heywood 按固有缺陷概念提出的表达式为

$$K_f = \frac{K_T}{1 + 2\sqrt{a/\rho}} \tag{4.11}$$

式中, $a = f(\sigma_{0.2})$ 取决于试件形式和材料; ρ 为缺口根部半径。

A. Buch 和 W. Switek 考虑了应力梯度[6]对于疲劳强度的影响, 假设在试件表面临界厚度 h 处的应力大于等于光滑试件的疲劳强度时, 产生疲劳裂纹(图 4.7), 由此给出表达式

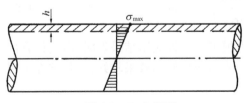

图 4.7　Buch 模型

$$K_f = K_T \frac{1 - 2.1[h/(\rho + \rho_0)]}{A}$$

$$\rho_0 = 6.3h/(3 - A) \tag{4.12}$$

式中, 参数 h 考虑了应力梯度的支撑效

应,参数 A 考虑了局部循环应变硬化因素。当缺口曲率半径 ρ 远大于 h 时,$K_f = K_T/A$,故 A 可由曲率半径很大时的 K_f 和 K_T 值求出。

考虑应力梯度的实用公式还有不少,如 Siebel – Stieler 公式

$$K_f = \frac{K_T}{1 + \sqrt{1 + S_q \chi}} \tag{4.13}$$

式中,χ 为相对应力梯度;$S_q = f(\sigma_{0.2})$,它既考虑了峰值应力,又考虑了应力梯度。

另外还有一些基于试验数据拟合的 K_f 表达式,如赵少汴在大量疲劳试验数据回归分析的基础上,提出的经验表达式[7]为

$$K_f = \frac{K_T}{0.88 + A\chi^b} \tag{4.14}$$

式中,χ 为相对应力梯度;b、A 为与热处理方式有关的常数。式中 b、A 的经验值见表 4.2,表中的 N 为疲劳寿命。

表 4.2　赵少汴和王忠保公式中的 b、A 值

材　　料	b	A
正火钢	1.120 9-0.104 4 log N	0.790 5-0.072 5 log N
热轧钢	1.131 8-0.106 6 log N	0.810 5-0.083 7 log N
淬火后回火的合金钢	1.131 6-0.126 2 log N	0.096 0-0.032 4 log N
淬火后回火的碳钢	0.934 4-0.086 0 log N	0.554 0-0.056 5 log N

从以上的拟合公式可以看出,试验拟合方法都利用了应力集中系数,并考虑了对 K_f 影响较大的主要因素。比较好的拟合公式应该具有理论基础符合疲劳机制,能尽可能多而准确地反映 K_f 的影响因素、简洁实用的特点。

以 Neuber 公式为代表的平均应力模型基于缺口根部的应力分布,将缺口件韧带上某一距离上的某种应力值作为度量缺口件疲劳寿命的一个参数。在疲劳机理方面,这类模型从定性的角度看,有一定的物理基础;在工程实用方面,这类模型简单、方便且效果不错。因此目前工程上普遍采用这类模型。但是这类模型还存在两个明显的缺陷,一是其所谓的材料常数是假想的;二是不能覆盖所有形式与尺寸的缺口,也不能有效地考虑复杂的加载条件,因而在有些情况下这类模型不能令人满意。

4.1.2　场强法模型

平均应力模型虽然考虑了裂纹萌生区域内垂直于外载荷的某个距离上的应力

水平的严重程度,但却没有考虑事实上共同起作用的某一区域内的应力水平的严重程度。场强法模型试图对平均应力模型有所改进,采用缺口根部某一区域内应力/应变场的某种平均值作为度量缺口件疲劳寿命的参数[8-13]。当然区域内应力水平的某种平均值的计算相对比较复杂,一般不会有解析解,好在有限元的广泛使用为应力/应变场的精确计算提供了有效的工具。

S. D. Sheppard[8]认为裂纹形成寿命与缺口根部有限体积的整个应力状态有关,而不仅仅与一点的应力状态有关(图4.8)。以区域 V' 近似区域 V,则

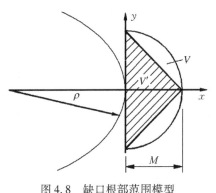

图 4.8　缺口根部范围模型

$$V = tM^2 \qquad (4.15)$$

式中,M 为材料尺寸因子;t 为板厚。疲劳裂纹萌生准则为:当缺口根部 V' 区域内的平均应力 σ_{ave} 等于无缺口试件疲劳强度 S_e 时,疲劳裂纹萌生,此时名义应力将等于缺口试件的真实强度 S_N,因此

$$K_f = \frac{\sigma_{ave}}{S_N} \qquad (4.16)$$

式(4.16)不仅考虑了缺口峰值应力,而且考虑了整个缺口有限体积内的应力状态。对于带中心孔板,有

$$K_f = \rho \sum_{i=1}^{5} A_i (r^i - 1)/i \qquad (4.17)$$

式中,$r = 1 - M/\rho$。通过与大量试验结果的比较分析可知,式(4.17)与试验结果符合很好。从本质上讲,这种方法的思想与 Peterson 的线性假设是一致的,只是有限元分析提供了一个能求解缺口应力-应变场的手段,大大地支持了这种思想;而且,这一模型对缺口根部应力场的形式不必作任何近似假设,便可用于各种复杂几何形状的试件。

疲劳损伤的微观和宏观研究表明,疲劳是一种局部损伤现象。结构件的疲劳强度取决于危险点处疲劳损伤的累积。建立在疲劳损伤区域之上的应力场强法模型[9-11](图4.9)定义了一个有效应力参数——场强 σ_{FI},

$$\sigma_{FI} = \frac{1}{V} \int_{\Omega} f(\sigma_{ij}) \varphi(\boldsymbol{r}) \mathrm{d}v \qquad (4.18)$$

式中,Ω 为缺口破坏区;V 为 Ω 的体积;$f(\sigma_{ij})$ 为破坏应力函数;$\varphi(\boldsymbol{r})$ 为权函数。由此建立的疲劳缺口系数公式为

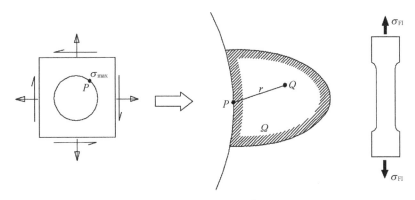

图 4.9　应力场强法模型

$$K_f = \frac{1}{V} \int_{\Omega} f(\overline{\sigma}_{ij}) \varphi(r) \mathrm{d}\upsilon \qquad (4.19)$$

式中, $f(\overline{\sigma}_{ij}) = f(\sigma_{ij})/S$ 为正则化的破坏应力函数; S 为名义应力。场强法有关参数的确定方法见第 8 章。

4.1.3　断裂力学模型

无裂纹材料的疲劳极限 $\Delta\sigma_e$ 表征了材料承受无穷多次反复载荷而不破坏的能力, 含裂纹长度 a 的材料疲劳极限 ΔK_{th} 表征了材料承受无穷多次反复载荷而不破坏的能力。因此当裂纹长度 a 无限接近于 0 时, $\Delta\sigma_e$ 和 ΔK_{th} 应该以某种方式重合。N. E. Frost 和 C. E. Phillips 首先用断裂力学方法研究缺口问题, K. J. Miller 认为短裂纹是研究缺口疲劳强度的关键。对裂纹的深入认识, 使得以前 100 年所有研究长寿命疲劳行为和疲劳极限的经典工作要用短裂纹的术语重新分析[14]。

断裂力学模型假设裂纹产生于缺口根部, 见图 4.10, 试件内存在着长度为 l_0 的固有裂纹,

$$l_0 = \frac{1}{\pi} \left(\frac{\Delta K_{th}}{F\Delta\sigma_e} \right)^2 \qquad (4.20)$$

式中, ΔK_{th} 为长裂纹门槛应力强度因子, 是材料常数; F 为几何因子。

含有固有裂纹 l_0 的缺口件的应力强度因子[15] 为

$$\Delta K_I = QK_T\Delta\sigma_0\sqrt{\pi l_0} \qquad (4.21)$$

式中, Q 为裂纹形状系数, 对于半圆裂纹取 0.65, 对于穿透裂纹

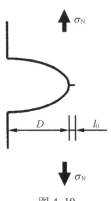

图 4.10
固有缺陷模型

取 1.22。在疲劳极限点，应力强度因子等于其门槛值 ΔK_{th}，由此得到

$$\Delta\sigma_{Ne} = \frac{\Delta K_{th}}{QK_T} \tag{4.22}$$

按照疲劳缺口系数 K_f 的定义有

$$K_f = \frac{\Delta\sigma_e}{\Delta\sigma_{Ne}} = \frac{Q\Delta\sigma_e}{\Delta K_{th}}K_T \tag{4.23}$$

Liu 等[16,17]对小裂纹时的门槛值 ΔK_{th} 进行研究，将本征缺陷看作是小穿透裂纹，获得了式(4.24)的具体表达式

$$K_f = \frac{K_T}{\sqrt{1 + R_{ns}\{1 - \exp[-(K_T^2 - 1)/R_{ns}]\}}} \tag{4.24}$$

式中，R_{ns} 是一个材料常数。Liu 等给出了一些统计数据：2024 - T3 铝合金的 R_{ns} = 1.2；7075 - T6 铝合金的 R_{ns} = 2.5；Ti - 6Al - 4V 钛合金的 R_{ns} = 0.8。

以断裂力学为工具，研究缺口件疲劳强度的另一个角度是从缺口根部的非扩展裂纹出发，将缺口件的疲劳强度和材料的疲劳强度联系起来。缺口根部存在一个高应力区，称之为缺口应力场，此应力场中的应力随着与根部最大应力点的距离的增加而不断衰减。图 4.11 给出了外载荷、应力集中系数与疲劳破坏模式之间的

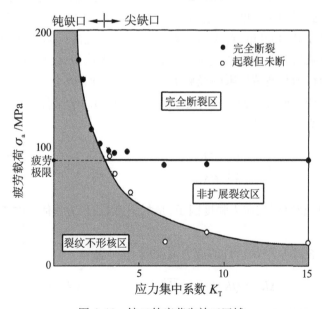

图 4.11　缺口件疲劳失效三区域

关系。当载荷很小时,缺口根部不会产生裂纹,此为无裂纹区;随着外载荷的增加,对于较小应力集中系数的钝缺口,裂纹一旦产生,就不会停止,因为尽管裂纹尖端处的当地应力随着裂纹长度的增加有所减小,但裂纹长度的增加同时也加大了应力强度因子,两者综合后,裂纹扩展的动力没有下降;对于较大应力集中系数的尖缺口,裂纹尖端处的当地应力迅速下降,此时如果外加的应力不足够大,那么裂纹就会停止扩展,形成非扩展裂纹。

从缺口根部起始的裂纹处于缺口应力场中,Ting 等[18]研究了缺口应力场中的非扩展裂纹问题(图 4.12),得到 K_f 的表达式。设 b 为缺口应力场尺寸,对非扩展裂纹尺寸 $a > b$ 的钝缺口,

$$K_f = Y(a_{th}) \left(1 + \sqrt{\frac{D_{eff}}{l_0}} \right) \quad (4.25)$$

式中,D_{eff} 为有效缺口深度;$Y(a_{th})$ 为最大非扩展裂纹的几何因子。而对 $a_{th} \leqslant b$ 的尖缺口,

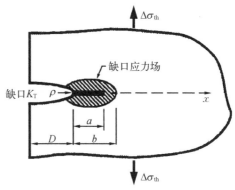

图 4.12　缺口应力场中的裂纹

$$K_f = \frac{U_{th} Y(b)}{U_{th0}} \sqrt{\frac{D + b}{l_0}} \qquad (4.26)$$

式中,U_{th} 为裂纹长度为 b 时的有效门槛应力强度因子比;U_{th0} 为长裂纹的有效门槛应力强度因子比。

从以上公式可以看出,断裂力学模型下的 K_f 还考虑了缺口尺寸效应。除以上表达式外,还有一些其他建立在断裂力学基础上的表达式。

4.1.4　小结

由于疲劳缺口系数在疲劳强度估算中的重要地位,寻求一个符合客观实际的简洁明了而又使用方便的 K_f 表达式是具有重大意义的。在已知的诸多公式中,Peterson 公式仍然是工程中比较实用的表达式。场强法的模型符合疲劳机制,因此是一个很好的模型。场强法为建立 K_f 表达式提供了坚实的力学基础,借助于有限元方法,它处理的对象不受材料、几何形状和边界条件的限制,是一个很有前途的方法,但计算工作量较大。

从上述三类模型可以看到对疲劳缺口系数 K_f 研究的一些方法和取得的成果,表 4.3 对此作了汇总。

表 4.3　K_f 的典型表达式

类型	作　者	表　达　式	材 料 常 数
平均应力模型	H. Neuber, P. Kuhn(1961)	$K_f = 1 + \dfrac{K_T - 1}{1 + \sqrt{a/\rho}}$	$a = f(\sigma_b)$ 为拉伸强度的函数
	R. E. Peterson (1959)	$K_f = 1 + \dfrac{K_T - 1}{1 + a/\rho}$	a 为材料常数 $a = 0.0635$ mm(调质钢) $a = 0.254$ mm(正火钢)
	R. B. Heywood (1955)	$K_f = \dfrac{K_T}{1 + 2\sqrt{a/\rho}}$	a 取决于试件形式和材料
	A. Buch, W. Switek (1988)	$K_f = K_T \dfrac{1 - 2.1[h/(\rho + \rho_0)]}{A}$	A、h 取决于试件形式和材料,ρ_0 为 A 和 h 的函数
	M. Stieler, E. Siebel (1955)	$K_f = \dfrac{K_T}{1 + \sqrt{1 + S_q \chi}}$	$S_q = f(\sigma_{0.2})$
	赵少汴, 王忠保(1992)	$K_f = \dfrac{K_T}{0.88 + A\chi^b}$	A 和 b 取决于材料和热处理状态
场强法模型	S. D. Sheppard (1989)	$K_f = \rho \sum\limits_{i=1}^{5} A_i(r^i - 1)/i$	M 为应力场等效面积
	姚卫星(1997)	$K_f = \dfrac{1}{V}\int_{\Omega} f(\overline{\sigma}_{ij})\phi(r)\mathrm{d}v$	Ω 为材料疲劳破坏区
断裂力学模型	J. C. Ting, F. V. Jr. Lawrence (1993)	$K_f = Y(a_{th})\left(1 + \sqrt{\dfrac{D_{eff}}{l_0}}\right)$　(钝缺口)	D_{eff} 为有效缺口深度
		$K_f = \dfrac{U_{th}Y(b)}{U_{th0}}\sqrt{\dfrac{D+b}{l_0}}$　(尖缺口)	U_{th0} 为长裂纹有效门槛应力强度因子比
	Liu Yongming 等 (2009)	$K_f = \dfrac{K_T}{\sqrt{1 + R_{ns}\{1 - \exp[-(K_T^2 - 1)/R_{ns}]\}}}$	R_{ns} 为材料常数

　　当缺口根部发生塑性流动,缺口根部的应力应变的分布将发生很大变化,见图
4.13。在圆形缺口根部几个晶粒范围内,线弹性时应力接近线性衰减;在小范围屈
服时应力接近 2 次幂衰减;而在大范围屈服时,应力几乎不衰减,最大应力与名义
应力的比值也大大减小,此时再用上面介绍的模型去计算 K_f,并用名义应力和 K_f
进行缺口疲劳强度和疲劳寿命估计,会产生很大误差。这是因为 K_f 模型中没有考
虑塑性流动问题,也即没有考虑到不同寿命时 K_f 值应该是不同的。
　　Brueggeman 等进行了 24S - T 铝合金试片的疲劳试验,试验结果见图
4.13(b)。试验结果显示疲劳缺口系数 K_f 随着寿命的变化而变化,从 $N = 0.25$ 时
的 1.08 增加到 $N = 15\,000$ 时的 1.83,然后逐渐下降。图中实线部分为试验结果的

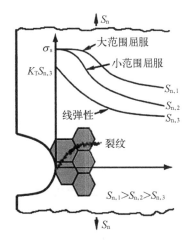

（a）缺口根部的应力分布

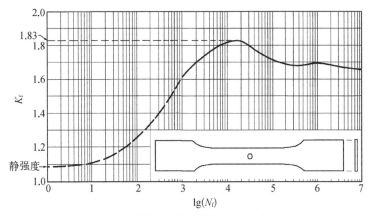

（b）疲劳缺口系数随疲劳寿命的变化

图 4.13　弹塑性情况下缺口根部的应力分布、寿命与疲劳缺口系数

中值,虚线部分为按曲线走势外推画出。

　　不同缺口形状其根部附近的应力分布是不同的,用同一个平均应力公式和同一个材料常数去计算不同的缺口形状的 K_f 值,常常会与试验结果有较大的差异,图 4.14 给出了椭圆缺口附近的弹性应力分布情况。建议对于不同弹性应力分布的情况采用不同的 K_f 表达式,见图 4.15 和表 4.4。

表 4.4　缺口根部不同应力分布特征对应的缺口敏感系数

缺口根部应力分布特征	1/2 次幂	1 次幂	2 次幂
缺口敏感系数 q	$\dfrac{1}{1+\sqrt{a/\rho}}$	$\dfrac{1}{1+a/\rho}$	$\dfrac{1}{1+a^2/\rho^2}$

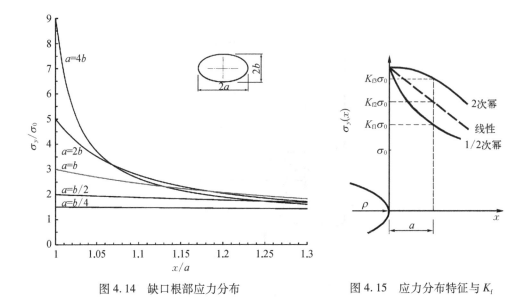

图 4.14　缺口根部应力分布　　　　　　　图 4.15　应力分布特征与 K_{f}

4.1.5　算例

例题 4.1　图 4.16 所示为一含中心孔薄板,材料为铝合金 2024 – T351,材料的强度极限 $\sigma_{\mathrm{b}} = 469\,\mathrm{MPa}$。板宽度 $W = 50\,\mathrm{mm}$,孔直径 $D = 10\,\mathrm{mm}$。计算其疲劳缺口系数。

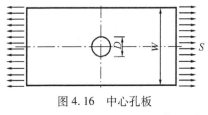

图 4.16　中心孔板

按照文献[4],中心孔板 $D/W = 0.2$ 时的应力集中系数 $K_{\mathrm{T}} = 2.518$。铝合金的材料常数 $a = 0.635$,因此按照 Peterson 公式,其疲劳缺口系数 K_{f} 为

$$K_{\mathrm{f}} = 1 + \frac{K_{\mathrm{T}} - 1}{1 + a/\rho} = 1 + \frac{2.581 - 1}{1 + 0.635/5} \approx 2.403$$

例题 4.2　图 4.17 所示为一含有两个孔的薄板试验件,已知左边孔的疲劳缺口系数 $K_{\mathrm{f}} = 4.33$。计算右边孔的疲劳缺口系数 K_{f}。

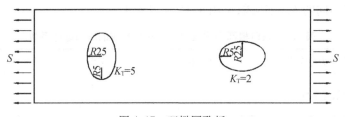

图 4.17　双椭圆孔板

按照 Peterson 公式,对于左边椭圆孔有,疲劳危险处的曲率半径为 5,所以有

$$K_f = 1 + \frac{K_T - 1}{1 + a/\rho} = 1 + \frac{5 - 1}{1 + a/5} = 4.33$$

由此可解得 $a = 1$。因为两个孔在同一块板上,所以材料常数 a 相同。对于右边椭圆孔,疲劳危险处的曲率半径为 25,则

$$K_f = 1 + \frac{K_T - 1}{1 + a/\rho} = 1 + \frac{2 - 1}{1 + 1/25} \approx 1.96$$

例题 4.3　如图 4.18 所示为含有双缺口的试验件,试验件材料为 LY12 – CZ 铝合金板,板厚度 2 mm。圆孔直径 $D = 26$ mm,腰形孔长 $W = 6.5$ mm,半径 $R = 1.5$ mm。Peterson 公式的材料常数 $a = 0.635$ mm。问在常幅疲劳载荷作用下哪个孔更危险?

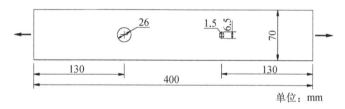

图 4.18　串排双缺口板

左边圆形孔的应力集中系数可以通过查手册或经验公式计算得到,其 $K_T = 2.27$。右边腰形孔的应力集中系数 K_T 没有手册可查,可以采用有限元计算获得 $K_T = 2.42$,见图 4.19,图中给出了净面积名义应力为 1 时,缺口韧带上的应力分布。两个缺口的疲劳缺口系数分别为

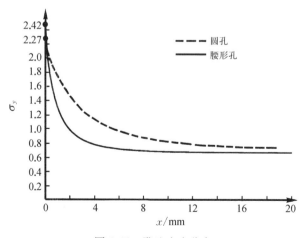

图 4.19　孔边应力分布

$$圆孔：K_f = 1 + \frac{K_T - 1}{1 + a/\rho} = 1 + \frac{2.27 - 1}{1 + 0.635/13} \approx 2.21$$

$$腰形孔：K_f = 1 + \frac{K_T - 1}{1 + a/\rho} = 1 + \frac{2.42 - 1}{1 + 0.635/1.5} \approx 2.00$$

可见,虽然最大应力发生在腰形孔边,但是疲劳缺口系数圆孔的大,因此相对而言,在疲劳载荷作用下圆孔比腰形孔更危险。

例题 4.4　如图 4.20 所示为含有双缺口的试验件,试验件材料为 LY12 - CZ 铝合金板,板厚度 2 mm。圆孔直径 $D = 42$ mm,边缺口深 $W = 4$ mm,半径 $R = 2$ mm。Peterson 公式的材料常数 $a = 0.635$ mm。问在常幅疲劳载荷作用下哪个缺口更危险?

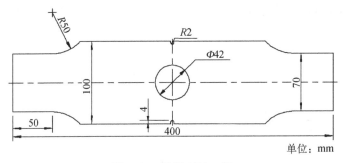

图 4.20　并排双缺口板

对于如图所示的并排双缺口的应力集中系数需要通过有限元计算得到。图 4.21 给出了在外加毛面积应力 100 MPa 时由有限元计算得到的试验件韧带上的应力分布,圆孔边的最大应力为 378.86 MPa,边缺口根部的最大应力为 386.65 MPa。按照应力集中系数的定义,可以得到中心圆孔和边缺口的毛面积应力集中系数分别为 3.789 和 3.867,净面积应力集中系数分别为 1.894 和 1.933。按照 Peterson 公式计算所得的疲劳缺口系数分别为:

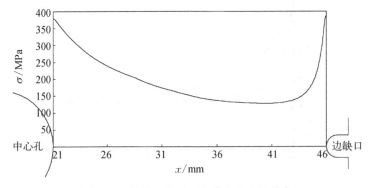

图 4.21　并排双缺口板韧带上的应力分布

$$圆孔: K_f = 1 + \frac{K_T - 1}{1 + a/\rho} = 1 + \frac{1.894 - 1}{1 + 0.635/21} \approx 1.868$$

$$边缺口: K_f = 1 + \frac{K_T - 1}{1 + a/\rho} = 1 + \frac{1.933 - 1}{1 + 0.635/2} \approx 1.708$$

最大应力虽然出现在边缺口处,但是圆孔的疲劳缺口系数略大,因此相对而言,在疲劳载荷作用下圆孔比边缺口更危险。

4.1.6　实例

下面举三个实际飞机结构疲劳危险部位的疲劳缺口系数的计算实例,其代表了三种不同的典型情况。

实例 4.1　某运输机框缘缺口

某运输机机身加强框框缘缺口为疲劳关键部位之一,该部位的结构形状和几何尺寸见图 4.22,其中蒙皮的厚度为 1.6 mm,框缘条和腹板的厚度均为 2 mm,缺口根部的半径为(6±0.2)mm,框腹板高度为 130 mm,框缘条宽度为 30 mm。框结构材料为 LC4 铝合金,机身蒙皮为 2024 铝合金。从飞机总体坐标系下取出待分析部位的实际结构,从全机有限元模型中取出待分析部位的载荷,通过有限元分析,获得缺口处的疲劳危险部位及其理论应力集中系数,然后计算其疲劳缺口系数。

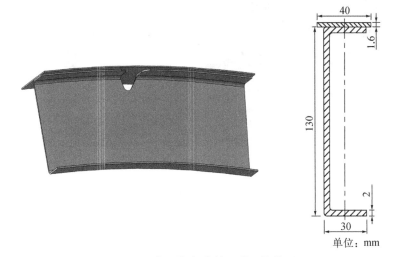

图 4.22　加强框框缘缺口附近结构图

机身框受力时,蒙皮与框缘条之间的约束关系限制了缺口的张开变形,降低了应力集中程度。因此取缺口左右一定距离的框段作为有限元建模对象,并使机身框前后相邻框之间的机身蒙皮参与受力,参与受力的蒙皮宽度为框平面前后各12.5 倍蒙皮厚度。有限元模型如图 4.23 所示。

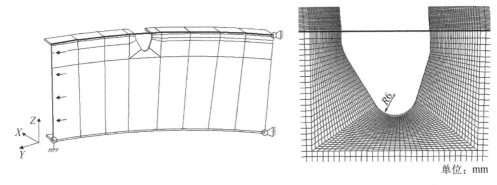

单位:mm

图 4.23　机身框框缘缺口部位的有限元模型

通过有限元静力分析,得到框缘缺口附近的应力分布,见图 4.24。最大应力为 179 MPa,施加的名义应力为 47.3 MPa,因此应力集中系数 $K_T = 3.784$。

图 4.24　框缘缺口附近的应力云图

缺口的名义曲率半径为 6 mm,按照 Peterson 公式计算得到疲劳缺口系数 $K_f = 3.518$。

实例 4.2　某教练机机身长桁

因固定和通过电缆的需要,在某教练机机身长桁打孔并安装卡扣,如图 4.25 所示。长桁为 LY12 - CZ 板弯件,厚 2 mm,中间空孔直径 4 mm,两边的安装固定孔直径 2.5 mm,其余尺寸见图 4.25。在全机疲劳试验中,该长桁在固定孔处出现了疲劳裂纹。请计算三个孔的疲劳缺口系数。

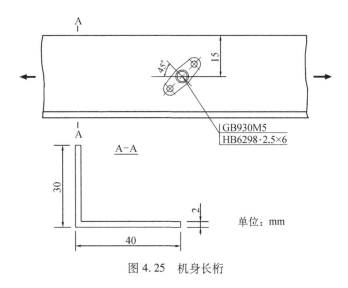

图 4.25　机身长桁

机身长桁受轴向力作用,长桁的名义截面积为 136 mm^2。为求得三个孔的应力集中系数,建立有限元模型,见图 4.26。一端固支,一端施加载荷 136 N(即名义应力 1 MPa)。

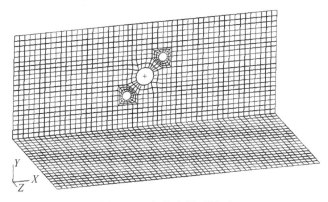

图 4.26　长桁有限元模型

三个孔附近的应力等高线图见图 4.27,可以得到三个孔的应力集中系数分别为 3.65,3.27 和 3.61,采用 Peterson 公式,取 $a = 0.635$ mm,疲劳缺口系数分别为

中间空孔: $K_T = 3.27$, $K_f = 2.723$;

上固定安装孔: $K_T = 3.65$, $K_f = 2.757$;

下固定安装孔: $K_T = 3.61$, $K_f = 2.731$。

如果改变三个孔的方位,将它们水平放置在一条水平线上,可以发现中间空孔的应力集中系数为 2.88,两侧固定安装孔的应力集中系数为 2.06,见图 4.28,其疲劳缺口系数分别为 2.427 和 1.703。

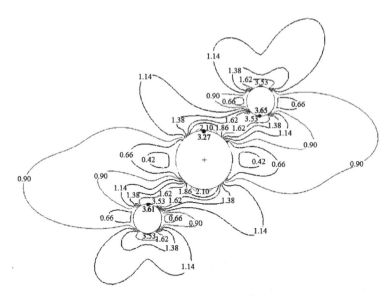

图 4.27　三个孔附近的应力等高线图

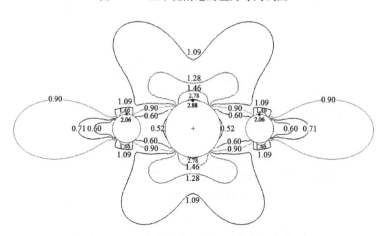

图 4.28　三个孔水平放置时的应力等高线图

实例 4.3　某战斗机翼梁重应力集中孔

某战斗机机翼梁腹板是机翼重要的承力构件,材料为 7B04 - T6 铝合金。在全机总体有限元分析中应力水平较高,且该腹板区域存在重应力集中,见图 4.29。

实际工程结构的载荷边界都比较复杂,双重应力集中不可能有理论解,为计算如图 4.29 所示的 $R=3.1$ 小孔的应力集中系数,需要建立有限元模型,按照实际载荷情况设置载荷边界条件和位移边界条件,其中外载荷取自总体有限元分析结果。然后进行线弹性有限元分析,得到小孔孔边的最大应力为 195.14 MPa,见图 4.30。

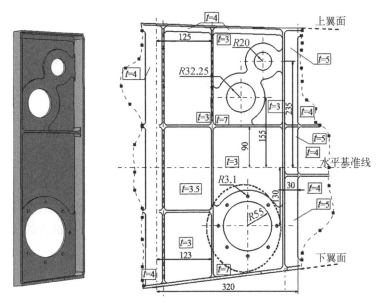

图 4.29　某战斗机翼梁腹板

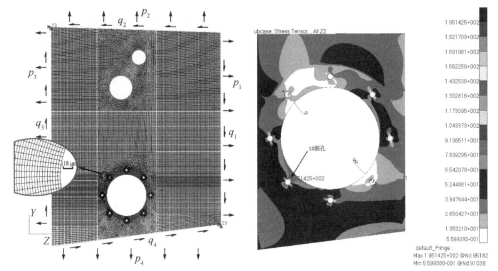

图 4.30　翼梁腹板有限元模型和应力云图

　　实际结构在不同工况下各外载荷分量之间的比值是变化的,这是一个多轴非比例疲劳问题。对于翼梁腹板而言,这种变化很小,因此此处将它作为单轴疲劳问题(多轴比例问题)处理。图 4.30 所示为某一工况下的应力分析结果。

　　为计算应力集中系数,首先要知道名义应力。针对这类结构,在计算名义应力时,可作如下处理:首先将图 4.29 中大孔和它周围的 8 个小孔填平,然后在同样的载荷边界和位移边界下进行有限元分析,获取小孔最大应力点处的应力值,并将此作为名义应力。在本问题中,填平后有限元分析给出了该小孔的最大应力点处的名义应力为 28.32 MPa,因此该小孔的理论应力集中系数 K_T = 195.14/28.32 = 6.89。按照 Peterson 公式计算得到缺口疲劳系数 K_f = 5.889。

4.2　尺　寸　的　影　响

人们在疲劳强度试验中早就注意到了试验件尺寸越大疲劳强度就越低这一现象。标准试验件的直径通常在 6~10 mm,往往比实际工程零部件的尺寸小,因此疲劳尺寸系数在疲劳分析中必须加以考虑。疲劳尺寸系数 ε 定义为,在相同加载条件及试件几何相似条件下,大尺寸试件的疲劳强度 S_L 与小尺寸试件的疲劳强度 S_S 的比值,即

$$\varepsilon = \frac{S_L}{S_S} \tag{4.27}$$

导致大、小试件疲劳强度存在差别的主要原因有两个方面:① 对处于均匀应力场中的试件,大尺寸试件比小尺寸试件含有更多的疲劳损伤源;② 对处于非均匀应力场中的试件,大尺寸试件疲劳损伤区中的应力比小尺寸试件更加严重。显然前者属统计力学的范畴,而后者则属传统宏观力学的范畴。

4.2.1　均匀应力场的尺寸系数

处于均匀应力场的试验件存在尺寸效应主要是因为:① 因疲劳裂纹源处于试验件表面,而大尺寸试验件的表面积较大,故有较大的概率先出现疲劳裂纹;② 表面加工硬化层通常可提高疲劳强度,在同样的加工方式下,这种硬化层对小试件的影响大于对大试件的影响;③ 大试件在制造和热处理过程中产生缺陷的概率大于小试件。显然这种尺寸影响都是统计意义上的,分散性比较大,将此称为纯粹尺寸系数或者统计尺寸系数,可通过试验或微观统计力学获得。目前主要依赖于试验,但试验结果还很少,见图 4.31。而微观统计力学的方法还不够成熟。

对于大小不同的光滑件在表面状态、应力场等其他条件相同时的疲劳寿命或者疲劳强度的变化,被称为统计尺寸效应,它是由材料内部缺陷分布的随机性导致的[19];且试件尺寸越大,较大缺陷出现的可能性就越大,寿命也就越短。可用最弱环节理论来分析统计尺寸效应[20],该理论将试件看成是一些具有相同疲劳寿命或疲劳强度分布又互相独立的环串联而成的锁链,锁链的寿命或者强度由其中最弱

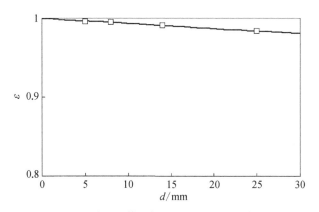

图 4.31　轴向拉伸下软钢圆棒试件的尺寸系数

的一个环决定,该环破坏则整个锁链破坏。

假设尺寸较小的光滑件含有 1 个环节,它的疲劳寿命服从三参数 Weibull 分布,

$$F_\mathrm{S} = 1 - \exp\left[-\left(\frac{N-\delta}{\beta}\right)^{\alpha}\right] \tag{4.28}$$

其中,N 为寿命,α、β、δ 为分布的三个参数,则尺寸较大的光滑件含有 n 个环节,根据串联概率失效模型,其疲劳寿命分布为

$$F_\mathrm{L} = 1 - (1 - F_\mathrm{S})^{n} = 1 - \exp\left[-n\left(\frac{N-\delta}{\beta}\right)^{\alpha}\right] \tag{4.29}$$

反之,如果大试件的寿命服从分布

$$F_\mathrm{L} = 1 - \exp\left[-\left(\frac{N-\delta}{\beta}\right)^{\alpha}\right] \tag{4.30}$$

则小试件的寿命服从分布

$$F_\mathrm{S} = 1 - \exp\left[-\frac{1}{n}\left(\frac{N-\delta}{\beta}\right)^{\alpha}\right] \tag{4.31}$$

为了验证用式(4.28)~式(4.31)分析统计尺寸效应的正确性,选用两组试验数据进行分析。第一组数据[20]的试验材料为铬镍钢丝,直径 5 mm,长度分别为 5 mm,20 mm 和 70 mm,承受拉-拉疲劳载荷。分析时,首先对试验段长度为 70 mm 的试验件寿命用三参数 Weibull 分布进行拟合,然后借助式(4.31)预测试验段长度分别为 20 mm 和 5 mm 的试验件寿命的分布,并与试验结果进行对比。预测均值寿命与试验均值寿命对比见表 4.5,预测概率分布函数与经验累积分布函数对比

见图 4.32。

表 4.5　不同试验段长度试验件试验寿命与预测寿命对比(第一组)

试验段长度/mm	70	20	5
试验均值寿命	185 860	209 920	271 620
预测均值寿命	—	218 660	264 740

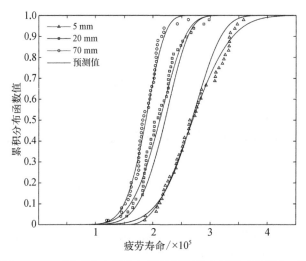

图 4.32　预测概率分布函数与经验累积分布函数对比(第一组)

第二组试验数据[21]的材料为钢丝(No. 1. 4310 DIN670),直径 2 mm,试验件长度分别为 25 mm,125 mm 和 250 mm,承受拉-拉疲劳载荷。分析时,首先对试验段长度为 250 mm 的试验件寿命用三参数 Weibull 分布进行拟合,然后借助式(4.31)分别预测试验段长度为 125 mm 和 25 mm 的试验件寿命的分布,并与试验结果进行对比。预测均值寿命与试验均值寿命对比见表 4.6,预测概率分布函数与经验累积分布函数对比见图 4.33。

表 4.6　不同试验段长度试验件试验寿命与预测寿命对比(第二组)

试验段长度/mm	250	125	25
试验均值寿命	248 730	301 870	721 960
预测均值寿命	—	313 130	591 980

从上述两组试验件预测均值寿命与试验均值寿命以及预测分布函数与经验累积分布函数的对比可见,预测结果比较理想,说明最弱环节理论可以用于分析统计尺寸效应对试验件疲劳寿命的影响,同样它也适用于疲劳强度的统计尺寸效应。

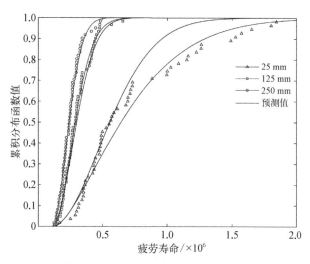

图 4.33　预测概率分布函数与经验累积分布函数对比(第二组)

4.2.2　非均匀应力场的尺寸系数

处于非均匀应力场的试验件的疲劳尺寸效应主要是由应力梯度造成的,它可用疲劳力学加以解释,而纯粹意义上的尺寸系数在这种情况下几乎不起作用。图4.34 解释了光滑试验件在旋转弯曲载荷作用下的尺寸效应,因为直径不同而引起的弯曲应力梯度不同,在相同的疲劳损伤区内大直径的平均应力 $\sigma_{\mathrm{ave\,L}}$ 明显大于小直径的平均应力 $\sigma_{\mathrm{ave\,S}}$,这就导致了尺寸效应。

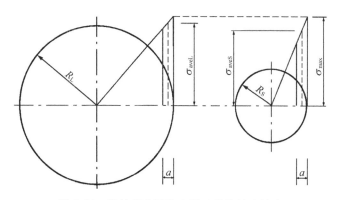

图 4.34　旋转弯曲下的光滑试件的尺寸效应

图 4.35 解释了缺口试验件在拉压载荷作用下,由于缺口附近疲劳危险区应力梯度的不同而引起的尺寸效应,其原因同样是在相同的疲劳损伤区内大试件的平均应力 $\sigma_{\mathrm{ave\,L}}$ 明显大于小试件的平均应力 $\sigma_{\mathrm{ave\,S}}$。事实上不管是什么样的几何相似

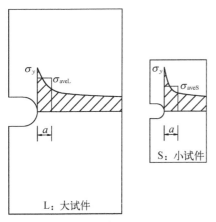

图 4.35 拉压载荷下的缺口
试件的尺寸效应

试验件,在疲劳载荷作用下,只要存在应力梯度,就会出现尺寸效应。

目前对处于非均匀应力场的试验件的尺寸系数的计算还没有很多的研究。作者基于应力场强法给出了一个计算尺寸系数 ε 的方法,

$$\varepsilon = \frac{S_{\mathrm{L}}}{S_{\mathrm{S}}} = \frac{\dfrac{1}{V_{\mathrm{S}}}\displaystyle\int_{\Omega_{\mathrm{S}}} f_{\mathrm{S}}(\bar{\sigma}_{ij}) \varphi(\boldsymbol{r}) \mathrm{d}\nu}{\dfrac{1}{V_{\mathrm{L}}}\displaystyle\int_{\Omega_{\mathrm{L}}} f_{\mathrm{L}}(\bar{\sigma}_{ij}) \varphi(\boldsymbol{r}) \mathrm{d}\nu} \qquad (4.32)$$

式中有关参数的定义见式(4.18)和式(4.19),详细分析见第8章。

已有的尺寸系数数据大多由旋转弯曲试验获得,图 4.36 给出了碳钢和合金钢制造的光滑圆棒试件的尺寸系数。图 4.37 给出了光滑圆棒试验件的直径对疲劳

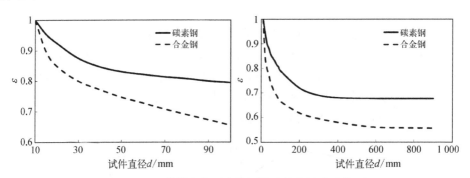

图 4.36 旋转弯曲下光滑圆棒试件的尺寸系数

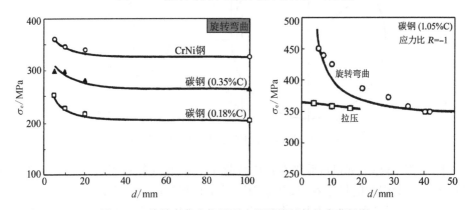

图 4.37 旋转弯曲和拉压下光滑圆棒试件的疲劳极限

极限的影响。图 4.38 给出了横向钻孔圆棒（$K_T = 2.8$）在轴向拉伸下，圆棒直径对疲劳缺口系数的影响，图 4.38 中的线条为式(4.32)的计算结果。

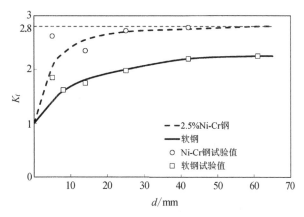

图 4.38　直径对疲劳缺口系数的影响

　　拉伸载荷作用下疲劳尺寸系数的试验数据较少，图 4.39 给出了不同直径下含横孔的 CrNiMo 钢圆棒的疲劳强度和含中心孔铝合金板的尺寸效应，可以看到尺寸效应比较明显[22]。

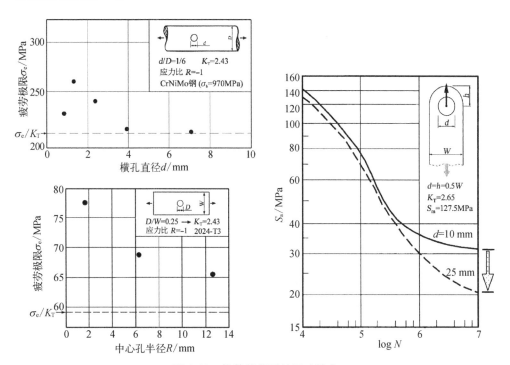

图 4.39　拉伸载荷下的尺寸效应

4.3　表面状态的影响

疲劳裂纹通常萌生于试件表面,这是因为外表面的应力水平往往最高,外表面的缺陷往往也最多,另外,表面层材料的约束少,滑移带最易开动。因此,零部件的表面状态对其疲劳强度有着显著的影响,这种影响程度可用表面状态系数 β 来描述,

$$\beta = \frac{某种表面状态试件的疲劳强度}{标准光滑试件的疲劳强度} \tag{4.33}$$

通常,材料的疲劳强度或疲劳寿命是由标准光滑试件得到的,在用此数据估算零部件的疲劳强度或疲劳寿命时,须作表面敏感系数 β 的修正。需要指出的是,因为绝大多数结构或机械的疲劳关键部位往往就是应力集中部位,进行表面敏感系数 β 的修正时要注意表面状态的对应。

表面状态主要包含表面加工粗糙度系数 β_1、表层组织结构系数 β_2 和表层应力状态系数 β_3,而 $\beta = \beta_1\beta_2\beta_3$。

4.3.1　表面加工粗糙度

表面粗糙度是指零件的加工表面上具有的较小间距和峰谷所形成的微观几何形状误差,见图 4.40,通常用参数 R_a 作为粗糙度的度量。

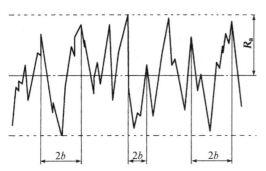

图 4.40　表面粗糙度的深度和间距定义

表面加工粗糙度越低,疲劳强度就越高。从微观机制角度解释,表面粗糙相当于表面有侵入和挤出,因此缩短了疲劳裂纹形成寿命,降低了疲劳强度;从宏观角度解释,表面粗糙造成微观应力集中,从而使疲劳强度下降。

材料的强度 σ_b 越高,β_1 对粗糙度就越敏感。这是因为材料的强度 σ_b 越高,其延性往往就越差,因此对缺陷也就越敏感。但当表面加工痕迹的最大深度小于某一临界值时,材料的疲劳强度不再增加,这一临界值相当于精抛光水平,见图 4.41。

表面粗糙度的差异主要是由加工方法造成的,图 4.42 给出了国产钢材由旋转弯曲疲劳试验得到的表面加工粗糙度系数,图 4.43 给出了国外钢材的表面加工粗糙度系数[22]。

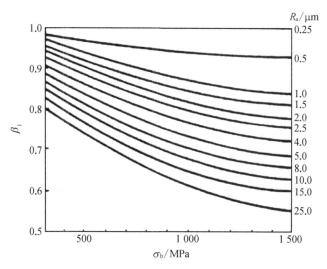

图 4.41　表面粗糙度系数

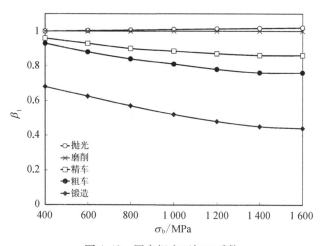

图 4.42　国产钢表面加工系数

Murakami[23]采用表面沟槽的平均深度 a 和平均峰间距 $2b$ 定义了一个等效表面缺陷尺寸 $\sqrt{A_R}$，

$$\frac{\sqrt{A_R}}{2b} = \begin{cases} 2.97(a/2b) - 3.51(a/2b)^2 - 9.74(a/2b)^3, & a/2b \leqslant 1.95 \\ 0.38, & a/2b > 1.95 \end{cases}$$

$$(4.34)$$

金属材料疲劳强度 σ_{-1} 和表面缺陷尺寸的关系可写为[23]

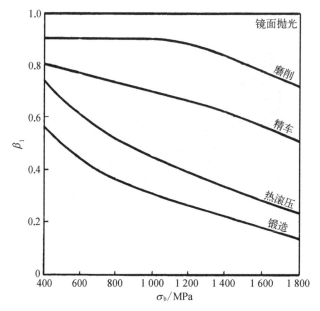

图 4.43　国外钢表面加工系数

$$\sigma_{-1} = \frac{1.43(H_V + 120)}{\left(\sqrt{A_R}\right)^{1/6}} \tag{4.35}$$

式中,H_V 为维氏硬度。金属材料的表面不可能是"绝对光滑"的,见图 4.44。当表面粗糙度低于临界值 a_s 时,表面的粗糙度就不再影响其疲劳强度。

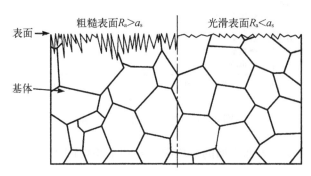

图 4.44　金属材料表面加工粗糙度示意图

对于高强度钢材,$\sigma_{-1} \approx 1.6 H_V$。那么材料表面的粗糙度指标参数的临界值 $\sqrt{A_{R,s}}$ 为

$$\sqrt{A_{R,s}} = \left(\frac{1.43}{1.6}\right)^6 \left(1 + \frac{120}{H_V}\right)^6 \tag{4.36}$$

统计结果表明,$a<2b$,且 $\sqrt{A_R} \approx 2.97a$,式(4.36)可写为

$$a_s = 0.171\,6\left(1 + \frac{120}{H_V}\right)^6 \tag{4.37}$$

式(4.37)表明,当粗糙度 R_a 低于式(4.37)给出的临界值 a_s 时,试件表面可以看作是光滑的,其中 a_s 单位为 μm。

4.3.2　表层组织结构

由于零部件表面层对零部件的疲劳强度有着重要的影响,人们通过各种表面处理工艺来提高表面层的疲劳强度。常用的方法有表面渗碳、表面渗氮、表面氰化、表面淬火、表面激光处理等。这些处理方法的本质都是改变材料表面层组织结构。通常,经过表面处理后,表层材料的组织结构与原材料的组织结构有所不同,其疲劳强度可得到提高,即 β_2 通常大于 1,从而达到提高零部件疲劳强度的目的。β_2 的确定基本上依赖于试验。而不同的工艺参数对 β_2 的影响很大。

渗碳使材料的表层结构高碳,渗氮使表层含氮化物,表层的硬度和强度上升,从而使疲劳寿命有所提高。图 4.45 和图 4.46 给出了渗碳和渗氮对 40CrNiMo 钢疲劳寿命的影响[24]。

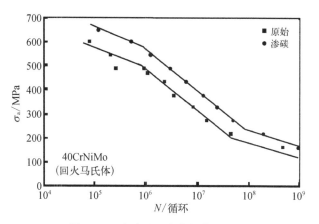

图 4.45　渗碳对于疲劳性能的影响

激光冲击强化使材料内部晶粒细化,而材料的疲劳寿命定性上与晶粒尺寸的开方成正比,同时激光冲击也使材料表层产生残余压应力,因而可以提高其疲劳寿命。在 $1.54\,\mathrm{GW \cdot cm^{-2}}$ 的激光冲击功率下,2A02 铝合金的疲劳寿命提高了 1.8~2.9 倍[25],在 $1\,\mathrm{GW \cdot cm^{-2}}$ 的激光功率冲击下,GH742 镍基高温合金试件的疲劳寿命提高了 1.5~4 倍[26]。

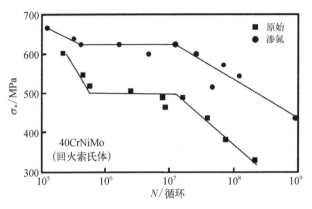

图 4.46　渗氮对于疲劳性能的影响

4.3.3　表层应力状态

影响结构件疲劳寿命的表面应力状态可分为两类：表面残余压应力和表面预拉伸应力。

产生表面残余压应力的原理是表面冷作变形，冷作变形是提高零部件疲劳强度的有效途径之一。表面冷作变形的方法主要有滚压、喷丸、挤压、激光强化等。表面冷作变形的本质是改变了零部件表层的应力状态，同时也使表层材料的组织发生了一些物理性变化。

图 4.47 所示为一受到拉压循环载荷作用的圆棒，该圆棒在经过滚压后产生了一自平衡的残余压应力，表面最大残余压应力为 σ_r；当外加循环载荷作用时，表层的合成应力水平下降，表面受到的最大应力由 S_{max} 降为 $S_{max}-\sigma_r$，应力幅值不变，由此提高了该元件的疲劳强度。

孔冷挤压可使孔边产生残余压应力。图 4.48 所示为一中心圆孔平板试件，中心孔受挤压或预拉伸后产生自平衡残余压应力，孔边最大残余压应力为 σ_r，当外加循环载荷作用时，孔边疲劳破坏区内的合成应力水平下降了，由此元件的疲劳强度得到了提高。应该注意到预拉伸载荷只有使孔边进入塑性后才会产生残余

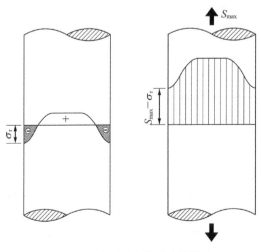

图 4.47　滚压对疲劳强度的影响

压应力,否则相当于受到一次疲劳载荷反而对寿命不利。另外预拉伸和孔挤压产生的残余应力沿周向和径向的分布都是不同的。

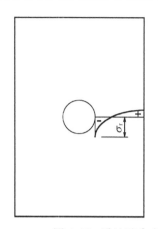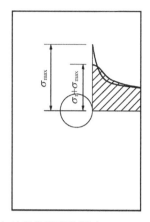

图 4.48　孔边残余应力对疲劳强度的影响

图 4.49 给出了表面喷丸对疲劳寿命的影响。飞机结构的很多疲劳关键件都进行了喷丸处理,一方面喷丸使构件表面产生残余压应力,另一方面通过喷丸参数的控制可使薄壁构件产生所期望的变形。

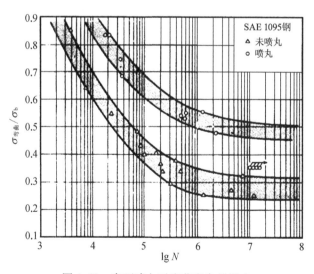

图 4.49　表面喷丸对疲劳寿命的影响

激光喷丸强化是利用高功率密度(大于 10^9 W·cm^{-2})、短脉冲的强激光诱导的高压冲击波对材料表面实施改性的一种技术。当激光诱导产生的冲击波峰值压力大于材料的屈服强度时,在金属材料强化区域的材料发生动态屈服和塑性变形,产生残余压应力,同时产生密集、均匀以及稳定的位错结构,从而达到改善材料强度、耐磨性、耐腐蚀性和提高疲劳寿命的目的。如对高强度变形镁合金 ZK60 中心孔疲劳试件进行激光喷丸后,高周疲劳寿命提高了 61%[27]。

应该注意到,疲劳损伤主要是由拉应力产生的,而残余应力是自平衡体系,如若残余变形量过大,可能会使表层产生微裂纹,反而降低零部件的疲劳强度。

图 4.50 所示为一个过盈配合螺栓孔疲劳的力学原理。在无疲劳载荷作用时,疲劳危险部位的孔边存在一个因过盈配合而产生的拉应力 σ_0。下面分三种情况讨论过盈配合与疲劳寿命的关系。① 如果外加疲劳载荷产生的孔边应力峰值小于 σ_0,则孔边循环应力的峰值和谷值都是 σ_0,因此没有疲劳问题。② 如果外加疲劳载荷的峰值大于 σ_0,而谷值小于 σ_0,则疲劳危险部位的循环应力的峰值没有变,但谷值为 σ_0,因此疲劳应力的幅值变小了,提高了疲劳寿命。③ 如果外加疲劳载荷的峰值和谷值都大于 σ_0,则过盈对疲劳寿命没有影响。实际工程问题大多为情况②,过盈配合提高了疲劳应力的平均值,但大大减小了疲劳载荷幅值,因此可以提高疲劳寿命。

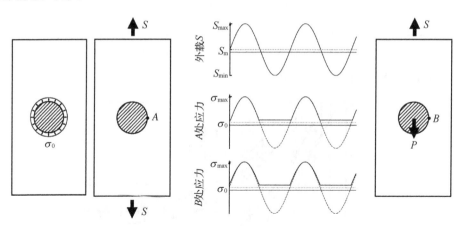

图 4.50 过盈配合提高疲劳性能的力学原理

图 4.51 所示为一个预紧螺栓连接的情况,其机理解释也在该图中给出。结构件 A 和 B 被螺栓连接在一起,螺栓的预紧力为 P_0,A 和 B 构件在接触面上的载荷 $P_{接触} = P_0$。如果 A 和 B 上的载荷 P 增加,那么螺栓上的载荷也在增加,而接触面上的载荷在减少。在 A 和 B 分离之前,这一接触力一直是存在的,根据力的平衡原理可知,外加载荷一部分由螺栓承担,一部分用于抵消接触载荷。

这样一种关系可用下式表达:

$$\Delta P_{\text{bolt}} = C_{\text{bolt}} \cdot \Delta l$$
$$\Delta P_{\text{A-B}} = C_{\text{A-B}} \cdot \Delta l \tag{4.38}$$

式中,ΔP_{bolt} 和 $\Delta P_{\text{A-B}}$ 分别为在外加载荷 P 时螺栓上的载荷增量和接触力的减少量;

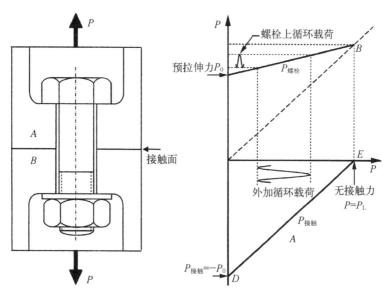

图 4.51　预紧螺栓连接

C_{bolt} 和 $C_{\text{A-B}}$ 分别为螺栓和被连接体的刚度系数;Δl 为螺栓的伸长量。由此可得到

$$\frac{\Delta P_{\text{bolt}}}{C_{\text{bolt}}} = \frac{\Delta P_{\text{A-B}}}{C_{\text{A-B}}} \tag{4.39}$$

因为 $P = \Delta P_{\text{bolt}} + \Delta P_{\text{A-B}}$,因此有

$$\frac{\Delta P_{\text{bolt}}}{P} = \frac{1}{1 + C_{\text{A-B}}/C_{\text{bolt}}} \tag{4.40}$$

可见,对连接件施加预紧力,提高了螺栓上的平均应力,降低了应力幅值,综合效果是提高了疲劳寿命,如图 4.52 所示。

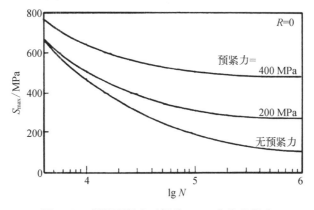

图 4.52　螺栓预紧力对螺栓 S-N 曲线的影响

4.4　载荷的影响

绝大多数材料的疲劳强度是由标准试验件在对称循环正弦波加载情况下得到的,而实际零部件所受到的载荷是十分复杂的。本节主要介绍不同载荷情况对疲劳强度的影响,主要包括载荷类型的影响、加载频率的影响、平均应力的影响、载荷波形的影响、载荷中间停歇和持续的影响等。

4.4.1　载荷类型的影响

零件受到的外载荷有拉压、弯曲、扭转三种类型。对于几何形状和边界条件复杂的元件,疲劳危险部位处于多轴应力状态。而在很多情况下,实际工程结构中的这种多轴应力是非比例的,非比例多轴疲劳问题已有一些专门研究[28-30]。此处主要讨论光滑标准试件在不同加载方式下的疲劳强度的差异。

载荷类型对疲劳强度的影响用载荷类型因子 C_L 来描述。C_L 定义为其他加载方式下的疲劳强度与旋转弯曲疲劳强度的比值,即

$$C_L = \frac{\text{其他加载方式下的疲劳强度}}{\text{旋转弯曲下的疲劳强度}} \quad\quad (4.41)$$

C_L 不仅取决于载荷类型,因为不同的载荷类型使试件中的应力分布不同,还取决于材料,因为不同的材料有着不同的疲劳破坏机理。对于弹塑性材料,试验结果和理论分析表明,圆棒试件在反复扭转下的疲劳极限 τ_{-1} 大约为 σ_{-1} 的 58%[31-33],这一结果与 von Mises 准则一致。在有限寿命时,C_L 值变化不大。对于脆性材料,C_L 通常大于 0.58。

在拉压载荷作用下,材料的疲劳强度 σ_{-1P} 要小于 σ_{-1},这是因为在拉压载荷作用下,试件截面上的应力处处相等;而在旋转弯曲时,应力分布是有梯度的,此时 $C_L = \sigma_{-1P}/\sigma_{-1}$ 变化很大[34]。在没有试验结果的情况下,可取 $C_L = 0.85$(钢)和 $C_L = 0.65$(铸铁)[33,35]。

4.4.2　加载频率的影响

在疲劳载荷作用下,结构材料基本上处于弹性变形状态。一般的加载速率并不影响弹性性能,因为固体的弹性变形以介质中的声速传播。可见金属的弹性变形速度很快,远远超过一般的加载速率。所以加载频率对应力应变关系没有影响,可以认为加载频率对应力疲劳寿命没有影响。

文献[36]统计分析了包括铝合金、钢材、钛合金、铸铁镍基合金等材料在内的多种金属材料在不同加载频率下的疲劳 $S-N$ 曲线,如图 4.53 所示,可以看出加载频率对结构的疲劳 $S-N$ 曲线几乎没有影响。

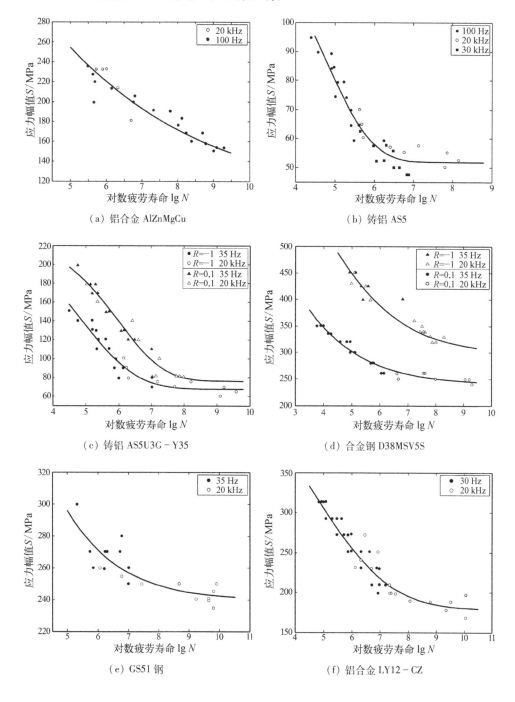

（a）铝合金 AlZnMgCu

（b）铸铝 AS5

（c）铸铝 AS5U3G-Y35

（d）合金钢 D38MSV5S

（e）GS51 钢

（f）铝合金 LY12-CZ

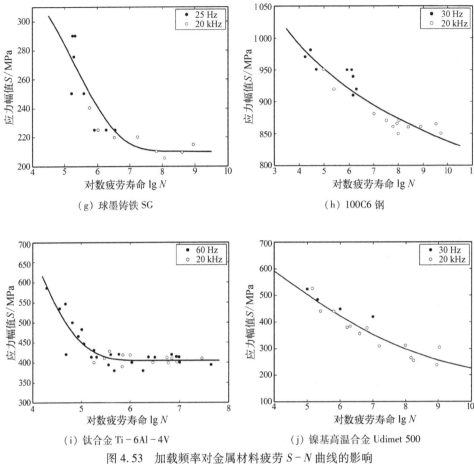

图 4.53　加载频率对金属材料疲劳 $S-N$ 曲线的影响

　　理论上讲,加载频率对于材料的疲劳性能一定会有影响,其影响程度取决于材料微观结构和频率大小。体心立方(bcc)和密排六方(hcp)结构的金属材料对加载频率较敏感,而面心立方(fcc)金属材料相对不敏感;加载频率越大其影响也越大。但是对于金属材料加载频率的影响在大多数情况下可以忽略不计。对于高分子材料、树脂基复合材料和蠕变行为比较明显的金属材料,加载频率对疲劳 $S-N$ 曲线有影响,见表 4.7[37] 和图 4.54[36]。

表 4.7　YB-3 有机玻璃疲劳试验结果($R=0.1$, $S_{max}=52$ MPa)

频率/Hz	疲劳寿命 N/cycle									对数均值	N_{50}
10	1 843	1 467	1 786	2 280	1 674	2 341	2 861	3 996	2 007	3.332 8	2 152
1	2 378	1 887	1 800	2 892	1 040	3 290				3.317 1	2 075
0.1	1 129	1 155	1 421							3.089 3	1 228

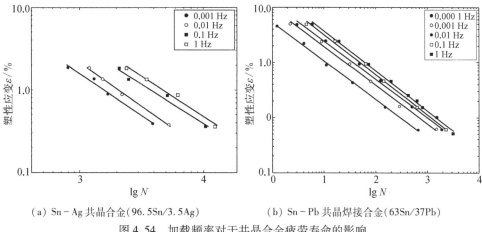

（a）Sn－Ag 共晶合金（96.5Sn/3.5Ag）　　　　（b）Sn－Pb 共晶焊接合金（63Sn/37Pb）

图 4.54　加载频率对于共晶合金疲劳寿命的影响

4.4.3　平均应力的影响

　　相对于平均应力 $\sigma_m = 0$ 的对称循环载荷的疲劳寿命,在 $\sigma_m < 0$ 时,疲劳寿命增加,而 $\sigma_m > 0$ 时,疲劳寿命减少。在疲劳极限时,平均应力的影响可用 Gerber 公式、Goodman 公式或 Soderberg 公式修正。在不同寿命时,平均应力的影响是不同的;对不同的材料,平均应力的影响也是不同的,如图 4.54 所示。目前一般认为对于工程结构材料,采用 Goodman 修正是合适的。

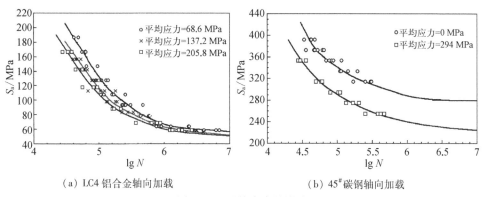

（a）LC4 铝合金轴向加载　　　　　　　　　（b）45# 碳钢轴向加载

图 4.55　平均应力的影响

4.4.4　载荷波形的影响

　　在实际工作条件下,循环载荷的波形是多种多样的,与实验室常用的正弦波形相差甚远。试验结果表明,在常温无腐蚀环境下,波形对疲劳强度的影响甚微,在进行疲劳分析时这种影响可以不加考虑。

4.4.5　载荷停歇和持续的影响

有些工程结构和机械在服役期间受到的循环载荷具有中间停歇或保载(载荷在某一水平上持续一段时间)的情况。在常温无腐蚀环境下,载荷停歇和持续对大多数材料的疲劳强度影响不大。

从直观感觉上讲,载荷中间停歇使"疲劳"的材料得到了"休息",疲劳寿命有所延长。但实际上,工程材料是无生命材料,不可能自动修复材料内部已产生的损伤。试验结果表明:① 载荷停歇对疲劳极限没有明显影响;② 载荷停歇对某些材料的疲劳寿命有一点影响,其影响程度随材料而异,对于一般工程结构材料,这种影响完全可以忽略;③ 若疲劳加载过程中,被加载的试验件升温明显,则停息可使试验件散热,对疲劳寿命可能有一点影响;④ 如在停歇阶段对试件进行热处理,则可使材料内部的位错、空穴、空洞等缺陷消除或改变,对疲劳寿命会产生明显的影响。

载荷持续对疲劳强度或疲劳寿命的影响取决于材料的蠕变/松弛性能。密排六方金属材料有较明显的蠕变效应,所以保载会缩短疲劳寿命;但大多数金属材料的蠕变/松弛行为不明显,因此保载使工程金属材料的疲劳强度或疲劳寿命有所下降,但很不显著。

参 考 文 献

[1]　Peterson R E. Stress concentration factor. New York: John Wiley and Sons, 1974.

[2]　西田正孝. 应力集中. 北京: 机械工业出版社,1983.

[3]　萨文 Г Н,杜尔契 В И. 应力集中手册. 张正国译. 哈尔滨: 黑龙江科学技术出版社,1983.

[4]　航空工业部科技委员会. 应力集中系数手册. 北京: 航空工业出版社,1990.

[5]　航空航天工业部科学技术研究院. 应变疲劳分析手册. 北京: 科学出版社,1991.

[6]　Buch A. Fatigue strength calculation. Switzerland: Trans Tech Publications, 1988.

[7]　赵少汴,王忠保. 疲劳设计. 北京: 机械工业出版社,1992.

[8]　Sheppard S D. Field effects in fatigue crack initiation: long life fatigue strength. Failure Prevention and Reliability - 89, ASME, New York, 1989.

[9]　Yao W X, Ye B, Zheng L C. A verification of the assumption of anti-fatigue design. International Journal of Fatigue, 2001, 23(1): 271 - 277.

[10]　Yao W X, Xia K Q, Gu Y. On the fatigue notch factor K_f. International Journal of Fatigue, 1995, 17(4): 245 - 251.

[11]　姚卫星. 金属材料疲劳行为的应力场强法描述. 固体力学学报,1997,18(1): 38 - 48.

[12]　Owolabi G, Egboiyi B, Li S, et al. Microstructure-dependent fatigue damage process zone and notch sensitivity index. International Journal of Fracture, 2011, 170: 159 - 173.

[13]　Lazzarin P, Berto F. Some expressions for the strain energy in a finite volume surrounding the root of blunt V-notches. International Journal of Fracture, 2005, 135: 161 - 185.

[14]　Miller K J. Metal fatiguepast, current and future. Journal of Mechanical Engineering Science, 1991, 205: 291 – 304.

[15]　Kujawski D. Estimation of stress intensity factors for small cracks at notches. Fatigue and Fracture of Engineering Structure, 1991, 14: 953 – 965.

[16]　Liu Y M, Mahadevan S. Fatigue limit prediction of notched components using short crack growth theory and an asymptotic interpolation method. Engineering Fracture Mechanics, 2009, 76: 2317 – 2331.

[17]　Xiang Y B, Lu Z Z, Liu Y M. Crack growth-based fatigue life prediction using an equivalent initial flaw model. Part I: Uniaxial loading. International Journal of Fatigue, 2010, 32: 341 – 349.

[18]　Ting J C, Lawrence F V Jr. Crack closure model for predicting the threshold stresses of notches. Fatigue and Fracture of Engineering Materials and Structures, 1993, 16 (1): 93 – 114.

[19]　Schweiger G, Heckel K. Size effect in randomly loaded specimens. International Journal of Fatigue, 1986, 8(4): 231 – 234.

[20]　Heckel K, Köhler J, München T. Experimentelle Untersuchung des statistischen Größeneinflusses im Dauerschwingversuch an ungekerbten Stahlproben. Materialwissenschaft und Werkstofftechnik, 1975, 6(2): 52 – 54.

[21]　Bertsche B, Schropel H, Seifried A. Statistical size effect and failure-free time in dimensioning of machine components. Journal of Engineering Design, 2006, 17(3): 259 – 270.

[22]　Schijve J. Fatigue of Structures and Materials. Springer, 2009.

[23]　Murakami Y. Metal fatigue – effects of small defects and nonmetallic inclusions. Amsterdam: Elsevier, 2002.

[24]　邵红红,陈光,陈康敏.表面处理对 40CrNiMo 钢超声疲劳寿命的影响.材料热处理学报, 2006,27(4): 65 – 68.

[25]　罗新民,张静文,赵广志,等.激光冲击强化对 2A02 铝合金疲劳行为的影响.中国激光, 2009,36(12): 3323 – 3328.

[26]　龙骁旋,陈东林,何卫锋,等.激光冲击强化对镍基高温合金疲劳寿命的影响.材料热处理技术,2008,37(24): 78 – 82.

[27]　蒋素琴,周建忠,吴建华,等.激光喷丸强化 ZK60 变形镁合金的疲劳性能研究.激光与光电子学进展,2012,49: 081403 – 1 – 7.

[28]　尚德广,王德俊.多轴疲劳强度.北京:科学出版社,2007.

[29]　Zhang C C, Yao W X. An improved multiaxial high-cycle fatigue criterion based on critical plane approach. Fatigue & Fracture of Engineering Materials & Structures, 2011, 34(5): 337 – 344.

[30]　Wang Y Y, Yao W X. Evaluation and comparison of several multiaxial fatigue criteria. International Journal of Fatigue, 2004, 26(1): 17 – 25.

[31]　姚卫星.不同加载方式下疲劳极限之间的关系.机械强度,1996,18(2): 74 – 77.

[32]　黄学增,高镇同.弯扭复合疲劳强度准则.机械强度,1985,(3): 36 – 41.

[33]　Duggan T V, Byrne J. Fatigue as a design criterion. Landon: Macmillan Press Ltd. , 1977.

[34]　Frost N E, Marsh K J, Pook L P. Metal fatigue. Oxford: Oxford University Press, 1974.

[35]　吴富民.结构疲劳强度.西安:西北工业大学出版社,1985.

[36]　王明珠.结构振动疲劳寿命分析方法研究.南京:南京航空航天大学,2009.

[37]　罗成利.飞机座舱有机玻璃材料疲劳性能分析.南京:南京航空航天大学,2005.

第5章 疲劳累积损伤理论

大多数工程结构或机械的失效是由一系列的循环载荷所产生的疲劳损伤的累积造成的。疲劳累积损伤理论研究的是在循环载荷作用下疲劳损伤的累积规律和疲劳破坏的准则,所以它对于疲劳寿命的分析是十分重要的。

本章将介绍疲劳损伤的定义、疲劳累积损伤理论的构成要素,以及目前常用的几类疲劳累积损伤理论。

5.1 损伤的定义

损伤,其英文单词为 damage,起源于拉丁语 damnum,通常解释为受损伤物体的价值或用途减小了。其物理解释通常将损伤概念与失去完整性相联系,例如,微观裂纹的形成、物理性能的下降(如强度退化)等。在物理上疲劳损伤的形式是多种多样的,这也是疲劳强度和疲劳寿命分析困难的根本所在。目前定义损伤变量有两种途径: ① 微观的或物理的;② 宏观的或唯象的[1]。

从微观或物理角度定义疲劳损伤有很多方式,如在疲劳损伤区内微观裂纹的密度、空洞体积(面积)比、位错密度,等等。

从宏观和唯象的角度定义疲劳损伤主要有: ① Miner 疲劳损伤 $D = 1/N$, N 是对应于给定应力水平的材料的疲劳寿命;② 剩余刚度 E,用剩余刚度定义损伤的表达式通常为 $D = 1 - E/E_0$,它是循环应力水平 σ_{max}、疲劳加载次数 n、材料取向 a、加载应力比 R、环境条件 T 等的函数,即 $D = D(\sigma_{max}, n, a, R, T, \cdots)$;③ 剩余强度,用剩余强度定义损伤已有多种[2];④ 循环耗散能;⑤ 阻尼系数、滞后能(滞后相位角)的变化量;⑥ 声发射(Acoustic Emission)量(声发射事件数、声发射能量等);⑦ 电阻抗变化量;⑧ 显微硬度变化量;等等。

5.2 疲劳累积损伤理论及其分类

5.2.1 三要素

任何一个疲劳累积损伤理论必定以疲劳损伤 D 的定义为基石,以疲劳损伤的演化 dD/dn 为基础。一个合理的疲劳累积损伤理论,其疲劳损伤 D 应该有比较明确的物理意义,有与试验数据比较一致的疲劳损伤演化规律,同时使用比较简单。

构造一个疲劳累积损伤理论,不管它有效与否,必须定量地回答下述三个问题:

(1) 一个载荷循环对材料或结构造成的损伤是多少? 即疲劳损伤的定义问题。

(2) 多个载荷循环时,损伤是如何累加的?

(3) 疲劳失效时的临界损伤是多少?

上述三个问题是构成疲劳累积损伤理论的三要素。对这三个问题的不同回答,就构成了不同的累积损伤理论。

5.2.2　分类

疲劳累积损伤理论三要素的每个要素都可以有多种不同的答案,表 5.1 给出了疲劳累积损伤理论分类一览表。

表 5.1　疲劳累积损伤理论分类表

损伤定义			累加方式	损伤临界值
物质观	方法论	时序性		
宏观	确定性	等损伤	线性	=1
微观	不确定性	变损伤	非线性	≠1

疲劳累积损伤理论的要素中,损伤的定义最重要。从物质观的角度,损伤可以通过宏观或唯象的角度去定义它,但是这种定义在物理上常常是不可直接测量的,只能间接测量或者通过推理得到,通常测量得到的损伤值与材料内部实际的损伤情况并不存在一一对应的映射关系,但是间接测量比较方便,工程上易于实现。损伤也可以通过微观或物理的角度去定义它,这种定义在物理上是可直接测量的,但是测量十分困难,对测量手段和条件的要求很高,只能在先进的实验室里,针对特定的情况进行损伤测量,在工程中无法实施,同时所测量得到的损伤量一般与疲劳寿命或疲劳强度很难直接建立普适的函数关系。

从方法论的角度,损伤可以采用确定性的方法定义,此时一般采用"中值"。由于疲劳损伤事实上存在着不确定性,所以也可以采用不确定性的方法定义它,如随机变量、模糊变量、区间变量、灰度变量等,显然如果采用了不确定性的方法定义了疲劳损伤,从逻辑角度看,疲劳累积损伤理论的其他两个要素也应该采用不确定性方法处理。

从疲劳损伤量确定的时序性看,可以定义疲劳损伤的值与相应载荷所处的时间点无关,即只要载荷大小相同,那么所产生的疲劳损伤也相同,即等损伤。也可以定义疲劳损伤的值与所加载荷的时间点有关,具有时序性,即变损伤。有些文献将这种时序性称为循环内非线性,而将累加方式的非线性称为循环外非线性。本书认为采用术语等损伤和变损伤要比循环内线性与循环内非线性更确切些。

表 5.1 中的每个要素虽然只分为两种可能,经排列组合后疲劳累积损伤理论就有 32 类之多。而事实上人们对于疲劳累积损伤理论的研究常常分得更细致,特别是对于累积方式和临界值这两个要素提出了更多的观点,因此在文献中有关疲劳累积损伤理论的说法会更丰富一些。

5.2.3　剩余寿命模型

定义一个无量纲损伤函数 $D(n, N)$,它是循环次数 n 以及疲劳寿命 $N(S)$ 的函数,且满足边界条件

$$D(0, N) = 0 \tag{5.1}$$
$$D(N, N) = 1$$

在外载 S 作用下,一个循环造成的损伤为 $D(1, N)$,N 为在 S 作用下的寿命。在多级载荷作用下,用剩余寿命的概念进行累积损伤计算:设在 S_1 下作用 n_1 次,S_2 下作用 n_2 次,$\cdots$,S_P 下作用 n_P 次。在 S_1 下的 n_1 次循环对应于 S_2 下的等效循环数 n_{21} 为

$$D(n_1, N_1) = D(n_{21}, N_2) \tag{5.2}$$

如果损伤函数 D 已知,则可由式(5.2)求出等效循环数 n_{21} 和剩余寿命 $n_{2r} = N_2 - n_{21}$。同理在 n_1, n_2, $\cdots$, n_P 次循环后的剩余寿命 n_{Pr} 可表达为

$$D(n_{21} + n_2, N_2) = D(n_{32}, N_3)$$
$$\vdots \tag{5.3}$$
$$D(n_{P-1, P-2} + n_{P-1}, N_{P-1}) = D(n_{P, P-1}, N_P)$$
$$n_{Pr} = N_P - n_{P, P-1}$$

当剩余寿命 n_{Pr} 为 0 时,发生疲劳破坏。

如果取损伤函数 $D(n, N) = \dfrac{n}{N}$,则式(5.3)可写为

$$n_{P, P-1} = N_P \left(\frac{n_{P-1}}{N_{P-1}} + \frac{n_{P-2}}{N_{P-2}} + \cdots + \frac{n_1}{N_1} \right) \tag{5.4}$$
$$D = \frac{n_P + n_{P, P-1}}{N_P} = \sum_{i=1}^{P} \frac{n_i}{N_i} = 1$$

上式便是 Miner 线性累积损伤理论。取损伤函数 $D(n, N)$ 为不同形式,就可得到不同的累积损伤表达式。如对于纤维增强树脂基复合材料,有人认为取 $D(n, N) = \left(\dfrac{n}{N}\right)^{\alpha}$ 比较合适,其中 α 是一个小于 1 的材料常数。

5.2.4　剩余强度模型

剩余强度模型假定剩余强度 $R(n)$ 唯象地描述了材料的损伤状态。第 i 次循环载荷造成的损伤 ΔD 正比于这次加载造成的剩余强度的下降,即

$$\Delta D = A[R(i-1) - R(i)] \tag{5.5}$$

式中,A 是比例常数。对于常幅加载,n 次循环造成的损伤 D 为

$$D = A\sum_{i=1}^{n}[R(i-1) - R(i)] = A[R(0) - R(n)] \tag{5.6}$$

其中 $R(0) = \sigma_b$ 为材料强度极限。显然,当 n 等于疲劳寿命 N_f 时,疲劳损伤 D 达到临界状态 D_{CR},材料破坏。不失一般性,可假定临界损伤 $D_{CR} = 1$,则由式(5.6)得

$$A = \frac{1}{R(0) - R(N_f)} = \frac{1}{R(0) - S} \tag{5.7}$$

则第 n 次加载造成的损伤 $\Delta D(n)$ 和前 n 次载荷造成的损伤 $D(n)$ 为

$$\Delta D(n) = \frac{R(n-1) - R(n)}{R(0) - S} \tag{5.8}$$
$$D(n) = \sum_{i=1}^{n}\Delta D(i) = \frac{R(0) - R(n)}{R(0) - S}$$

在变幅加载时,显然不能直接利用式(5.8),而首先须将本次加载之前所有加载所造成的损伤用剩余强度加以描述。由于剩余强度唯象地描述了材料内部的损伤,所以假定:如剩余强度相等,则从宏观唯象上看疲劳损伤程度也相等。设 S_1 载荷作用了 n_1 次,那么它造成的损伤就相当于在 S_2 下作用了 n_{21} 次,即

$$R(n_{21}) = R(n_1) \tag{5.9}$$

若剩余强度 $R(n)$ 的表达式已知,则可由上式确定当量加载次数 n_{21},由此可以得到第 n_1+1 次加载造成的损伤为

$$\Delta D(n_1 + 1) = \frac{R(n_{21}) - R(n_{21} + 1)}{R(0) - S_2} \tag{5.10}$$

通过如此循环续循环的分析计算就可得到疲劳寿命。

5.2.5 剩余刚度模型

很多研究者用损伤力学的概念研究疲劳损伤累积规律,定义损伤 D 为

$$D(n) = 1 - \frac{E(n)}{E(0)} \tag{5.11}$$

式中,$E(0)$ 为初始弹性模量,$E(n)$ 为第 n 次加载时的弹性模量。然后依据刚度的疲劳试验结果,总结出疲劳损伤的累积规律。

有关材料模量的定义有 3 种,即切线模量 $E(n)$、割线模量 $S(n)$ 和疲劳模量 $F(n)$,见图 5.1。

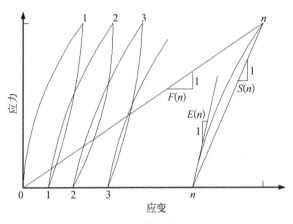

图 5.1　模量定义

第 n 次载荷循环造成的损伤 $\Delta D(n)$ 为

$$\Delta D(n) = D(n-1) - D(n) = \frac{E(n-1) - E(n)}{E(0)} \tag{5.12}$$

显然,在等幅载荷作用下,当 n 等于疲劳寿命 N_f 时,疲劳损伤 D 达到临界状态 D_{CR},材料破坏。

$$D(N_f) = 1 - \frac{E(N_f)}{E(0)} = D_{CR} \tag{5.13}$$

在变幅载荷作用时,首先须将本次加载之前所有加载所造成的损伤用剩余刚度加以描述。由于剩余刚度唯象地描述了材料内部的损伤,所以假定:如剩余刚

度相等,则从宏观唯象上看疲劳损伤程度也相等。设 S_1 载荷作用了 n_1 次,那么它造成的损伤就相当于在 S_2 下作用了 n_{21} 次,即

$$E(n_{21}) = E(n_1) \tag{5.14}$$

若剩余刚度 $E(n)$ 的表达式已知,则可由上式确定当量加载次数 n_{21},由此可以得到第 n_1+1 次加载造成的损伤为

$$\Delta D = \frac{E(n_{21}) - E(n_{21}+1)}{E(0)} \tag{5.15}$$

通过如此循环续循环的分析计算就可得到疲劳寿命。假如式(5.11)可以用下式表达:

$$D = \left(\frac{n}{N}\right)^c \tag{5.16}$$

在 p 级载荷作用下,累积损伤法则为

$$D(n_1) = \left(\frac{n_1}{N_1}\right)^{c_1}$$

$$D(n_1 + n_2) = \left[\left(\frac{n_1}{N_1}\right)^{\frac{c_1}{c_2}} + \frac{n_2}{N_2}\right]^{c_2}$$

$$\vdots$$

$$D(n_1 + n_2 + \cdots + n_p) = \left\{\left\langle\left[\left(\frac{n_1}{N_1}\right)^{\frac{c_1}{c_2}} + \frac{n_2}{N_2}\right]^{\frac{c_2}{c_3}} + \cdots + \frac{n_{p-1}}{N_{p-1}}\right\rangle^{\frac{c_{p-1}}{c_p}} + \frac{n_p}{N_p}\right\}^{c_p} \tag{5.17}$$

因此基于剩余刚度的疲劳累积损伤模型能否较好地预测疲劳寿命,关键在于剩余刚度的描述。

5.2.6　小结

构建疲劳累积损伤理论的逻辑体系是十分简单的,只要对三要素给予适当的回答,便可构建一个疲劳累积损伤理论,因此可以看到文献中的疲劳累积损伤理论众多。在这三要素中,损伤定义是构建疲劳累积损伤理论的基石。目前由于对疲劳机理还不太清楚,因此疲劳累积损伤理论几乎都是经验性的。

疲劳累积损伤理论还可以按照研究方法加以分类,如经验模型、断裂力学模

型、损伤力学模型等。

　　尽管有关疲劳损伤的定义有很多种,但对于一个实用的疲劳累积损伤理论而言,目前大多采用宏观唯象的定义。按照疲劳损伤累加方式,目前所提出的疲劳累积损伤理论可归纳为线性疲劳累积损伤理论和非线性疲劳累积损伤理论,本书重点讨论线性累积损伤理论,且仅介绍确定性的疲劳累积损伤理论,而不确定性的疲劳累积损伤理论属于疲劳可靠性分析的范畴,本书不作介绍。

5.3　线性疲劳累积损伤理论

　　线性疲劳累积损伤理论是指在循环载荷作用下,疲劳损伤是可以线性累加的,各个应力之间相互独立和互不相关,当累加的损伤达到某一数值时,试件或构件就发生疲劳破坏。下面按照等损伤线性累积、等损伤分段线性累积和变损伤线性累积三种情况分别进行介绍。

5.3.1　等损伤线性疲劳累积损伤理论

1. Miner 理论

　　线性损伤累积理论中最经典的是 Palmgren‐Miner 理论,简称为 Miner 理论。Miner 理论对于三个问题的回答如下。

　　(1) 一个循环造成的损伤

$$D = \frac{1}{N} \tag{5.18}$$

式中,N 为对应于当前载荷水平 S 的疲劳寿命。

　　(2) 等幅载荷下,n 个循环造成的损伤

$$D = \frac{n}{N} \tag{5.19}$$

　　变幅载荷下,n 个循环造成的损伤

$$D = \sum_{i=1}^{n} \frac{1}{N_i} \tag{5.20}$$

式中,N_i 为对应于当前载荷水平 S_i 的疲劳寿命。

　　(3) 临界疲劳损伤 D_{CR}

　　若是常幅循环载荷,显然当循环载荷的次数 n 等于其疲劳寿命 N 时,疲劳破坏发生,即 $n = N$ 时, $D = D_{CR}$。 由式(5.20)得到

$$D_{CR} = 1 \tag{5.21}$$

Miner 理论主要存在两大缺陷：① 不能考虑载荷谱中各级载荷间的互相影响以及载荷的顺序性；② 不能计及应变硬化(或软化)等材料的瞬态行为的影响。冯胜等[3]提出了一个堤坝模型，试图解释载荷顺序的影响；Shanley[4]基于滑移带形成速率的概念，对 Miner 理论做了某种解释；Freudenthal 理论[5]在 Miner 理论基础上引入了一个交互影响因子，解释了高应力会加剧后续低应力的疲劳损伤的现象。

Miner 理论是基于能量原理推导给出的，但其间采用了一些假设，导致了无载荷次序效应的线性累加结果。实际上加载次序对疲劳寿命的影响很大，对此已有了大量的试验研究。对于两级或者很少几级加载的情况，试验件破坏时的临界损伤值 D_{CR} 偏离 1 很大，也即线性累加是不合理的。而对于随机载荷，试验件破坏时的临界损伤值 D_{CR} 在 1 附近[6]，并且从统计学的角度看，目前还没有哪个疲劳累积损伤理论的表现优于 Miner 理论，因此这也是目前工程上广泛采用 Miner 理论的原因。

表 5.2 是三种材料光滑试验件在两级载荷作用下的疲劳试验的结果。试验件首先在第一级载荷 S_1 下作用 n_1 次，然后作用第二级载荷 S_2，直至试验件疲劳破坏，其载荷作用次数为 n_2 次。从中可以看到两级载荷作用下的疲劳累积损伤值不等于 1，但统计均值比较接近 1。一般地，对于高—低加载顺序，临界累积损伤小于1，而对于低—高加载顺序，临界累积损伤大于 1，这就是所谓的"锻炼"效应。

表 5.2　两级载荷作用下的疲劳累积损伤

材　料	载荷顺序	n_1	N_1	n_2	N_2	$\dfrac{n_1}{N_1} + \dfrac{n_2}{N_2}$
45# 棒材[7] 旋转弯曲	高—低	10 900	41 100	288 400	704 700	0.67
		4 400	41 100	354 200	704 700	0.61
	低—高	416 300	704 700	40 900	41 100	1.59
		250 000	704 700	36 700	41 100	1.25
16Mn 棒材[8] 旋转弯曲	高—低	9 350	93 500	269 500	402 200	0.77
		19 700	93 500	236 100	402 200	0.79
		39 400	93 500	209 500	402 200	0.92
		46 750	93 500	159 300	402 200	0.90
		56 100	93 500	74 000	402 200	0.78
	高—低	39 940	199 700	995 670	1 370 200	0.93
		79 880	199 700	545 300	1 370 200	0.80
		109 800	199 700	448 780	1 370 200	0.88
		139 790	199 700	306 000	1 370 200	0.92
		159 760	199 700	221 475	1 370 200	0.96

续表

材料	载荷顺序	n_1	N_1	n_2	N_2	$\frac{n_1}{N_1}+\frac{n_2}{N_2}$
16Mn 棒材[8] 旋转弯曲	低—高	72 400	402 200	96 733	93 500	1.21
		144 800	402 200	97 367	93 500	1.40
		181 000	402 200	82 867	93 500	1.34
		197 100	402 200	80 970	93 500	1.36
		233 300	402 200	59 570	93 500	1.22
	低—高	137 020	1 370 200	244 730	199 700	1.33
		274 040	1 370 200	206 630	199 700	1.24
		548 080	1 370 200	212 630	199 700	1.47
		685 100	1 370 200	207 670	199 700	1.54
2024 – T4 板[9] 拉-压	高—低	4	12	202	365	0.89
		60	185	1 600	2 060	1.10
	低—高	175	320	9	11	1.36
		850	2 060	105	185	0.98

在程序块谱载荷或随机载荷作用下,载荷的顺序效应一般要小于两级载荷作用时的情况。表 5.3 列出了 LY12 - CZ 在程序块谱作用下疲劳临界累积损伤值的结果[10]。

表 5.3　程序块谱作用下的疲劳累积损伤

加载方式	试验件个数	$\sum\frac{n_i}{N_i}$ 的均值	$\sum\frac{n_i}{N_i}$ 的方差
拉-拉	15	0.956 3	0.157 7
	21	1.240 5	0.241 0

为探索 Miner 理论适用于哪些类型的疲劳载荷谱,作者对飞机结构常用的铝合金材料进行了疲劳试验,试验件的材料为铝合金 LC4CS(7A04T6),厚度为 2.5 mm 的板材,纵向取样,试验件几何尺寸如图 5.2 所示,材料力学性能见表 5.4。

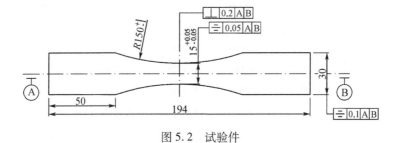

图 5.2　试验件

表 5.4　五级试验载荷

载荷级	S_1	S_2	S_3	S_4	S_5
应力幅值 S_a/MPa	209.4	182.5	134.4	98.7	74
循环次数	100	300	800	1 500	8 000

试验在 MTS 370 疲劳试验机上进行,采用成组法和升降法获得了 LC4CS 在平均应力 $S_m = 210$ MPa 下的中值 $S-N$ 曲线,

$$\lg N = 7.324\,7 - 1.349\,31\lg(S - 40.6) \qquad (5.22)$$

试验载荷分为五级,见表 5.4。编制了四种不同排列顺序的块谱,每块谱的循环总次数为 10 700 个循环。四种块谱下的疲劳试验结果列于表 5.5,可以看到,四种不同块谱对于疲劳寿命的影响不大。综合相关试验结果可以得出结论对于多次重复的块谱,无论其块内载荷顺序如何排列,对于疲劳寿命的影响不大,Miner 理论适用。

表 5.5　块谱加载试验结果

加 载 顺 序						试 验 寿 命 值	对数均值	对数标准差
H-L	S_1	S_2	S_3	S_4	S_5	173 633,104 639,135 389,112 436,146 714	5.121 7	0.088 64
L-H	S_5	S_4	S_3	S_2	S_1	158 124,181 688,74 714,78 768,115 001, 160 101,181 534	5.107 4	0.166 00
M-L-H	S_3	S_5	S_1	S_4	S_2	137 293,158 601,165 658,170 769,170 935	5.204 5	0.039 64
Random	每个试验件每块内 随机排列					176 198,176 225,137 324,165 739,151 465	5.205 9	0.046 65

2. 相对 Miner 理论

大量试验表明,D_{CR} 的试验值一般在 $0.3 \sim 3$[11-13],因此可通过修正临界损伤值 D_{CR} 是不为 1 的常数来提高预测精度。大量的两级高低和两级程序载荷疲劳试验下的 D_{CR} 的平均值为 0.7[14]。文献[15]中指出,D_{CR} 的取值应视具体情形,典型的飞机结构部件(如机翼)取 $D_{CR} = 1.5$,元件仍用 $D_{CR} = 1$,因安全原因可取 $D_{CR} \leqslant 0.5$。后研究者[13]对特定试验件进行了两级载荷或两级程序载荷疲劳试验,D_{CR} 取累积损伤的平均值,排除试件材料、形状尺寸等影响。由此提出了相对 Miner 理论。

相对 Miner 理论与 Miner 理论的区别在于其临界损伤 D_{CR} 不取 1,而是取一个经验值 D_f,即 $D_{CR} = D_f$。相对 Miner 理论产生于工程实践,对于任何一类工程结构,其受到的疲劳载荷谱都有自身的特点,在此载荷谱作用下,结构的疲劳试验结果与分析结果常常会出现系统性的偏差,于是人们便想到了通过设置临界损伤值来消

除这种系统偏差,这样可以排除载荷谱、加载水平、零件形状及材料等影响因素的大部分。具体的做法如下:

(1) 比照工程结构的特点,设计一些典型试验件(通常包含光滑件、典型缺口件、典型连接件);

(2) 以工程结构相近的应力水平,在实际载荷谱作用下,进行结构疲劳试验,获得疲劳寿命试验结果 N_t;

(3) 在通用的应力水平和载荷谱作用下,完成结构疲劳寿命分析,按照 Miner 理论获得疲劳寿命分析结果 N_a;

(4) 定义临界损伤 $D_{CR} = N_t/N_a$。

3. 基于滞回能的线性累积损伤理论

自 Inglis 发现循环滞回能与疲劳性能的联系后,研究者提出了大量的基于能量的疲劳累积损伤理论,引入了应变能相关的损伤参量,如单调拉伸应变能密度[16]、循环塑性应变能密度[17]、总应变能密度[18]等,且大多假设常应力加载下循环塑性应变能密度不变。Scott-Emuakpor 等[16]假设单调拉伸的总塑性应变能密度 w_m 等于循环加载到失效下的累积塑性应变能密度,给出了基于滞回能的线性累积损伤理论。

1) 一个循环造成的损伤

$$D = \frac{\Delta w}{w_m} \tag{5.23}$$

式中,Δw 为当前载荷下的塑性应变能密度。

2) 无论是常幅还是变幅载荷,n 个循环造成的损伤

$$D = \sum_{i=1}^{n} D_i = \sum_{i=1}^{n} \frac{\Delta w_i}{w_m} \tag{5.24}$$

式中,Δw_i 为应力 S_i 下循环塑性应变能密度,等于迟滞回线所包围的面积。

3) 临界疲劳损伤 D_{CR}

若是常幅循环载荷,显然当循环载荷的次数 n 等于其疲劳寿命 N 时,疲劳破坏发生,即 $n = N$,由式(5.24)得到

$$D_{CR} = 1 \tag{5.25}$$

Holycross[19]等指出,低周疲劳下累积总塑性应变的分散性较大,该模型仅能够精确计算高周疲劳寿命(当 $N_f \geq 10^5$ 时),并给出了自己的损伤定义。文献[20]初步验证了该模型在高低周疲劳混合加载时的适用性。Radhakrishnan[21,22]则认为

疲劳过程主要由塑性应变能控制,特别是在低周疲劳时,塑性应变能密度是线性累积的,失效时的总塑性应变能密度与当前所加的应力水平相关。

4. 小结

等损伤线性理论简单明了,材料参数少,工程应用广泛。表 5.6 简要总结了主要的等损伤线性累积损伤理论。

表 5.6　等损伤线性累积损伤理论

作　　　者	时　间	损　伤　定　义		损伤临界值	材料常数
Miner	1945	$D = 1/N$		1	
Shanley	1952	$D = CS^{kb}n$		1	C,k
Buch	1977	$D = 1/N$		D_f	
Freudenthal，Heller	1959	$D = 1/(N_i/W_i)$	$W_i = (\bar{\sigma}/\sigma_i)^d$	1	
Radhakrishnan	1980		$W_i = (\sigma_i/\sigma_m)^m$		m
Scott - Emuakpor	2007	$D = \Delta w_i/w_m$		1	
Holycross	2013	$D = 1/A\Delta W_i^d$		1	$A、d$

Miner 准则最为简便,工程应用最多,但很多情况下计算寿命与试验寿命相差可达到 5~10 倍之多。相对 Miner 法则将载荷次序、高载效应、材质分散性等因素的影响综合包含到标准谱的试验中,大大消除了用传统 Miner 法则预测的偏差。Freudenthal 理论考虑了加载过程中高应力对损伤发展的影响,在 Miner 准则的基础上修正了 $S-N$ 曲线的斜率,用假设的 $S-N$ 曲线推算疲劳损伤,但是公式中 d 和 $\bar{\sigma}$ 的选取仍有争议。Radhakrish 模型认为总迟滞能与应力水平相关,需确定材料参数 m,仅适用于低周疲劳的寿命计算,且总塑性应变能为损伤参量并不合理[23,24]。Freudenthal 理论与 Radhakrishnan 能量法寿命计算模型在工程上并无使用。Scott - Emuakpor 模型对于中高周疲劳寿命的计算准确率较高,但对于低周疲劳则误差较大,Holycross 提出的普适模型需大量的试验来排除对特定材料或试件适用的特殊性。对于塑性应变不明显的应力加载,Radhakrishnan 模型和 Scott - Emuakpor 模型将不再适用。

5.3.2　等损伤分阶段线性疲劳累积损伤理论

等损伤分阶段线性疲劳累积损伤理论的典型代表是双线性疲劳累积损伤理论。该理论认为在全寿命范围内,疲劳损伤的发展分为裂纹萌生和裂纹扩展两个阶段[25],且每个阶段都用线性累积损伤来表示,即裂纹形成阶段：
$$\sum_i^n \frac{n_i}{N_{0i}} = 1$$

裂纹扩展阶段：
$$\sum_i^n \frac{n_i}{N_{pi}} = 1$$

式中，N_{0i} 和 N_{pi} 分别为第 i 级载荷对应的裂纹形成寿命和扩展寿命，疲劳寿命 $N_f = N_0 + N_p$。显然 N_0 是很难确定的。对于两级变幅加载情况，Manson 等[26,27]给出了转折点的计算公式

$$\left(\frac{n_1}{N_{f1}}\right)_{\text{knee}} = 0.35\left(\frac{N_{f1}}{N_{f2}}\right)^{0.25}$$
$$\left(\frac{n_2}{N_{f2}}\right)_{\text{knee}} = 0.65\left(\frac{N_{f1}}{N_{f2}}\right)^{0.25}$$

(5.26)

其中，n_1，n_2 分别是第一级和第二级载荷水平下作用的循环数；N_{f1} 和 N_{f2} 分别是对应于第一级和第二级载荷水平加载条件下的疲劳失效寿命。图 5.3 是 Manson 双线性损伤累积模型应用于高-低两级载荷水平的示意图。图中 Δn_1 和 Δn_2 分别为第一级和第二级载荷水平下的剩余寿命。

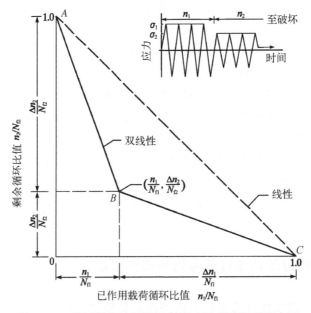

图 5.3　双线性损伤累积模型应用于高-低两级载荷水平

当载荷仅为两级变幅载荷时，模型简化为

$$\left(\frac{n_1}{N_{f1}}\right)^p + \frac{n_2}{N_{f2}} = 1 \tag{5.27}$$

指数 p 由下式确定：

$$p = \left(\frac{N_{f1}}{N_{f2}}\right)^{0.4} \tag{5.28}$$

除上述 Manson 双线性疲劳累积损伤理论外,还有研究者提出了三阶段模型[28-30],但其实用性和适用性还未得到验证。

5.3.3　变损伤线性累积损伤理论

疲劳累积损伤理论中的大部分属于变损伤的线性累积损伤理论,这类理论一般认为本次载荷作用所产生的损伤量与当前的损伤状态有关。下面介绍三个属于这类的模型,除此之外,还有 Lundberg 模型、Shanleg 模型、Grover 模型等。

1. 局部应力应变法中的 Miner 理论

当 Miner 线性疲劳累积损伤理论在局部应力应变法(见第 7 章)中使用时,Miner 理论事实上发生了一些变化。对于三个基本问题的回答如下[31]。

1）第 i 个循环造成的损伤

$$D_i = D_i \mid_{D_{i-1} = f(\varepsilon_{i-1}, R_{i-1})} \tag{5.29}$$

表示在计算第 i 次加载产生的疲劳损伤时,要考虑在此以前产生的损伤状态,这可以通过当前的局部应力应变状态实现。

2）无论是常幅还是变幅载荷, n 个循环造成的损伤

$$D = D_1 + D_2 \mid_{D_1 = f(\varepsilon_1, R_1)} + D_3 \mid_{D_2 = f(\varepsilon_2, R_2)} + \cdots + D_i \mid_{D_{i-1} = f(\varepsilon_{i-1}, R_{i-1})}$$

$$= \sum_j^n D_j \bigg|_{D_{j-1} = f(\varepsilon_{j-1}, R_{j-1})} \tag{5.30}$$

在变幅载荷作用下,疲劳危险点处材料的应变水平与载荷顺序有关,因此其疲劳损伤也与加载顺序有关。

3）临界疲劳损伤 D_{CR}

若是常幅循环载荷,对于任意 i 和 j,都有 $D_i = D_j$,因此有

$$D_{CR} = 1 \tag{5.31}$$

2. Kramer 模型

Kramer[29]通过研究材料表面层应力,提出了用表面层应力描述材料的疲劳损

伤演化。Kramer 模型对于三个基本问题的回答如下。

1）第 i 个循环造成的损伤

$$D_i = \frac{n_i\sigma_i^p}{\beta}\left(\frac{\sigma_i}{\sigma_{i-1}}\right)^{pf_1}\left(\frac{\sigma_{i-1}}{\sigma_{i-2}}\right)^{pf_1f_2}\cdots\left(\frac{\sigma_2}{\sigma_1}\right)^{pf_1f_2\cdots f_{i-1}} \tag{5.32}$$

式中，$p = -1/m$，$\beta = C^p$。m 和 C 分别为 $S-N$ 曲线方程 $S = CN^m$ 的系数和斜率。

2）n 个循环造成的损伤

$$D = \sum_{i=1}^{n} D_i$$
$$= \frac{n_1\sigma_1^p}{\beta} + \frac{n_2\sigma_2^p}{\beta}\left(\frac{\sigma_2}{\sigma_1}\right)^{pf_1} + \cdots + \frac{n_i\sigma_i^p}{\beta}\left(\frac{\sigma_i}{\sigma_{i-1}}\right)^{pf_1}\left(\frac{\sigma_{i-1}}{\sigma_{i-2}}\right)^{pf_1f_2}\cdots\left(\frac{\sigma_2}{\sigma_1}\right)^{pf_1f_2\cdots f_{i-1}} \tag{5.33}$$

3）临界疲劳损伤 D_{CR}

若是常幅循环载荷，对于任意 i 和 j，都有 $\sigma_i = \sigma_j$，由上式可以得到

$$D_{\mathrm{CR}} = \sum_{i=1}^{N} \frac{\sigma^p}{\beta} = N\left(\frac{\sigma}{C}\right)^p = N(N^m)^p = 1 \tag{5.34}$$

3. Marco‐Starkey 模型

Marco‐Starkey 模型采用了形如式（5.16）的损伤定义，对于三个基本问题的回答如下[32]：

1）n 个循环造成的损伤

$$D = \left(\frac{n}{N}\right)^C \tag{5.35}$$

式中，C 为与应力水平相关的常数。

2）p 级载荷作用后的疲劳损伤

$$D(n) = \left\{\left\langle\left[\left(\frac{n_1}{N_1}\right)^{\frac{c_1}{c_2}} + \frac{n_2}{N_2}\right]^{\frac{c_2}{c_3}} + \cdots + \frac{n_{p-1}}{N_{p-1}}\right\rangle^{\frac{c_{p-1}}{c_p}} + \frac{n_p}{N_p}\right\}^{c_p} \tag{5.36}$$

式中，n_i、C_i 和 N_i 为第 i 级载荷 S_i 的作用次数、相应于 S_i 的材料常数和疲劳寿命，$n = \sum_{i=1}^{p} n_i$。

3）临界疲劳损伤 D_{CR}

若是常幅循环载荷,显然当循环载荷的次数 n 等于其疲劳寿命 N 时,疲劳破坏发生,即 $n = N$,由式(5.35)得到

$$D_{CR} = 1 \tag{5.37}$$

4. 小结

大量试验表明,疲劳损伤演化进程中加载顺序效应不可忽略,与等损伤理论相比,变损伤理论更符合疲劳损伤发展的物理机理。变损伤线性累积理论不仅能反应加载顺序的影响,而且还包含了载荷历程和载荷交互影响、平均应力影响。表5.7 简要总结了主要的变损伤线性累积损伤理论。

表 5.7　变损伤线性疲劳累积损伤模型

作　者	时　间	损伤定义	D_{CR}	材料常数
Henry[33]	1955	$D = (\sigma_{e0} - \sigma_e)/\sigma_{e0}$	1	σ_e
Bui - Quoc[34-36]	1971	$D = (\sigma_{e0} - \sigma_e)/(\sigma_{e0} - \sigma_{ec})$	1	σ_e, σ_{ec}
Morrow[17]	1986	$D = (n_i/N_i)^C$	1	C
Niu 等[37]	1987	$D = (\Delta\sigma\Delta\varepsilon_p/4)^{2b}\sqrt{a}$	1	n', a, b
Jinescu[38]	2012	$D = (\alpha + 1)/m$	1	k, m

5.4　非线性疲劳累积损伤理论

线性疲劳累积损伤理论形式简单、使用方便,但是线性损伤累积理论没有考虑载荷顺序之间的相互作用,有时预测结果与试验值相差较大,有时甚至相差很远,从而提出了非线性疲劳累积损伤理论。其中最典型的是 Carten - Dolan 理论,除此之外还有 Hashin 模型、Shanley 模型、基于损伤力学的模型等。

5.4.1　Carten - Dolan 理论

Carten - Dolan 理论对于三个问题的回答如下。

1）一个循环造成的损伤

$$D = m^c r^d \tag{5.38}$$

式中,m 为材料损伤核的数目,应力越大,m 越大;r 为损伤发展速率,它正比于应力水平 S,即 $r \propto S$;c、d 为材料常数。

2）等幅载荷下,n 个循环造成的损伤

$$D = nm^c r^d \tag{5.39}$$

变幅载荷下, n 个循环造成的损伤

$$D = \sum_{i=1}^{p} n_i m_i^c r_i^d \tag{5.40}$$

式中, n_i 为第 i 级载荷的循环次数, $\sum_{i=1}^{p} n_i = n$。

3) 临界疲劳损伤 D_{CR}

$$D_{\mathrm{CR}} = N_1 m_1^c r_1^d \tag{5.41}$$

对于常幅载荷, N_1 为对应于此疲劳载荷的疲劳寿命;对于变幅载荷,式中下标"1"代表已作用的载荷系列中最大一级载荷所对应的疲劳寿命值,即

$$D = \sum_{i=1}^{p} n_i m_i^c r_i^d = N_1 m_1^c r_1^d \tag{5.42}$$

因为疲劳损伤核产生后不会在后面的疲劳加载过程中消失,只会增加,所以有 $m_i = m_1$,式(5.42)成为

$$\sum_{i=1}^{p} n_i r_i^d = r_1^d N_1 \tag{5.43}$$

因为损伤发展速率 r 正比于应力水平 S ,有 $r_i \propto S_i$,所以

$$1 = \sum_{i=1}^{p} \frac{n_i}{N_1 \left(\dfrac{S_1}{S_i} \right)^d} \tag{5.44}$$

式中, S_1 为本次载荷循环之前的载荷系列中最大一次的载荷; N_1 为对应于 S_1 的疲劳寿命; d 为材料常数,Carten 和 Dolan 基于疲劳试验数据,建议取

$$d = \begin{cases} 4.8, & \text{高强度钢} \\ 5.8, & \text{其　　他} \end{cases} \tag{5.45}$$

5.4.2　Chaboche 理论

Chaboche[39]基于连续损伤力学方法提出了一个非线性损伤累积模型

$$\mathrm{d}D = D^{\alpha(\sigma_{\max}, \sigma_{\mathrm{m}})} \left[\frac{\sigma_{\max} - \sigma_{\mathrm{m}}}{M(\sigma_{\mathrm{m}})} \right]^{\beta} \mathrm{d}N \tag{5.46}$$

其中, $\sigma_{\max}$ 是最大应力; σ_{m} 是平均应力; $M(\sigma_{\mathrm{m}})$ 是平均应力 σ_{m} 的函数; β 是材料常

数; α 是与应力状态有关的函数。该模型考虑了中值应力和载荷次序的影响。对式(5.46)积分,当临界损伤 $D_{CR} = 1$ 时,疲劳寿命 $N = N_f$。

此后,还有研究者[40~46]基于连续损伤力学方法提出了一些类似的损伤累积模型。

5.5　关于疲劳累积损伤理论的讨论

5.5.1　模型的评估

下面将从损伤定义、累积方式、损伤临界值、加载顺序及载荷间交互影响、工程应用范围等方面对三类模型的代表性理论进行简要的比较分析。

等损伤理论公式简便,易于工程应用;变损伤理论更能反映常幅加载下疲劳损伤发展的物理机理,考虑了加载历程、加载应力间的交互影响等,修正了等损伤线性理论的部分缺陷,但引入较多参数,公式复杂,大多忽略了损伤临界值分散性问题。

等损伤线性理论中,Miner 理论简单明了,工程应用表明,虽然在两级及多级加载下的预测寿命偏差较大,但对随机载荷谱的寿命预测则吻合度较好,这是 Miner 理论本身未考虑加载顺序的影响和载荷间交互作用而导致的。等损伤线性分阶段模型考虑了损伤发展的阶段性特征。Manson 两阶段模型相对简单,考虑了加载顺序的影响,虽然还不完备,但在工程上已有较多的应用。变损伤线性理论中,Corten - Dolan 理论解释了加载顺序和高应力对损伤总值的影响,在工程中已有一些应用,目前研究者已经给出了一些材料的 d 建议取值;而之后大量试验发现,d 值不仅同材料相关,还和试件形状尺寸、加载应力水平、载荷谱密切相关。

其他的累积损伤理论不常用,其原因大致有: ① 不可靠,未得到试验验证;② 引入的参数难以获得,或公式计算复杂,或只能在规定条件下使用。试验证明,疲劳累积损伤模型的适用性与谱型和材料有很大的关联,很难找到一种普适的理论。

5.5.2　模型的试验数据评估

疲劳累积损伤理论中的 Miner 理论、Manson 两阶段模型及 Corten - Dolan 理论相对简单,工程应用较多。Burbach 通过电镜对疲劳损伤状态作了微观的分析,发现不同的载荷谱下,晶体的微观排列、滑移、位错过程是不同的,证明了不同谱型下损伤累积的差异性。下面将结合不同的载荷谱型和材料,对这三种模型进行试验评估。

1. 两级阶梯谱

两级阶梯谱下的试验数据来自文献[7]、[8]、[47]~[56],寿命预测值和试验值的比较结果见图 5.4 和图 5.5,图中三条直线组成区域为两倍寿命带。

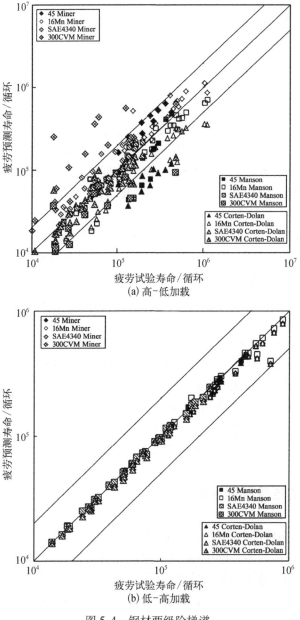

图 5.4　钢材两级阶梯谱

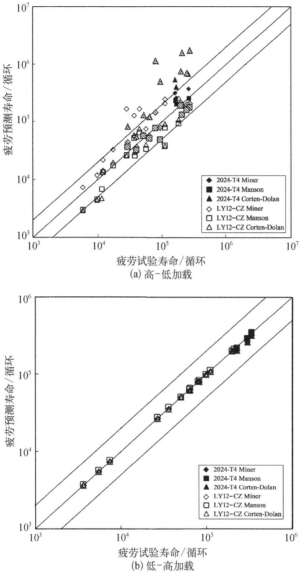

图 5.5　铝合金两级阶梯谱

　　由图可知,高-低加载下,Miner 准则寿命预测值较危险,Manson 准则较为保守;低-高加载下则相反。Corten – Dolan 准则对于钢,高低或低高加载预测值均保守;对于铝,预测趋势不一致,2024 和 7050 的预测值与 Miner 理论相比偏于危险。两级阶梯谱下,三者的预测精确度均较好,Manson 准则最好,高应力影响严重的加载下,Corten – Dolan 准则最优。

2. 多级块谱

多级块谱下的试验数据来自文献[51]~[55]，疲劳寿命分析结果和疲劳试验结果的对比情况见图 5.6~图 5.9。

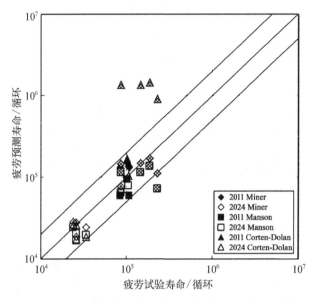

图 5.6　铝合金多级单调降块谱下疲劳寿命分析结果与试验结果比较

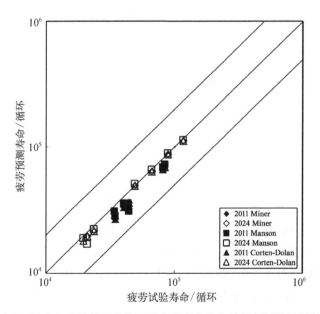

图 5.7　铝合金多级单调升块谱下疲劳寿命分析结果与试验结果比较

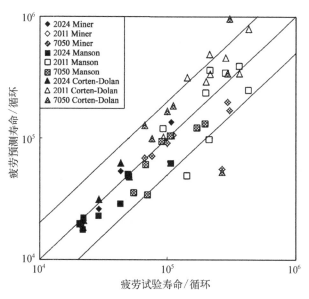

图 5.8　铝合金多级随机块谱下疲劳寿命分析结果与试验结果比较

　　由图 5.6~图 5.8 可以看到,铝合金在单调降块谱加载下,Miner 准则和 Manson 准则的预测结果较好,而 Corten－Dolan 准则的寿命预测结果较差;但是对于单调升块谱,三个准则的疲劳寿命预测结果都比较满意,其中 Miner 准则和 Manson 准则的预测结果较 Corten－Dolan 准则略好;在随机块谱作用下,Miner 准则的预测精

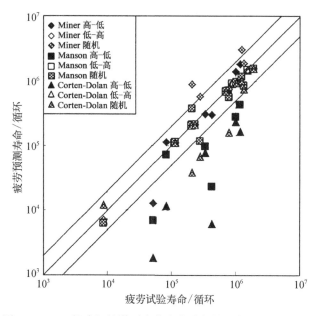

图 5.9　4130 钢多级块谱下疲劳寿命分析结果与试验结果比较

度最高,Manson 准则次之,而 Corten - Dolan 准则最差。

对于钢材,其结果铝合金类似,随着载荷谱随机性的增加,Miner 准则的显得更有优势。

3. 随机谱

随机谱下的疲劳寿命试验数据来自文献[57] ~ [61],疲劳寿命分析结果和疲劳试验结果的对比情况列于表 5.8。随机载荷谱下,Miner 准则总体最优,Manson 准则次之,而 Corten - Dolan 准则最差。

表 5.8　随机载荷谱下寿命对比值(块谱数)

材　料	2024 - T3	7075 - T6	7075 - T6	2024 - T3	2024 - T3	7075 - T6	7075 - T6	7075 - T6	16Mn	16Mn	16Mn
Miner	5.50	4.74	5.60	11.47	18.13	5.11	17.99	10.00	3.33	95.85	94.57
Manson	4.32	3.45	5.44	7.67	17.30	4.71	15.23	9.57	3.23	94.57	95.24
Corten - Dolan	25.39	33.00	61.06	120.12	9.20	206.34	13.73	23.00	2.29	75.00	80.31
试验值	5.97	1.78	3.60	11.98	9.59	12.12	13.20	20.25	2.07	138.00	72.00

5.5.3　结论

疲劳累积损伤理论目前尚未得到很好的解决,其根本原因在于疲劳损伤演化的机理十分复杂,尽管已提出了很多疲劳累积损伤理论,但是目前在工程上广泛使用的还是 Miner 线性疲劳累积损伤理论,因为它较好地预测了随机载荷作用下的疲劳寿命的均值。

构造一个疲劳累积损伤理论并不困难,但是要使它能够很好地描述在各种载荷条件下的疲劳损伤的累积过程则是十分困难的。非线性疲劳累积损伤理论往往在描述两级加载情况的疲劳损伤的累积时比较有效,但在随机加载下,它并不比线性疲劳累积损伤理论显得优越。如果随机载荷系列中的疲劳载荷几乎都处于 HCF区,那么用 Miner 线性疲劳累积损伤理论就足够了;如果随机载荷系列中有相当比例的疲劳载荷处于 LCF 区,则相对 Miner 线性疲劳累积损伤理论效果很好。

参 考 文 献

[1]　Fong J T. What is fatigue damage//Reifsnider K L. Damage in Composite Materials. ASTM STP 775, 1982: 243 - 266.

[2]　Yao W X, Himmel N. A new cumulative fatigue damage model for fibre-reinforced plastics. Composites Science and Technology, 2000, 60(1): 59 - 64.

[3]　冯胜,程燕平,赵亚丽,等.非线性疲劳损伤累积理论研究.哈尔滨工业大学学报,2004,35
　　　(12):1507-1509.

[4]　Shanley F R. A theory of fatigue based on unbonding during reversed slip. Rand Corp Santa
　　　Monica CA, 1952.

[5]　Freudenthal A M. On stress interaction in fatigue and a cumulative damage rule. Journal of the
　　　Aerospace Science, 1959, 26(7):431-442.

[6]　Buch A. Fatigue strength calculation. Switzerland:Trans. Tech. Publications,1988.

[7]　谢里阳.疲劳损伤状态的等效性.机械强度,1995,17(2):100-104.

[8]　谢里阳,吕文阁,师照峰.两级载荷作用下的疲劳损伤状态的试验研究.机械强度,1994,
　　　16(3):52-54.

[9]　Topper T H, Sandor B I, Morrow J. Cumulative fatigue damage under cyclic strain control.
　　　Journal of Materials, 1969, 4(1):189-199.

[10]　伍义生.Miner 累积损伤理论的试验验证和统计分析.航空学报,1985,6(4):351-361.

[11]　徐灏.疲劳强度.北京:高等教育出版社,1988.

[12]　Murthy V K, Swartz G B. Cumulative fatigue damage—theory and models. StatistischeHefte,
　　　1974, 15(2/3):202-231.

[13]　赵少汴.常用累积损伤理论疲劳寿命估算精度的试验研究.机械强度,2000,22(3):
　　　206-209.

[14]　赵少汴.王忠保.抗疲劳设计——方法与数据.北京:北京机械工业版社,1997.

[15]　吴富民,结构疲劳强度.西安:西北工业大学出版社,1985.

[16]　Scott-Emuakpor O, George T, Cross C J, et al. Development of an improved high cycle
　　　fatigue criterion. Journal of Engineering for Gas Turbines and Power, 2007, 129(1):
　　　162-169.

[17]　Morrow J D. The effect of selected sub-cycle sequences in fatigue loading histories. Random
　　　Fatigue Life Predictions, 1986, 72:43-60.

[18]　Kujawski D, Ellyin F. A cumulative damage theory for fatigue crack initiation and propagation.
　　　International Journal of Fatigue, 1984, 6(2):83-88.

[19]　Holycross C M, Wertz J N, Letcher T, et al. Damage parameter assessment for energy based
　　　fatigue life prediction methods//ASME Turbo Expo 2012:Turbine Technical Conference and
　　　Exposition. American Society of Mechanical Engineers, 2012:235-240.

[20]　Letcher T, Shen M H H, Scott-Emuakpor O, et al. Strain rate and loading waveform effects
　　　on an energy-based fatigue life prediction for AL6061-T6. Journal of Engineering for Gas
　　　Turbines and Power, 2014, 136(2):022502.

[21]　Radhakrishnan V M. Cumulative damage in low-cycle fatigue. Experimental Mechanics, 1978,
　　　18(8):292-296.

[22]　Radhakrishnan V M. An analysis of low cycle fatigue based on hysteresis energy. Fatigue &
　　　Fracture of Engineering Materials & Structures, 1980, 3(1):75-84.

[23]　Golos K, Ellyin F. Total strain energy density as a fatigue damage parameter//Advances in
　　　Fatigue Science and Technology. Netherlands:Springer, 1989:849-858.

[24]　Kujawski D, Ellyin F. A cumulative damage theory for fatigue crack initiation and propagation.
　　　International Journal of Fatigue, 1984, 6(2):83-88.

[25] Grover H J. An observation concerning the cycle ratio in cumulative damage//Symposium on Fatigue of Aircraft Structures, American Society for Testing Materials, Special Technical Publication. 1960, (274).

[26] Manson S S. Interfaces between fatigue, creep, and fracture. International Journal of Fracture Mechanics, 1966, 2(1): 327 - 327.

[27] Manson S S, Halford G R. Practical implementation of the double linear damage rule and damage curve approach for treating cumulative fatigue damage. International Journal of Fracture, 1981, 17(2): 169 - 192.

[28] 陈涛. 基于载荷次序效应的疲劳损伤分析方法研究. 沈阳: 东北大学, 2010.

[29] Kramer I R. Prediction of fatigue damage. In Proceedings of the 2nd International Conference on Mechanical Behavior of Materials. American Society for Metals, Metals Park, 1976: 812 - 816.

[30] Ray A, Patankar R. Fatigue crack growth under variable-amplitude loading: Part I - Model formulation in state-space setting. Applied Mathematical Modelling, 2001, 25 (11): 979 - 994.

[31] 杨庆雄. 局部应力应变法寿命计算中材料疲劳特性选用的评论. 威海: 第五届全国疲劳学术会议, 1991: 230 - 235.

[32] Marco S M, Starkey W L. A concept of fatigue damage. Transactions of ASME, 1954, 76: 627 - 632.

[33] Henry D L. A theory of fatigue damage accumulation in steel. Ohio State University, 1953.

[34] Quoc T B, Dubuc J, Bazergui A, et al. Cumulative fatigue damage under stress-controlled conditions. Journal of Basic Engineering, 1971, 93(4): 691 - 698.

[35] Bui-Quoc T. Cumulative damage with interaction effect due to fatigue under torsion loading. Experimental Mechanics, 1982, 22(5): 180 - 187.

[36] Thang B Q, Dubuc J, Bazergui A, et al. Cumulative fatigue damage under strain controlled conditions. J MATER, 1971, 6(3): 718 - 737.

[37] Niu X, Li G, Hao L. Hardening law and fatigue damage of a cyclic hardening metal. Engineering Fracture Mechanics, 1987, 26(2): 163 - 170.

[38] Jinescu V V. Critical energy approach for the fatigue life calculation under blocks with different normal stresses amplitudes. International Journal of Mechanical Sciences, 2013, 67: 78 - 88.

[39] Chaboche J L, Lesne P M. A non-linear continuous fatigue damage model. Fatigue Fract Engng Mater Struct, 1988, 11(1): 1 - 17.

[40] Lemaitre J, Plumtree A. Application of damage concepts to predict creep-fatigue failures. Journal of Engineering Materials and Technology, 1979, 101: 284 - 292.

[41] Wang J. A continuum damage mechanics model for low-cycle fatigue failure of metals. Engineering Fracture Mechanics, 1992, 41(3): 437 - 441.

[42] Wang T, Lou Z. A continuum damage model for weld heat affected zone under low cycle fatigue loading. Engineering Fracture Mechanics, 1990, 37(4): 825 - 829.

[43] Li C, Qian Z, Li G. The fatigue damage criterion and evolution equation containing material microparameters. Engineering Fracture Mechanics, 1989, 34(2): 435 - 443.

[44] Langlais T E, Vogel J H, Chase T R. Multiaxial cycle counting for critical plane methods.

International Journal of Fatigue, 2003, 25: 641 - 647.

[45] 尚德广,姚卫星.单轴非线性连续疲劳损伤累积模型的研究.航空学报,1998,19(6): 647 - 656.

[46] 叶笃毅,王德俊,童小燕,等.一种基于材料韧性耗散分析的疲劳损伤定量新方法.试验力学,1999,14(1): 80 - 88.

[47] 尚德广,姚卫星.单轴非线性连续疲劳损伤累积模型的研究.航空学报,1998,19(6): 647 - 656.

[48] Erickson W H, Work C E. A study of the accumulation of fatigue damage in steel. Proceedings American Society for Testing and Materials (ASTM), 1961, 61: 704 - 718.

[49] Manson S S, Freche J C, Ensign C R. Application of a double linear damage rule to cumulative fatigue. Paper from Fatigue Crack Propagation, ASTM STP NO 415., 1967: 384 - 412.

[50] Pavlou D G. A phenomenological fatigue damage accumulation rule based on hardness increasing, for the 2024 - T42 aluminum. Engineering Structures, 2002, 24 (11): 1363 - 1368.

[51] 胡明敏,陆颖华.基于全场等效损伤测试的累积损伤模型.理化检验:物理分册,2001,37 (11): 461 - 465.

[52] Carvalho A L M, Martins J P, Voorlwad H J C. Fatigue damage accumulation in aluminum 7050 - T7451 alloy subjected to block programs loading under step-down sequence. Procedia Engineering, 2010, 2(1): 2037 - 2043.

[53] Jeelani S, Reddy P A. A study of cumulative fatigue damage in aluminum alloy 2011 - T3. Materials Science and Engineering, 1982, 56(3): 253 - 258.

[54] Jeelani S, Aslam M. A study of cumulative fatigue damage in aluminum alloy 2024 - T4. Wear, 1984, 93(2): 207 - 217.

[55] Miner M A. Cumulative damage in fatigue. Journal of Applied Mechanics, 1945, 12(3): 159 - 164.

[56] Jeelani S, Musial M. A study of cumulative fatigue damage in AISI 4130 steel. Journal of Materials Science, 1986, 21(6): 2109 - 2113.

[57] 吕文阁,谢里阳.一个非线性强度退化模型.机械强度,1997,19(2): 55 - 57.

[58] 崔中文.载荷作用次序对疲劳寿命影响的试验研究.沈阳:东北大学,2010.

[59] Houbolt J C, Anderson R A. Calculation of uncoupled modes and frequencies in bending or torsion of nonuniform beams. NACA TN 1522, 1948.

[60] Elbridge Z S, John C H, Batdorf S B. An evaluation of some approximate methods of computing landing stresses in aircraft. NACA TN D1584, 1948.

[61] de Jonge J B, Nederveen A. Effect of gust load alleviation on fatigue and crack growth in ALCLAD 2024 - T3//Bryan D F, Potter J M. Effect of Load Spectrum Variables on Fatigue Crack Initiation and Propagation. ASTM STP714. Philadelphia, PA: American Society for Testing and Materials, 1980: 170 - 184.

第6章 名义应力法

名义应力法是最早形成的抗疲劳设计方法,它以材料或零件的 $S-N$ 曲线为基础,对照试件或结构疲劳危险部位的应力集中系数和名义应力,结合疲劳损伤累积理论,校核疲劳强度或计算疲劳寿命。

本章主要介绍名义应力法估算结构疲劳寿命的原理,重点介绍传统的名义应力法和应力严重系数(stress severity factor, SSF)法,并结合算例演示用名义应力法进行疲劳寿命分析的过程。

6.1 名义应力法基本原理

名义应力法假定:对于相同材料制成的任意构件,只要应力集中系数 K_T 相同,载荷谱相同,则它们的寿命相同,其模型如图 6.1 所示。此法中名义应力和应力集中系数为控制参数。图 6.1 中 K_T 为应力集中系数,σ_{nom} 为加在试件上的名义应力。

由名义应力法的基本假设可知,名义应力法认为疲劳寿命与缺口的根部的最大应力有关,而与缺口根部的应力分布无关,因为在相同的外载荷下,应力集中系数 K_T 相同,就等于说缺口根部的最大应力相同。而事实上,对同样的应力集中系数,若缺口根部应力场分布不同,其疲劳寿命是不同的。4.1 节已从不同的角度,通过不同的模型,解释了这个问题。

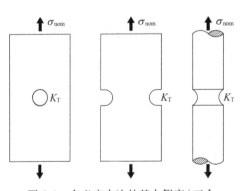

图 6.1 名义应力法的基本假定(三个试验件疲劳寿命相同)

6.1.1 名义应力法估算结构疲劳寿命的步骤

用名义应力法估算结构疲劳寿命的步骤如图 6.2 所示。

(1)确定结构中的疲劳危险部位;

(2)求出危险部位的名义应力和应力集中系数 K_T;

（3）根据载荷谱确定危险部位的名义应力谱；

（4）应用插值法求出当前应力集中系数和应力水平下的 $S-N$ 曲线,查 $S-N$ 曲线；

（5）应用疲劳损伤累积理论,求出危险部位的疲劳寿命。

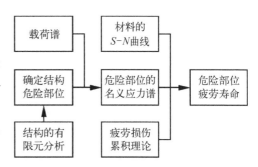

图 6.2　名义应力法疲劳寿命估算的步骤

6.1.2　材料性能数据

名义应力法计算疲劳寿命所需的材料性能数据是: 对于有限寿命分析,需要各种 K_T 下材料的 $S-N$ 曲线或等寿命曲线;对于无限寿命设计,需要各种 K_T 下材料的疲劳极限图。

尽管目前已累积了大量的 $S-N$ 曲线,但是由于实际结构和载荷的复杂性,且新材料在不断出现并应用于工程实践,因此现有的 $S-N$ 曲线是远远不够的。

根据名义应力和应力集中系数 K_T 查 $S-N$ 曲线通常都要经过多次插值计算。首先插值得到当前 K_T 下的 $S-N$ 曲线族,如图 6.3 所示;然后插值得到当前平均应力 S_m 或应力比 R 下的 $S-N$ 曲线族,如图 6.4 所示;最后插值求得当前 S_a 或 S_{max} 下的疲劳寿命。在工程实践中,由于某些试验数据点因样本小而偏离正常值,所以插值结果不太稳定,甚至不可用。为保证插值计算的稳定性,可采用下述方法进行多项式插值计算。

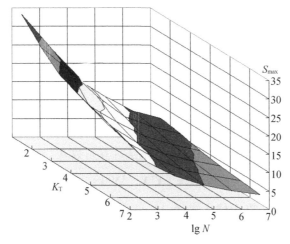

图 6.3　不同 K_T 下的 $S-N$ 曲线

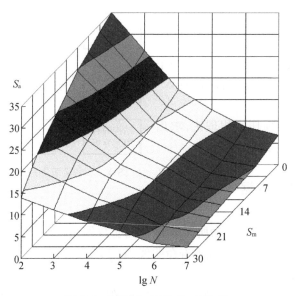

图 6.4　不同 S_m 下的 S - N 曲线

根据 S - N 曲线的形状,采用多项式插值其次数不宜高于 2 次。为使插值结果比较稳定,先选取插值点 x_0 附近 n 个试验数据点拟合多项式,求出多项式的系数,然后求出插值点 x_0 处的值。一般 $3 \leqslant n \leqslant 5$,插值多项式为

$$y = a_0 + a_1 x + a_2 x^2 = \begin{bmatrix} 1 & x & x^2 \end{bmatrix} \begin{Bmatrix} a_0 \\ a_1 \\ a_2 \end{Bmatrix} \tag{6.1}$$

对于 n 个试验数据点 (x_i, y_i),按式(6.1)有

$$\begin{Bmatrix} y_1 \\ y_2 \\ \vdots \\ y_n \end{Bmatrix} = \begin{bmatrix} 1 & x_1 & x_1^2 \\ 1 & x_2 & x_2^2 \\ \vdots & \vdots & \vdots \\ 1 & x_n & x_n^2 \end{bmatrix} \begin{Bmatrix} a_0 \\ a_1 \\ a_2 \end{Bmatrix} \tag{6.2a}$$

或记作
$$\boldsymbol{Y} = \boldsymbol{X} \boldsymbol{A} \tag{6.2b}$$

式中,$\boldsymbol{A} = \{ a_0 \quad a_1 \quad a_2 \}^{\mathrm{T}}$。采用最小二乘法计算系数 $\boldsymbol{A}$,有

$$\boldsymbol{A} = [\boldsymbol{X}^{\mathrm{T}} \boldsymbol{X}]^{-1} \boldsymbol{X}^{\mathrm{T}} \boldsymbol{Y} \tag{6.3}$$

将插值点 x_0 和系数 $\boldsymbol{A}$ 代入式(6.1),就可得到所要的插值结果。因为局部 S - N 曲线在半对数坐标系上较好地符合二次曲线,所以当 y_i 代表疲劳寿命时,要先对疲劳寿命试验数据求对数,然后再插值。

6.1.3 名义应力法的种类

在名义应力法的发展中,除了传统的名义应力法外,还出现了 SSF 法、有效应力法、结构细节额定系数法(DRF)等。SSF 法是针对航空结构紧固件疲劳问题而发展起来的一种抗疲劳设计方法,在航空结构的抗疲劳设计中发挥了很好的作用。

6.2　传统的名义应力法

6.2.1 名义应力法

用名义应力法估算零件或构件的疲劳寿命通常有两种做法:一是直接按照零件或构件的名义应力和相应的 $S-N$ 曲线估算该零件或构件的疲劳寿命;二是对材料的 $S-N$ 曲线进行修改,得到零件或构件的 $S-N$ 曲线,然后估算其疲劳寿命。当然,第一种方法比较可靠,但是由于零件或构件的几何形状和边界条件千变万化,在绝大多数情况下这样做是不现实的。所以一般采用第二种做法。

将材料的 $S-N$ 曲线进行修改而得到零件或构件的 $S-N$ 曲线,需要修改的因素较多,如何修改要依据实际情况进行。通常包括疲劳缺口系数 K_f、尺寸系数 ε、表面质量系数 β、加载方式 C_L 等因素。

$$S_a = \frac{\sigma_a}{K_f}\varepsilon\beta C_L \tag{6.4}$$

式中,σ_a 为对应于材料的 $S-N$ 曲线的应力;S_a 为对应于构件的 $S-N$ 曲线的应力。如果外载荷的平均应力 $S_m \neq 0$,还要作平均应力修正,然后应用疲劳损伤累积理论估算该零件或构件的疲劳寿命。下面通过 3 个算例和 2 个实例具体说明如何用名义应力法估算零件或构件的疲劳寿命。

6.2.2 算例

算例6.1 变截面拉杆

图 6.5 为一变截面拉杆,$D = 39\ mm$,$d = 30\ mm$,$r = 3\ mm$,材料为 40CrNiMoA,强度极限 $\sigma_b = 1\ 100\ MPa$,受到交变载荷的作用,$P_{max} = 400\ kN$,$P_{min} = -100\ kN$。估算其疲劳寿命。

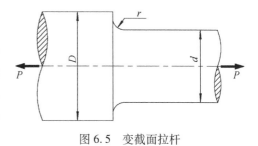

图 6.5　变截面拉杆

1) 名义应力

$$S_{\text{max}} = \frac{4P_{\text{max}}}{\pi d^2} = \frac{4 \times 400\,000}{\pi \times 0.03^2} \approx 566\,\text{MPa}$$

$$S_{\text{min}} = \frac{4P_{\text{min}}}{\pi d^2} = \frac{-4 \times 100\,000}{\pi \times 0.03^2} \approx -141\,\text{MPa}$$

$$S_{\text{a}} = \frac{1}{2}(S_{\text{max}} - S_{\text{min}}) = 353.5\,\text{MPa}$$

$$S_{\text{m}} = \frac{1}{2}(S_{\text{max}} + S_{\text{min}}) = 212.5\,\text{MPa}$$

2) $S - N$ 曲线

查取与本问题尽量接近的 $S - N$ 曲线。如果连最基本的材料的 $S - N$ 曲线也没有,则最好先做材料的 $S - N$ 曲线的疲劳试验。如果只是初步估算,则可按照材料的静强度性能估计 $S - N$ 曲线。40CrNiMoA 钢在拉压载荷($R=-1$)作用下的 $S - N$ 曲线见表 6.1 和图 6.6[1]。

表 6.1　40CrNiMoA 钢的 $S - N$ 曲线($R=-1$)

寿命 N	S_{max}		
	$K_{\text{T}} = 1$	$K_{\text{T}} = 2$	$K_{\text{T}} = 3$
5×10^4	760	—	—
10^5	667	393	294
5×10^5	590	333	245
10^6	559	318	218
5×10^6	539	311	211
10^7	524	308	209

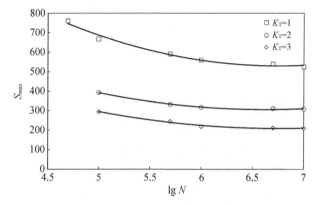

图 6.6　40CrNiMoA 钢的 $S - N$ 曲线

3）理论应力集中系数 K_T

零件或构件的理论应力集中系数已有很多手册可供查取,在没有图表可查时,可采用有限元法进行计算。拉杆的理论应力集中系数 K_T 见图 6.7[2],$D/d = 1.3$,$2r/d = 0.2$,由图 6.7 查得 $K_T = 1.77$。

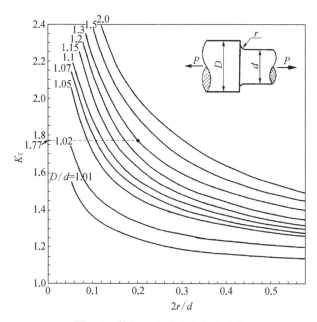

图 6.7　拉杆的理论应力集中系数

4）拉杆的 $S-N$ 曲线

由表 6.1 或图 6.6 对 $K_T = 1.77$ 进行插值,求出相应于 $K_T = 1.77$ 的 $S-N$ 曲线,结果见表 6.2 和图 6.8。该零件拉压受载,疲劳危险部位又在过渡区,所以尺寸效应可不考虑,即 $\varepsilon = 1$。同时设表面质量系数 $\beta = 1$。 因为拉压受载,加载方式与已知的 $S-N$ 曲线相符合,故加载方式因子 $C_L = 1$。

表 6.1 或图 6.6 给出的是平均应力 $S_m = 0$ 的 $S-N$ 曲线,而实际载荷的平均应力 $S_m = 212.5$ MPa,所以还要对 $S-N$ 曲线进行平均应力修正,按 Goodman 方法作平均应力修正,见式(2.38)。修正后的结果见表 6.2 和图 6.8。

表 6.2　应力集中和平均应力修正后的 $S-N$ 曲线

疲劳寿命	10^5	5×10^5	10^6	5×10^6	10^7
$K_T=1.77$, $S_m=0$	473.3	406.8	388.0	377.8	371.8
$K_T=1.77$, $S_m=212.5$	381.8	328.2	313.1	304.8	300.0

5）疲劳寿命

从图 6.8 查取或由表 6.2 插值,求得应力幅值 $S_a = 353.5$ MPa 的疲劳寿命 $N=$

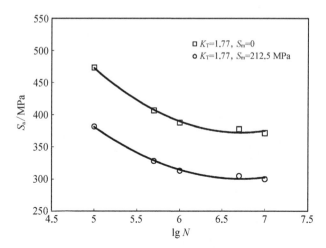

图 6.8　应力集中和平均应力修正后的 S - N 曲线

2.34×10^5。

本算例中,材料性能数据基本齐全,K_T 可从手册中查到,所受载荷为常幅谱,因此疲劳寿命的计算主要是对 S - N 曲线的插值计算,计算结果的可信度和稳定性高。

算例 6.2　中心孔板

图 6.9 为一中心孔 LY12 - CZ 铝合金板,板宽 $W = 50$ mm,孔直径 $D = 8$ mm。名义应力谱见表 6.3。求其疲劳寿命。

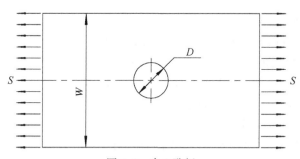

图 6.9　中心孔板

表 6.3　载荷谱

级　数	S_{max}/MPa	S_{min}/MPa	循环次数 n
1	93	−22	8 450
2	141	19	672
3	220	−64	58
4	318	−121	2

续表

级　　数	S_{max}/MPa	S_{min}/MPa	循环次数 n
5	342	27	7
6	193	0	130
7	176	41	982
8	85	−59	5 180

1) $S-N$ 曲线

LY12 - CZ 铝合金板材是使用最广泛的航空结构材料,其 $S-N$ 曲线见表 6.4[3]。

表 6.4a　LY12 - CZ 铝合金 $K_T=2$ 时的 $S-N$ 曲线　(单位: kg·mm⁻²)

N \ S_m	0.00	3.50	7.00	10.50	14.00	17.50	21.00	25.00	30.00
10^2	35.24	33.28	31.31	29.69	26.87	24.37	21.87	18.37	14.00
10^3	26.34	24.87	23.40	22.08	20.76	19.06	17.35	14.58	11.11
10^4	17.31	16.15	14.99	14.45	13.91	13.50	13.09	11.00	8.38
2×10^4	15.63	14.62	13.61	13.17	12.72	12.43	12.14	10.20	7.77
4×10^4	14.19	13.27	12.35	11.98	11.61	11.42	11.23	9.43	7.19
10^5	12.60	11.69	10.77	10.51	10.25	10.06	9.87	8.29	6.31
4×10^5	9.46	8.40	7.33	7.14	6.94	6.85	6.75	5.67	4.32
10^6	8.66	7.51	6.36	6.06	5.77	5.66	5.55	4.66	3.55
3×10^6	7.35	6.38	5.41	5.09	4.77	4.58	4.40	3.69	2.81
10^7	6.79	5.90	5.01	4.74	4.47	4.26	4.05	3.40	2.59

表 6.4b　LY12 - CZ 铝合金 $K_T=3$ 时的 $S-N$ 曲线　(单位: kg·mm⁻²)

N \ S_m	0.00	3.50	7.00	10.50	14.00	17.50	21.00	25.00	30.00
10^2	29.27	27.36	25.44	23.74	22.05	19.99	17.94	15.07	11.48
10^3	23.05	21.31	19.58	18.07	16.57	15.25	13.93	11.70	8.92
10^4	16.06	14.71	13.36	12.06	10.77	9.83	8.89	7.47	5.69
2×10^4	14.09	12.71	11.34	10.16	8.98	8.24	7.50	6.30	4.80
4×10^4	12.45	11.01	9.57	8.46	7.35	6.76	6.18	5.19	3.96
10^5	10.42	9.13	7.83	6.90	5.96	5.52	5.09	4.27	3.26
4×10^5	8.88	7.68	6.47	5.55	4.62	4.32	4.02	3.38	2.57
10^6	7.69	6.71	5.74	4.83	3.92	3.74	3.55	2.98	2.27
3×10^6	6.36	5.51	4.67	3.90	3.14	2.95	2.77	2.33	1.77
10^7	5.76	4.97	4.19	3.50	2.82	2.65	2.49	2.09	1.59

表 6.4c　LY12 – CZ 铝合金 K_T = 4 时的 S – N 曲线（单位：kg·mm^{-2}）

N \ S_m	0.00	3.50	7.00	10.50	14.00	17.50	21.00	25.00	30.00
10^2	24.64	22.81	20.97	19.38	17.78	16.16	14.53	12.21	9.30
10^3	16.78	15.15	13.51	12.28	11.04	10.08	9.12	7.66	5.84
10^4	12.33	11.14	9.94	9.14	8.34	7.80	7.27	6.10	4.65
$2×10^4$	11.14	10.12	9.11	8.35	7.59	7.13	6.66	5.60	4.26
$4×10^4$	10.12	9.22	8.33	7.60	6.87	6.47	6.08	5.11	3.89
10^5	8.49	7.55	6.62	5.97	5.32	5.10	4.87	4.09	3.12
$4×10^5$	6.57	5.46	4.35	3.83	3.31	3.15	2.99	2.51	1.91
10^6	6.15	5.00	3.85	3.22	2.59	2.40	2.22	1.86	1.42
$3×10^6$	4.84	3.94	3.05	2.50	1.96	1.79	1.62	1.36	1.04
10^7	4.35	3.40	2.46	1.99	1.54	1.40	1.27	1.07	0.81

表 6.4d　LY12 – CZ 铝合金 K_T = 5 时的 S – N 曲线（单位：kg·mm^{-2}）

N \ S_m	0.00	3.50	7.00	10.50	14.00	17.50	21.00	25.00	30.00
10^2	22.35	20.60	18.95	17.63	16.30	14.81	13.33	11.19	8.53
10^3	14.76	13.20	11.65	10.63	9.61	8.81	8.02	6.74	5.13
10^4	10.08	8.35	6.62	5.66	4.69	4.25	3.82	3.21	2.44
$2×10^4$	8.93	7.31	5.69	4.73	3.78	3.41	3.05	2.56	1.95
$4×10^4$	7.97	6.40	4.83	3.87	2.91	2.61	2.31	1.94	1.48
10^5	6.90	5.48	4.05	3.17	2.28	2.00	1.72	1.45	1.10
$4×10^5$	5.48	4.42	3.36	2.57	1.78	1.52	1.26	1.06	0.81
10^6	5.05	3.92	2.79	1.97	1.15	0.98	0.81	0.68	0.52
$3×10^6$	4.03	3.10	2.18	1.46	0.74	0.62	0.49	0.41	0.32
10^7	3.59	2.73	1.88	1.26	0.65	0.53	0.42	0.35	0.27

2）理论应力集中系数 K_T

中心孔板基于净面积的理论应力集中系数 K_T 见图 6.10[2]，当 D/W = 0.16 时，

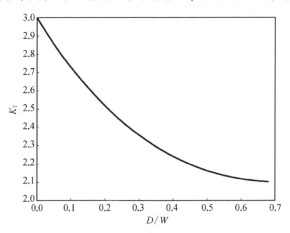

图 6.10　中心孔板理论应力集中系数

查得 $K_T = 2.6$。

3）插值求得 $K_T = 2.6$ 时的 S - N 曲线

按表6.4的 S - N 曲线可插值求得 $K_T = 2.6$ 时的 S - N 曲线,插值结果见表6.5和图6.11。

表6.5 LY12 - CZ 铝合金 $K_T = 2.6$ 时的 S - N 曲线（单位: $kg \cdot mm^{-2}$）

N \ S_m	0.00	3.50	7.00	10.50	14.00	17.50	21.00	25.00	30.00
10^2	31.53	29.59	27.66	25.97	23.94	21.71	19.47	16.36	12.46
10^3	24.29	22.70	21.10	19.69	18.27	16.79	15.32	12.87	9.80
10^4	16.06	15.82	14.89	13.08	12.03	11.43	10.94	9.19	7.00
2×10^4	14.32	13.61	12.24	11.39	10.62	10.21	9.86	8.28	6.31
4×10^4	12.32	11.91	10.72	10.02	9.36	9.08	8.83	7.42	5.65
10^5	11.27	10.43	9.21	8.72	8.28	8.04	7.79	6.56	4.98
4×10^5	8.64	7.79	6.71	6.19	5.81	5.65	4.99	5.03	3.83
10^6	8.01	6.90	5.78	5.30	4.34	3.89	3.86	3.24	2.47
3×10^6	6.74	5.82	4.88	4.38	3.54	3.42	3.26	2.75	2.08
10^7	6.16	5.33	4.48	4.00	3.43	3.25	3.08	2.58	2.00

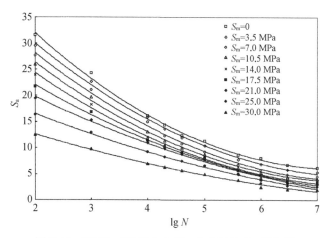

图 6.11 LY12 - CZ 铝合金 $K_T = 2.6$ 时的 S - N 曲线

4）疲劳寿命估算

根据表6.5和图6.11,插值求出各级载荷下的疲劳寿命 N_i,然后计算该级载荷造成的疲劳损伤 $D_i = n_i/N_i$,最后按 Miner 疲劳损伤累积理论计算疲劳寿命,其计算结果见表6.6。

表 6.6　疲劳寿命估算表

级　数	$S_a/(\text{kg}\cdot\text{mm}^{-2})$	$S_m/(\text{kg}\cdot\text{mm}^{-2})$	次数 n_i	寿命 N_i	损伤 D_i
1	5.75	3.55	8 450	3 166 596	0.002 668
2	6.10	8.00	672	500 537	0.001 343
3	14.20	7.80	58	10 042	0.005 776
4	21.95	9.85	2	504	0.003 967
5	15.75	18.45	7	1 372	0.005 101
6	9.65	9.65	130	37 261	0.003 489
7	6.75	10.85	982	516 609	0.001 901
8	7.20	1.30	5 180	1 510 304	0.003 430
				$\sum D_i$	0.027 675

一块谱造成的疲劳损伤为 $\sum D_i$，疲劳寿命 C_p 为

$$C_p = \frac{1}{\sum\limits_{i=1}^{8} D_i} = \frac{1}{0.027\ 675} \approx 36.13(\text{块})$$

即该中心孔板的疲劳寿命为 36.13 块谱。

本算例中材料性能数据齐全，K_T 有计算公式，所受载荷为变幅幅谱，因此疲劳寿命的计算主要是对 $S-N$ 曲线的插值计算和疲劳累积损伤的计算，计算结果的可信度和稳定性高。

算例 6.3　带小孔液压管

图 6.12 为一带小孔的液压管，受到不同压力 p 的循环，一年内受到的压力谱见表 6.7。液压管材料为 45$^{\#}$ 钢，$\sigma_b = 623$ MPa。液压管直径 $D = 2$ m，壁厚 $t = 10$ mm，小孔直径 $2r = 160$ mm。估算其使用寿命。

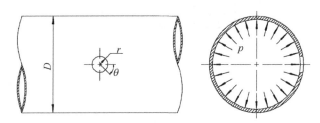

图 6.12　带小孔液压管

表 6.7　液压管的压力谱

级　数	最大压力 p_{max}/MPa	最小压力 p_{min}/MPa	循环次数 n
1	1.5	0.0	12
2	1.4	0.1	52
3	1.2	0.1	365
4	1.0	0.2	7 300

1）材料的 $S-N$ 曲线

$45^\#$ 钢在旋转弯曲加载下的 $S-N$ 曲线如图6.13所示[4]。

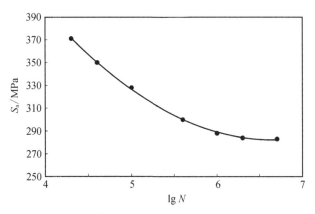

图6.13 $45^\#$ 钢在旋转弯曲加载下的 $S-N$ 曲线

2）理论应力集中系数 K_T

液压管的名义应力为 $S_n = \dfrac{pD}{2t}$，理论应力集中系数 $K_T = \sigma_{max}/S_n$，见图6.14[5]。

图中的参数 $\beta = \dfrac{\sqrt[4]{3(1-\nu^2)}}{2}\left(\dfrac{r}{\sqrt{Rt}}\right)$，$R = D/2$ 为液压管半径，$\nu = 1/3$ 为泊松比。

对于图6.12所示的液压管 $\beta = 0.51, K_T = 4.0$。

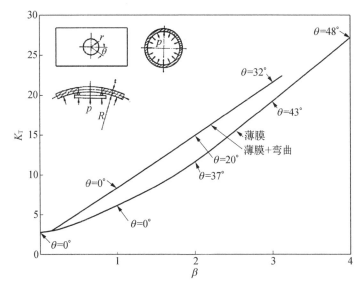

图6.14 带小孔液压管的理论应力集中系数

3）带小孔液压管的 $S-N$ 曲线

图 6.13 给出的是材料的 $S-N$ 曲线,液压管的疲劳危险部位——小孔区的 $S-N$ 曲线可以通过对图 6.13 的修正得到。需要修正的内容有:应力集中、加载方式、平均应力。

应力集中由疲劳缺口系数 K_f 描述,采用 Peterson 公式,其材料常数 $a = 0.6\ \text{mm}$。

$$K_f = 1 + \frac{K_T - 1}{1 + a/\rho} = 3.98$$

液压管主要受周向拉应力,加载方式与已知的 $S-N$ 曲线不符,要作加载方式影响的修正。因为没有试验数据,取经验数据 $C_L = 0.85$。

因为载荷的平均应力 $S_m \neq 0$,还要作平均应力的修正。根据外载荷的平均应力,按照 Goodman 模型,获得的不同平均应力的 $S-N$ 曲线如图 6.15 所示。

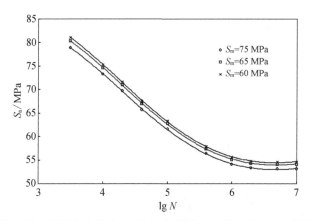

图 6.15　作了应力集中、加载方式、平均应力修正的 $S-N$ 曲线

4）疲劳寿命估算

根据图 6.15 查出各级载荷下的疲劳寿命 N_i,然后计算该级载荷造成的疲劳损伤 $D_i = n_i/N_i$,最后按 Miner 疲劳损伤累积理论计算疲劳寿命,计算结果见表 6.8。

表 6.8　疲劳寿命估算

级　数	S_a/MPa	S_m/MPa	循环次数 n_i	寿命 N_i	损伤 D_i
1	75	75	12	4 467	0.002 686
2	65	75	52	46 774	0.001 112
3	55	65	365	954 993	0.000 382
4	40	60	7 300	$>10^7$	0
				$\sum D_i$	0.004 18

一块谱造成的疲劳损伤为 $\sum D_i$，疲劳寿命 C_p 为

$$C_p = \frac{1}{\sum\limits_{i=1}^{4} D_i} = \frac{1}{0.00418} \approx 239(\text{年})$$

本算例中材料性能数据不全，K_T 可从手册中查到标准解，所受载荷为变幅幅谱，因此疲劳寿命的计算关键是如何得到可用的 S-N 曲线，计算结果的可信度取决于 S-N 曲线的真实度。

6.2.3 实例

实例 6.1 某型飞机外翼前梁接头耳片

图 6.16 为某型飞机外翼前梁接头耳片，材料为 30CrMnSiA 合金钢，材料疲劳性能见表 6.9[3]。机翼外翼上的载荷在接头耳片处转化为展向载荷 P_z 和垂直载荷 P_y，全机有限元分析给出了飞机不同工况下的 P_z 和 P_y，见表 6.10。估算其寿命。

图 6.16 外翼前梁接头耳片的受力图

表 6.9a 30CrMnSiA 材料 K_T =1.5 时的 S-N 曲线 （单位：$kg \cdot mm^{-2}$）

N \\ S_m	0	10	20	30	40	50	60	70	80	95	110
10^2	72.414	67.561	62.707	57.854	53	46.373	39.746	33.573	27.4	18.267	9.133
10^3	56.475	52.646	48.816	44.987	41.157	37.181	33.204	29.143	25.082	16.721	8.361
3×10^3	47.624	45.041	42.457	39.874	37.29	33.901	30.511	26.637	22.763	15.175	7.588
10^4	38.439	37.053	35.667	34.025	32.895	30.014	27.646	23.888	20.130	13.420	6.710
3×10^4	29.782	27.932	26.082	24.232	22.382	19.608	16.833	14.308	11.783	7.855	3.928
10^5	22.952	21.565	20.178	18.791	17.404	15.885	14.366	12.715	11.063	7.375	3.688
3×10^5	20.326	19.027	17.728	16.429	15.13	13.956	12.782	10.782	8.782	5.855	2.927
10^6	15.757	15.051	14.345	14.159	13.933	12.233	11.533	10.025	8.517	5.678	2.839
3×10^6	15.348	14.641	13.933	13.226	12.518	11.709	10.900	9.441	7.982	5.321	2.661
10^7	14.600	13.950	13.300	12.650	12.000	11.191	10.382	8.891	7.400	4.933	2.467

表 6.9b　　**30CrMnSiA** 材料 $K_T = 2$ 时的 $S - N$ 曲线　　　（单位：$kg \cdot mm^{-2}$）

N \ S_m	0	10	20	30	40	50	60	70	80	95	110
10^2	69.838	65.004	60.169	55.335	50.500	44.437	38.373	32.637	26.9	17.933	8.967
10^3	53.448	49.844	46.239	42.635	39.030	35.367	31.703	27.789	23.874	15.916	7.958
3×10^3	45.331	42.831	40.330	37.830	35.329	32.204	29.079	25.339	21.598	14.399	7.199
10^4	36.853	35.427	34.000	32.574	31.147	28.710	26.273	22.601	19.048	12.699	6.349
3×10^4	28.574	26.724	24.874	23.024	21.174	18.587	16.000	13.538	11.075	7.383	3.692
10^5	21.041	19.757	18.472	17.188	15.903	14.427	12.950	11.210	9.898	6.699	3.299
3×10^5	18.246	17.072	15.897	14.723	13.548	12.436	11.324	9.574	7.824	5.216	2.608
10^6	14.346	13.660	12.973	12.287	11.600	10.900	10.200	8.838	7.475	4.983	2.492
3×10^6	13.974	13.287	12.600	11.913	11.226	10.438	9.650	8.337	7.024	4.683	2.341
10^7	13.350	12.700	12.050	11.400	10.750	9.962	9.174	7.875	6.576	4.384	2.192

表 6.9c　　**30CrMnSiA** 材料 $K_T = 2.9$ 时的 $S - N$ 曲线　　　（单位：$kg \cdot mm^{-2}$）

N \ S_m	0	10	20	30	40	50	60	70	80	95	110
10^2	65.200	60.400	55.600	50.800	46.00	40.950	35.900	30.950	26.000	17.333	8.667
10^3	48.000	44.800	41.600	38.400	35.200	32.100	29.000	25.350	21.700	14.467	7.233
3×10^3	41.200	38.850	36.500	34.150	31.800	29.150	26.500	23.000	19.500	13.000	6.500
10^4	34.000	32.500	31.00	29.500	28.000	25.900	23.800	20.450	17.100	11.400	5.700
3×10^4	26.400	24.550	22.700	20.850	19.000	16.750	14.500	12.15	9.800	6.530	3.267
10^5	17.600	16.500	15.400	14.300	13.200	11.800	10.400	9.100	7.800	5.200	2.600
3×10^5	14.500	13.550	12.600	11.650	10.700	9.700	8.700	7.400	6.100	4.067	2.033
10^6	11.800	11.150	10.500	9.850	9.200	8.500	7.800	6.700	5.600	3.733	1.867
3×10^6	11.500	10.850	10.200	9.550	8.900	8.150	7.400	6.350	5.300	3.533	1.767
10^7	11.100	10.450	9.800	9.150	8.500	7.750	7.000	6.000	5.000	3.333	1.667

表 6.9d　　**30CrMnSiA** 材料 $K_T = 3.7$ 时的 $S - N$ 曲线　　　（单位：$kg \cdot mm^{-2}$）

N \ S_m	0	10	20	30	40	50	60	70	80	95	110
10^2	61.078	56.309	51.539	46.770	42.000	37.851	33.702	29.451	25.200	16.800	8.400
10^3	43.156	40.316	37.476	34.636	31.796	29.197	26.598	23.183	19.768	13.179	6.589
3×10^3	37.529	35.313	33.096	30.88	28.663	26.436	24.208	20.922	17.635	11.757	5.878

续表

N \\ S_m	0	10	20	30	40	50	60	70	80	95	110
10^4	31.463	29.898	28.333	26.768	25.203	23.403	21.602	18.485	15.368	10.245	5.123
3×10^4	24.468	22.618	20.768	18.918	17.068	15.118	13.167	10.917	8.667	5.778	2.889
10^5	14.542	13.606	12.67	11.734	10.798	9.466	8.134	7.035	5.935	3.957	1.978
3×10^5	11.172	10.421	9.67	8.919	8.168	7.268	6.368	5.468	4.567	3.045	1.522
10^6	9.537	8.92	8.302	7.685	7.067	6.367	5.667	4.8	3.933	2.622	1.311
3×10^6	9.301	8.684	8.067	7.450	6.833	6.117	5.4	4.584	3.767	2.511	1.256
10^7	9.100	8.450	7.800	7.150	6.500	5.784	5.068	4.334	3.599	2.399	1.200

表 6.9e **30CrMnSiA 材料 $K_T=4.1$ 时的 $S-N$ 曲线** （单位：kg·mm^{-2}）

N \\ S_m	0	10	20	30	40	50	60	70	80	95	110
10^2	59.00	54.25	49.50	44.75	40.00	36.30	32.60	28.70	24.80	16.53	8.27
10^3	40.70	38.05	35.40	32.75	30.10	27.75	25.40	22.10	18.80	12.53	6.27
3×10^3	35.71	33.56	31.40	29.25	27.09	25.08	23.06	19.88	16.70	11.13	5.57
10^4	30.20	28.60	27.00	25.40	23.80	22.15	20.50	17.50	14.50	9.67	4.83
3×10^4	23.50	21.65	19.80	17.95	16.10	14.30	12.50	10.30	8.10	5.40	2.70
10^5	13.00	12.15	11.30	10.45	9.60	8.30	7.00	5.95	4.90	3.27	1.63
3×10^5	9.50	8.85	8.20	7.55	6.90	6.05	5.20	4.50	3.80	2.53	1.27
10^6	8.40	7.80	7.20	6.60	6.00	5.30	4.60	3.85	3.10	2.07	1.03
3×10^6	8.20	7.60	7.00	6.40	5.80	5.10	4.40	3.70	3.00	2.00	1.00
10^7	8.10	7.45	6.80	6.15	5.50	4.80	4.10	3.50	2.90	1.93	0.97

表 6.9f **30CrMnSiA 材料 $K_T=5.0$ 时的 $S-N$ 曲线** （单位：kg·mm^{-2}）

N \\ S_m	0	10	20	30	40	50	60	70	80	95	110
10^2	54.350	49.638	44.925	40.213	35.500	32.813	30.125	27.013	23.900	15.933	7.967
10^3	35.225	32.988	30.75	28.513	26.275	24.488	22.700	19.663	16.625	11.083	5.542
3×10^3	31.592	29.584	27.575	25.567	23.558	22.019	20.480	17.54	14.600	9.733	4.867
10^4	27.35	25.675	24.000	22.325	20.65	19.338	18.025	15.288	12.55	8.367	4.183
3×10^4	21.325	19.475	17.625	15.775	13.925	12.463	11.000	8.913	6.825	4.550	2.275
10^5	9.550	8.888	8.225	7.563	6.900	5.675	4.450	3.588	2.725	1.817	0.908

续表

S_m N	0	10	20	30	40	50	60	70	80	95	110
3×10^5	5.950	5.475	5.000	4.525	4.050	3.313	2.575	2.325	2.075	1.383	0.692
10^6	5.850	5.288	4.725	4.163	3.600	2.900	2.200	1.763	1.325	0.883	0.442
3×10^6	5.725	5.163	4.600	4.038	3.475	2.813	2.150	1.713	1.275	0.850	0.425
10^7	5.700	5.100	4.500	3.900	3.300	2.613	1.925	1.575	1.225	0.817	0.408

表 6.10　200 飞行小时飞机外翼前梁接头上的载荷值

载　荷	级数	P_{zmax}/N	P_{ymax}/N	P_{zmin}/N	P_{ymin}/N	频次 n
作业机动载荷	1	61 819.4	−1 431.2	21 581.8	−495.3	7 989.41
	2	75 211.4	−1 742.6	11 431.6	−259.2	1 872.2
	3	88 599.8	−2 054.1	2 357.4	−47.6	195.36
	4	101 675.9	−2 358.2	−6 475.2	157.2	20.35
	5	114 755.2	−2 662.4	−12 641.8	300.7	1.221
	6	108 835.8	−2 524.7	−9 916.4	237.3	7.326
	7	95 445.0	−2 213.3	−2 353.6	61.0	73.26
	8	82 058.5	−1 901.9	6 617.1	−147.1	651.2
	9	68 360.8	−1 583.3	−17 408.4	398.2	2 849
作业阵风载荷	10	46 941.3	−1 085.1	20 911.0	−479.7	940.17
	11	75 299.3	−1 744.7	−11 221.2	267.7	2.442
	12	63 222.1	−1 463.8	3 339.5	−70.7	82.214
转场阵风载荷	13	46 941.3	−1 085.1	20 911.0	−479.7	60
	14	75 299.3	−1 744.7	−11 221.2	267.7	0.15
	15	63 222.1	−1 463.8	3 339.5	−70.7	5.1
地-空-地循环载荷	16	61 819.4	−1 431.2	0	0	236
	17	75 211.4	−1 742.6	0	0	57
	18	88 599.8	−2 054.1	0	0	6
	19	101 675.9	−2 358.2	0	0	0.61
	20	114 755.2	−2 662.4	0	0	0.04
	21	108 835.8	−2 524.7	0	0	0.2
	22	95 445.0	−2 213.3	0	0	2
	23	82 058.5	−1 901.9	0	0	20
	24	68 360.8	−1 583.3	0	0	85
	25	46 941.3	−1 085.1	0	0	6

1) 应力集中系数 K_T

因为耳片的几何形状不规则,不能从现有的手册直接查到耳片接头的应力集中系数。因此采用有限元分析计算其理论应力集中系数。图 6.17 为耳片在单位载荷作用下的有限元网格和应力云图,由表 6.10 可知 P_z/P_y 的值变化很小,图中 $P_z = 1$, $P_y/P_z = 0.023$。

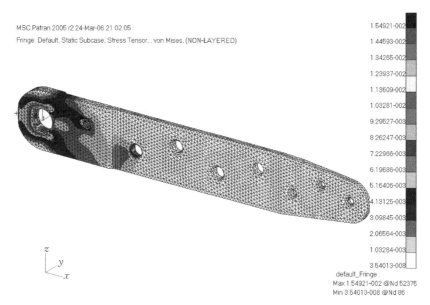

图 6.17　耳片接头有限元分析结果

耳片接头处的净截面积为 224.1 mm²,根据有限元分析结果,在单位载荷作用下的最大应力为 1.54921×10^{-2} MPa,净面积理论应力集中系数 $K_T = 3.472$。

2) $S-N$ 曲线

由表 6.9 插值求出 $K_T = 3.472$ 的 $S-N$ 曲线,见表 6.11。

表 6.11　30CrMnSiA 材料 $K_T=3.472$ 时的 $S-N$ 曲线　　（单位: kg・mm⁻²）

N	S_m										
	0	10	20	30	40	50	60	70	80	95	110
10^2	62.253	57.475	52.696	47.919	43.140	38.734	34.328	29.878	25.428	16.952	8.476
10^3	44.537	41.594	38.651	35.709	32.766	30.024	27.283	23.801	20.319	13.546	6.773
3×10^3	38.575	36.321	34.066	31.812	29.557	27.209	24.861	21.514	18.167	12.111	6.055
10^4	32.186	30.640	29.093	27.547	26.000	24.115	22.228	19.045	15.862	10.574	5.287
3×10^4	25.019	23.169	21.319	19.469	17.619	15.583	13.547	11.268	8.990	5.992	2.997
10^5	15.414	14.431	13.448	12.465	11.483	10.131	8.780	7.624	6.467	4.311	2.155

续表

N	S_m										
	0	10	20	30	40	50	60	70	80	95	110
3×10^5	12.120	11.313	10.505	9.697	8.890	7.961	7.033	6.019	5.004	3.336	1.668
10^6	10.182	9.556	8.928	8.302	7.675	6.975	6.275	5.341	4.408	2.939	1.469
3×10^6	9.928	9.301	8.675	8.049	7.422	6.696	5.970	5.087	4.204	2.802	1.402
10^7	9.670	9.020	8.370	7.720	7.070	6.344	5.619	4.809	3.998	2.665	1.333

3) 计算疲劳寿命

根据表 6.11 计算各级载荷下的疲劳寿命 N_i，然后计算该级载荷造成的疲劳损伤 $D_i = n_i/N_i$，最后按 Miner 疲劳损伤累积理论计算疲劳寿命，计算结果见表 6.12。

表 6.12　外翼前梁接头耳片疲劳寿命估算

载　荷	级数	S_{max}	S_{min}	循环次数 n_i	寿命 N_i	损伤 $D_i/(\times 10^{-3})$
作业机动载荷	1	138.027	48.186	7 989.41	$>10^9$	0
	2	167.928	25.524	1 872.2	$>10^9$	0
	3	197.821	5.263	195.36	8.184×10^5	0.238 724
	4	227.016	14.458	20.35	3.653×10^5	0.055 708
	5	256.219	28.226	1.221	2.343×10^5	0.005 212
	6	243.002	22.141	7.326	2.752×10^5	0.026 625
	7	213.104	5.255	73.26	4.599×10^5	0.159 313
	8	183.215	14.774	651.2	6.012×10^7	0.010 831
	9	152.632	38.868	2 849	$>10^9$	0
作业阵风载荷	10	104.808	46.689	940.17	$>10^9$	0
	11	168.124	25.054	2.442	$>10^9$	0
	12	141.159	7.456	82.214	$>10^9$	0
转场阵风载荷	13	104.808	46.689	60	$>10^9$	0
	14	168.124	25.054	0.15	$>10^9$	0
	15	141.159	7.456	5.1	$>10^9$	0
地-空-地循环载荷	16	138.027	0	236	$>10^9$	0
	17	167.928	0	57	1.062×10^8	0.000 537
	18	197.821	0	6	6.890×10^5	0.008 708
	19	227.016	0	0.61	2.605×10^5	0.002 342
	20	256.219	0	0.04	1.461×10^5	0.000 274

续表

载 荷	级数	S_{max}	S_{min}	循环次数 n_i	寿命 N_i	损伤 $D_i/(\times 10^{-3})$
地-空-地 循环载荷	21	243.002	0	0.2	1.900×10^5	0.001 053
	22	213.104	0	2	3.874×10^5	0.005 163
	23	183.215	0	20	2.929×10^6	0.006 828
	24	152.632	0	85	$>10^9$	0
	25	104.808	0	6	$>10^9$	0

200 飞行小时产生的总损伤 D 为

$$D = \sum_{i=1}^{25} D_i = 0.521\ 318 \times 10^{-3}$$

该部位的疲劳寿命 T 为

$$T = 200 \times \frac{1}{D} = 383\ 642.99(飞行小时)$$

考虑疲劳寿命分散系数 $n_f = 4$，该部位的疲劳寿命为 95 910 飞行小时。

实例 6.2 雷达支撑结构法兰盘

图 6.18 为某机载雷达支撑结构法兰盘，高 150 mm，底面和壁之间的圆弧半径为 4 mm，其余尺寸见图示。材料为 7075 - T6，其 S - N 曲线见图 6.19，$\sigma_b =$ 513 MPa，载荷工况见表 6.13。估算其疲劳寿命。

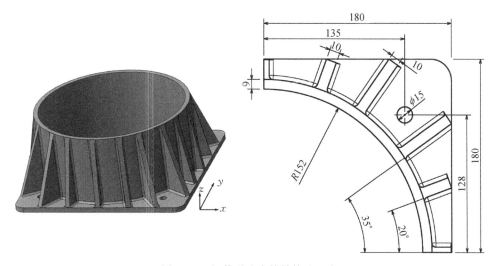

图 6.18 机载雷达支撑结构法兰盘

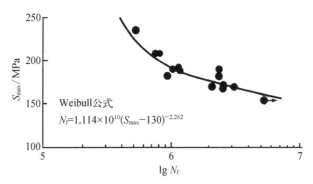

图 6.19　7075 - T6 的 $S - N$ 曲线($K_T = 1.0, R = 0.1$)

表 6.13　一次飞行螺栓上的疲劳载荷

工　况	频次 n	x 向载荷		y 向载荷		z 向载荷	
		峰值/N	谷值/N	峰值/N	谷值/N	峰值/N	谷值/N
1	50	−569.5	−402.5	43.7	−810.9	4 875.3	8 432.0
2	1	−736.2	−520.3	56.5	−1 048.2	6 302.1	10 899.7
3	50	−765.5	−541.0	58.7	−1 090.1	6 553.6	11 334.7
4	1	−957.1	−676.4	73.5	−1 362.8	8 193.3	14 170.6

1）疲劳危险部位

通过传力分析可知应力最严重的区域为螺栓附近。取图 6.18 所示零件的螺栓附近结构,建立有限元模型,并给出工况 1 情况下的应力云图,见图 6.20。由图可知,疲劳危险点在过渡圆弧处。

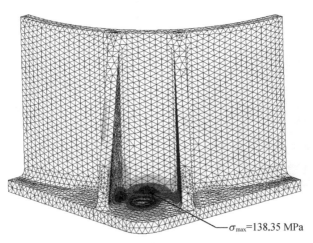

$\sigma_{max} = 138.35$ MPa

图 6.20　有限元模型及应力分布

2）局部应力谱

由表 6.13 可知各方向各工况下的载荷比例关系不变，应力比 $R = \sigma_{max}/\sigma_{min} = 0.5782$，因此由图 6.20 和表 6.13 可以得到疲劳危险点的局部应力谱，见表 6.14。

表 6.14　局部应力谱

工 况	未考虑缺口效应		考虑缺口效应后	
	σ_{max}/MPa	σ_{min}/MPa	σ_{max}/MPa	σ_{min}/MPa
1	138.35	79.99	128.47	74.28
2	178.84	103.40	166.07	96.01
3	185.98	107.53	172.70	99.85
4	232.51	134.43	215.90	124.83

3）缺口应力集中系数 K_T 和缺口疲劳系数 K_f

由图 6.18 可知，过渡圆弧附近的应力应变场十分复杂，按照 4.1 节关于缺口应力集中的讨论，可将过渡圆弧区应力梯度的影响近似等效为双边缺口弯曲的情况，见图 6.21。其中 $W = \sqrt{t^2 + H^2} + \sqrt{2}R$，其中 $R = 4\,mm$，$t = 9\,mm$，$H = 15\,mm$，由此算得 $W = 23.15\,mm$。

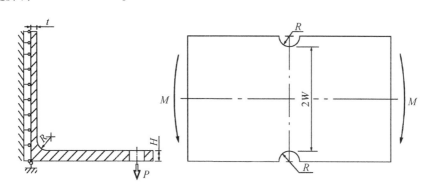

图 6.21　过渡 R 区等效为双边缺口

双边缺口的应力集中系数可查手册[6]，见图 6.22，可查得到应力集中系数 $K_T = 2.1$。

采用 Peterson 公式计算疲劳缺口系数，取 $a = 0.635\,mm$，计算得到 $K_f = 1.95$。考虑缺口效应后的局部应力谱列于表 6.14。

4）平均应力修正

图 6.19 给出了应力比 $R = 0.1$ 情况下 7075 - T6 材料的 $S - N$ 曲线，采用 Goodman 模型进行平均应力修正。首先将 $R = 0.1$ 的 $S - N$ 曲线转化为 $R = -1$ 的 $S - N$ 曲线，然后再将其修正为 $R = 0.5782$ 的 $S - N$ 曲线，见图 6.23。

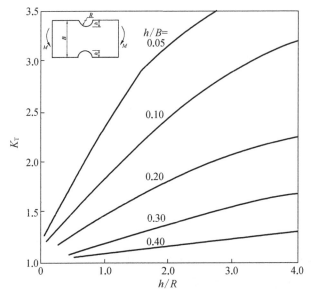

图 6.22　双边缺口应力集中系数

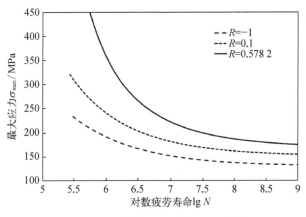

图 6.23　不同应力比下的 $S-N$ 曲线

5) 疲劳寿命估算

根据图 6.23 查出各级载荷下的疲劳寿命 N_i，然后计算该级载荷造成的疲劳损伤 $D_i = n_i/N_i$，最后按 Miner 疲劳损伤累积理论计算疲劳寿命，计算结果见表 6.15。

表 6.15　疲劳寿命计算

工　况	峰值 σ_{max}/MPa	谷值 σ_{min}/MPa	循环次数 n_i	疲劳寿命 N_i	疲劳损伤 D_i
1	128.47	74.28	50	∞	0
2	166.07	96.01	1	∞	0

续表

工 况	峰值 σ_{max}/MPa	谷值 σ_{min}/MPa	循环次数 n_i	疲劳寿命 N_i	疲劳损伤 D_i
3	172.70	99.85	50	6.78×10^9	3.39×10^{-7}
4	215.90	124.83	1	3.87×10^6	2.58×10^{-7}

一次飞行产生的总损伤

$$D = \sum_{i=1}^{4} D_i = 5.97 \times 10^{-7}$$

该部位的疲劳寿命

$$T = \frac{1}{D} = 1.67 \times 10^6 (\text{飞行})$$

计及疲劳寿命分散系数 $n_f = 4$，该部位的疲劳寿命为 4.18×10^5 次飞行。

6.3 SSF 法

6.3.1 SSF 法

飞机结构是由许多零件通过紧固件连接起来的,在疲劳载荷作用下,连接件的破坏大多从紧固孔处开始,所以连接件的寿命通常控制了飞机结构的疲劳寿命。

SSF 法是针对飞机结构连接件而发展出来的一种疲劳寿命估算方法。SSF 法通过飞机结构的有限元细节分析,得到钉孔处的钉传载荷和旁路载荷,进而求出孔边的 SSF 值,将 SSF 值作为理论应力集中系数 K_T,再利用简单缺口件的 $S-N$ 曲线来估算结构连接件的寿命。因此 SSF 法属于一种名义应力法。

用 SSF 法估算结构细节的疲劳寿命,其关键是如何求得连接件的 SSF。图 6.24 为一典型的连接件结构细节,板受的载荷一部分由旁路通过,称为旁路载荷 P_{pl},另一部分由紧固件传走,称为钉传载荷 P_{dc}。

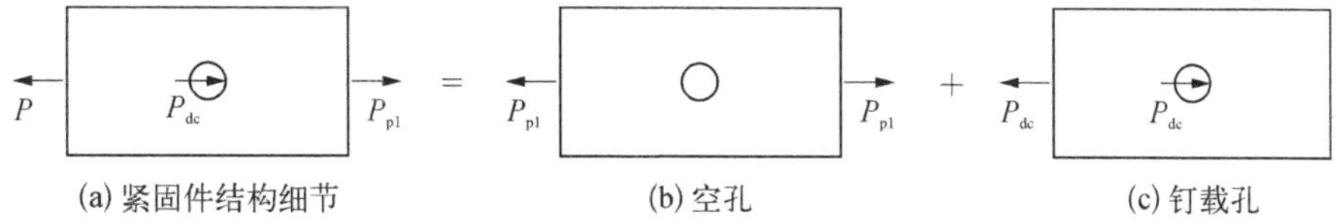

图 6.24 连板受力图

旁路载荷 P_{pl} 产生的局部最大应力 σ_1 为

$$\sigma_1 = K_{tg} \frac{P_{pl}}{(W-D)t} \tag{6.5}$$

式中，K_{tg} 为基于净面积的空孔板的理论应力集中系数；W 为板宽；D 为钉孔直径；t 为板厚度。偏心孔板的理论应力集中系数可查手册或通过线弹性有限元分析得到，中心空孔板的应力集中系数[7]为

$$K_{tg} = 2 + 0.15(D/W)^2 + (1 - D/W)^3 \tag{6.6}$$

钉传载荷 P_{dc} 产生的局部最大应力 σ_2 为

$$\sigma_2 = K_{tb}\frac{P_{dc}}{Dt}\theta \tag{6.7}$$

式中，K_{tb} 为挤压应力引起的应力集中系数；θ 为挤压应力分布系数。

无限大板的钉载孔板的理论应力集中系数有理论解[2,8-12]，有限大板的钉载孔板的理论应力集中系数可通过线弹性有限元分析得到。文献[3]给出了中心钉载孔板的应力集中系数的拟合公式，该拟合公式的精度稍差，为此文献[13]通过接触有限元分析，给出了一个精度更高的拟合公式

$$K_{tb} = \begin{cases} 1.0000 - 0.0466\lambda + 4.9603\lambda^2, & \lambda \leq 0.55 \\ 2.4749 + 0.0478\xi + 28.5780\xi^2, & \xi \geq 0 \end{cases} \tag{6.8}$$

式中，$\lambda = D/W$，$\xi = \lambda - 0.55$。上式给出的是中心孔板最小韧带上的挤压应力集中系数，其拟合效果见图 6.25。

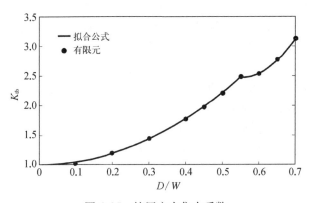

图 6.25　挤压应力集中系数

由于孔边挤压是一个几何非线性问题，孔边的最大挤压应力位置随挤压载荷的变化而变化，在初始状态为过渡配合的情况下，接触点随加载大约从 -6° 移动到 6°，最大应力点从 -6° 移动到 9°。

挤压应力分布系数 θ 用来考虑由钉的局部弯曲引起的附加应力，见图 6.26。由于挤压应力分布系数是以平面问题为基准的，所以计算挤压应力分布系数时采用的是平面应力下的 K_{tb}，而实际的三维应力集中与平面假设下的二维应力集中并

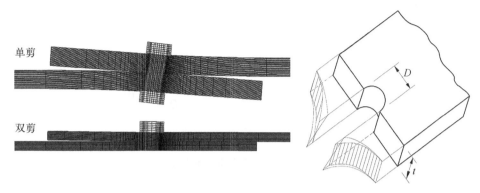

图 6.26 钉局部弯曲引起的附加应力

不相同[14]。文献[3]给出了一个挤压应力分布系数 θ 的近似拟合公式。文献[13]通过三维接触有限元分析,获得了一个精度较高的挤压应力分布系数 θ 的拟合公式

$$\theta = \begin{cases} 1 + 0.919\,4\eta + 0.496\,3\eta^2 - 0.114\,6\eta^3, & \text{单剪} \\ 1 - 0.028\,3\eta + 0.202\,2\eta^2, & \text{双剪} \end{cases} \qquad (6.9)$$

式中, $\eta = t/D$, t 为板的厚度, D 为孔的直径,拟合结果如图 6.27 所示。

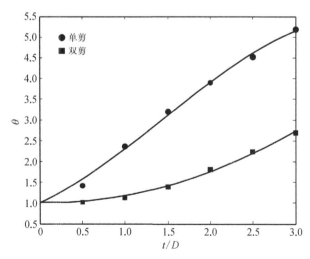

图 6.27 挤压应力分布系数

由旁路载荷 P_{pl} 和钉传载荷 P_{dc} 产生的局部最大应力 σ_{max} 为

$$\sigma_{max} = \sigma_1 + \sigma_2 = K_{tg} \frac{P_{pl}}{(W-D)t} + K_{tb} \frac{P_{dc}}{Dt}\theta \qquad (6.10)$$

结构细节的参考应力或者说名义应力 $\sigma_{nom} = \dfrac{P}{(W-D)t}$，定义 SSF $= \dfrac{\sigma_{max}}{\sigma_{nom}}\alpha\beta$，即

$$SSF = \frac{\alpha\beta}{P_{pl}+P_{dc}}\left[K_{tg}P_{pl} + K_{tb}\frac{W-D}{D}P_{dc}\theta\right] \tag{6.11}$$

式中，α 为孔表面质量系数，β 为孔充填系数，其取值见表 6.16 和表 6.17。

表 6.16　孔表面质量系数 α

孔 质 量	系数 α
铰 孔	1.0
钻 孔	1.1
冷作孔	0.8~0.9

表 6.17　孔充填系数 β

紧固件形式	系数 β
开 孔	1.0
铆 钉	0.75
螺 栓	0.75~0.9
紧锁钢螺栓	0.75
锥形螺栓	0.5

　　SSF 是一个反映结构连接件孔的疲劳品质的无量纲参数。它不仅反映了结构连接件孔边的应力集中程度，而且还包含了两个影响连接件疲劳寿命的关键参数，即表面加工质量 α 和孔的装配情况 β，所以它反映了结构连接件孔的疲劳特征。在寿命估算中，可将它作为当量的应力集中系数 K_T。SSF 法估算疲劳寿命的过程与传统的名义应力法相同。

　　关于 SSF 法的讨论：

　　(1) SSF 与 K_T 的差别是 SSF 考虑了 α、β 和 θ 三个参数，所以实际上它与式(6.4)相似，是将材料的 $S-N$ 曲线修正到连接件的 $S-N$ 曲线的修正因子。

　　(2) K_{tg} 采用的是空孔板的应力集中系数，钉的影响用填充系数加以考虑，在某些情况下与实际情况有较大的差别。

　　(3) 通常 P_{pl} 引起的 σ_1 和 P_{dc} 引起的 σ_2 不在一个点上，尽管它们可能离得很近。

　　(4) 与传统的名义应力法相似，SSF 法也无法考虑孔边进入塑性的情况，且无法处理复杂应力状态。

6.3.2 等效 SSF 法

在实际工程连接件结构中,其紧固孔周围的几何和载荷边界都很复杂,且紧固件的数量众多,使得即使在简单加载下其载荷分布的不均匀性也很大,所以无论是旁路载荷还是名义应力都很难确定,因此也很难获得 SSF 法所需的 SSF 值。

有限元法是求解工程问题的一种有效的数值计算方法,基于三维有限元分析的局部应力应变法只能获得孔边最大应力,而不能有效考虑钉孔表面质量和填充效应的影响,且建模复杂、计算耗时,不便于工程应用。

为此,文献[15]分析了 SSF 法在复杂几何和载荷边界条件下的受力特点,根据有限元细节分析结果将紧固件周边复杂几何边界上的面内平衡载荷系沿钉传载荷方向等效变换,从而将紧固件孔边处的复杂的双轴平面应力场等效为两个单轴载荷作用下含孔有限宽板孔边应力场的叠加,进而提出了一个针对复杂几何边界的等效 SSF 法。

1. 等效 SSF 法

图 6.28 所示为一典型紧固连接件结构钉孔附近的细节。有限元细节分析可以给出紧固件周围 n 个节点的载荷 P_{ix}、P_{iy} 和钉载 P_{sx}、P_{sy}。取出中间矩形区域,可获得孔边 p_1 或 p_2 点的弹性应力近似解为

$$\bar{\sigma}_{\max} = \bar{\sigma}_x + \bar{\sigma}_y + 2(\bar{\sigma}_x - \bar{\sigma}_y)\cos 2\varphi + 4\bar{\tau}\sin 2\varphi + \frac{1}{2}K_{tb}\sigma_e\theta[1 + \cos 2(\varphi - \psi)]$$

$$(6.12)$$

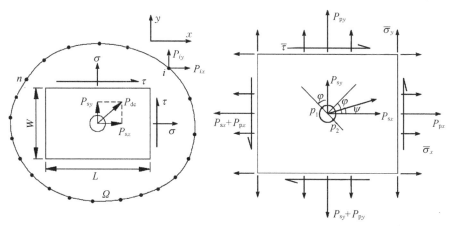

图 6.28 双向载荷作用下典型紧固件孔附近的受力状态

式中，$\bar{\tau}$ 为孔边局部名义剪应力均值；$\bar{\sigma}_x$，$\bar{\sigma}_y$ 相当于 x，y 向单轴载荷作用下的平均参考应力（名义应力均值）；$\sigma_e = \dfrac{\sqrt{P_{sx}^2 + P_{sy}^2}}{dt}$ 为挤压应力；t 为板厚；$\varphi = \arctan\left(\dfrac{P_{py} + P_{sy}}{P_{px} + P_{sx}}\right)$ 是孔边局部名义载荷（旁路载荷与钉传载荷之和）的合力与 x 轴正向的夹角；$\psi = \arctan(P_{sy}/P_{sx})$ 是钉传载荷的合力与 x 轴正向的夹角；K_{tb} 为孔边挤压应力集中系数；θ 是挤压应力分布系数。

在双向载荷作用下，名义参考应力

$$\sigma_{nom} = \frac{\sqrt{(P_{px} + P_{sx})^2 + (P_{py} + P_{sy})^2}}{(W - d)t} \tag{6.13}$$

式中，P_{px}，P_{py} 和 P_{sx}，P_{sy} 分别为孔边 x，y 向的旁路载荷和钉传载荷；W 为孔附近的有效宽度。该部位钉孔的 SSF 为

$$\text{SSF} = \alpha\beta\,\frac{\bar{\sigma}_{max}}{\sigma_{nom}} \tag{6.14}$$

2. 参数等效方法

上述等效 SSF 法模型中存在两个问题需要解决。

（1）计算模型的各项均是无限宽板在各载荷下的孔边弹性应力场相叠加后的结果，忽略了有限几何边界对应力集中系数的影响，只能用近似估计的钉孔附近的局部名义应力均值来计算 SSF 值。

（2）计算模型是建立在一个规则的矩形边界的假设上的，实际工程应用中边界较复杂且紧固件周围应力场具有不均匀性，故所计算的 $\bar{\sigma}_x$、$\bar{\sigma}_y$、$\bar{\tau}$ 的误差比较大。

对于一个任意连接件，通过有限元细节分析，可以获得紧固件的钉传载荷和钉孔附近区域 Ω 边界节点上的载荷 P_{iX} 和 P_{iY}，见图 6.29。取出区域 Ω 必定是一个自平衡力系，亦即

$$\begin{cases} F_X + \displaystyle\sum_{i=1}^{n} P_{iX} = 0 \\[2mm] F_Y + \displaystyle\sum_{i=1}^{n} P_{iY} = 0 \\[2mm] \displaystyle\sum_{i=1}^{n} (x_i P_{iY} - y_i P_{iX}) = 0 \end{cases} \tag{6.15}$$

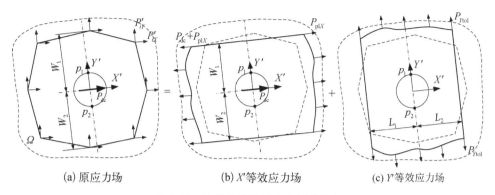

图 6.29 连接件孔附近应力场的叠加

对边界节点载荷作如下坐标变换:

$$
\begin{Bmatrix} P'_{iX} \\ P'_{iY} \end{Bmatrix} = \begin{bmatrix} \cos\varphi & \sin\varphi \\ -\sin\varphi & \cos\varphi \end{bmatrix} \begin{Bmatrix} P_{iX} \\ P_{iY} \end{Bmatrix} \tag{6.16}
$$

式中, $F_X^2 + F_Y^2 = P_{dc}$ 为钉传载荷; $\cos\varphi = F_X/P_{dc}$; $\sin\varphi = F_Y/P_{dc}$; 在新坐标 $X'Y'$ 下满足静力平衡条件, 见图 6.29(a)。

$$
\begin{cases}
P_{dc} + \sum_{i=1}^{n} P'_{iX} = 0 \\[2mm]
\sum_{i=1}^{n} P'_{iY} = 0 \\[2mm]
\sum_{i=1}^{n} (x'_i P'_{iY} - y'_i P'_{iX}) = 0
\end{cases} \tag{6.17}
$$

因为 SSF 法中最大应力发生在图 6.29(a) 中 p_1 或 p_2 点处, 故将图 6.29(a) 中圆孔处的应力场分解成如图 6.29(b) 和图 6.29(c) 所示的有限宽板应力场的叠加, 即

$$
\begin{aligned}
\sigma_{\max} &= \sigma_{\max 1} + \sigma_{\max 2} \\
&= K_{tg} \frac{P_{plX}}{(\overline{W} - d)t} + K_{tb} \frac{P_{dc}}{dt}\theta - \frac{\max(0, P_{Ytol})}{(\overline{L} - d)t}
\end{aligned} \tag{6.18}
$$

式中, $P_{plX} = \sum_{i=1}^{n} P'_{iX}$ 且 $i \in \{i \mid x'_i \geqslant 0\}$; $P_{Ytol} = \sum_{j=1}^{n} P'_{jY}$ 且 $j \in \{j \mid y'_j \geqslant 0\}$; $\overline{W} = W_1 + W_2$; $\overline{L} = L_1 + L_2$; 名义参考应力 $\sigma_{ref} = \dfrac{P_{plX}}{(\overline{W} - d)t}$ 。考虑到钉的存在, P_{Ytol} 小于 0 时不会使最大应力增加, 故取其为 0。

　　图 6.30 所示为用式(6.18)所做的两个典型的算例。多个数值算例表明,若包含连接孔的区域 $\Omega \in \{r \mid r = \sqrt{x^2 + y^2} \geq 2d\}$ 时,最大误差不大于6%,且区域 Ω 越大,误差越小。

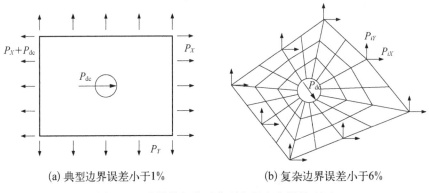

(a) 典型边界误差小于1%　　　　　　　(b) 复杂边界误差小于6%

图 6.30　连接件钉孔区典型和复杂边界的验证

6.3.3　实例

实例 6.3　螺栓连接接头

　　螺栓连接是飞机结构中最常用的连接方式之一,图 6.31 所示是模拟某飞机机翼下表面结构的一个典型螺栓连接的试验件[16]。试验件材料为 LY12 - CZ 铝合金,试验载荷谱采用真实运输机载荷谱,表 6.18 列出的 2 000 次飞行载荷谱,它代表了 5 375.38 次飞行。用 SSF 法估算该试验件的疲劳寿命。

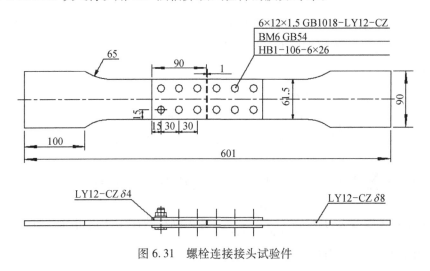

图 6.31　螺栓连接接头试验件

表 6.18　2 000 次飞行载荷谱

级　数	最大载荷 P_{max}/kg	最小载荷 P_{min}/kg	载荷幅值 P_a/kg	载荷均值 P_m/kg	循环次数 n
1	5 904	2 932	1 486	4 418	3 900
2	6 354	450	1 936	4 418	880
3	6 655	751	2 237	4 418	330
4	7 256	1 452	2 838	4 418	140
5	7 691	1 787	3 273	4 418	66
6	7 962	2 058	3 544	4 418	44
7	6 594	−2 626	4 610	1 984	900
8	7 825	−2 655	5 240	2 585	180
9	6 594	−2 626	4 610	1 984	900
10	7 962	2 058	3 544	4 418	44
11	7 691	1 787	3 273	4 418	66
12	7 256	1 452	2 838	4 418	140
13	6 655	751	2 237	4 418	330
14	6 354	450	1 936	4 418	880
15	5 904	2 932	1 486	4 418	3 900

1）细节分析

细节分析的目的是获得各钉传载荷 P_{dci} 和相应的旁路载荷 P_{pli}。对于本例,细节分析可采用板杆元模型有限元,也可采用平面应力元有限元。采用板杆元的有限元模型如图 6.32 所示,按对称性,取其 1/8,钉元的刚度系数 $K_{钉}=9\,921\ \mathrm{kg \cdot mm^{-1}}$。单位载荷作用下的细节分析结果见表 6.19。

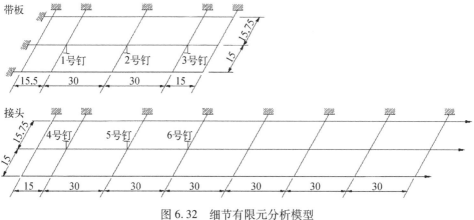

图 6.32　细节有限元分析模型

表 6.19　细节有限元分析结果

钉孔号	带　板			接　头		
	1	2	3	1	2	3
旁路载荷 P_{pl}	0.651 6	0.350 3	0	0	0.348 4	0.649 7
钉传载荷 P_{dc}	0.348 4	0.301 3	0.350 3	0.348 4	0.301 3	0.350 3

2) 计算 SSF 值

按照式(6.11)计算 SSF 值,计算结果列于表 6.20。

表 6.20　各钉孔的 SSF 值

钉孔号	带　板			接　头		
	1	2	3	1	2	3
旁路载荷 P_{pl}	0.651 6	0.350 3	0	0	0.348 4	0.649 7
钉传载荷 P_{dc}	0.348 4	0.301 3	0.350 3	0.348 4	0.301 3	0.350 3
板宽 W/mm	30.75	30.75	30.75	30.75	30.75	30.75
钉直径 D/mm	6	6	6	6	6	6
板厚 t/mm	4	4	4	8	8	8
K_{tg}	2.527 1	2.527 1	2.527 1	2.527 1	2.527 1	2.527 1
K_{tb}	1.254 9	1.254 9	1.254 9	1.254 9	1.254 9	1.254 9
α	1	1	1	1	1	1
β	0.825	0.825	0.825	0.825	0.825	0.825
θ	1.601 7	1.601 7	1.601 7	1.274 6	1.274 6	1.274 6
SSF	3.741 8	4.283 9	6.840 5	5.443 7	3.638 0	3.255 1

3) 按 SSF 法确定疲劳危险孔

按照 SSF 法,对于某一个结构细节,若其 SSF 值和名义应力 S_{nom} 的乘积 SSF · S_{nom} 最大,则该细节的疲劳寿命最短,因此该细节被确定为疲劳危险部位。本例的计算结果列于表 6.21,疲劳危险部位为 1 号孔。

表 6.21　疲劳危险部位的确定(外载荷: 1 000 kg)

钉孔号	带　板			接　头		
	1	2	3	1	2	3
SSF	3.741 8	4.283 9	6.840 5	5.443 7	3.638 0	3.255 1
名义应力 S_{nom}	2.525 3	1.645 5	0.884 6	0.884 6	1.645 5	2.525 3
SSF · S_{nom}	9.440 6	7.049 2	6.051 1	4.815 5	5.986 3	8.220 1

4) 材料的 S-N 曲线和结构细节的 S-N 曲线

LY12‐CZ 铝合金的 S-N 曲线见表 6.4。将 SSF 值看作理论应力集中系数

K_{T},插值求出 K_{T} = 3.741 8 的 $S-N$ 曲线,见表 6.22。

表 6.22   LY12 - CZ 铝合金 K_{T} =3.741 8 的 $S-N$ 曲线

(单位: kg·mm^{-2})

N \ S_{m}	0.00	3.500	7.00	10.50	14.00	17.50	21.00	25.00	30.00
10^2	25.84	23.98	22.12	20.50	18.89	17.15	15.41	12.94	9.86
10^3	18.40	16.74	15.08	13.77	12.47	11.42	10.37	8.71	6.63
10^4	13.30	12.06	10.83	9.90	8.97	8.33	7.69	6.46	4.92
2×10^4	11.90	10.79	9.68	8.82	7.95	7.41	6.88	5.78	4.40
4×10^4	10.72	9.68	8.65	7.82	6.99	6.55	6.11	5.13	3.91
10^5	8.99	7.96	6.93	6.21	5.49	5.21	4.92	4.14	3.15
4×10^5	7.17	6.03	4.90	4.27	3.65	3.45	3.25	2.73	2.08
10^6	6.54	5.44	4.33	3.63	2.93	2.75	2.56	2.15	1.64
3×10^6	5.23	4.35	3.46	2.86	2.26	2.09	1.92	1.61	1.23
10^7	4.72	3.81	2.90	2.38	1.87	1.73	1.58	1.33	1.01

5) 疲劳寿命估算与疲劳试验结果

根据表 6.22 的 $S-N$ 曲线,插值求出各级载荷下的疲劳寿命 N_i,然后计算该级载荷造成的疲劳损伤 $D_i = n_i/N_i$,最后按 Miner 疲劳损伤累积理论计算疲劳寿命,结果见表 6.23。

表 6.23   疲劳寿命估算表

级 数	$S_a(\mathrm{kg\cdot mm^{-2}})$	$S_m(\mathrm{kg\cdot mm^{-2}})$	循环次数 n_i	寿命 N_i	损伤 D_i
1	3.753	11.157	3 900	702 964	0.005 548
2	4.889	11.157	880	235 430	0.003 738
3	5.649	11.157	330	135 936	0.002 428
4	7.167	11.157	140	53 303	0.002 627
5	8.265	11.157	66	26 251	0.002 514
6	8.949	11.157	44	16 499	0.002 667
7	11.641	5.010	900	9 438	0.095 359
8	13.232	6.528	180	3 023	0.059 544
9	11.641	5.010	900	9 438	0.095 359
10	8.949	11.157	44	16 499	0.002 667
11	8.265	11.157	66	26 251	0.002 514
12	7.167	11.157	140	53 303	0.002 627
13	5.649	11.157	330	135 936	0.002 428
14	4.889	11.157	880	235 430	0.003 738
15	3.753	11.157	3 900	702 964	0.005 548

一块谱造成的疲劳损伤为 $\sum D_i$,疲劳寿命 C_{p} 为

$$C_p = \frac{1}{\sum\limits_{i=1}^{15} D_i} = 3.457(\text{块谱})$$

3.457 块谱相当于 6 913 次飞行。对该试验件进行了疲劳试验,5 个试验件的疲劳试验结果的平均值为 8 421 次飞行[16],计算结果与试验结果吻合较好。

实例 6.4　某机翼整体油箱壁板对接区

某教练机机翼整体油箱壁板是整体机加件,在机翼根部与机翼的 1 肋和 7 肋、前墙和主梁一起,构成机翼重要的承力盒段。整体油箱壁板在机翼 1 肋处通过 4 排环槽钉与 1 肋缘条、内带板和外带板相连,实现了左、右机翼整体油箱壁板的对接,壁板上较大的载荷通过紧固件分别传给了 1 肋缘条、内带板和外带板。该对接区是机翼应力水平最高的部位之一,其承力构件有:

(1) 第 1 肋下缘条,材料为 LC9(Dm),厚度 $t = 3.2$ mm;

(2) 内带板,材料为 LY12 - CZ,厚度 $t = 2.0$ mm;

(3) 外带板,材料为 LY12 - CZ,厚度由 $t = 4.0$ mm 线性变到 $t = 2.0$ mm;

(4) 整体油箱下壁板,材料为 LY12 - CZ。

结构简图如图 6.33 所示。载荷谱见表 6.24,由 5 个分谱组成,代表了 90 飞行小时,共 5 132 次循环。用 SSF 法确定该结构的疲劳危险部位,并估算其疲劳寿命。

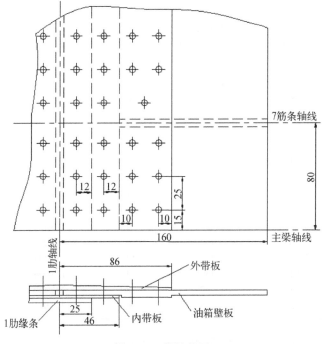

图 6.33　结构简图

表 6.24a 某教练机 90 飞行小时重心谱

序号	过载峰值 G_{max}/g	过载谷值 G_{max}/g	总加载频次	亚声速对称飞行			亚声速非对称飞行	
				分谱 1	分谱 2	分谱 3	分谱 4	分谱 5
1	1.16	0.50	2 610	1 468	245	245	326	326
2	2.10	0.00	1 260	709	118	118	157.5	157.5
3	2.63	−0.53	617	347	58	58	77	77
4	3.15	1.05	336	189	32	32	41.5	41.5
5	3.68	0.53	171	96	16	16	21.5	21.5
6	4.02	0.00	30	17	3	3	3.5	3.5
7	4.52	−0.50	4	3	0.5	0.5	0	0
8	5.02	1.00	15	11	2	2	0	0
9	7.33	1.00	0.1	0.1	0.1	0.1	0	0
10	6.36	1.47	1	0.8	0.1	0.1	0	0
11	5.86	0.00	2	1.5	0.25	0.25	0	0
12	5.39	0.49	7	5	1	1	0	0
13	5.02	3.01	3	2	0.5	0.5	0	0
14	4.52	1.50	34	26	4	4	0	0
15	4.02	2.01	40	22	4	4	5	5
16	3.15	−1.05	2	1	0.2	0.2	0.3	0.3

表 6.24b 细节分析模型加载端应力(1g)

加载端应力	分谱 1	分谱 2	分谱 3	分谱 4	分谱 5
σ_x/MPa	1.663 2	0.774 4	0.862 4	1.073 6	1.039 5

1)细节分析

取第 7 筋条至主梁轴线、1 肋至距 1 肋轴线 160 mm 处的对接区域作细节分析。外带板共有 12 个钉孔,记作 1#~12#;油箱壁板有 12 个钉孔,记作 13#~24#;内带板有 6 个钉孔,记作 25#~30#;肋缘条有 3 个钉孔,记作 31#~33#。细节分析模型如图 6.34 所示,细节分析结果见表 6.25。

2)计算 SSF 并确定最危险钉孔

按照式(6.11)计算 SSF,计算结果列于表 6.25。因为多排钉的疲劳危险部位处于边排孔且旁路载荷和钉传载荷组合较大者,所以只计算下列钉孔的 SSF 值,即外带板的 8#钉孔和 5#钉孔、油箱壁板的 17#钉孔和 20#钉孔、内带板的 27#和 28#钉孔、1 号肋缘条的 32#钉孔。

表 6.25 给出了在外载荷为 1 000 时的 SSF·S_{nom} 值,可以看到油箱壁板的 20#钉孔为结构疲劳最危险部位,因此着重计算该细节的疲劳寿命。但在实际工作中,因为疲劳分散性和许多其他因素不可能在分析中加以考虑,故通常不会只分析一个细节的疲劳寿命。

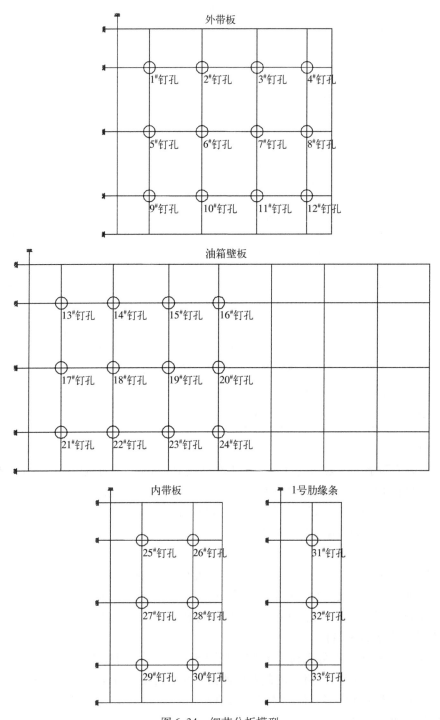

图 6.34 细节分析模型

表 6.25 各钉孔的 SSF 值（外载：为 1 000）

钉 孔 号	外带板		油箱壁板		内带板		肋缘条
	8#	5#	17#	20#	27#	28#	32#
旁路载荷 P_{pl}	0	153.1	0	249.9	54.9	0	0
钉传载荷 P_{dc}	64.7	55.4	111.6	64.7	37.3	56.1	17.4
板宽 W/mm	25	25	25	25	25	25	25
钉直径 D/mm	4.826	4.826	4.826	4.826	4.826	4.826	4.826
板厚 t/mm	2.23	3.70	3.60	5.00	2.00	2.00	3.60
K_{tg}	2.531	2.531	2.531	2.531	2.531	2.531	2.531
K_{tb}	1.251	1.251	1.251	1.251	1.251	1.251	1.251
α	1	1	1	1	1	1	1
β	0.75	0.75	0.75	0.75	0.75	0.75	0.75
θ	1.387	1.717	1.140	2.057	1.073	1.341	1.692
SSF	5.439	3.182	4.468	**3.166**	2.833	5.259	6.636
名义应力 S_{nom}	1.438 2	2.793 3	1.536 6	3.118 9	2.285 1	1.390 4	0.239 6
SSF · S_{nom}	7.821 9	8.889 4	6.866 0	**9.875 9**	6.473 3	7.311 5	1.589 8

3）材料的 $S-N$ 曲线和结构细节的 $S-N$ 曲线

LY12 - CZ 铝合金的 $S-N$ 曲线见表 6.4。将 SSF 看作理论应力集中系数 K_{T}，插值求出油箱壁板 20# 钉孔当量 $K_{\mathrm{T}} = 3.166$ 的 $S-N$ 曲线，见表 6.26。

表 6.26 LY12 - CZ 铝合金 $K_{\mathrm{T}} = 3.166$ 的 $S-N$ 曲线 （单位：$\mathrm{kg \cdot mm^{-2}}$）

N	S_{m}								
	0.00	3.500	7.00	10.50	14.00	17.50	21.00	25.00	30.00
10^2	28.50	26.60	24.70	23.02	21.34	19.36	17.37	14.59	11.18
10^3	22.01	20.29	18.57	17.11	15.65	14.39	13.13	11.03	8.41
10^4	15.44	14.18	12.79	11.58	10.37	9.49	8.62	7.24	5.52
2×10^4	13.60	12.28	10.97	9.86	8.75	8.06	7.36	6.18	4.71
4×10^4	12.06	10.71	9.36	8.32	7.27	6.72	6.16	5.18	3.95
10^5	10.10	8.86	7.63	6.74	5.85	5.45	5.05	4.24	3.23
4×10^5	8.50	7.31	6.12	5.26	4.41	4.13	3.85	3.23	2.46
10^6	7.43	6.43	5.42	4.56	3.70	3.52	3.33	2.80	2.13
3×10^6	6.10	5.25	4.40	3.67	2.94	2.76	2.58	2.17	1.65
10^7	5.53	4.71	3.90	3.25	2.61	2.45	2.29	1.92	1.46

4）疲劳寿命估算

根据表 6.26 的 $S-N$ 曲线，插值求出各级载荷下的疲劳寿命 N_i，然后计算该级载荷造成的疲劳损伤 $D_i = n_i/N_i$，最后按 Miner 疲劳损伤累积理论计算疲劳寿命。由于列表计算篇幅比较长，故略去计算过程和计算表，只给出计算结果。疲劳寿命为 118 436 块 90 小时飞行谱，即 1.06×10^7 飞行小时。

实例 6.5　翼梁吊挂接头

图 6.35 所示为某飞机机翼翼梁的吊挂接头连接区。角盒和翼梁腹板通过 9 个铆钉连接,记作 1# ~ 9#。翼梁、角盒的材料为 LY12 - CZ 铝合金,接头的材料为 30CrMNSiA 钢。接头在服役期间承受常幅载荷的作用,载荷峰谷值列于表 6.27。

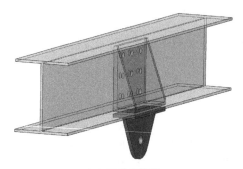

(a) 三维实体图

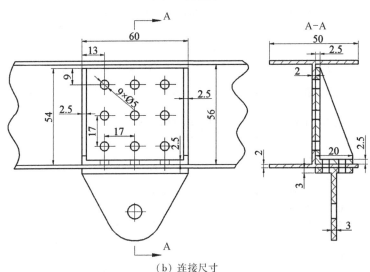

(b) 连接尺寸

图 6.35　翼梁吊挂接头

表 6.27　载荷峰谷值

载　　荷	最大载荷 P_{max}	最小载荷 P_{min}
F_x/kN	1 074.1	0
F_y/kN	3 973.8	0

1) 细节分析

细节分析时将接头、翼梁、角盒简化为壳元,铆钉简化为弹簧元。弹簧元的刚度系数为 20 121 N·mm^{-1}。经计算,危险钉孔为 7# 钉孔,见图 6.36。表 6.28 给出

了翼梁腹板上 $1^{\#}\sim9^{\#}$ 钉孔的钉传载荷。表 6.29 给出了 $7^{\#}$ 钉孔周边 8 个节点(节点 71～节点 78)的节点载荷。

表 6.28 钉传载荷

钉 孔	x 方向载荷/N	y 方向载荷/N
$1^{\#}$	99.13	358.13
$2^{\#}$	38.53	243.80
$3^{\#}$	−12.08	261.01
$4^{\#}$	16.13	352.59
$5^{\#}$	−8.43	215.60
$6^{\#}$	−32.48	248.00
$7^{\#}$	−28.92	253.03
$8^{\#}$	−71.60	208.49
$9^{\#}$	21.25	198.12

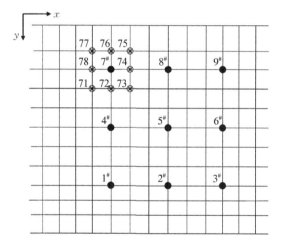

图 6.36 翼梁腹板钉孔

表 6.29 $7^{\#}$ 钉孔周围节点的载荷

节 点	x 方向载荷/N	y 方向载荷/N
71	1.46	24.65
72	−108.04	−12.03
73	−97.79	−89.00
74	75.32	91.91
75	−56.33	−133.62
76	73.13	8.07
77	101.17	−44.91
78	40.00	−98.10

2）计算 SSF

根据等效 SSF 法，由表 6.29 的数据计算出相关参量，见表 6.30。

表 6.30　等效 SSF 法的相关参量

P_{dc}/N	254.68	α	1.1
P_{plX}/N	30.07	β	0.75
P_{Ytol}/N	−258.50	θ	1.327 5
W/mm	10.67	SSF	3.30
L/mm	10.40	名义应力 S_{nom}/MPa	112.58
t/mm	2	SSF·S_{nom}/MPa	371.51
D/mm	5		

3）结构细节 $S - N$ 曲线

将 SSF 值作为理论应力集中系数 K_T，插值求出翼梁钉孔材料 LY12 - CZ 铝合金在 $K_T = 3.30$ 下的 $S - N$ 曲线，如表 6.31 所示。

表 6.31　LY12 - CZ 铝合金在 $K_T = 3.30$ 下的等寿命曲线　　　（单位：kg·mm⁻²）

N	S_m								
	0.00	3.500	7.00	10.50	14.00	17.50	21.00	25.00	30.00
10^2	27.88	25.99	24.10	22.43	20.77	18.84	16.91	14.21	10.83
10^3	21.17	19.46	17.76	16.33	14.91	13.70	12.49	10.49	7.99
10^4	14.94	13.64	12.34	11.19	10.04	9.22	8.40	7.06	5.38
2×10^4	13.20	11.94	10.67	9.62	8.56	7.91	7.25	6.09	4.64
4×10^4	11.75	10.47	9.20	8.20	7.20	6.68	6.15	5.17	3.94
10^5	9.84	8.65	7.47	6.62	5.77	5.40	5.02	4.22	3.21
4×10^5	8.19	7.01	5.83	5.03	4.23	3.97	3.71	3.12	2.37
10^6	7.23	6.20	5.17	4.35	3.52	3.34	3.15	2.65	2.02
3×10^6	5.90	5.04	4.18	3.48	2.78	2.60	2.42	2.04	1.55
10^7	5.34	4.50	3.67	3.05	2.43	2.28	2.12	1.78	1.36

4）疲劳寿命估算

由表 6.30 可知，7# 钉孔细节的名义应力为 112.58 MPa，由表 6.31 可插值得到平均应力 $S_m = 56.29$ MPa（即 5.744 kg·mm⁻²）时的 $S - N$ 曲线，见图 6.37 和表 6.32。据此可插值得到 $S_a = 56.29$ MPa 时 7# 钉孔的疲劳寿命为 6.08×10^5 次循环。

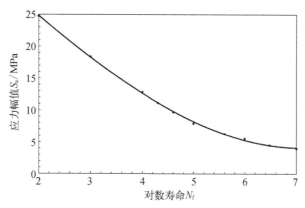

图 6.37 $K_T = 3.30$ 和 $S_m = 5.744 \text{ kg} \cdot \text{mm}^{-2}$ 时的 $S - N$ 曲线

表 6.32 LY12 - CZ 铝合金在 $K_T = 3.30$，$S_m = 5.744 \text{ kg} \cdot \text{mm}^{-2}$ 时的 $S - N$ 曲线

寿 命	10^2	10^3	10^4	2×10^4	4×10^4	10^5	4×10^5	10^6	3×10^6	10^7
$S_a (\text{kg} \cdot \text{mm}^{-2})$	24.78	18.37	12.80	11.12	9.65	7.89	6.26	5.54	4.49	3.97

6.4 小结与讨论

本章介绍了名义应力法的基本原理,并列举了几个算例和实例,可以看到,名义应力法的原理十分直观简单,疲劳寿命的估算过程容易掌握,且因其历史悠久,已累积了大量的数据和经验。但它同时也存在着很多不足,主要有:

(1) 基本假设与疲劳机理不符。金属材料疲劳机理研究指出,材料的疲劳是疲劳损伤源附近的材料反复塑性变形的结果。名义应力法通过类比 K_T 部分考虑了缺口根部局部塑性的影响,但实际上同样 K_T 而不同缺口形状的局部弹塑性应力应变的最大值和分布均有差别。

(2) 构件与标准试件之间疲劳特性的当量关系的确定很困难。名义应力法通过名义应力和 K_T 在不同结构细节之间进行当量,在存在不同 K_T 下的 $S - N$ 曲线时,进行 K_T 的内插当量比较可靠;但是在大多数情况下,只有材料的 $S - N$ 曲线,此时须采用式(6.4)进行当量,其中系数取值有很大的经验性和一定的随意性,导致疲劳寿命估算结果不稳定。

(3) 需要大量的材料疲劳性能数据($S - N$ 曲线),这些数据的获得需要花费大量的时间和经费。

(4) 疲劳分析的经验在名义应力法中起着十分重要的作用。因为算法中很多参数的选取是依赖于经验的,而且它们对于疲劳寿命又都比较敏感。

因此预测疲劳裂纹形成寿命的名义应力法不稳定,且精度较低,通常计算寿命与实际寿命的差别在 3 倍左右,有时可达到 10 倍甚至 10 倍以上。但名义应力法的预测精度又依赖于经验,对某些经常使用的结构形式和材料,它的预测精度会比较理想,所以常在结构危险部位的筛选中使用。

参 考 文 献

[1] 吴学仁.飞机结构金属材料力学性能手册.第 1 卷.静强度·疲劳/耐久性.北京:航空工业出版社,1996.

[2] Peterson R E. Stress concentration factor. New York:John Wiley and Sons, 1974.

[3] 飞机结构强度研究所.航空结构连接件疲劳寿命分析手册.西安:飞机强度研究所,1985.

[4] 北京航空材料研究所.航空金属材料疲劳性能手册.北京:北京航空材料研究所,1981.

[5] 航空工业部科技委员会.应力集中系数手册.北京:航空工业出版社,1990.

[6] 民机结构耐久性与损伤容限设计手册编委会.民机结构耐久性与损伤容限设计手册.北京:航空工业出版社,2003.

[7] 姚卫星,顾怡.有限宽度和椭圆孔形状对缺口层合板强度预测的影响.复合材料学报,1989,6(4):21 − 27.

[8] 科诺瓦洛夫 л B.剪切螺栓或铆钉连接件的被连接元件孔区内的应力集中.朱燕贞译.紧固件技术,2002,(1):22 − 26.

[9] Ho K C, Chau K T. An infinite plane loaded by a rivet of a different material. International Journal of Solids and Structures, 1997, 34(19):2477 − 2496.

[10] Ciavarella M, Decuzzi P. The state of stress induced by the plane frictionless cylindrical contact. I. the case of elastic similarity. International Journal of Solids and Structures, 2001, 38 (26/27):4507 − 4523.

[11] Iyer K. Solutions for contact in pinned connections. International Journal of Solids and Structures, 2001, 38(50/51):9133 − 9148.

[12] Yavari V. On the stress distribution around the hole in mechanically fastened joints. Mechanics Research Communications, 2008, 36(3):373 − 380.

[13] 王克峰,姚卫星.连接件疲劳寿命分析的改进 SSF 法.机械科学与技术,2012,31(5):855 − 860.

[14] 佘崇民,郭万林,张斌,等.有限厚中心圆孔板的最大三维应力集中.机械科学与技术,2006,25(4):438 − 441.

[15] 张成成,姚卫星,叶彬.连接件疲劳寿命分析的等效 SSF 法.航空学报,2009,30(2):271 − 275.

[16] 闫济宁.螺栓连接接头工程裂纹形成寿命计算方法.西安:西北工业大学,1983.

第 7 章　局部应力应变法

结构的疲劳破坏源自结构局部的疲劳损伤累积,取决于局部的应力应变严重程度,基于这一事实,人们提出了估算结构疲劳寿命的局部应力应变法。

局部应力应变法结合材料的循环应力-应变曲线,通过弹塑性有限元分析或其他方法,将构件上的名义应力谱转换成危险部位的局部应力应变谱,然后根据危险部位的局部应力应变历程估算寿命。

工程结构在其服役期间总体上处于弹性范围内,但某些疲劳危险部位在大载荷情况下却进入弹塑性状态,应力和应变关系不再是线性关系,塑性应变成为影响其疲劳寿命的主要因素。局部应力应变法在疲劳寿命估算中考虑了塑性应变的影响和载荷顺序的影响,因而用它估算结构的疲劳裂纹形成寿命通常可以获得比较符合实际的结果。

本章主要介绍局部应力应变法的基本原理,结合算例和实例介绍两类局部应力应变法估算结构疲劳寿命的方法。

7.1　局部应力应变法的基本假设

基本假设:构件和光滑试验件为同种材料,若构件疲劳危险部位的最大应力应变历程与光滑试件的应力应变历程相同,则它们的疲劳寿命相同,因此其疲劳控制参数是局部应力应变,模型如图 7.1 所示。图中 S_N 为缺口试件的名义应力,σ 和 ε 为缺口试验件的局部应力和应变,也是光滑试件的名义应力和名义应变。

与名义应力不同,局部应力应变法以结构危险部位的局部应力应变为控制参量,结构的外部载荷和几何尺寸不直接进入疲劳寿命估算的控制参数中,这就避免了式(6.4)中多个结构参数确定的困惑。

由于结构危险部位进入塑性后,其应变的变化远比应力的变化快,所以本方法中同时采用局部应力和局部应变作为控制量进行疲劳寿命估算,故称之为局部应力应变法,而非局部应力法或局部应变法。

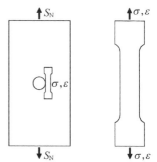

图 7.1　局部应力应变法的基本假设

7.1.1　局部应力应变法估算结构疲劳寿命的步骤

用局部应力应变法估算结构疲劳寿命,首先估算疲劳危险点的弹塑性应力应变历程,然后对照材料的疲劳性能数据,按照疲劳累积损伤理论,进行循环续循环的疲劳损伤的累积,最后得到构件的疲劳寿命,其步骤见图7.2。

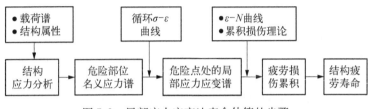

图 7.2　局部应力应变法寿命估算的步骤

(1) 确定结构中的疲劳危险部位;

(2) 求出危险部位的名义应力谱;

(3) 采用弹塑性有限元法或其他方法计算局部应力应变谱;

(4) 查当前应力应变水平下的 $\varepsilon - N$ 曲线;

(5) 应用疲劳累积损伤理论,求出危险部位的疲劳寿命。

7.1.2　局部应力应变法的种类

由图 7.2 可以看到,局部应力应变法包括三部分内容:材料疲劳性能的描述、结构危险部位的局部应力-应变历程和疲劳累积损伤理论,其中材料性能数据包括循环 $\sigma - \varepsilon$ 曲线和 $\varepsilon - N$ 曲线,称之为局部应力应变法的 4 个基本要件。

第 2 章已对材料的循环 $\sigma - \varepsilon$ 曲线和 $\varepsilon - N$ 曲线及其描述作了详细的介绍,可以看到描述材料循环 $\sigma - \varepsilon$ 曲线和 $\varepsilon - N$ 曲线的方法众多;同样,其他两大内容的处理方法也有多种。从理论上讲,只要从这四个要件的处理方法中各任挑一个组合起来就可形成一种局部应力应变算法,已有大量的学术论文对此进行了讨论。作者认为,孤立地讨论某个要件的变化对于疲劳寿命预测精度的影响并不合适,因为各个要件组合在一起形成一种算法时,应该相互协调,要充分考虑各自的背景、前提、假设和要解决的问题。目前广泛采用的主要是两种组合,见表7.1,这形成了局部应力应变法的两类基本算法,本书称之为稳态法和瞬态法,每类基本算法还有很多具体算法。

表 7.1　局部应力应变法主要种类

算法要件	稳　态　法	瞬　态　法
局部应力应变的计算方法	修正 Neuber 法或弹塑性 FEM	修正 Neuber 法或弹塑性 FEM
循环 σ-ε 曲线	稳态循环 σ-ε 曲线	瞬态循环 σ-ε 曲线
ε-N 曲线	Manson-Coffin 公式	ε_{eq}-N 曲线
疲劳累积损伤理论	大多采用 Miner 理论	Miner 理论

稳态法和瞬态法的主要差别在于所采用的循环 σ-ε 曲线和 ε-N 曲线不同,也即对于材料疲劳行为的描述方法不同。进一步分析两者对于循环 σ-ε 曲线和 ε-N 曲线描述的基本假设就可以看到这两种方法的适用范围和估算精度的差别。表 7.2 对它们作了一个简单的比较,可以看到它们各有优缺点。

表 7.2　稳态法和瞬态法的比较

比较内容	稳　态　法	瞬　态　法
适用范围	通常在 $10\sim10^5$ 寿命区	$10\sim10^8$
适用对象	(1) 循环瞬态行为不明显的材料; (2) 如果材料的瞬态行为明显,则对载荷谱作雨流处理	任何金属材料
分析精度	(1) 载荷谱中的载荷水平差别不大,且若在 $10\sim10^5$ 循环,则精度高; (2) 载荷谱中小载荷的频次很多,则精度较差	高
材料数据	(1) 现存的数据较多; (2) 通过试验获取比较容易; (3) 如没有试验数据,材料性能数据有较可信和可用的估算方法	(1) 现存数据很少 (2) 试验获取工作量巨大 (3) 无估算方法
计算复杂性	容易理解,比较简单	不易掌握,比较复杂

表 7.2 的简单比较表明,瞬态法较好地追踪了结构局部应力应变历程,疲劳寿命估算精度高,但是算法复杂,缺少材料疲劳性能数据,目前在工程实践中已较少被使用;而稳态法由于材料疲劳性能数据丰富或有解决办法,算法比较简单,符合工程实际的需求,因此在工程实践中得到了广泛使用,因此本章将重点介绍稳态法。

7.1.3　关于局部应力应变法原理的讨论

1. 关于基本假设

局部应力应变法是为了解决低周疲劳寿命的评估而提出的[1],以缺口根部的最大应力应变历程作为疲劳损伤估算的参量。在 LCF 区,弹塑性材料的缺口根部进入了塑性,如果缺口根部大范围进入了塑性,那么这一假设是比较合理的,见图

7.3(a),因为此时缺口根部疲劳破坏区内各点的应力应变差别不大,也即缺口根部的最大应力应变与缺口根部疲劳破坏区内的应力应变基本相同。但是在 HCF 区,缺口根部基本处于弹性或刚进入弹塑性,则与局部应力应变法的基本假设偏差较大,见图 7.3(b),因为此时在疲劳破坏区内应力梯度较大,使得疲劳破坏区内的"平均应力"小于缺口根部的最大应力。

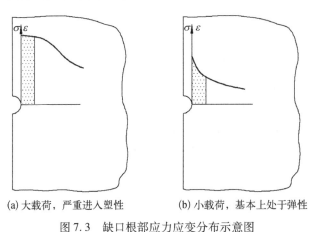

(a) 大载荷,严重进入塑性　　　　　　(b) 小载荷,基本上处于弹性

图 7.3　缺口根部应力应变分布示意图

2. 关于 $\varepsilon - N$ 曲线

如应变-寿命曲线采用 Manson – Coffin 公式,则外载荷对应的寿命在 $10 \sim 10^5$ 时,精度较高,否则精度大大下降,参见图 2.40;如采用等效应变-寿命公式,则无此限制。由于实际工程结构受到的疲劳载荷谱中通常只有少量循环是进入塑性的大载荷,绝大多数循环载荷相应的疲劳寿命是大于 10^5 的小载荷,所以在使用局部应力应变法估算结构疲劳寿命时要注意到这一问题。

3. 关于循环 $\sigma - \varepsilon$ 曲线

目前的局部应力应变法绝大多数采用稳态循环应力-应变曲线,由于它未计及材料的瞬态行为,为了提高疲劳寿命的估算精度,须对载荷谱作雨流处理。应该说,采用瞬态 $\sigma - \varepsilon$ 曲线,通过反复续反复地计算局部应力应变,可很好地再现缺口根部的应力应变历程,当然分析过程比较复杂,另外材料瞬态 $\sigma - \varepsilon$ 曲线的性能数据比较缺乏。

7.2　结构局部应力应变的计算

结构的疲劳损伤是由材料的塑性形变引起的,通常结构在服役期整体上处于弹性状态,但是在某些应力集中部位(通常是疲劳危险部位)在高应力水平下进入弹塑性状态,此时缺口根部的应力-应变为非线性关系,应力应变历程的分析变得比较困难。

另一方面局部应力应变计算的正确与否直接关系着疲劳寿命的估算精度。疲劳寿命对于局部应变十分敏感,局部应变 10% 的差别会造成数倍疲劳寿命的差别,因此局部应力应变历程的计算在局部应力应变法中具有十分重要的地位。

确定局部应力应变历程主要有三种方法:① 试验方法;② 弹塑性有限元法;③ 近似计算方法,其典型方法是 Neuber 法。试验方法虽然直观正确,但是费用高、周期长、限制条件多,一般很少采用。下面将介绍近似解法中的 Neuber 法,并对弹塑性有限元法作一介绍。

7.2.1　Neuber 近似解法

Neuber[2] 提出的计算缺口根部弹塑性应力应变的方程为

$$K_{\mathrm{T}} = \sqrt{K_\sigma K_\varepsilon} \tag{7.1}$$

式中,K_{T} 为理论应力集中系数;$K_\sigma = \sigma/S$ 为应力集中系数,σ 为缺口根部的局部应力,S 为名义应力,当结构处于弹性状态时,$K_\sigma = K_{\mathrm{T}}$;$K_\varepsilon = \varepsilon/e$ 为应变集中系数,ε 为缺口根部的局部应变,e 为名义应变,当结构处于弹性状态时,$K_\varepsilon = \dfrac{\sigma/E}{S/E} = K_{\mathrm{T}}$。

在工程实际中,通常结构整体上处于弹性,即名义应力 S 和名义应变 e 之间为弹性关系 $S = Ee$,将此代入式(7.1)得

$$\sigma\varepsilon = \frac{K_{\mathrm{T}}^2 S^2}{E} = C \tag{7.2}$$

式中,$C = \dfrac{K_{\mathrm{T}}^2 S^2}{E}$ 被称为 Neuber 常数;E 为弹性模量。

Neuber 公式形式简洁,使用方便,但十分遗憾的是这一方程是在受纯剪棱柱体的条件下得出的,将此推广到其他加载方式和其他结构形式严格地说不一定成立。为了使 Neuber 公式适用于一般情况,很多学者进行了研究[2,3]。

针对缺口件的疲劳寿命估算问题,以疲劳寿命预测为目标,Topper 等[4] 提出了修正的 Neuber 公式,在此公式中用疲劳缺口系数 K_{f} 代替理论应力集中系数 K_{T},式(7.2)改写为

$$\sigma\varepsilon = \frac{K_{\mathrm{f}}^2 S^2}{E} = C \tag{7.3}$$

在循环加载过程中,修正的 Neuber 公式可写为

$$\Delta\sigma\Delta\varepsilon = \frac{K_f^2 \Delta S^2}{E} = C \qquad (7.4)$$

式中,ΔS、$\Delta\sigma$ 和 $\Delta\varepsilon$ 分别为名义应力幅值、局部应力幅值和局部应变幅值。

由于 K_f 是一个联系光滑试验件疲劳强度和缺口试验件疲劳强度的量,所以可以看到将式(7.2)修改为式(7.3)的主要原因是希望疲劳寿命估算更加精确,而不是力图使局部应力应变的计算更加精确。由于通常认为 K_f 是一个静态参数,又与很多因素有关,目前尚无精确计算 K_f 的办法,所以确定局部应力应变的 Neuber 法不仅是一个近似方法,而且也是一个经验方法。

Neuber 法的算法可用图 7.4 形象地描述。

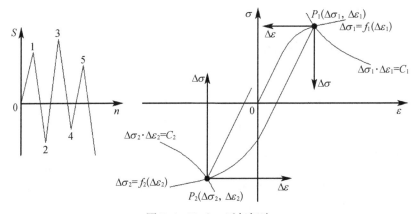

图 7.4　Neuber 近似解法

加载开始,载荷处于"0"点,此时缺口的局部应力为 σ_0,局部应变为 ε_0。载荷从"0"点加载到"1"点,其载荷增量为 $\Delta S_1 = S_1 - S_0$,按式(7.4)求出 Neuber 常数 $C_1 = \dfrac{K_f^2 \Delta S_1^2}{E}$,由此可画出双曲线 $\Delta\sigma_1\Delta\varepsilon_1 = C_1$,此时的双倍循环应力-应变曲线为 $\Delta\sigma_1 = f_1(\Delta\varepsilon_1)$,求出双曲线和双倍曲线的交点 $P_1(\Delta\sigma_1,\ \Delta\varepsilon_1)$,此点在绝对坐标系 $(\sigma,\ \varepsilon)$ 中的值为

$$\begin{aligned}
\sigma_1 &= \sigma_0 + \mathrm{sign}(\Delta S_1) \cdot \Delta\sigma_1 \\
\varepsilon_1 &= \varepsilon_0 + \mathrm{sign}(\Delta S_1) \cdot \Delta\varepsilon_1
\end{aligned} \qquad (7.5\mathrm{a})$$

载荷从"1"点卸载到"2"点,其载荷增量为 $\Delta S_2 = S_2 - S_1$,按式(7.4)求出 Neuber 常数 $C_2 = \dfrac{K_f^2 \Delta S_2^2}{E}$,由此可画出双曲线 $\Delta\sigma_2\Delta\varepsilon_2 = C_2$,此时的双倍循环应力-应变曲

线为 $\Delta\sigma_2 = f_2(\Delta\varepsilon_2)$，求出双曲线和双倍曲线的交点 $P_2(\Delta\sigma_2,\ \Delta\varepsilon_2)$，此点在绝对坐标系 $(\sigma,\ \varepsilon)$ 中的值为

$$\sigma_2 = \sigma_1 + \mathrm{sign}(\Delta S_2) \cdot \Delta\sigma_2$$
$$\varepsilon_2 = \varepsilon_1 + \mathrm{sign}(\Delta S_2) \cdot \Delta\varepsilon_2 \qquad (7.5\mathrm{b})$$

如此反复续反复地求解就可以得到相应于名义应力峰谷值的局部应力峰谷值和局部应变峰谷值。

总结 Neuber 近似解法，它所需的原始数据和求解步骤如下。

1）原始数据

（1）名义应力谱；

（2）疲劳缺口系数 K_f，弹性模量 E；

（3）循环应力-应变曲线。

2）求解步骤

（1）计算 Neuber 常数 $C_i = \dfrac{K_\mathrm{f}^2\ \Delta S_i^2}{E}$；

（2）由可用性系数 F 和循环应力-应变曲线求出相应的双倍 $\Delta\sigma - \Delta\varepsilon$ 曲线；

（3）求交点 $P_i(\Delta\sigma_i,\ \Delta\varepsilon_i)$；

（4）修改可用性系数；

（5）得出此应力应变在绝对坐标系 $(\sigma,\ \varepsilon)$ 中的值 σ_i 和 ε_i，并返回（1）。

Neuber 法的具体算法在局部应力应变法的稳态法和瞬态法中略有差别，主要是在由可用性系数和循环应力-应变曲线求出双倍 $\Delta\sigma - \Delta\varepsilon$ 曲线方面有所不同，具体差别将在后面的算例中分别介绍。

7.2.2　弹塑性有限元解法

随着计算机的广泛使用和弹塑性有限元分析软件的完善，弹塑性有限元分析变得越来越容易。与 Neuber 法相比，用弹塑性有限元求解缺口根部的弹塑性应力应变有很多优势：① 限制少，适用于各种边界条件；② 可分析多轴载荷作用下的局部应力应变分布。

由于结构在服役期受到的载荷作用次数很多，看起来好像用弹塑性有限元分析缺口的弹塑性应力应变是不现实的，其实却不然。对于一个真实的工程结构，其疲劳载荷系列中只有百分之几，甚至只有不到百分之一的载荷循环进入了双倍应力-应变曲线的塑性段；而对于弹性段，分析速度是很快的。因此在现在的计算手段下，用弹塑性有限元分析缺口的应力应变是完全可以实现的。

弹塑性有限元的算法很多，对于循环应力-应变分析，应该采用增量法，具体算

法已有很多著作阐述,此处不再赘述。

目前对于工程结构直接采用弹塑性有限元法求解缺口根部循环应力应变分布的主要困难有:① 材料的循环应力应变本构模型十分复杂[5];② 循环屈服准则没有很好解决;③ 暂时还没有可以方便地进行循环应力-应变分析的商用软件。

7.2.3　缺口弹塑性应力应变的 Neuber 解与有限元解的比较

首先通过一个具体的数值算例看一下 Neuber 解与有限元解的差别,然后分析产生这种差别的原因。

算例对象为一中心圆孔薄板,见图 7.5,孔径 $D = 10$ mm,板宽 $W = 50$ mm,材料为 2124 - T851 铝合金,材料的循环应力-应变曲线见图 7.6。当名义应力 S 从 0 加载到 320 MPa 时,分别用修正的 Neuber 法和弹塑性有限元法计算缺口根部的最大应力 $\sigma_{\max}$ 和最大应变 $\varepsilon_{\max}$ 的变化。

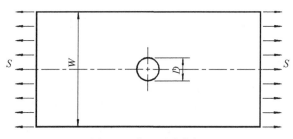

图 7.5　中心圆孔薄板

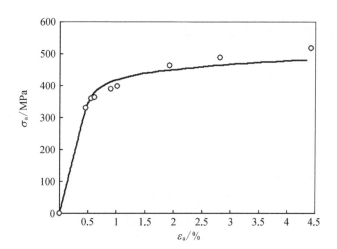

σ_a/MPa	ε_a/%
329	0.459
360	0.558
364	0.610
390	0.898
399	1.011
464	1.930
488	2.818
518	4.423

图 7.6　2124 - T851 的循环 σ - ε 曲线

1. 修正的 Neuber 近似解

首先计算理论应力集中系数 K_T，由式（6.6）可以得到 $K_T = 2.518$，然后按照 Peterson 公式（式（4.7））计算疲劳缺口系数，公式中的材料常数 $a = 0.63\,\text{mm}$，则

$$K_f = 1 + \frac{K_T - 1}{1 + a/\rho} = 2.348$$

进入塑性后，名义应力隔一定的数值计算一次缺口根部最大的局部应力和局部应变，计算结果列于表 7.3 和图 7.8。

2. 弹塑性有限元解

弹塑性有限元分析采用通用有限元分析软件 NASTRAN，根据对称性，取其 1/4 作为有限元分析对象，网格划分见图 7.7。分析结果列于表 7.3 和图 7.8。

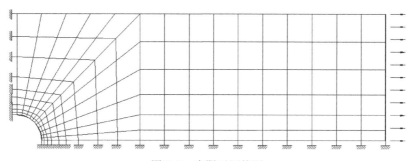

图 7.7　有限元网格图

表 7.3　中心孔板弹塑性分析结果

毛面积应力 S /MPa	净面积应力 S_n /MPa	Neuber 近似解		弹塑性有限元解	
		σ_{max} /MPa	ε_{max} /%	σ_{max} /MPa	ε_{max} /%
0	0	0	0	0	0
112	140	328.72	0.458 6	340.29	0.494 4
138	170	372.25	0.597 1	367.69	0.645 5
160	200	381.70	0.806 0	382.66	0.811 1
200	250	410.35	1.171 5	410.32	1.163 7
240	300	439.02	1.576 8	441.47	1.604 5
280	350	466.43	2.020 0	474.99	2.315 9
320	400	480.99	2.558 6	501.10	4.772 7

比较一下表 7.3 和图 7.8 给出的缺口根部弹塑性最大应力和应变的 Neuber 解和有限元解，可以看到：① 在中等塑性范围内，缺口根部弹塑性最大应力和应变的 Neuber 解和有限元解十分接近，也即完全可以用 Neuber 近似解确定缺口根部的最

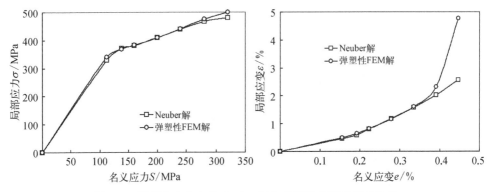

图 7.8　局部应力应变的 Neuber 解与弹塑性有限元解的比较

大应力和应变,这一中等塑性范围也就是低周疲劳范围;② 在弹性范围内,修正的 Neuber 解显然小于缺口根部真实的应力应变,在刚进入塑性段时,Neuber 解也小于弹塑性有限元解;③ 在大塑性时,Neuber 解则小于弹塑性有限元解。

另外需要注意,① Neuber 解是否足够精确,主要取决于疲劳缺口系数 K_f 的取值是否合适,而它是一个经验公式;② 图 7.7 的有限元网格比较粗,根部的应力应变是插值得到的。

7.3　局部应力应变法的稳态法

稳态法假定在循环加载过程中,材料的循环硬化/循环软化、循环蠕变/循环松弛行为从平均意义上讲可以由稳态循环 $\sigma - \varepsilon$ 曲线表征,因此在结构局部应力应变分析中,单调循环 $\sigma - \varepsilon$ 曲线是不变的。用局部应力应变法的稳态法分析结构疲劳寿命通常包括下面几个方面的内容。

(1) 对外载荷进行雨流法处理,形成低-高-低载荷谱,如果结构受到的是随机载荷谱,那么按照结构所受到的实际载荷顺序编排,如飞机结构载荷谱可以按照随机飞-续-飞编排。

(2) 结构的局部应力应变分析,目前大多采用修正的 Neuber 法,对于复杂结构,可辅之以有限元分析,建立修正 Neuber 法的典型模型。

(3) 按照载荷谱的情况选用 $\varepsilon - N$ 曲线与平均应力修正,依据载荷的严重程度选用适当的 $\varepsilon - N$ 曲线,目前一般情况下选用 Manson－Coffin 公式。但是如果局部应力-应变谱中,小载荷循环数占有极大部分,这部分载荷循环引起的疲劳损伤可考虑采用其他 $\varepsilon - N$ 曲线,如表 2.14 中的郑修麟公式。

(4) 选用疲劳累积损伤理论,并进行疲劳寿命估算,目前一般选用 Miner 理论。

下面通过两个算例和两个实例介绍局部应力应变法的稳态法的详细分析过程。

7.3.1　算例

算例 7.1　中心孔板

图 7.9 为一中心孔 LY12 - CZ 铝合金板,板宽 $W = 50$ mm,孔直径 $D = 8$ mm。名义应力谱见表 7.4。材料的性能常数[6]为:弹性模量 $E = 73.2$ GPa,拉伸强度 $\sigma_b = 545$ MPa,循环强度系数 $K' = 871$ MPa,循环硬化指数 $n' = 0.097$。应变疲劳参数为 $\sigma'_f = 724$ MPa,$b = -0.063$,$\varepsilon'_f = 13.7\%$,$c = -0.654$,循环应力-应变曲线和应变-寿命曲线列于表 7.5。按局部应力应变法的稳态法估算其疲劳寿命。

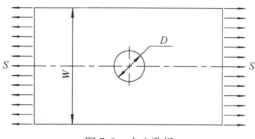

图 7.9　中心孔板

表 7.4　载荷谱

级　数	S_{max}/MPa	S_{min}/MPa	循环次数 n
1	93	−22	8 450
2	141	19	672
3	220	−64	58
4	318	−121	2
5	342	27	7
6	193	0	130
7	176	41	982
8	85	−59	5 180

表 7.5　LY12 - CZ 循环稳定疲劳性能

ε_a/%	σ_a/MPa	反复数 $2N$
4.419	616	6
3.343	613	13
2.762	601	19
1.936	572	60
1.484	539	191
0.822	500	633
0.626	467	5 935
0.459	336	38 060

1)计算疲劳缺口系数 K_f

首先计算理论应力集中系数 K_T,由式(6.6)可以得到 $K_T = 2.60$,然后按照

Peterson 公式计算疲劳式缺口系数,铝合金的材料常数 $a = 0.63\ \text{mm}$,则

$$K_\text{f} = 1 + \frac{K_\text{T} - 1}{1 + a/\rho} = 2.38$$

2) 局部应力应变

稳态法计算局部应力应变时所采用的单调循环应力-应变曲线是不变的,用可用性系数记录材料的记忆特性。在计算过程中有两个技术细节需要注意:① 单调和双倍循环应力-应变曲线的描述:可以采用 Osgood 模型或折线模型,但对于很多材料,Osgood 模型的精度不够高,所以作者认为如有原始试验数据,则用折线模型更好些。② 可用性系数的使用技巧:一种做法是将单调循环应力-应变曲线按精度要求分成很多段,如 1 000 段,甚至 5 000 段,将最靠近双曲线与双倍应力-应变曲线交点的分段点作为交点,这样可用性系数是 0、1 或 2,这种做法在算法上比较简单,但计算次数较多,精度稍差;另一种做法是按试验数据或曲线的变化趋势将循环应力-应变曲线分成较少的段,通常为 10 段左右,用解方程的办法求出双曲线和双倍应力-应变曲线的交点。本算例中单调循环应力-应变曲线采用表 7.5 给出的折线模型(8 段),用解方程的办法求双曲线和双倍应力-应变曲线的交点。

本算例的名义应力谱是块谱,由于稳态法采用的是稳定的循环应力-应变曲线,所以只要求出各级载荷的峰谷值所对应的缺口根部的局部应力应变就足够了,见图 7.10。

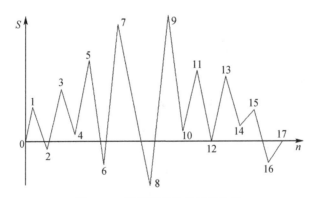

图 7.10　计算谱的载荷峰谷编号

下面按照 Neuber 近似解法一个反复接一个反复地演算求解缺口根部的局部应力应变。为避免烦琐,但又能解释清楚,给出第 1 个反复和第 8 个反复的求解过程,其余反复的计算过程完全相同。

第 1 个反复

名义应力 S: $0 \rightarrow 93\ \text{MPa}$,$\Delta S_1 = 93\ \text{MPa}$,因为 K_f 是基于净面积的,因此名义应

力也用净面积应力。净面积名义应力 $\Delta S_{n1} = \Delta S_1 \dfrac{W}{W-D} = 110.71\ \text{MPa}$。

（1）计算 Neuber 常数 $C_1 = \dfrac{K_f^2 \Delta S_{n1}^2}{E} = 0.948\,455$。

（2）由可用性系数（表 7.6）和循环应力-应变曲线求出双倍 $\Delta\sigma - \Delta\varepsilon$ 曲线（表 7.7a）。

表 7.6　可用性系数

拉伸用可用性系数表 F_+									
段号 ＼ 峰谷号	0	1	2	3	4	5	6	7	8	···
①	1	0.215 8	1.185 6	0	1.028 7	0	2	0	2
②	1	1	1	0.498 4	0.498 4	0	1.048 0	0	2
③	1	1	1	1	1	0	0	0	2
④	1	1	1	1	1	0.670 0	0.670 0	0	0.632 5
⑤	1	1	1	1	1	1	1	0.279 5	0.279 5
⑥	1	1	1	1	1	1	1	1	1
⑦	1	1	1	1	1	1	1	1	1
⑧	1	1	1	1	1	1	1	1	1

压缩用可用性系数表 F_-									
段号 ＼ 峰谷号	0	1	2	3	4	5	6	7	8	···
①	1	1.784 2	0.814 4	2	0.971 2	2	0	2	0
②	1	1	1	1.501 6	1.501 6	2	0.952 0	2	0
③	1	1	1	1	1	2	2	2	0
④	1	1	1	1	1	1.330 0	1.330 0	2	1.367 5
⑤	1	1	1	1	1	1	1	1.720 5	1.720 5
⑥	1	1	1	1	1	1	1	1	1
⑦	1	1	1	1	1	1	1	1	1
⑧	1	1	1	1	1	1	1	1	1

表 7.7a　单调循环 $\sigma - \varepsilon$ 曲线和双倍 $\Delta\sigma - \Delta\varepsilon$ 曲线

单调循环 $\sigma - \varepsilon$ 曲线		双倍 $\Delta\sigma - \Delta\varepsilon$ 曲线		Neuber 常数
$\varepsilon_a/\%$	σ_a/MPa	$\Delta\varepsilon/\%$	$\Delta\sigma/\text{MPa}$	
0	0	0	0	0
0.459	336	0.459	336	1.542 24
0.626	467	0.626	467	2.923 42
0.822	500	0.822	500	4.110 00
1.484	539	1.484	539	7.998 76
1.936	572	1.936	572	11.073 92

续表

单调循环 $\sigma - \varepsilon$ 曲线		双倍 $\Delta\sigma - \Delta\varepsilon$ 曲线		Neuber 常数
ε_a/%	σ_a/MPa	$\Delta\varepsilon$/%	$\Delta\sigma$/MPa	
2.762	601	2.762	601	16.599 62
3.343	613	3.343	613	20.492 59
4.419	616	4.419	616	27.221 04

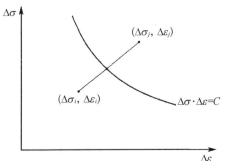

图 7.11　Neuber 双曲线与直线的交点

（3）求交点 $P_1(\Delta\sigma_1, \Delta\varepsilon_1)$：因为 C_1 小于双倍 $\Delta\sigma - \Delta\varepsilon$ 曲线第一段的 C 值，所以交点 P_1 在第 1 段上，P_1 点的坐标为 (258.26, 0.003 528)。交点的求法见图 7.11。

联立直线方程 $\dfrac{\Delta\sigma - \Delta\sigma_i}{\Delta\sigma_j - \Delta\sigma_i} = \dfrac{\Delta\varepsilon - \Delta\varepsilon_i}{\Delta\varepsilon_j - \Delta\varepsilon_i}$ 和双曲线方程 $\Delta\sigma \cdot \Delta\varepsilon = C$，得到交点坐标为

$$\Delta\varepsilon = \frac{-q + \sqrt{q^2 + 4pC}}{2p} \tag{7.6}$$

$$\Delta\sigma = C/\Delta\varepsilon$$

其中参数 p 和 q 为

$$p = \frac{\Delta\sigma_j - \Delta\sigma_i}{\Delta\varepsilon_j - \Delta\varepsilon_i} \tag{7.7}$$

$$q = \Delta\sigma_i - p \cdot \Delta\varepsilon_i$$

（4）修改可用性系数（表 7.6）。

（5）按式(7.4)求此应力应变在绝对坐标系(σ, ε)中的值 σ_1 和 ε_1：

$$\sigma_1 = \sigma_0 + \text{sign}(\Delta S_1) \cdot \Delta\sigma_1 = 0 + 263.49 = 263.49 \text{ MPa}$$

$$\varepsilon_1 = \varepsilon_0 + \text{sign}(\Delta S_1) \cdot \Delta\varepsilon_1 = 0 + 0.003 599 5 = 0.003 599 5$$

第 8 个反复

名义应力 S：$318 \rightarrow -121$ MPa，$\Delta S_8 = -439$ MPa，净面积名义应力 $\Delta S_{n8} = \Delta S_8 \dfrac{W}{W - D} = 522.6$ MPa。

（1）计算 Neuber 常数 $C_8 = \dfrac{K_{\mathrm{f}}^2 \Delta S_{\mathrm{n8}}^2}{E} = 21.136$；

（2）由可用性系数（表7.6）和循环应力-应变曲线求出双倍 $\Delta\sigma - \Delta\varepsilon$ 曲线（表7.7b）；

表 7.7b　单调循环 $\sigma - \varepsilon$ 曲线和双倍 $\Delta\sigma - \Delta\varepsilon$ 曲线

单调循环 $\sigma-\varepsilon$ 曲线		双倍 $\Delta\sigma-\Delta\varepsilon$ 曲线		Neuber 常数
$\varepsilon_{\mathrm{a}}/\%$	$\sigma_{\mathrm{a}}/\mathrm{MPa}$	$\Delta\varepsilon/\%$	$\Delta\sigma/\mathrm{MPa}$	
0	0	0	0	0
0.459	336	0.918	672	6.168 96
0.626	467	1.252	934	11.693 68
0.822	500	1.644	1 000	16.440 00
1.484	539	2.968 0	1 075.80	31.995 04
1.936	572	3.745 7	1 134.78	42.504 94
2.762	601	5.023 7	1 196.78	60.122 05
3.343	613	6.430 7	1 237.78	79.597 27
4.419	616	8.087 7	1 252.78	101.320 40

（3）求交点 $P_8(\Delta\sigma_8, \Delta\varepsilon_8)$：因为 C_8 处于双倍 $\Delta\sigma - \Delta\varepsilon$ 曲线第三段的 C 值和第四段的 C 值之间，所以交点 P_8 在第 4 段上，P_8 点的坐标为（1 020.35, 0.019 894）；

（4）修改可用性系数（见表7.6）；

（5）按式（6.4）求此应力应变在绝对坐标系 (σ, ε) 中的值 σ_8 和 ε_8：

$$\sigma_8 = \sigma_7 + \mathrm{sign}(\Delta S_8) \cdot \Delta\sigma_8 = 651.37 - 1 020.35 = -368.98 \ \mathrm{MPa}$$

$$\varepsilon_8 = \varepsilon_7 + \mathrm{sign}(\Delta S_8) \cdot \Delta\varepsilon_8 = 0.016 786 - 0.019 894 = -0.003 108$$

如此反复续反复地计算缺口根部的局部应力应变，可以得到对应于名义应力峰谷点的局部应力应变峰谷点，见表7.8。

表 7.8　Neuber 法计算得到的局部应力应变值

级 数	名义应力		局部应力		局部应变	
	$S_{\max}/\mathrm{MPa}$	$S_{\min}/\mathrm{MPa}$	$\sigma_{\max}/\mathrm{MPa}$	$\sigma_{\min}/\mathrm{MPa}$	$\varepsilon_{\max}/\%$	$\varepsilon_{\min}/\%$
1	93	-22	263.46	-61.74	0.360 0	-0.085 1
2	141	19	402.30	56.64	0.542 8	0.070 6
3	220	-64	513.44	-295.85	1.040 5	-0.052 5
4	318	-121	563.34	-324.76	1.809 9	-0.253 1
5	342	27	575.33	-324.76	2.015 0	0.805 9
6	193	0	145.58	-375.31	1.448 4	0.664 2
7	176	41	114.58	-268.27	1.345 4	0.822 7
8	85	-59	-143.61	-441.98	0.993 0	0.230 9

3）疲劳寿命估算

按照 Manson - Coffin 公式求出各级载荷的疲劳寿命和对应的疲劳损伤,采用 Miner 疲劳累积损伤理论估算该结构细节的疲劳寿命。采用 Morrow 弹性应力线性修正的 Manson - Coffin 公式为

$$\varepsilon_a = \frac{\sigma'_f - \sigma_m}{E}(2N)^b + \varepsilon'_f(2N)^c \tag{7.8}$$

通常 b 的绝对值远小于 c 的绝对值,所以可用迭代法求出疲劳寿命 N:

$$2N = \left[\frac{\dfrac{\sigma'_f - \sigma_m}{E}(2N)^{b-c} + \varepsilon'_f}{\varepsilon_a} \right]^{-\left(\frac{1}{c}\right)} \tag{7.9}$$

疲劳寿命估算结果见表 7.9,一块谱造成的疲劳损伤为 0.048 0,所以该结构细节的疲劳寿命为 20.8 块谱。

表 7.9　疲劳寿命估算

级　数	σ_m/MPa	ε_a/%	循环次数 n	疲劳寿命 N	疲劳损伤 D
1	100.80	0.222 6	8 450	8.93×10^8	9.47×10^{-6}
2	223.47	0.236 1	672	9.04×10^6	7.44×10^{-5}
3	108.80	0.546 5	58	2 396	2.42×10^{-2}
4	51.01	1.031 5	2	112	1.67×10^{-2}
5	125.29	0.604 6	7	972	7.21×10^{-3}
6	−114.86	0.392 1	130	1.25×10^7	1.04×10^{-5}
7	−76.96	0.261 4	982	3.74×10^9	2.62×10^{-7}
8	−292.80	0.381 1	5 180	4.16×10^8	1.25×10^{-5}

算例 7.2　载荷顺序的影响

图 7.12 所示为 2024 - T3 铝合金中心孔试片[7],试验件厚度为 25.4 mm（1.0 in）,受到三种载荷谱作用(1 ksi = 6.894 7 MPa),试验结果见表 7.10。请用局部应力应变法的稳态法估算其疲劳寿命,并对试验结果进行解释和讨论。

表 7.10　试验结果

试件编号	基础谱	A　谱	B　谱
1	90 700	233 000	61 800
2	113 600	269 100	62 000
3	123 100	696 400	62 800
4	140 800	1 016 200	65 400
寿命均值	115 600	458 960	62 980

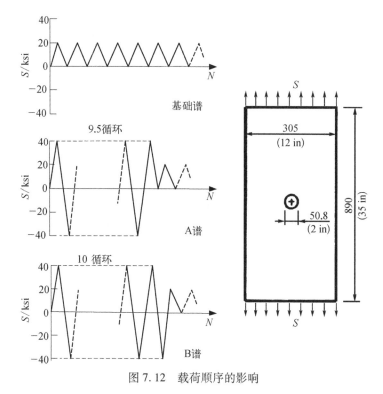

图 7.12　载荷顺序的影响

1）材料性能[8,9]

2024 - T3 铝合金的弹性模量 E = 73.7 GPa，强度极限 σ_b = 495 MPa。材料的循环应力-应变曲线参数 K' = 770 MPa 和 n' = 0.090，应变-寿命曲线的参数为 σ'_f = 1 044，b = −0.114，ε'_f = 1.75，c = −0.927 2。

2）疲劳缺口系数 K_f

按照式（6.6）可以计算得到理论应力集中系数 K_T = 2.583，按照 Peterson 公式计算疲劳式缺口系数 K_f，公式中的材料常数 a = 0.63 mm。

$$K_f = 1 + \frac{K_T - 1}{1 + a/\rho} = 2.545$$

3）载荷谱

将图 7.12 所示的载荷谱转换为峰谷值，采用国际单位制。

基础谱：名义应力峰值为 0→137.9→0→

A 谱：名义应力峰值为 0→275.8→−275.8→275.8→0→137.9→

B 谱：名义应力峰值为 0→275.8→−275.8→137.9→0→

4）局部应力应变

a. 基础谱

名义应力 S：$0 \to 137.9$ MPa，$\Delta S_1 = 137.9$，$\Delta S_{n1} = 165.48$ MPa。计算 Neuber 常数，得到 $C_1 = 2.406\,57$。解下述方程组：

$$\begin{cases} \Delta\sigma \times \Delta\varepsilon = C_1 \\ \dfrac{\Delta\varepsilon}{2} = \dfrac{\Delta\sigma}{E} + \left(\dfrac{\Delta\sigma}{2K'}\right)^{1/n'} \end{cases}$$

得到应力和应变增量 $\Delta\sigma_1 = 397.84$ MPa，$\Delta\varepsilon_1 = 0.006\,049$，其在总体坐标系下的应力和应变为

$$\sigma_1 = \sigma_0 + \mathrm{sign}(\Delta S_1) \cdot \Delta\sigma_1 = 0 + 397.84 = 397.84 \text{ MPa}$$

$$\varepsilon_1 = \varepsilon_0 + \mathrm{sign}(\Delta S_1) \cdot \Delta\varepsilon_1 = 0 + 0.006\,049 = 0.006\,049$$

也可以将循环应力应变曲线离散为折线，采用图 7.11 所示的方法求解循环应力应变曲线与 Neuber 双曲线的交点。求解过程与算例 7.1 完全相同，此处不再赘述。得到基础谱作用下的局部应力应变列于表 7.11，其局部应力应变关系见图 7.13。

表 7.11　基础谱作用下的局部应力应变

峰 谷 号	名义应力 S/MPa	局部应力 σ/MPa	局部应变 ε/10^{-3}
0	0	0	0
1	137.9	397.84	6.049
2	0	−20.29	0.431

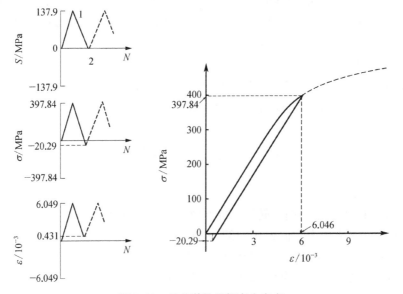

图 7.13　基础谱的局部应力应变

b. A 谱

名义应力 S：$0 \rightarrow 275.8$ MPa，$\Delta S_1 = 275.8$，$\Delta S_{n1} = 330.96$ MPa。计算 Neuber 常数，得到 $C_1 = 9.62629$。孔边局部应力和应变增量 $\Delta \sigma_1 = 515.83$ MPa，$\Delta \varepsilon = 0.018663$，其在总体坐标系下的应力和应变为

$$\sigma_1 = \sigma_0 + \text{sign}(\Delta S_1) \cdot \Delta \sigma_1 = 0 + 515.83 = 515.83 \text{ MPa}$$

$$\varepsilon_1 = \varepsilon_0 + \text{sign}(\Delta S_1) \cdot \Delta \varepsilon_1 = 0 + 0.018663 = 0.018663$$

名义应力 S：$275.8 \rightarrow -275.8$ MPa，$\Delta S_2 = 551.6$，$\Delta S_{n2} = 661.92$ MPa。计算 Neuber 常数，得到 $C_2 = 38.50517$。孔边局部应力和应变增量 $\Delta \sigma_2 = 1031.66$ MPa，$\Delta \varepsilon_2 = 0.037326$，其在总体坐标系下的应力和应变为

$$\sigma_2 = \sigma_1 + \text{sign}(\Delta S_2) \cdot \Delta \sigma_2 = 515.83 - 1031.66 = -515.83 \text{ MPa}$$

$$\varepsilon_2 = \varepsilon_1 + \text{sign}(\Delta S_2) \cdot \Delta \varepsilon_2 = 0 - 0.03726 = -0.018663$$

如此一个反复接一个反复计算，可以得到 A 谱作用下的局部应力应变列于表7.12，其局部应力应变关系见图 7.14。

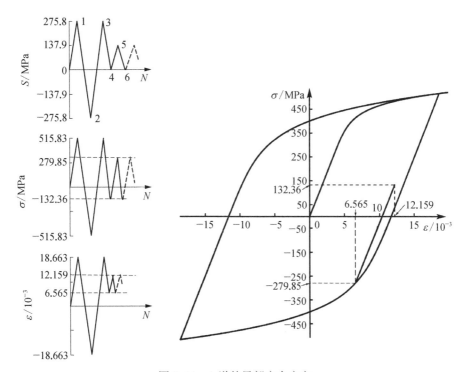

图 7.14　A 谱的局部应力应变

表 7.12　A 谱作用下的局部应力应变

峰 谷 号	名义应力 S/MPa	局部应力 σ/MPa	局部应变 $\varepsilon/10^{-3}$
0	0	0	0
1	275.8	515.83	18.663
2	−275.8	−515.83	−18.663
3	275.8	515.83	18.663
4	0	−279.85	6.565
5	137.9	132.36	12.159
6	0	−279.85	6.565

c. B 谱

与 A 谱作用下的局部应力应变计算相同,同理可以得到 B 谱作用下的局部应力应变列于表 7.13,其局部应力应变关系见图 7.15。

表 7.13　B 谱下的局部应力应变

峰 谷 号	名义应力 S/MPa	局部应力 σ/MPa	局部应变 $\varepsilon/10^{-3}$
0	0	0	0
1	275.8	515.83	18.925
2	−275.8	−515.83	−18.925
3	137.9	279.85	−6.565
4	0	−132.36	−12.159

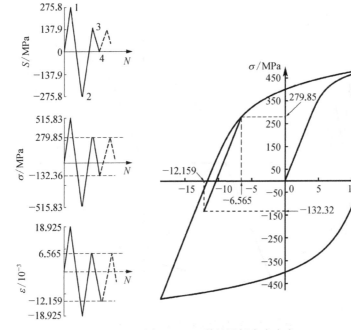

图 7.15　B 谱的局部应力应变

5）疲劳寿命

基础谱为常幅谱，A 谱和 B 谱为二级高低谱。采用 Manson – Coffin 公式和 Miner 理论计算其疲劳寿命，计算结果列于表 7.14。

表 7.14　疲劳寿命计算

载荷谱	名义应力 S/MPa		循环数 n	局部应力应变		寿命 N_i	损伤 D	寿命 N_f
	谷　值	峰　值		σ_m/MPa	ε_a/10^{-3}			
基础谱	0	137.9	N_f	189.920	2.809	65 958	—	65 985
A 谱	−275.8	275.8	9.5	0	18.663	59	0.161 02	581 322
	0	137.9	N_2	−73.745	2.797	692 900	0.839 89	
B 谱	−275.8	275.8	10	0	18.663	59	0.169 49	168 346
	0	137.9	N_2	73.745	2.797	202 690	0.830 51	

将疲劳寿命计算结果和试验结果列于表 7.15，并给出了误差因子，可以看到计算结果比较满意。由于本算例的试验结果来自文献[7]，年代较早，文中又没有给出 2024 – T3 厚板的材料性能数据，本节采用的材料疲劳性能数据来自文献[8]和文献[9]。材料性能数据与材料不一定匹配，本算例结果只能定性说明局部应力应变法可以较好地解决载荷顺序对于疲劳寿命影响的问题。

表 7.15　计算结果与试验结果的比较

载荷谱	基础谱	A　谱	B　谱
试验结果	115 600	458 960	62 980
计算结果	65 985	581 322	168 346
误差因子	1.752	1.267	2.673

7.3.2　实例

实例 7.1　某中型运输机接头模拟件

图 7.16 所示为 LY12 – CZ 铝合金中心孔试片，试验件厚度为 7 mm，其余几何形状及尺寸见图 7.16 所示，试件按轧制方向为加载方向截取，材料性能数据见算例 7.1。用局部应力应变法的稳态法估算其疲劳寿命，并与试验结果作比较。

本实例是作为研究飞机接头寿命的一部分，使用真实运输机载荷谱。原始数据是某机 30 000 飞行小时（代表 11 160 次飞行）典型任务剖面的重心过载谱。对于机翼下表面某接头元件，本例规定在平飞和着陆状态，重心过载 $1g$ 对应的平均应力分别为 10 kg·mm^{-2} 和 −4 kg·mm^{-2}。根据两台试验机的不同要求，整理出两个程序块载荷谱，均呈低-高-低对称分布，载荷谱数据见表 7.16。

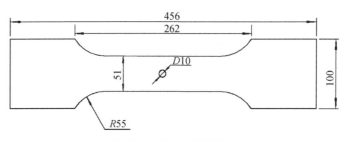

图 7.16　中心带孔试件

表 7.16a　5 000 次飞行载荷谱(载荷谱 I)　　　　　　　(单位: kg)

级　数	P_a	P_m	P_{max}	P_{min}	循环次数 n
1	600	−1 400	−800	−2 000	5 000
2	1 000	3 600	4 600	2 600	60 000
3	2 100	3 600	5 700	1 500	5 000
4	2 400	3 600	6 000	1 200	500
5	2 100	3 600	5 700	1 500	5 000
6	1 000	3 600	4 600	2 600	60 000
7	600	−1 400	−800	−2 000	5 000

表 7.16b　1 000 次飞行载荷谱(载荷谱 II)　　　　　　(单位: kg)

级　数	P_a	P_m	P_{max}	P_{min}	循环次数 n
1	500	−1 400	−900	−1 900	1 000
2	900	−1 400	−500	−2 300	4
3	1 000	3 600	4 600	2 600	12 000
4	2 100	3 600	5 700	1 500	1 000
5	2 400	3 600	6 000	1 200	50
6	3 400	3 600	7 000	200	4
7	2 400	3 600	6 000	1 200	50
8	2 100	3 600	5 700	1 500	1 000
9	1 000	3 600	4 600	2 600	12 000
10	900	−1 400	−500	−2 300	4
11	500	−1 400	−900	−1 900	1 000

　　用上述试件和载荷谱,分别在 PVTN10 吨程序加载疲劳试验机和 JNCJ10 吨程序加载疲劳试验机上做两组疲劳试验,均按程序加载控制,加载频率为(60～2 400)次·min^{-1}。在试验中用肉眼加放大镜对工程裂纹长度 a_0 进行观测,同时用 40 倍水平仪望远镜对小裂纹下限尺寸 a_{min} 进行观测,观测时不停机,选定 a_0 为 1.6 mm。试验得到的疲劳裂纹形成寿命和破坏寿命见表 7.17。

表 7.17 工程裂纹形成寿命疲劳试验结果

5 000 次飞行谱		1 000 次飞行谱	
试验件号	疲劳寿命/飞行小时	试验件号	疲劳寿命/飞行小时
7	28 830	3	20 250
8	39 490	4	18 900
9	35 500	5	47 250
10	21 720	14	45 900
11	33 250	16	55 350
12	46 750		
13	43 090		
平均寿命	35 519	平均寿命	37 530

1) 计算疲劳缺口系数 K_f

首先计算理论应力集中系数 K_T,由式(6.6)可以得到 $K_T = 2.525\ 3$,然后按照 Peterson 公式计算疲劳缺口系数,公式中的材料常数 $a = 0.63$ mm,则

$$K_f = 1 + \frac{K_T - 1}{1 + a/\rho} = 2.354\ 6$$

2) 局部应力应变

首先由表 7.16 的载荷值求出作用在试验件上的净面积名义应力值,然后按照修正的 Neuber 公式求出相应的局部应力应变,计算结果列于表 7.18。由于计算过程和算例 7.1 相同,另外实际计算分析都是由计算机完成的,所以此处只给出计算结果,而不再给出具体的计算过程。

表 7.18a 5 000 次飞行的应力谱(载荷谱 I)

级数	名义应力		局部应力		局部应变	
	S_{max}/MPa	S_{min}/MPa	σ_{max}/MPa	σ_{min}/MPa	ε_{max}/%	ε_{min}/%
1	−27.317	−68.293	−64.80	−160.80	−0.087 9	−0.219 7
2	157.073	88.780	371.02	210.21	0.503 6	0.284 0
3	194.634	51.220	462.53	124.85	0.620 3	0.159 0
4	204.878	40.976	474.48	88.56	0.670 5	0.143 3
5	194.634	51.220	450.36	112.68	0.637 5	0.176 2
6	157.073	88.780	361.92	201.12	0.516 7	0.297 0
7	−27.317	−68.293	−72.24	−168.72	−0.076 4	−0.208 2

表 7.18b 1 000 次飞行的应力谱(载荷谱 II)

级数	名义应力		局部应力		局部应变	
	S_{max}/MPa	S_{min}/MPa	σ_{max}/MPa	σ_{min}/MPa	ε_{max}/%	ε_{min}/%
1	−30.732	−64.878	−72.36	−152.76	−0.098 9	−0.208 7
2	−17.073	−78.537	−40.20	−184.92	−0.054 9	−0.252 6

续表

级数	名义应力		局部应力		局部应变	
	S_{max}/MPa	S_{min}/MPa	σ_{max}/MPa	σ_{min}/MPa	ε_{max}/%	ε_{min}/%
3	157.073	88.780	370.02	210.21	0.503 6	0.284 0
4	194.634	51.220	462.53	124.85	0.620 3	0.159 0
5	204.878	40.976	474.48	88.56	0.670 5	0.143 3
6	239.024	6.829	502.31	−44.42	0.861 2	0.114 4
7	204.878	40.976	421.91	35.99	0.751 4	0.224 2
8	194.634	51.220	397.79	60.11	0.718 5	0.257 2
9	157.073	88.780	309.35	148.55	0.597 6	0.378 0
10	−17.073	−78.537	−100.70	−248.06	0.037 5	−0.156 7
11	−30.732	−64.878	−135.50	−215.90	−0.002 9	−0.112 7

3）疲劳寿命估算

按照 Manson - Coffin 公式求出各级载荷的疲劳寿命和对应的疲劳损伤,采用 Miner 疲劳累积损伤理论估算该结构细节的疲劳寿命。平均应力修正采用 Morrow 的弹性应力线性修正模型。表 7.19 列出了疲劳寿命分析结果,表 7.19a 为 5 000 次飞行谱下疲劳寿命的估算结果,寿命为 5.38 块谱,相当于 72 319 飞行小时。表 7.19b 为 1 000 次飞行谱下疲劳寿命的估算结果,寿命为 33.22 块谱,相当于 89 301 飞行小时。

表 7.19a　疲劳寿命分析结果(5 000 次飞行)

级　数	σ_m/MPa	ε_a/%	循环次数 n	疲劳寿命 N	疲劳损伤 D
1	−112.56	0.065 9	5 000	8.16×10^{11}	0.000 000 01
2	290.61	0.109 8	60 000	7.67×10^{6}	0.007 821 98
3	293.69	0.230 7	5 000	59 929	0.083 432 09
4	281.52	0.263 6	500	35 868	0.013 939 93
5	281.52	0.230 7	5 000	67 326	0.074 265 47
6	281.52	0.109 8	60 000	9.260×10^{6}	0.006 479 45
7	−120.48	0.065 9	5 000	9.00×10^{11}	0.000 000 01
				$\sum D_i$	0.185 938 94

表 7.19b　疲劳寿命分析结果(1 000 次飞行)

级　数	σ_m/MPa	ε_a/%	循环次数 n	疲劳寿命 N	疲劳损伤 D
1	−112.56	0.054 9	1 000	4.81×10^{12}	0
2	−112.56	0.098 9	4	1.59×10^{10}	0
3	290.61	0.109 8	12 000	7.67×10^{6}	0.001 564 39
4	293.69	0.230 7	1 000	59 929	0.016 686 41
5	281.52	0.263 6	50	35 868	0.001 393 99

续表

级　数	σ_m/MPa	ε_a/%	循环次数 n	疲劳寿命 N	疲劳损伤 D
6	228.95	0.373 4	4	11 819	0.000 338 43
7	228.95	0.263 6	50	56 003	0.000 892 80
8	228.95	0.230 7	1 000	113 911	0.008 778 82
9	228.95	0.109 8	12 000	2.68×10^7	0.000 447 88
10	−174.38	0.097 1	4	3.95×10^{10}	0
11	−175.70	0.054 9	1 000	1.02×10^6	0
				$\sum D_i$	0.030 102 72

与表 7.11 给出的疲劳试验结果相比,计算分析得到的疲劳寿命长于疲劳试验得到的疲劳寿命,对于载荷谱 I 两者之比为 2.04,对于载荷谱 II 两者之比为 2.38。产生这一差异的主要原因是试验件较厚,而分析计算用的材料性能数据是由较薄试验件(厚度为 2 mm)试验获得的。

实例 7.2　飞机起落架扭力臂

飞机起落架承受飞机着陆撞击和滑行过程中的载荷,为评估某型飞机起落架使用寿命是否达到设计指标,对其进行疲劳试验和寿命估算。图 7.17 为扭力臂及

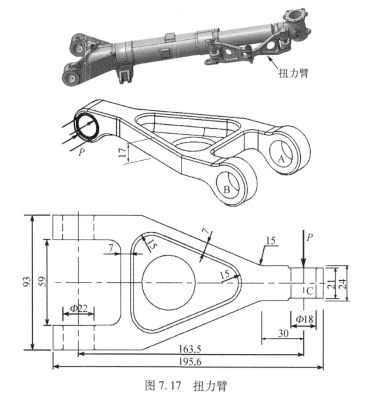

图 7.17　扭力臂

几何尺寸,扭力臂的材料为 30CrMnSiA。载荷边界为在孔 C 的端面环形区域加载 P,位移约束边界为在孔 A 和 B 的内壁三个线方向的位移为 0。

1) 材料性能[10]

30CrMnSiA 高强度钢的弹性模量 $E = 203$ GPa,强度极限 $\sigma_b = 1\,177$ MPa。材料的循环应力-应变曲线参数 $K' = 1\,772$ MPa 和 $n' = 0.127\,0$,应变-寿命曲线的参数为 $\sigma'_f = 1\,864$, $b = -0.086\,0$, $\varepsilon'_f = 2.788$, $c = -0.773\,5$。材料的稳态循环应力应变曲线见图 7.18。

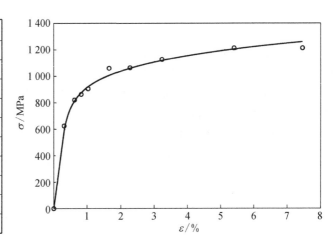

$\varepsilon / \%$	σ / MPa
0	0
0.308	624
0.619	821
0.822	863
1.030	905
1.656	1 059
2.273	1 064
3.234	1 126
5.400	1 213
7.460	1 213

图 7.18　材料循环应力应变曲线

2) 疲劳缺口系数 K_f

扭力臂在任务工况下只受到载荷 P 的作用,首先对扭力臂进行有限元分析以确定疲劳危险部位和理论应力集中系数。有限元网格见图 7.19,共 45 320 个 TED10 单元。在外载荷 $P = 20\,000$ N 作用下的弹性应力云图见图 7.20,最大应力为

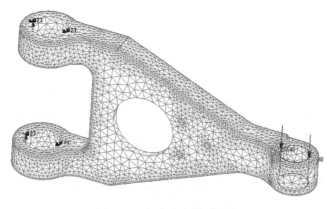

图 7.19　扭力臂有限元网格

图 7.20　扭力臂应力云图

725.10 MPa，出现在扭力臂最小横截面 R 处。由于扭力臂的载荷状态单一，因此可以判定该出为疲劳危险部位。

最大应力部位距离载荷轴线 30 mm，该处的截面积为 17 mm×24 mm，在 $P=20\,000$ N 作用下的名义应力为 367.65 MPa，因此其理论应力集中系数 $K_T=1.972\,3$。按照 Peterson 公式计算得到 $K_f=1.967\,8$，其中曲率半径 $\rho=15$ mm，材料常数 $a=0.070\,2$ 由式(4.8)计算得到。

3）疲劳载荷谱和名义应力谱

按照飞机的任务剖面，该起落架受到 12 种载荷工况的作用，对于扭力臂可归纳为 13 级载荷，对应的飞行起落数为 220 次，载荷谱进行了雨流处理，见表 7.20。名义应力按照材料力学方法计算，计算结果也列于表 7.20。

表 7.20　疲劳载荷谱和名义应力谱（220 次起落）

序　号	P_{max}/N	P_{min}/N	S_{max}/MPa	S_{min}/MPa	n/循环
1	25 850	−22 450	475.18	−412.68	8
2	17 480	−15 190	321.32	−279.23	210
3	16 750	−14 540	307.90	−267.28	5
4	14 080	−8 490	258.82	−156.07	8
5	11 330	−9 840	208.27	−180.88	105
6	9 520	−5 740	175.00	−105.51	210
7	9 120	−5 500	167.65	−101.10	5
8	6 560	0	120.59	0	220
9	6 170	−3 720	113.42	−68.382	105
10	5 380	0	98.90	0	330

序　号	P_{max}/N	P_{min}/N	S_{max}/MPa	S_{min}/MPa	n/循环
11	5 180	0	95.22	0	660
12	4 720	0	86.76	0	220
13	3 380	0	62.13	0	550

4）局部应力应变

飞机的设计寿命为 12 640 个起落,考虑到高强度钢的疲劳分散系数 4~6,扭力臂应该能够承受数百个载荷谱的左右。对于单个载荷谱的疲劳损伤计算,应该将载荷谱按低-高-低排列,然后计算局部应力应变。排列和计算结果列于表 7.21。

表 7.21　应力应变谱

级数	名义应力		局部应力		局部应变	
	S_{max}/MPa	S_{min}/MPa	σ_{max}/MPa	σ_{min}/MPa	ε_{max}/%	ε_{min}/%
1	62.13	0	122.26	0	0.060 2	0
2	95.22	0	187.37	0	0.092 3	0
3	113.42	−68.382	223.19	−134.56	0.110 0	−0.066 3
4	167.65	−101.10	329.90	−198.94	0.162 7	−0.098 0
5	208.27	−180.88	409.83	−355.94	0.202 9	−0.175 7
6	307.90	−267.28	605.89	−525.95	0.319 9	−0.266 1
7	475.18	−412.68	748.16	−730.01	0.549 3	−0.443 8
8	321.32	−279.23	714.35	−467.41	0.267 7	−0.314 5
9	258.82	−156.07	591.36	−225.06	0.207 1	−0.195 1
10	175.00	−105.51	426.42	−125.56	0.125 8	−0.146 1
11	120.59	0	319.36	82.059	0.073 1	−0.043 8
12	98.90	0	276.67	82.059	0.052 0	−0.043 8
13	86.76	0	252.79	82.059	0.040 3	−0.043 8

5）疲劳寿命估算

按照 Manson - Coffin 公式求出各级载荷的疲劳寿命和对应的疲劳损伤,采用 Miner 疲劳累积损伤理论估算该结构细节的疲劳寿命。平均应力修正采用 Morrow 的弹性应力线性修正模型。表 7.22 列出了疲劳寿命分析结果,疲劳寿命为 985.34 块谱,相当于 216 774 次飞行起落,满足设计寿命的要求。

表 7.22　疲劳寿命分析结果(220 次起落)

级　数	σ_m/MPa	ε_a/%	循环次数 n	疲劳寿命 N	疲劳损伤 D /10^{-3}
1	61.13	0.030 1	8	∞	0
2	93.69	0.046 2	210	∞	0
3	44.319	0.088 1	5	∞	0

续表

级　数	σ_m/MPa	ε_a/%	循环次数 n	疲劳寿命 N	疲劳损伤 D /10⁻³
4	65.48	0.130 3	8	∞	0
5	26.95	0.189 3	105	∞	0
6	39.97	0.293 0	210	652 350	0.321 9
7	9.08	0.496 6	5	24 270	0.206 0
8	123.47	0.291 1	220	458 526	0.479 8
9	183.15	0.201 1	105	14 683 227	0.007 1
10	150.43	0.136 0	330	∞	0
11	200.71	0.058 4	660	∞	0
12	179.37	0.047 9	220	∞	0
13	167.42	0.042 1	550	∞	0
				$\sum D_i$	1.014 9

7.4　局部应力应变法的瞬态法

瞬态法遵循材料在循环加载过程中的循环硬化/循环软化、循环蠕变/循环松弛等瞬态行为,反复续反复地计算缺口根部的局部应力应变。在结构局部应力应变分析中,单调循环 $\sigma - \varepsilon$ 曲线是不断变化的,因此瞬态法不需要对载荷谱进行雨流法处理。用局部应力应变法的瞬态法分析结构疲劳寿命通常包括以下几个方面的内容:① 结构的局部应力应变分析;② 用 $\varepsilon_{eq} - N$ 曲线计算各循环下的疲劳寿命;③ 疲劳累积损伤理论的选用以及疲劳寿命的估算。局部应力应变的计算过程与原理已在上节阐述,瞬态法与之的差异和疲劳寿命估算等内容将在下面的例子中解释。

算例7.3　中心孔板

用局部应力应变法的瞬态法重新估算算例 7.1 所示的中心孔板的疲劳寿命。材料疲劳性能数据如下:材料弹性模量 $E = 73.2$ GPa,材料的骨架曲线列于表 7.23,循环硬化造成的屈服强度增量 $\delta\sigma_{Yi} = 45.66 \lg i$,其中 i 为进入塑性的循环次数,循环蠕变/循环松弛系数 $C_{RC} = 0.1$。材料的应变-寿命曲线采用 $\varepsilon_{eq} - N$ 曲线,其参数值为 $m = 0.794$,$A_0 = 4.332 8$,$A_1 = 2.755 1$,$\varepsilon_u = 0.053$,$\varepsilon_e = 0.001 35$。载荷谱见表 7.4,相应的载荷峰谷数编号示意图见图 7.21。

表 7.23　LY12 - CZ 铝合金板的骨架曲线

站号 i	σ_i/MPa	ε_i/%	站号 i	σ_i/MPa	ε_i/%
0	0	0	2	309.1	0.450
1	249.2	0.356	3	327.1	0.500

续表

站号 i	σ_i/MPa	ε_i/%	站号 i	σ_i/MPa	ε_i/%
4	337.1	0.550	10	395.6	2.500
5	348.2	0.700	11	414.8	4.000
6	355.3	0.850	12	451.2	8.000
7	361.0	1.000	13	461.9	10.00
8	370.8	1.300	14	465.7	11.50
9	382.3	1.800	15	470.2	15.10

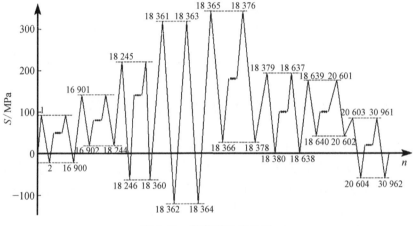

图 7.21　载荷谱及峰谷号

1) 计算疲劳缺口系数 K_f

疲劳缺口系数 K_f 的计算与局部应力应变法的稳态法相同,$K_f = 2.38$。

2) 局部应力应变

由于用瞬态法计算缺口根部的局部应力应变时采用的是瞬态循环应力-应变曲线,其单调应力-应变曲线随着进入塑性次数的增多而不断地变化,因此即使是同样的名义应力,其局部应力应变也会有所不同。下面按照 Neuber 近似解法一个反复接一个反复地演算求解缺口根部的局部应力应变。为避免烦琐,但又能解释清楚,下面给出某些关键的反复求解过程,其余反复的计算过程完全相同。

第 1 个反复

名义应力 S:$0 \rightarrow 93$ MPa,$\Delta S_1 = 93$ MPa,因为 K_f 是基于净面积的,因此名义应力也用净面积应力。净面积名义应力 $\Delta S_{n1} = \Delta S_1 \dfrac{W}{W - D} = 116.25$ MPa。

(1) 计算 Neuber 常数 $C_1 = \dfrac{K_f^2 \Delta S_{n1}^2}{E} = 0.910\,966$。

（2）由可用性系数（表 7.24）和单调循环应力-应变曲线求出相应的双倍 $\Delta\sigma$ - $\Delta\varepsilon$ 曲线（表 7.25）。

表 7.24　可用性系数

拉伸用可用性系数表 F_+								
段号＼峰谷号	0	1,···,16 899 （单号）	2,···,16 900 （双号）	16 901,···,18 243 （单号）	16 902,···,18 244 （双号）	18 245	18 246	···
（1）	1	0	1.307 5	0	1.387 1	0	2	
（2）	1	0.945 4	0.945 4	0	0	0	2	
（3）	1	1	1	0	0	0	2	
（4）	1	1	1	0	0	0	2	
（5）	1	1	1	0.671 6	0.671 6	0	0.716 2	
（6）	1	1	1	1	1	0	1	
（7）	1	1	1	1	1	0	1	
（8）	1	1	1	1	1	0.302 0	1	
（9）	1	1	1	1	1	1	1	
（10）	1	1	1	1	1	1	1	
（11）	1	1	1	1	1	1	1	
（12）	1	1	1	1	1	1	1	
（13）	1	1	1	1	1	1	1	
（14）	1	1	1	1	1	1	1	
（15）	1	1	1	1	1	1	1	

压缩用可用性系数表 F_-								
段号＼站号	0	1,···,16 899 （单号）	2,···,16 900 （双号）	16 901,···,18 243 （单号）	16 902,···,18 244 （双号）	18 245	18 246	···
（1）	1	2	0.692 5	2	0.612 9	2	0	
（2）	1	1.054 6	1.054 6	2	2	2	0	
（3）	1	1	1	2	2	2	0	
（4）	1	1	1	2	2	2	0	
（5）	1	1	1	1.328 4	1.328 4	2	1.283 8	
（6）	1	1	1	1	1	2	1	
（7）	1	1	1	1	1	2	1	
（8）	1	1	1	1	1	1.680	1	
（9）	1	1	1	1	1	1	1	
（10）	1	1	1	1	1	1	1	
（11）	1	1	1	1	1	1	1	
（12）	1	1	1	1	1	1	1	
（13）	1	1	1	1	1	1	1	
（14）	1	1	1	1	1	1	1	
（15）	1	1	1	1	1	1	1	

表 7.25　第 1 个反复的单调循环 $\sigma - \varepsilon$ 曲线和双倍 $\Delta\sigma - \Delta\varepsilon$ 曲线

站号 i	单调循环 $\sigma - \varepsilon$ 曲线		双倍 $\Delta\sigma - \Delta\varepsilon$ 曲线		Neuber 常数
	σ_i/MPa	$\varepsilon_i/\%$	$\Delta\sigma_i/\mathrm{MPa}$	$\Delta\varepsilon_i/\%$	$C_i/\%$
0	0	0	0	0	0
1	249.2	0.356	249.2	0.356	88.715 2
2	309.1	0.450	309.1	0.450	139.095
3	327.1	0.500	327.1	0.500	163.550
4	337.1	0.550	337.1	0.550	185.405
5	348.2	0.700	348.2	0.700	243.740
6	355.3	0.850	355.3	0.850	302.005
7	361.0	1.000	361.0	1.000	361.000
8	370.8	1.300	370.8	1.300	482.040
9	382.3	1.800	382.3	1.800	688.140
10	395.6	2.500	395.6	2.500	989.000
11	414.8	4.000	414.8	4.000	1 659.20
12	451.2	8.000	451.2	8.000	3 609.60
13	461.9	10.00	461.9	10.00	4 619.00
14	465.7	11.50	465.7	11.50	5 355.55
15	470.2	15.10	470.2	15.10	7 100.02

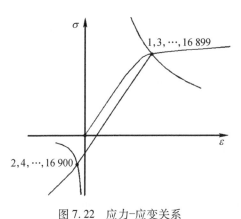

图 7.22　应力-应变关系

（3）求交点 $P_1(\Delta\sigma_1, \Delta\varepsilon_1)$：因为 C_1 大于双倍 $\Delta\sigma - \Delta\varepsilon$ 曲线（1）号站点的 C 值而小于（2）号站点的 C 值，所以交点 P_1 在第 2 段上。通过代数运算求出双曲线和双倍曲线的交点 P_1 的坐标为（252.37，0.003 610），参见图 7.22。

（4）修改可用性系数（表 7.24）。

（5）按式（7.4）求此应力应变在绝对坐标系（σ, ε）中的值 σ_1 和 ε_1：

$$\sigma_1 = \sigma_0 + \mathrm{sign}(\Delta S_1) \cdot \Delta\sigma_1$$
$$= 0 + 252.37 = 252.37 \ \mathrm{MPa}$$
$$\varepsilon_1 = \varepsilon_0 + \mathrm{sign}(\Delta S_1) \cdot \Delta\varepsilon_1$$
$$= 0 + 0.003 610 = 0.003 610$$

第 2 至第 16 900 个反复

第 2 个反复：93→−22 MPa，名义应力变程为 $\Delta S_2 = -22-93 = -115（\mathrm{MPa}）$，净面积名义应力 $\Delta S_{n2} = -136.90 \ \mathrm{MPa}$。处于反向加载的双倍 $\Delta\sigma - \Delta\varepsilon$ 曲线（表 7.26）的第（1）段的线性范围内（图 7.22）。双曲线和瞬态循环应力-应变曲线的交点为（325.83，0.004 654），在绝对坐标系中的应力应变值为

$$\sigma_2 = \sigma_1 + \mathrm{sign}(\Delta S_2) \cdot \Delta\sigma_2 = 252.37 - 325.83 = -73.46 \text{ MPa}$$

$$\varepsilon_2 = \varepsilon_1 + \mathrm{sign}(\Delta S_2) \cdot \Delta\varepsilon_2 = 0.003\,610 - 0.004\,654 = -0.001\,044$$

表 7.26　第 2 至第 16 900 个反复的单调循环 $\sigma\text{-}\varepsilon$ 曲线和双倍 $\Delta\sigma\text{-}\Delta\varepsilon$ 曲线

站号 i	单调循环 $\sigma\text{-}\varepsilon$ 曲线		双倍 $\Delta\sigma\text{-}\Delta\varepsilon$ 曲线		Neuber 常数 $C_i/\%$
	σ_i/MPa	$\varepsilon_i/\%$	$\Delta\sigma_i/\text{MPa}$	$\Delta\varepsilon_i/\%$	
0	0	0	0	0	0
1	249.2	0.356	498.4	0.712	354.860 8
2	309.1	0.450	618.2	0.900	556.380 0
3	327.1	0.500	654.2	1.000	654.200 0
4	337.1	0.550	674.2	1.100	741.620 0
5	348.2	0.700	696.4	1.400	974.960 0
6	355.3	0.850	710.6	1.700	1 208.020
7	361.0	1.000	722.0	2.000	1 444.000
8	370.8	1.300	741.6	2.600	1 928.160
9	382.3	1.800	764.6	3.600	2 752.560
10	395.6	2.500	791.2	5.000	3 956.000
11	414.8	4.000	829.6	8.000	6 636.800
12	451.2	8.000	902.4	16.00	14 438.40
13	461.9	10.00	923.8	20.00	18 476.00
14	465.7	11.50	931.4	23.00	21 422.20
15	470.2	15.10	940.4	30.20	28 400.08

从第 3 个反复至第 16 900 个反复,局部应力应变均在线性范围内,应力应变增量与第 2 个反复相同。

第 16 901 个反复

名义应力 $\Delta S_{16\,901} = S_{16\,901} - S_{16\,900} = 163$ MPa,净面积名义应力 $\Delta S_{n16\,901} = 194.05$ MPa。

(1) 计算 Neuber 常数 $C_{16\,901} \dfrac{K_f^2 \Delta S_{n16\,901}^2}{E} = 2.913\,870$。

(2) 屈服强度增量 $\delta\sigma_{Y1} = 45.66\,\lg 1 = 0$,由可用性系数(表 7.24)和单调循环应力-应变曲线求出相应于本次反复的双倍 $\Delta\sigma\text{-}\Delta\varepsilon$ 曲线(表 7.27)。

(3) 求交点 $P_{16\,901}(\Delta\sigma_{16\,901},\ \Delta\varepsilon_{16\,901})$:因为 $C_{16\,901}$ 大于双倍 $\Delta\sigma\text{-}\Delta\varepsilon$ 曲线站点 4 的 C 值而小于站点 5 的 C 值,所以交点 $P_{16\,901}$ 在第 5 段上。通过代数运算求出双曲线和双倍曲线的交点 $P_{16\,901}$ 点的坐标为(414.10, 0.007 037)。

(4) 修改可用性系数(表 7.24)。

(5) 按式(7.4)求此应力应变在绝对坐标系 $(\sigma,\ \varepsilon)$ 中的值 $\sigma_{16\,901}$ 和 $\varepsilon_{16\,901}$

$$\sigma_{16\,901} = \sigma_{16\,900} + \mathrm{sign}(\Delta S_{16\,901}) \cdot \Delta\sigma_{16\,901} = 340.64 \text{ MPa}$$

$$\varepsilon_{16\,901} = \varepsilon_{16\,900} + \mathrm{sign}(\Delta S_{16\,901}) \cdot \Delta\varepsilon_{16\,901} = 0.005\,993$$

表 7.27　第 16 901 个反复的单调循环 σ - ε 曲线和双倍 $\Delta\sigma$ - $\Delta\varepsilon$ 曲线

站号 i	单调循环 σ - ε 曲线		双倍 $\Delta\sigma$ - $\Delta\varepsilon$ 曲线		Neuber 常数 C_i/%
	σ_i/MPa	ε_i/%	$\Delta\sigma_i$/MPa	$\Delta\varepsilon_i$/%	
0	0	0	0	0	0
1	249.2	0.356	325.83	0.465 5	151.664 1
2	309.1	0.450	382.46	0.554 4	212.035 8
3	327.1	0.500	400.46	0.604 4	242.038 0
4	337.1	0.550	410.46	0.654 4	268.605 0
5	348.2	0.700	421.56	0.804 4	339.102 9
6	355.3	0.850	428.66	0.954 4	409.113 1
7	361.0	1.000	434.36	1.104 4	479.702 2
8	370.8	1.300	444.16	1.404 4	623.778 3
9	382.3	1.800	455.66	1.904 4	867.758 9
10	395.6	2.500	468.96	2.604 4	1 221.359
11	414.8	4.000	488.16	4.104 4	2 022.935
12	451.2	8.000	524.56	8.104 4	4 251.244
13	461.9	10.00	535.26	10.104 4	5 408.481 1
14	465.7	11.50	539.06	11.104 4	6 255.468
15	470.2	15.10	543.56	15.204 4	8 264.504

第 16 902 至第 18 244 个反复

第 16 902 个反复的名义应力变程为 $\Delta S_{16\,902}$ = - 122 MPa,净面积名义应力 $\Delta S_{n16\,902}$ = -145.24 MPa,处于反向加载的双倍 $\Delta\sigma$ - $\Delta\varepsilon$ 曲线的第(1)段的线性范围内。双曲线和瞬态循环应力-应变曲线的交点为(345.67, 0.004 722),在绝对坐标系中的应力应变值为

$$\sigma_{16\,902} = \sigma_{16\,901} + \text{sign}(\Delta S_{16\,902}) \cdot \Delta\sigma_{16\,902} = -5.03 \text{ MPa}$$

$$\varepsilon_{16\,902} = \varepsilon_{16\,901} + \text{sign}(\Delta S_{16\,902}) \cdot \Delta\varepsilon_{16\,902} = 0.001\,271$$

从第 16 903 个反复至第 18 244 个反复,局部应力应变均在线性范围内,应力应变增量与第 16 902 个反复相同。

第 18 245 个反复

名义应力 $\Delta S_{18\,245} = S_{18\,245} - S_{18\,244} = 201$ MPa,净面积名义应力 $\Delta S_{n18\,245}$ = 239.29 MPa。

(1) 计算 Neuber 常数 $C_{18\,245} = \dfrac{K_f^2 \Delta S_{n18\,245}^2}{E} = 4.430\,900$。

(2) 进入塑性两次,其屈服强度增量 $\delta\sigma_{Y2} = 45.66 \lg 2 = 13.75$ MPa,由可用性系数(表 7.24)和单调循环应力-应变曲线求出相应于本次反复的双倍 $\Delta\sigma$ - $\Delta\varepsilon$ 曲线(表 7.28)。

（3）求交点 $P_{18\,245}(\Delta\sigma_{18\,245}, \Delta\varepsilon_{18\,245})$：因为 $C_{18\,245}$ 大于双倍 $\Delta\sigma$ - $\Delta\varepsilon$ 曲线站点 7 的 C 值而小于站点 8 的 C 值，所以交点 $P_{18\,245}$ 在第 8 段上。通过代数运算求出双曲线和双倍曲线的交点 $P_{18\,245}$ 点的坐标为（391.76, 0.011 310）。

（4）修改可用性系数（表 7.24）。

（5）按式（7.4）求此应力应变在绝对坐标系（σ, ε）中的值 $\sigma_{18\,245}$ 和 $\varepsilon_{18\,245}$：

$$\sigma_{18\,245} = \sigma_{18\,244} + \text{sign}(\Delta S_{18\,245}) \cdot \Delta\sigma_{18\,245} = 386.73 \text{ MPa}$$

$$\varepsilon_{18\,245} = \varepsilon_{18\,244} + \text{sign}(\Delta S_{18\,245}) \cdot \Delta\varepsilon_{18\,245} = 0.012\,581$$

表 7.28　第 18 245 个反复的单调循环 σ - ε 曲线和双倍 $\Delta\sigma$ - $\Delta\varepsilon$ 曲线

站号 i	单调循环 σ - ε 曲线		双倍 $\Delta\sigma$ - $\Delta\varepsilon$ 曲线		Neuber 常数
	σ_i/MPa	ε_i/%	$\Delta\sigma_i$/MPa	$\Delta\varepsilon_i$/%	C_i/%
0	0	0	0	0	0
1	262.9	0.375 6	364.67	0.521 0	189.993 1
2	322.8	0.469 6	364.67	0.521 0	189.993 1
3	340.8	0.519 6	364.67	0.521 0	189.993 1
4	350.8	0.569 6	364.67	0.521 0	189.993 1
5	361.9	0.719 6	372.12	0.621 7	231.347 0
6	369.0	0.869 6	379.22	0.771 7	292.644 1
7	374.7	1.019 6	384.92	0.921 7	354.780 8
8	384.5	1.319 6	394.72	1.221 7	482.229 4
9	396.0	1.819 6	406.22	1.721 7	699.389 0
10	409.3	2.519 6	419.52	2.421 7	1 015.952
11	428.5	4.019 6	438.72	3.921 7	1 720.528
12	464.9	8.019 6	475.12	7.921 7	3 763.758
13	475.6	10.019 6	485.82	9.921 7	4 820.160
14	479.4	11.519 6	489.62	11.427 1	5 592.293
15	483.9	15.119 6	494.12	15.021 7	7 422.522

第 18 246 个反复

名义应力 $\Delta S_{18\,246} = S_{18\,246} - S_{18\,245} = 284$ MPa，净面积名义应力 $\Delta S_{n18\,285} = 338.10$ MPa。

（1）计算 Neuber 常数 $C_{18\,246} \dfrac{K_f^2 \Delta S_{n18\,246}^2}{E} = 8.845\,471$。

（2）进入塑性的循环次数为两次，其屈服强度增量 $\delta\sigma_{Y2} = 45.66 \lg 2 = 13.75$ MPa，由可用性系数（表 7.24）和单调循环应力-应变曲线求出相应于本次反复的双倍 $\Delta\sigma$ - $\Delta\varepsilon$ 曲线（表 7.29）。

（3）求交点 $P_{18\,246}(\Delta\sigma_{18\,246}, \Delta\varepsilon_{18\,246})$：因为 $C_{18\,246}$ 大于双倍 $\Delta\sigma$ - $\Delta\varepsilon$ 曲线站点 4 的 C 值而小于站点 5 的 C 值，所以交点 $P_{18\,246}$ 在第 5 段上。通过代数运算求出双曲线和双倍曲线的交点 $P_{18\,246}$ 点的坐标为（709.55, 0.012 466）。

（4）修改可用性系数（表 7.24）。

（5）按式（7.4）求此应力应变在绝对坐标系（σ，ε）中的值 $\sigma_{18\,246}$ 和 $\varepsilon_{18\,246}$

$$\sigma_{18\,246} = \sigma_{18\,245} + \text{sign}(\Delta S_{18\,246}) \cdot \Delta\sigma_{18\,246} = -322.82 \text{ MPa}$$

$$\varepsilon_{18\,246} = \varepsilon_{18\,245} + \text{sign}(\Delta S_{18\,246}) \cdot \Delta\varepsilon_{18\,246} = 0.000\,115$$

表 7.29　第 18 246 个反复的单调循环 σ - ε 曲线和双倍 $\Delta\sigma$ - $\Delta\varepsilon$ 曲线

站号 i	单调循环 σ - ε 曲线		双倍 $\Delta\sigma$ - $\Delta\varepsilon$ 曲线		Neuber 常数 C_i/%
	σ_i/MPa	ε_i/%	$\Delta\sigma_i$/MPa	$\Delta\varepsilon_i$/%	
0	0	0	0	0	0
1	262.9	0.375 6	525.800	0.751 2	394.981 0
2	322.8	0.469 6	645.600	0.939 2	606.347 5
3	340.8	0.519 6	681.600	1.039 2	708.318 7
4	350.8	0.569 6	701.600	1.139 2	799.262 7
5	361.9	0.719 6	723.800	1.439 2	1 041.693
6	369.0	0.869 6	738.000	1.739 2	1 283.530
7	374.7	1.019 6	749.400	2.039 2	1 528.176
8	384.5	1.319 6	765.864	2.543 2	1 947.745
9	396.0	1.819 6	777.364	3.043 2	2 365.674
10	409.3	2.519 6	790.664	3.743 2	2 959.613
11	428.5	4.019 6	809.864	5.243 2	4 246.279
12	464.9	8.019 6	846.264	9.243 2	7 822.187
13	475.6	10.019 6	856.964	11.243 2	9 635.018
14	479.4	11.519 6	860.764	12.743 2	10 968.89
15	483.9	15.119 6	865.264	16.343 2	14 141.18

按此方法一个反复接一个反复地计算局部应力应变,计算得到的局部应力历程如图 7.23 所示,局部应变历程如图 7.24 所示。可见由于瞬态效应,局部应力应

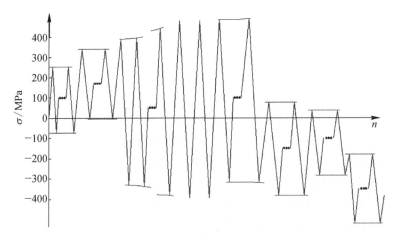

图 7.23　局部应力历程

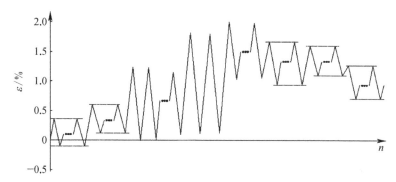

图 7.24　局部应变历程

变历程与稳态法的计算结果有一些差别。

　　根据局部应力应变按式(2.52)计算等效应变,然后按式(2.53)计算各个循环所对应的疲劳寿命,计算过程见表 7.30。计算结果为:一块谱的疲劳损伤为 0.047 22,疲劳寿命为 $C_P = 21.2$ 块谱,与稳态法的结果十分接近。

表 7.30　疲劳寿命估算

级数	$\Delta\varepsilon/\%$	$\Delta\sigma_{max}/MPa$	循环次数 n	$\varepsilon_{eq}/\%$	疲劳寿命 N	疲劳损伤 D
1	0.361 0	252.4	0.5	0.357 6	543 386	0.000 000 92
	0.465 4	252.4	8 450	0.437 5	233 763	0.036 147 71
2	0.703 7	340.6	0.5	0.646 2	54 947	0.000 009 10
	0.472 2	340.6	671.5	0.470 8	175 574	0.003 824 59
3	1.131 0	386.7	0.5	0.966 9	13 544	0.000 036 92
	1.246 6	386.7	0.5	1.044 5	10 344	0.000 048 34
	1.231 7	395.3	0.5	1.039 3	10 527	0.000 047 49
	⋮	⋮	⋮	⋮	⋮	⋮
	1.066 5	450.9	0.5	0.952 5	14 268	0.000 039 60
4	1.712 7	478.9	0.5	1.404 7	3 556	0.000 140 61
	1.709 1	478.9	0.5	1.402 4	3 578	0.000 139 73
	1.707 6	479.2	0.5	1.401 6	3 586	0.000 139 43
	1.706 2	479.2	0.5	1.400 1	3 595	0.000 139 09
5	1.887 4	484.9	0.5	1.521 2	2 628	0.000 190 25
	0.956 6	484.9	0.5	0.886 9	18 270	0.000 027 37
	⋮	⋮	⋮	⋮	⋮	⋮
	0.943 8	491.5	0.5	0.879 9	18 777	0.000 026 63
6	0.642 5	77.32	0.5	0.442 9	222 628	0.000 002 25
	0.747 0	77.32	129.5	0.499 2	140 391	0.000 922 42
7	0.681 2	36.9	0.5	0.398 4	341 837	0.000 001 46
	0.522 5	36.9	981.5	0.322 8	870 363	0.001 127 69
8	0.170 3	−179.7	0.5	0	—	0
	0.561 3	−179.7	5 179.5	0	—	0
	0.228 4	−384.5	0.5	0	—	0

7.5　小　结

尽管局部应力应变法是一种比较成熟的估算疲劳裂纹形成寿命的方法,相对于名义应力法其精度较高,而且在工程上得到了广泛的应用,但该方法除了 7.1.3 节讨论过的问题外,还有一些其他的缺陷:

（1）不能考虑应力集中处的应力梯度和多轴应力的影响;

（2）基本关系式是经验公式,计算时需要的材料性能参数较多,有的参数（如 K_f）不易确定,因此,对于某些情况计算结果的精度稳定性较差。

参 考 文 献

[1]　Morrow J D, Wetzel R M, Topper T H. Laboratory simulation of structural fatigue behavior// Rosenfeld M. Effects of Environment and Complex Load History on Fatigue Life. ASTM STP 462, 1970: 74 - 91.

[2]　Neuber H. Theory of stress concentration for shear-strained prismatical bodies with arbitrary nonlinear stress strain laws. Journal of Applied Mechanics, 1961, 28: 544 - 550.

[3]　Seeger T, Heuler P. Generalized application of Neuber's rule. Journal of Testing and Evaluation, 1980, 8(4): 199 - 204.

[4]　Topper T H, Wetzel R M, Morrow J D. Neuber's rule applied to fatigue of notched specimens. Journal of Materials, 1969, 4(1): 200 - 209.

[5]　康国政. 非弹性本构理论及其有限元实现. 成都: 西南交通大学出版社,2010.

[6]　航空工业部科学技术委员会. 应变疲劳分析手册. 北京: 科学出版社,1987.

[7]　Crews J H, Jr. Crack initiation at stress concentration as influenced by prior local plasticity// Achievement of High Fatigue Resistance in Metals and Alloys. ASTM STP 467, 1970: 37 - 52.

[8]　Gates N, Fatemi A. Notched fatigue behavior and stress analysis under multiaxial states of stress. International Journal of Fatigue, 2014, 67: 2 - 14.

[9]　Varvani-Farahani A, Sharma M, Kianoush M R. Fatigue damage analysis and life assessment under variable amplitude loading conditions. Materials Science and Engineering A, 2005, 403: 42 - 47.

[10]　吴学仁. 飞机结构金属材料力学性能手册. 第 1 卷. 静强度/疲劳/耐久性. 北京: 航空工业出版社,1996: 466 - 469.

第8章 应力应变场强法

应力应变场强法基于材料的循环应力-应变曲线,通过弹塑性有限元分析计算缺口件的应力场强度-时间历程或应变场强度-时间历程,然后根据材料的 $S-N$ 曲线或 $\varepsilon - N$ 曲线,结合累积疲劳损伤理论,估算缺口件的疲劳寿命。

本章将主要介绍应力应变场强法估算结构疲劳寿命的基本原理及其试验验证,同时用应力应变场强法解释某些名义应力法和局部应力应变法无法解释的疲劳现象,如疲劳缺口系数 K_f、疲劳尺寸系数 ε、疲劳加载方式因子 C_L、疲劳极限图等,最后介绍几个用应力场强法(SFIA)估算结构疲劳寿命的例子或实例。

8.1 应力场强法基本原理

8.1.1 基本原理

结构件必定存在各种形式的"缺口",这些缺口是一切工程结构的"薄弱环节"。无论是在静载、循环载荷,还是动载荷下,结构的强度都取决于缺口强度。缺口通常控制着整个结构件的强度和寿命。在疲劳研究史上,有许多学者已经注意到应力峰值点周围的应力梯度与应力应变场对疲劳寿命或疲劳强度的影响。作者[1-4]在前人工作[5]的基础上,按照材料的破坏机理和疲劳损伤的微观、细观与宏观研究结果,提出了一个辩证地处理缺口的局部和整体的参数——场强来反映缺口件受载的严重程度,并假定:若缺口根部的应力应变场强度的历程与光滑试件的应力应变场强度的历程相同,则两者具有相同的寿命,见图8.1。

$$\sigma_{FI} = \frac{1}{V}\int_{\Omega} f(\sigma_{ij})\phi(r)\,dv$$

$$\varepsilon_{FI} = \frac{1}{V}\int_{\Omega} f(\varepsilon_{ij})\phi(r)\,dv$$

$$(8.1)$$

式中,σ_{FI} 和 ε_{FI} 为缺口应力场或应变场强度;Ω 为缺口疲劳破坏区;V 为 Ω 的体积;$f(\sigma_{ij})$ 和 $f(\varepsilon_{ij})$ 为破坏函数;$\phi(r)$ 为权函数。考虑到简洁,此处在符号上没有区分应力场强和应变场强表达式中 f 和 ϕ 的不同,实际上他们可能是不同的。由于式(8.1)中两个式子在形式上相同,在下面章节中以应力场强为代表进行阐述。

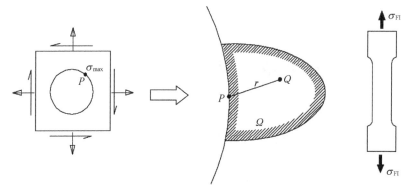

图 8.1   应力场强法模型

对于平面问题,式(8.1)可写作

$$\sigma_{\mathrm{FI}} = \frac{1}{S} \int_D f(\sigma_{ij}) \phi(\boldsymbol{r}) \,\mathrm{d}s \tag{8.1a}$$

式中,S 为区域 D 的面积。

式(8.1)中的各参量分别解释如下:

1) 缺口破坏区 Ω

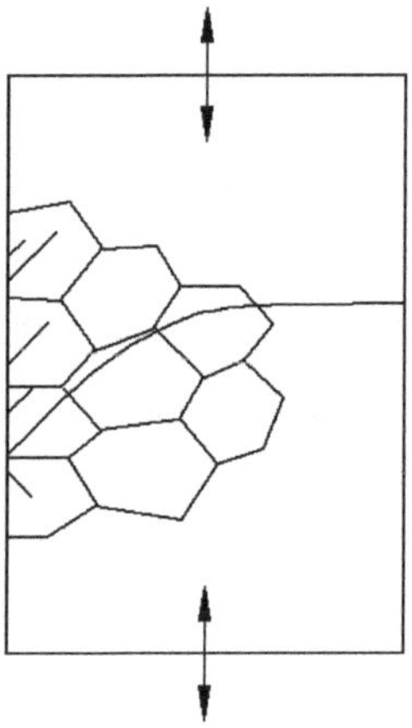

Ω 的大小和形状与疲劳破坏机理有关。疲劳裂纹萌生有多种模式,如滑移带挤入挤出模型、位错塞积模型、位错反应模型等[6],但不论哪种模式,疲劳裂纹的萌生都与萌生处数个晶粒至数十个晶粒内疲劳损伤的累积有关,参见图 8.2。所谓的疲劳损伤是指由于"外力"作用,材料的微观结构产生不可逆的变化。场强法基于这种思想认为缺口疲劳破坏区只与材料性能有关,而与外载荷、应力应变分布、缺口几何形状等无关。

对于超高周疲劳(VHCF),疲劳裂纹有可能源自亚表面[7],但一般情况下裂纹的萌生总是源于试件的表面、缺口根部的局部高应力区。不同的材料,有着不同的晶粒尺寸、缺陷分布、组织结构等微观特征。对于疲劳问题,Ω 一般为数个晶粒的尺寸。若要作更详细的分析,可引入随机变量

图 8.2   疲劳裂纹萌生与扩展路径示意图

的概念,因为材料的晶粒、缺陷等微观参数是随机变量,而导致了 Ω 也是一个随机变量。但是要将疲劳损伤区域的形状和大小与疲劳破坏机制定量地联系起来,在目前尚有一定的困难。从宏观力学的角度,可以认为破坏区是以缺口根部为圆心的一个圆或椭圆,正如图 8.1 所示的疲劳破坏区的形状,目前主要通过试验确定某一类材料缺口疲劳破坏区的场径。

2）破坏函数 $f(\sigma_{ij})$

$f(\sigma_{ij})$ 反映了材料和应力场两个因素对缺口强度的影响,函数 $f(\sigma_{ij})$ 的具体形式涉及材料的破坏机理,它回答的问题是:处于均匀应力应变场的光滑试验件,导致其疲劳损伤逐步累积以至疲劳破坏的"驱动力"是什么?

材料的强度理论已有了广泛而深入的研究,材料不同,适用的强度理论也有所不同。对于疲劳破坏,情况也有点类似。不同的材料其 $f(\sigma_{ij})$ 不同,在比例加载下,对于碳钢、铝合金、钛合金等宏观各向同性韧性金属材料, $f(\sigma_{ij})$ 可用 von Mises 等效应力公式;对铸铁类金属材料, $f(\sigma_{ij})$ 可用最大应力公式;对于各向异性材料可采用 Tsai‐Hill 或 Tsai‐Wu 准则。

同时, $f(\sigma_{ij})$ 应充分包含不同应力状态的影响,即使最大应力相同,但若应力状态不同,则应力强度 σ_{FI} 也不同,因此式(8.1)可以处理多轴应力状态的问题。由于大多数工程结构材料为各向同性弹塑性金属材料,在多轴比例载荷下 $f(\sigma_{ij})$ 可用 von Mises 等效应力公式

$$f(\sigma_{ij}) = \frac{1}{\sqrt{2}}\left[(\sigma_1-\sigma_2)^2+(\sigma_2-\sigma_3)^2+(\sigma_3-\sigma_1)^2\right]^{\frac{1}{2}} \tag{8.2}$$

式中, σ_1、σ_2 和 σ_3 为主应力。在多轴非比例载荷下,可采用临界面法给出的破坏函数,详细内容见第 9 章。

3）权函数 $\phi(r)$

$\phi(r)$ 在物理上表征 Q 点处应力对 P 点处峰值应力的贡献。从疲劳破坏的机理看,① 材料的疲劳损伤累积不是在缺口根部一"点"处进行的(图 8.2),因此疲劳损伤的累积不仅与缺口根部的最大应力应变有关,而且还与某一范围内的应力应变场有关;② 所谓的"疲劳损伤"是材料微观结构内部的不可逆的变化,这种变化大多与形变有关,而形变在自由表面处容易,在内部由于晶粒间的相互约束相对困难。因此定性地看,自由表面处对于疲劳损伤的贡献大些,内部的贡献相对小些。一般而言,缺口根部的应力集中最严重。所以有:

（1）$0\leqslant\phi(r)\leqslant1$,且 $\phi(r)$ 是关于 $|r|$ 的广义单调降函数。

（2）$\phi(0)\equiv1$,缺口根部最大应力处对疲劳裂纹萌生的贡献最大。

（3）当应力梯度为 0 时, $\phi(r)\equiv1$。光滑试件或全屈服试件在破坏区各处对疲劳裂纹萌生的贡献相同。

对各向同性材料,弹性应力分布只与缺口几何形状有关,因此 $\phi(r)$ 也只与缺口几何形状有关;而对于各向异性材料, $\phi(r)$ 还与材料的弹性性能有关。关于 $\phi(r)$ 的具体形式可以有多种。$\phi(r)$ 应与距离 $|r|$ 和方向 θ 有关,此处取其一级近似如下:

$$\phi(r) = 1 - cr(1+\sin\theta) \tag{8.3}$$

式中, c 为与应力梯度有关的系数,如可取其为相对应力梯度:

$$c = \left| \frac{1}{\sigma_{\max}} \cdot \frac{\mathrm{d}\sigma}{\mathrm{d}r} \right| \tag{8.4}$$

4）破坏准则

对于光滑试件，$K_T = 1$，因此 $\phi(r) = 1$；在光滑试件内可以认为应力处处大小相等，所以，破坏应力函数 $f(\sigma_{ij}) \equiv$ 常数。按场强的定义式（8.1），$\sigma_{FI} = f(\sigma_{ij})$，当 $\sigma_{FI} = f(\sigma_{ij}) \geqslant \sigma_f$ 时光滑试件发生破坏，由于场强法的定义也广泛地适用于缺口试件，因此破坏准则为

$$\sigma_{FI} \geqslant \sigma_f \tag{8.5}$$

即当缺口试件的场强 σ_{FI} 大于等于同种材料的光滑试件的场强 σ_{FI} 时，缺口试件破坏。

8.1.2　应力场强法基本假设的试验验证

为了验证应力场强法的基本假设是否合理，设计了两种试验件，并进行了验证试验[4]。

1. 双孔试验件

材料为 LY12 - CZ 铝板，厚 2 mm，顺纤维方向为加载方向，几何尺寸偏差 < 0.1 mm，孔和缺口尺寸偏差 < 0.05 mm，作了铰孔处理。每种试件有两个疲劳危险区，为减小分散性，同种试验件取自同一块板，且叠在一起一次加工完成，试验件及其几何尺寸见图 8.3（单位：mm）和表 8.1。

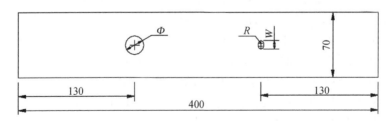

图 8.3　双孔试验件（DH）

表 8.1　两种双孔试验件几何尺寸

试 验 件	DH - A	DH - B
圆孔直径 Φ /mm	26	20
腰心孔长 W /mm	6.5	9
腰心孔半径 R /mm	1.5	3

1）试验结果

验证试验是在 MTS 疲劳试验机上完成的。其中试件 DH - A 共有 12 件,6 个试件所加的外载荷为 80 MPa,其余试件所加外载荷为 150 MPa,其试验结果见表 8.2。3 个 DH - B 试件所加外载荷为 98 MPa,其试验结果见表 8.3。夹持端的长度为 50 mm。

表 8.2　DH - A 组试件的试验结果

试件编号	载荷 /MPa	频率 /Hz	疲劳寿命	试验观察结果
DH - A01	80.0	12	122 734	圆孔处出现裂纹
DH - A02	80.0	12	113 000	圆孔处出现裂纹
DH - A03	80.0	12	169 235	圆孔处出现裂纹
DH - A04	80.0	12	144 708	圆孔处出现裂纹
DH - A05	80.0	12	122 469	圆孔处出现裂纹
DH - A06	80.0	12	143 164	圆孔处出现裂纹
DH - A07	150.0	6	15 900	圆孔处出现裂纹
DH - A08	150.0	6	18 952	圆孔处出现裂纹
DH - A09	150.0	6	18 518	圆孔两边出现裂纹
DH - A10	150.0	6	16 426	腰形孔处出现裂纹
DH - A11	150.0	6	15 649	圆孔和腰形孔出现裂纹
DH - A12	150.0	6	17 741	圆孔两边出现裂纹

表 8.3　DH - B 组试件的试验结果

试件编号	载荷 /MPa	频率 /Hz	疲劳寿命	试验观察结果
DH - B01	98.0	14	136 600	腰形孔边产生裂纹并断裂
DH - B02	98.0	14	181 890	腰形孔边产生裂纹并断裂
DH - B03	98.0	14	166 300	腰形孔边产生裂纹并断裂

2）理论分析

采用弹塑性有限元计算了 DH - A、DH - B 两组试件的最大应力 σ_{max} 和场强 σ_{FI},其结果列于表 8.4。用式(8.1)计算 σ_{FI} 时取 $f(\sigma_{ij})$ 为 von Mises 等效应力,LY12 - CZ 材料的场径 D 取 0.185 mm[8]。

表 8.4　应力场强法理论计算结果

试　件	K_T	K_f	名义应力 S/MPa	最大应力 σ_{max}/MPa	应力场强 σ_{FI}/MPa
A 试件圆孔	2.27	2.19	80	286.11	247.62
			150	363.55	320.06
A 试件腰形孔	3.42	2.68	80	297.66	239.33
			150	366.55	319.24
B 试件圆孔	2.44	2.34	98	316.64	276.06
B 试件腰形孔	2.75	2.43	98	341.40	279.23

注：K_T 按净面积计算；K_f 按 Peterson 公式计算,取 $a_0 = 0.63$ mm。

　　图 8.4~图 8.6 分别给出了试验件孔附近韧带上 von Mises 等效应力的分布。从中可以看到,腰形孔边的最大应力大于圆孔边的最大应力,但腰形孔的应力梯度较大,因此圆孔的应力场强度大于腰形孔的应力场强度。表 8.5 给出了该试验件采用不同方法估算得到的疲劳寿命的预测结果,估算中采用的材料性能数据取自《飞机结构金属材料力学性能手册》[9]。

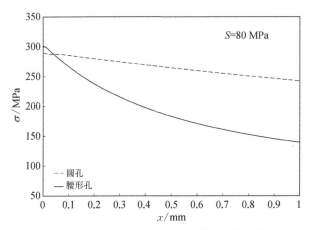

图 8.4　试件 DH－A 的中心圆孔和腰形孔韧带上的应力分布(S=80 MPa)

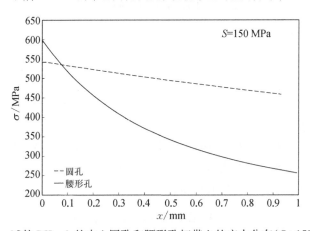

图 8.5　试件 DH－A 的中心圆孔和腰形孔韧带上的应力分布(S=150 MPa)

表 8.5　不同方法计算所得疲劳寿命与试验疲劳寿命

危险部位		疲劳寿命			试验寿命平均值
		局部应力应变法	名义应力法	应力场强法	
A 试件中心圆孔	S = 80 MPa	42 053	741 343	202 770	135 885
	S = 150 MPa	1 963	56 501	32 773	17 352
B 试件腰形孔	S = 98.0 MPa	46 509	314 662	96 746	161 597

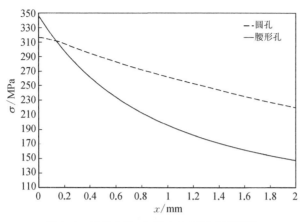

图 8.6　试件 DH－B 的中心圆孔和腰形孔
韧带上的应力分布(S=98 MPa)

2. 双缺口试验件

为了进一步验证场强法的基本假设,设计了一种双缺口试验件,它有两个相互影响的疲劳危险区。试验件材料为 LY12－CZ 铝板,厚 2 mm,顺纤维方向为加载方向,几何尺寸偏差<0.1 mm,孔和缺口尺寸偏差<0.05 mm,作了铰孔处理。为减少分散性,同种试验件取自同一块板,且叠在一起一次加工完成,试验件如图 8.7 和图 8.8 所示。

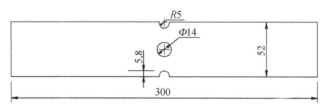

图 8.7　双缺口试验件(DN－A)

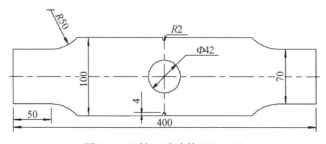

图 8.8　双缺口试验件(DN－B)

1) 试验结果

试件 DN－A 共有 3 件,所加外载荷为 78.4 MPa,试验结果见表 8.6。试件 DN－B 共有 12 件,6 个试件所加外载荷为 80 MPa,其余试件所加外载荷为 100 MPa,试验结果见表 8.7。试验件夹持端的长度为 50 mm。

表 8.6　DN－A 组试件的试验结果

试件编号	载荷/MPa	频率/Hz	加载次数	试验观察结果
DN－A01	78.4	20	335 530	边缺口产生裂纹并断裂
DN－A02	78.4	22	143 440	边缺口产生裂纹并断裂
DN－A03	78.4	22	192 950	边缺口产生裂纹并断裂

表 8.7　DN－B 组试件的试验结果

试件编号	载荷/MPa	频率/Hz	加载次数	试验观察结果
DN－B01	80.0	8	73 320	圆孔起裂并断裂
DN－B02	80.0	8	74 962	圆孔起裂并断裂
DN－B03	80.0	8	76 178	圆孔两边起裂并断裂
DN－B04	80.0	8	67 342	圆孔与边缺口都断裂
DN－B05	80.0	8	74 694	圆孔起裂
DN－B06	80.0	8	90 205	圆孔两边起裂
DN－B07	100.0	6	33 241	圆孔起裂
DN－B08	100.0	6	33 919	圆孔一边起裂
DN－B09	100.0	6	26 285	圆孔两边起裂且一边断裂
DN－B10	100.0	6	47 784	圆孔与边缺口都断裂
DN－B11	100.0	6	19 336	圆孔一边起裂并断裂
DN－B12	100.0	6	25 500	圆孔一边断裂

2) 理论分析

与双孔试验件 DH－A 和 DH－B 的理论分析方法和过程相同,双缺口试验件 DN－A 和 DN－B 的理论分析结果见表 8.8 和表 8.9 及图 8.9 和图 8.10。

表 8.8　应力场强法理论计算结果

试　　件	K_T	K_f	名义应力 S /MPa	最大应力 σ_{max}/MPa	应力场强 σ_{FI}/MPa
DN－A 试件圆孔	1.64	1.51	78.4	253.47	224.12
DN－A 试件边缺口	1.74	1.57	78.4	266.53	230.10
DN－B 试件圆孔	2.04	1.99	80	303.91	261.89
			100	378.86	298.93
DN－B 试件边缺口	2.08	1.71	80	309.31	250.45
			100	386.65	292.40

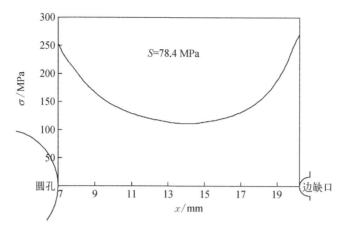

图 8.9 试件 DN‐A 的中心圆孔和边缺口韧带上的应力分布($S=78.4$ MPa)

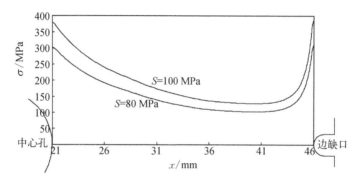

图 8.10 试件 DN‐B 的中心圆孔和边缺口韧带上的应力分布

表 8.9 不同方法计算所得疲劳寿命与试验疲劳寿命

危险部位	不同方法	局部应力应变法	名义应力法	应力场强法	试验寿命均值
DN‐A 边缺口	$S=78.4$ MPa	78 487	6 389 792	295 802	223 973
DN‐B 中心圆孔	$S=80$ MPa	33 302	1 260 877	146 617	76 117
	$S=100$ MPa	11 926	378 557	58 487	31 011

3. 讨论与结论

（1）最大应力不是疲劳裂纹形成的控制参数。对双孔试验件 DH‐A 和 DH‐B，对照表 8.4 与表 8.2 和表 8.3 可以看出，疲劳裂纹萌生在圆孔处，而非最大应力的腰形孔处；对双缺口试验件 DN‐A 和 DN‐B，对照表 8.8 与表 8.6 和表 8.7 可以看出，疲劳裂纹并非在最大应力的边缺口处萌生。因此，可以认为最大应力不是疲劳裂纹形成的控制参数。

（2）应力场强度 σ_{FI} 是疲劳裂纹形成的控制参数。对于双孔试验件,圆孔的应力场强度大于腰形孔的应力场强度,但在外载 $S=150$ MPa 作用下,两孔的应力场强度十分接近,因此试验件 DH－A10 在腰形孔处发生疲劳破坏,试验件 DH－A11 两孔同时出现裂纹,无法判断哪个更早一点。双缺口试验件 DN－A 和 DN－B 具有相同的结果。

（3）$K_T S$ 不是疲劳裂纹形成的控制参数,从表 8.4 和表 8.8 得到这一结果。

（4）应力场强法能够更准确地预测疲劳寿命。从表 8.5 和表 8.9 可以看到,采用应力场强法估算得到的疲劳寿命更接近试验寿命。

8.1.3　缺口件疲劳寿命估算方法的讨论

缺口件疲劳寿命估算的常用方法有名义应力法、局部应力应变法和应力场强法,之外还有应力梯度法、临界距离法、临界域法等,这些方法的目的是相同的,即寻找一个普遍适用的参量来等效缺口根部的应力应变场,并且依据该参数和材料的寿命曲线进行疲劳寿命估算。下面从场强法出发,探讨不同的方法之间的联系。

1. 不同寿命估算参数之间的联系

场强法的疲劳损伤参数 σ_{FI} 的计算取决于 3 个函数:$f(\sigma_{ij})$、$\phi(r)$ 和 Ω,这三个函数取不同的形式就可以得到不同的疲劳损伤参数,可以将不同的疲劳寿命预测方法联系起来。

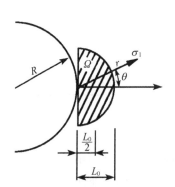

图 8.11　缺口附近应力场与疲劳危险区

1）临界域法(critical zone approach, CZA)

式(8.1)中的权函数 $\phi(r) \equiv 1$,那么式(8.1)可写为

$$\sigma_{FI} = \frac{1}{V}\int_{\Omega} f(\sigma_{ij})\,\mathrm{d}\nu \qquad (8.6)$$

该式即为临界域法[10,11]、体积平均应力法[12]的疲劳参数表达式,见图 8.11。

2）应力梯度法(stress gradient approach, SGA)

式(8.1)中的疲劳破坏区 Ω 取为一条线 L,破坏应力函数 $f(\sigma_{ij}) = \sigma_{eq}(r)$,权函数 $\phi(r) = 1 - r\chi(r)$,那么式(8.1)可写为

$$\sigma_{FI} = \frac{1}{L}\int_0^L \sigma_{eq}(r)\left[1 - r\chi(r)\right]\mathrm{d}r \qquad (8.7)$$

式中，$\chi(r) = \dfrac{1}{\sigma_{eq}(r)} \dfrac{\mathrm{d}\sigma_{eq}(r)}{\mathrm{d}r}$ 为应力梯度[13]。该式即为应力梯度法[14,15]的疲劳参数表达式，见图 8.12。

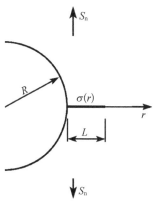

图 8.12　应力梯度法

3) 临界距离法 (critical distance approach, CDA)

临界距离法分为线法和点法两种，按照图 8.12，改写式(8.7)为

$$\text{点法：} \sigma_{FI} = \sigma_{eq} \Big|_{r = \frac{L_0}{2}}$$

$$\text{线法：} \sigma_{FI} = \frac{1}{2L_0} \int_0^{2L_0} \sigma_{eq}(r)\,\mathrm{d}r \tag{8.8}$$

式中，σ_{eq} 为等效应力；临界距离 $L_0 = \dfrac{1}{\pi}\left(\dfrac{\Delta K_{th}}{\Delta \sigma_0}\right)^2$ 是材料参数，$\Delta \sigma_0$ 和 ΔK_{th} 分别是相同应力比 R 下材料疲劳极限变程和疲劳裂纹扩展门槛值。

4) 局部应力应变法 (local stress-strain approach, LSSA)

将图 8.1 中的疲劳破坏区 Ω 收缩为缺口根部的一个点 P，那么式(8.1)可写为

$$\sigma_{FI} = \frac{1}{V}\int_P f(\sigma_{ij})\phi(\boldsymbol{r})\,\mathrm{d}\nu = \sigma_{max} \tag{8.9}$$

对于用疲劳缺口系数 K_f 取代 K_T 的改进的局部应力应变法[16,17]相当于在式(8.8)的点法中，取 r 为某个值 r_0，使得

$$\sigma_{FI} = \sigma_{eq}(r)\Big|_{r = r_0} = \sigma_{max}\, g\, \frac{K_f}{K_T} \tag{8.10}$$

5) 名义应力法 (nominal stress approach, NSA)

名义应力法估算缺口件疲劳寿命有两种做法：一是直接按照缺口件的名义应力 S_n 和相应 K_T 下的 S-N 曲线估算该缺口件的疲劳寿命；二是将材料的 S-N 曲线修改到缺口件的 S-N 曲线，见式(6.4)。名义应力法参数可看作是式(8.10)的一种变化，

$$\sigma_{FI} = \sigma_{max}\, g\, \frac{K_f}{K_T} = K_f\, \frac{\sigma_{max}}{K_T} = K_f S_n \tag{8.11}$$

2. 不同参数的比较

对名义应力法、局部应力应变法、应力梯度法、临界距离法和应力场强法的有

关内容做一个简单比较,见表 8.10。

表 8.10　缺口件疲劳寿命分析方法的对比

特点	NSA	LSSA	SGA	CDA	SFIA
疲劳机理	不符合	LCF 段符合疲劳机理 HCF 段不符合疲劳机理	基本符合	基本符合	符合
计算参数	K_T, S_n	σ, ε	$\sigma(r), \chi(r), L$	$\sigma(r), L_0$	$f(\sigma_{ij}), \phi(r), \Omega$
材料数据	$S-N$ 曲线	循环 $\sigma-\varepsilon$ 曲线 $\varepsilon-N_f$ 曲线($K_T=1$)	循环 $\sigma-\varepsilon$ 曲线 $S-N$ 曲线($K_T=1$)	循环 $\sigma-\varepsilon$ 曲线 $S-N$ 曲线($K_T=1$)	循环 $\sigma-\varepsilon$ 曲线 $S-N$ 曲线($K_T=1$)
预测精度	精度不稳定	LCF 段寿命预测好 HCF 段寿命预测差	疲劳寿命预测较好	疲劳寿命预测较好	疲劳寿命预测好
计算量	小	较小	较大	仅需线弹性分析,计算量较小	计算烦琐

3. 估算结果与试验结果的对比

针对图 8.3、图 8.7 和图 8.8 试验件,计算临界距离法和应力梯度法的疲劳损伤参数,并汇总表 8.4 和表 8.8 于表 8.11 中。同样的试验件,不同方法计算得到的疲劳损伤参数是有所不同的。

表 8.11　缺口件疲劳损伤参数计算

试件缺口	K_T	K_f^*	$S_n/$ MPa	$\sigma_{max}/$ MPa	σ_{FI}/MPa			
					SFIA	CDM(PM)	CDM(LM)	SGA
DH–A 圆孔	2.27	2.19	80	286.11	247.62	281.46	277.4	282.54
			150	363.55	320.06	356.24	356.8	358.84
DH–A 腰形孔	3.42	2.68	80	297.66	239.33	265.46	269.55	284.65
			150	366.55	319.24	361.95	363.88	362.1
DH–B 圆孔	2.44	2.34	98	316.64	276.06	311.83	306.43	298.15
DH–B 腰形孔	2.75	2.43	98	341.40	279.23	329.53	313.34	306.17
DN–A 圆孔	1.64	1.51	78.4	253.47	224.12	242.39	237.34	248.58
DN–A 边缺口	1.74	1.57	78.4	266.53	230.10	256.38	250.49	263.46
DN–B 圆孔	2.04	1.99	80	303.91	261.89	295.15	292.64	299.65
			100	340.95	298.93	339.01	337.8	329.7
DN–B 边缺口	2.08	1.71	80	309.31	250.45	281.73	264.9	300.05
			100	342.38	292.40	338.73	322.64	330.2

注: * 中 K_f 按 Peterson 公式计算,取 $\alpha_0 = 0.63$ mm。

表 8.12 给出了试验件失效所在的缺口部位、疲劳试验寿命结果、6 种方法预测

的疲劳寿命结果。可以看出,局部应力应变法预测的疲劳寿命过于保守,名义应力法给出的寿命不稳定,其他方法预测结果总体上相当,应力场强法的预测结果在试验结果的 2 倍分散带之内,其他 3 个方法预测结果大多在 2 倍分散带之内。

表 8.12　疲劳寿命估算与试验疲劳寿命对比　　　　　　（单位：循环）

失效部位	S_n/MPa	LSSA	NSA	SFIA	CDM(PM)	CDM(LM)	SGA	试验寿命
DH－A 圆孔	80	42 053	741 343	202 770	168 180	186 610	163 270	135 885
	150	1 963	56 501	32 773	17 036	16 851	16 176	17 352
DH－B 腰形孔	98	46 509	314 662	96 746	45 660	66 667	75 970	161 597
DN－A 边缺口	78.4	78 487	6 389 792	295 802	282 080	308 820	249 922	223 973
DN－B 圆孔	80	33 302	1 260 877	146 617	106 000	117 400	85 566	76 117
	100	11 926	378 557	58 487	33 360	34 930	45 440	31 011

8.2　应力场强法对有关疲劳现象的解释

解释各种疲劳现象是任何抗疲劳设计方法的重要内容之一,也是衡量抗疲劳设计方法是否合理和有效的标准之一。第 4 章已就影响结构疲劳强度的因素作了简要但较系统的讨论,可以看到很多重要因素属于“力学”因素,很多疲劳现象的主导者正是这些因素。目前已有多种抗疲劳设计方法,但它们对这些疲劳现象的解释大多力不从心,而应力场强法可以较好地解释某些疲劳现象。

8.2.1　疲劳缺口减缩系数

疲劳缺口减缩系数 K_f 在疲劳强度的估算中起着至关重要的作用。确定 K_f 最直接和最可靠的办法是通过试验获得。但在实践中,用试验的方法获得 K_f 既费时又费钱,所以,一般的做法是通过某种方法先确定 K_f,然后再去估算缺口试件的疲劳强度 S_N,4.3.1 节已详细地介绍了描述和预测疲劳缺口系数 K_f 的主要方法和模型。

K_f 的基本定义是光滑试件的疲劳强度 S_0 与缺口试件的疲劳强度 S_N 的比值

$$K_f = \frac{S_0}{S_N} \tag{8.12}$$

1. 疲劳缺口减缩系数 K_f

设有两个同种材料的试件（图 8.13）,按式（8.1）有

对光滑试件,其场强为

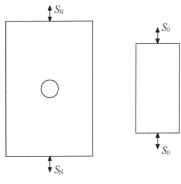

图 8.13　建立 K_f 的场强法模型

$$\sigma_{FI}^0 = S_0 \tag{8.13a}$$

对缺口试件,其场强为

$$\sigma_{FI}^N = \frac{1}{V}\int_\Omega f(\sigma_{ij})\phi(r)\,\mathrm{d}v \tag{8.13b}$$

式中,$f(\sigma_{ij})$ 是外载 S_N 的函数,令 $f(\sigma_{ij}) = S_N f(\overline{\sigma}_{ij})$。在线弹性情况下,$\overline{\sigma}_{ij} = \sigma_{ij}/S_N$;在弹塑性情况下,$\overline{\sigma}_{ij} = \sigma_{ij}(S_N)/S_N$。将此代入式(8.13),结合式(8.3)和式(8.12)可得

$$K_f = \frac{S_0}{S_N} = \frac{1}{V}\int_\Omega f(\overline{\sigma}_{ij})\phi(r)\,\mathrm{d}v \tag{8.14}$$

式(8.14)即为场强法导出的普遍表达式。对于平面问题,式(8.14)可写为

$$K_f = \frac{1}{S}\int_D f(\overline{\sigma}_{ij})\phi(r)\,\mathrm{d}s \tag{8.15}$$

式中,D 为平面问题疲劳破坏区;S 为 D 的面积。

2. 讨论

(1) 在线弹性情况下,$f(\sigma_{ij})$ 只与试件的几何形状有关,但 $\phi(r)$ 与材料和应力梯度有关,故在疲劳极限时,K_f 不仅与理论应力集中系数 K_T 有关,还与试件的几何形状有关。譬如:几何相似缺口件,小试件的疲劳缺口系数 K_f 小于大试件的 K_f,这种效应在 Neuber、Peterson 等公式中是通过曲率半径 ρ 加以考虑的,如图 8.14 为一双曲线缺口试件,只要 D/d 相同,应力集中系数 K_T 相同,但 ρ 不同,所以具有不同的疲劳缺口系数 K_f,见图 8.15[18];而对于另外一些缺口件,其应力集中系数 K_T 相同,曲率

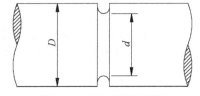

图 8.14　双曲线缺口试件
$(D/d = 1.7, K_T = 3.3)$

半径 ρ 也相同,但几何构型不同,疲劳危险区的应力分布也不同,见图 8.16,疲劳缺口系数就有差异,这种情况传统的 K_f 模型无法考虑,而场强法包含了这种情况。

(2) K_f 与材料性能有关,通常晶粒越细,材料的疲劳损伤区越小,故相对而言,晶粒越细,K_f 越接近 K_T。例如,同种材料,热处理状态不同,材料的晶粒大小不同,材料的微观性质有所不同,材料的疲劳强度对于缺口的敏感性不同,如图 8.17 为 SAE1045 和 SAE5140 的缺口敏感系数 q 值[19]。这两种钢的热处理方式不同,淬火钢 SAE5140 比正火钢 SAE1045 的疲劳缺口敏感系数大。

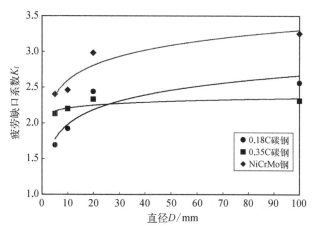

图 8.15　双曲线缺口试件的 K_T

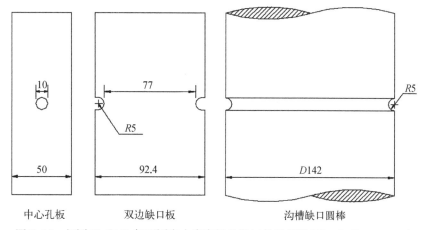

图 8.16　相同 K_T 和 R,但不同应力应变场的缺口件的例子($K_T = 2.52, \rho = 5$ mm)

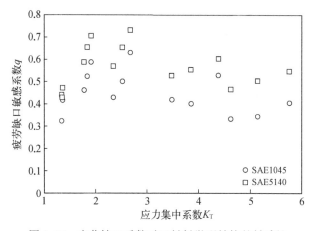

图 8.17　疲劳缺口系数对于材料微观结构的敏感性

（3）在短寿命区，由于塑性使缺口根部区域的应力梯度趋于 0，缺口根部的最大应力较之按弹性计算得到的应力小得多，故 K_f 还与寿命和应力-应变曲线形状有关。

3. 试验验证

用式(8.14)分析了大量的疲劳试验数据，材料包括 2024－T3 铝合金中心孔板[20]、7075－T6 铝合金中心孔板[19]、ST52－3 钢中心孔板[21]、2024－T351 铝合金中心孔板[22]、SAE1045 钢中心孔板[23]、SM41B 钢中心孔板[24]、0.15%C 软钢双边缺口板[25]、NiCrMo 钢周向缺口圆棒[26]、0.35%C 钢周向缺口圆棒[26]。图 8.18 给出了 K_f 试验值与计算值之间的比较。由图可见式(8.14)给出的 K_f 的计算式是令人相当满意的。

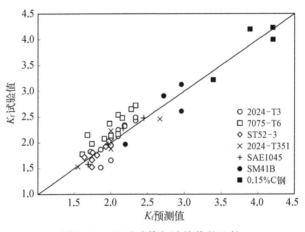

图 8.18 K_f 试验值与计算值的比较

8.2.2 不同加载方式下疲劳极限

同种材料在不同的加载方式下，其疲劳极限是不同的，但它们之间有关系。人们根据试验结果，已经总结出了某些材料拉压疲劳极限 σ_{-1P}、扭转疲劳极限 τ_{-1} 与旋转弯曲疲劳极限 σ_{-1} 之间的关系。

加载方式对疲劳极限的影响可用载荷修正因子 C_L 来考虑。以旋转弯曲疲劳极限 σ_{-1} 为基准，其他加载方式下的疲劳极限可用 $C_L\sigma_{-1}$ 表示。

1. 反复扭转疲劳极限

图 8.19 所示为同种材料相同直径的两个试件，分别受到旋转弯曲和反复扭转

疲劳载荷的作用。在疲劳极限附近,试件宏观上处于弹性变形状态。对旋转弯曲试件,P 点处的应力为:$\sigma_{ij} = \sigma_Z = \dfrac{M}{J}r = \sigma_{\max}\dfrac{\sqrt{x^2 + y^2}}{R}$,此处 $\sigma_{\max}$ 为试件表面的最大应力,R 为试件半径。取 von Mises 表达式作为破坏应力函数,由式(8.1)得

$$\sigma_{FI} = \frac{\sigma_{\max}}{S}\iint\limits_{\Omega}\frac{\sqrt{x^2 + y^2}}{R}\phi(\boldsymbol{r})\,\mathrm{d}s \qquad (8.16)$$

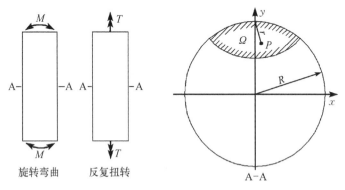

图 8.19　反复扭转疲劳试件

对于反复扭转试件,P 点处的应力为 $\sigma_{ij} = \sigma_Z = \dfrac{T}{J_T}r = \tau_{\max}\dfrac{\sqrt{x^2 + y^2}}{R}$,此处 $\tau_{\max}$ 为试件表面的最大剪应力。由式(8.1)得

$$\sigma_{FI} = \frac{\sqrt{3}\,\tau_{\max}}{S}\iint\limits_{\Omega}\frac{\sqrt{x^2 + y^2}}{R}\phi(\boldsymbol{r})\,\mathrm{d}x\mathrm{d}y \qquad (8.17)$$

按场强法的观点,同种材料不论其加载方式如何,疲劳损伤区相同,疲劳破坏时的场强值相同。由式(8.16)和式(8.17)可得,在疲劳破坏时旋转弯曲试件中的 $\sigma_{\max}$ 和反复扭转试件中的 $\tau_{\max}$ 之间的关系为 $\sigma_{\max} = \sqrt{3}\,\tau_{\max}$,亦即载荷方式因子 $C_L = 0.577$。表 8.13 给出了 30CrMnSiNi2A 钢光滑试件在不同寿命时的 σ_{-1} 和 τ_{-1}[27],尺寸系数 C_L 在 0.577 附近,证实了场强法的预测。

表 8.13　30CrMnSiNi2A 旋转弯曲疲劳强度 σ_{-1} 和扭转疲劳强度 τ_{-1}

寿命 N(周)	5×10^4	10^5	2×10^5	5×10^5	10^6
扭转 τ_{-1}/MPa	519.4	475.3	428.3	377.3	356.7
旋弯 σ_{-1}/MPa	898.7	831.0	725.2	637.0	609.6
载荷方式因子 C_L	0.578	0.572	0.591	0.592	0.585

2. 拉压疲劳极限

设有两个相同直径的疲劳试件,一个承受着 $R=-1$ 的拉压疲劳载荷,一个承受着旋转弯曲疲劳载荷,见图 8.20。对于对称拉压试件,试验件横截面上的宏观应力处处相等,$\sigma_{ij}=\sigma_P$,由式(8.1)得到

$$\sigma_{FI}=\sigma_P \tag{8.18}$$

对于旋转弯曲试件,其应力场强度 σ_{FI} 为式(8.16)。按照场强法理论,当 $\sigma_{FI}=\sigma_f$ 时,试件发生破坏。所以对拉压试件在疲劳极限时有:$\sigma_{FI}=\sigma_{-1P}=\sigma_f$。

旋转弯曲试件在疲劳极限时有

$$\sigma_{FI}=\frac{\sigma_{-1}}{S}\iint_\Omega \frac{\sqrt{x^2+y^2}}{R}\phi(r)\,\mathrm{d}x\mathrm{d}y \tag{8.19}$$

由此可得

$$\frac{\sigma_{-1P}}{\sigma_{-1}}=\frac{1}{S}\iint_\Omega \frac{\sqrt{x^2+y^2}}{R}\phi(r)\,\mathrm{d}x\mathrm{d}y \tag{8.20}$$

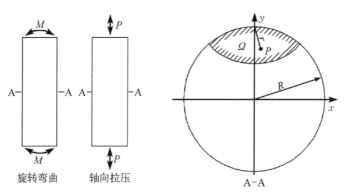

图 8.20 拉压疲劳试件

分析式(8.20)可知:① $\frac{\sqrt{x^2+y^2}}{R}\le 1$,$\phi(r)\le 1$,所以 $\frac{\sigma_{-1P}}{\sigma_{-1}}\le 1$;② $\frac{\sigma_{-1P}}{\sigma_{-1}}$ 与试件直径有关,试件直径越大,对于表面损伤区 $\frac{\sqrt{x^2+y^2}}{R}$ 越接近于 1,故 $\frac{\sigma_{-1P}}{\sigma_{-1}}$ 越接近于 1;③ $\frac{\sigma_{-1P}}{\sigma_{-1}}$ 与材料性能有关,通常晶粒越细,材料的疲劳损伤区越小,$\frac{\sigma_{-1P}}{\sigma_{-1}}$ 越接近于 1;④ 在 K_T 较小的短寿命区,塑性使缺口根部区域的应力梯度趋于 0,故

$\phi(r)$ 趋于 1，因此长寿命区的 $\dfrac{\sigma_{-1P}}{\sigma_{-1}}$ 要高于短寿命区的 $\dfrac{\sigma_{-1P}}{\sigma_{-1}}$ 。上述讨论结果与疲

劳试验结果相一致[26]，表 8.14 给出了几种钢的值 $\dfrac{\sigma_{-1P}}{\sigma_{-1}}$ 。

表 8.14　几种钢材的 σ_{-1P}/σ_{-1} 值

材　　料	σ_{-1P}/MPa	σ_{-1}/MPa	σ_{-1P}/σ_{-1}
0.37%碳钢	236	270	0.929
0.24%碳钢	260	280	0.874
13%Cr 不锈钢	415	540	0.769
20%Cr 不锈钢	200	290	0.690

8.2.3　多轴比例复合载荷作用下的疲劳极限

1. 弯扭复合疲劳

图 8.21 为一标准圆棒试件，同时受到旋转弯曲和反复扭转疲劳载荷作用，试件中的应力为 $\sigma_Z = \dfrac{M}{J}r = \sigma_{max}\dfrac{r}{R}$，$\tau_{Z\theta} = \dfrac{T}{J_T}r = \tau_{max}\dfrac{r}{R}$ 。如取破坏应力函数为 von Mises 表达式，由式（8.1）得

$$\sigma_{FI} = \frac{1}{S}\iint\limits_{\Omega}\frac{r}{R}\sqrt{\sigma_{max}^2 + 3\tau_{max}^2}\,\varphi(r)\,dxdy$$

（8.21）

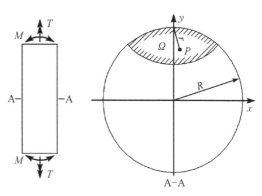

图 8.21　弯扭复合疲劳试件

由式（8.16）和式（8.17）分别得到

$$\left(\frac{\sigma_{max}}{\sigma_{-1}}\right)^2 + 3\left(\frac{\tau_{max}}{\sigma_{-1}}\right)^2 = 1 \tag{8.22a}$$

$$\left(\frac{\sigma_{max}}{\sqrt{3}\,\tau_{-1}}\right)^2 + 3\left(\frac{\tau_{max}}{\tau_{-1}}\right)^2 = 1 \tag{8.22b}$$

式（8.22）表明：弯扭复合疲劳极限图为一椭圆曲线。表 8.15 和图 8.22 给出

了某合金钢(拉伸强度 σ_b = 1 000 MPa)弯扭复合疲劳强度的试验结果[28],与式(8.22)符合很好。

表 8.15　某合金钢的弯扭复合疲劳强度

平均应力	σ_{max}/τ_{max}	∞	3.5	1.5	0.5	0
$\sigma_\mathrm{m}/\sigma_{-1}=0$	σ_{max}/MPa	583.6	546.6	389.1	168.3	0
$\tau_\mathrm{m}/\tau_{-1}=0$	τ_{max}/MPa	0	155.9	259.4	335.0	370.6
$\sigma_\mathrm{m}/\sigma_{-1}=0.456$	σ_{max}/MPa	555.8	496.4	373.6	168.6	0
$\tau_\mathrm{m}/\tau_{-1}=0.456$	τ_{max}/MPa	0	141.3	248.6	321.2	338.9
$\sigma_\mathrm{m}/\sigma_{-1}=0.917$	σ_{max}/MPa	472.5	428.5	315.0	126.6	0
$\tau_\mathrm{m}/\tau_{-1}=0.927$	τ_{max}/MPa	0	121.2	210.0	251.7	293.4

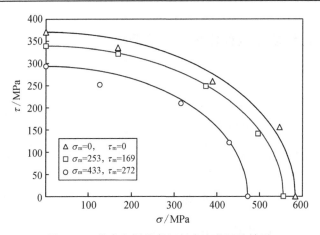

图 8.22　某合金钢的弯扭复合疲劳试验结果

2. 拉扭复合疲劳

图 8.23 为一圆棒试件,试件同时受到对称拉压和反复扭转复合疲劳载荷作用,试件中的应力为 $\sigma_Z = \sigma_0$, $\tau_{Z\theta} = \dfrac{T}{J_\mathrm{T}}r = \tau_{max}\dfrac{r}{R}$。如取破坏应力函数为 von Mises 表达式,由式(8.1)得

$$\sigma_{FI} = \frac{1}{S}\iint\limits_{\Omega}\sqrt{\sigma_0^2 + 3\tau_{max}^2\left(\frac{\rho}{R}\right)^2}\,\phi(\boldsymbol{r})\,\mathrm{d}x\mathrm{d}y$$

(8.23)

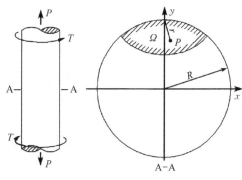

图 8.23　拉扭复合疲劳试件

式中，$\rho = \sqrt{x^2 + y^2}$。令二向应力比 $q = \sigma_0 / \tau_{\max}$，由式（8.11）得

$$\left(\frac{\sigma_0}{\sigma_{-1P}}\right) \frac{1}{S} \iint_{\Omega} \sqrt{1 + \frac{3}{q^2}\left(\frac{\rho}{R}\right)^2} \, \phi(r) \, \mathrm{d}x\mathrm{d}y = 1 \qquad (8.24)$$

由式（8.24）可知，拉扭复合疲劳极限图既不是椭圆曲线，也不是直线，它不仅与材料有关，而且还与试件直径有关。

8.2.4　疲劳尺寸系数

本书 4.2 节对疲劳尺寸系数进行了讨论，本小节用场强法的思想对因力学因素造成的尺寸系数问题进行讨论。

1. 疲劳尺寸系数表达式

只有结构件存在非均匀应力场，两个几何相似，大小不同的结构必定存在疲劳尺寸效应。如图 8.24 为两个几何相似大小不同的试件，破坏函数 $f(\sigma_{ij})$ 是外载 S_S 或 S_L 的函数，即 $f(\sigma_{ij}) = S_S f_S(\overline{\sigma}_{ij})$ 或 $f(\sigma_{ij}) = S_L f_L(\overline{\sigma}_{ij})$，按式（8.1）有

$$\sigma_{FI}^S = \frac{S_S}{V_S} \int_{\Omega_S} f_S(\overline{\sigma}_{ij}) \phi(r) \, \mathrm{d}v \qquad (8.25a)$$

$$\sigma_{FI}^L = \frac{S_L}{V_L} \int_{\Omega_L} f_L(\overline{\sigma}_{ij}) \phi(r) \, \mathrm{d}v \qquad (8.25b)$$

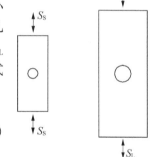

图 8.24　疲劳尺寸系数模型

按照场强法的定义，当 $\sigma_{FI}^S = \sigma_{FI}^L = \sigma_f$ 时，大小试件均发生疲劳破坏，由此可得

$$\varepsilon = \frac{S_L}{S_S} = \frac{\dfrac{1}{V_S} \displaystyle\int_{\Omega_S} f_S(\overline{\sigma}_{ij}) \phi(r) \, \mathrm{d}v}{\dfrac{1}{V_L} \displaystyle\int_{\Omega_L} f_L(\overline{\sigma}_{ij}) \phi(r) \, \mathrm{d}v} \qquad (8.26)$$

式（8.26）即为以场强法为基础导出的疲劳尺寸系数 ε 的普遍表达式。

2. 光滑试件尺寸系数的估算

即使是光滑试件，在旋转弯曲、反复扭转等加载情况下，由于试件中存在着应力梯度，大试件的疲劳强度低于小试件的疲劳强度，而存在尺寸效应。

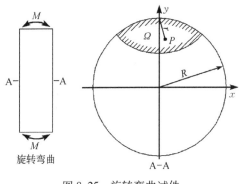

图 8.25　旋转弯曲试件

1）旋转弯曲

图 8.25 为一旋转弯曲试件,试件直径为 D。试件中 P 点处的应力 $\sigma_Z = \dfrac{M}{J}\sqrt{x^2+y^2} = \dfrac{\rho}{R}\sigma_{\max}$,$\sigma_{\max}$ 为试件表面的最大应力。取破坏应力函数 $f(\sigma_{ij})$ 为 von Mises 表达式。设有一系列不同直径的试件,其中一个为标准试件,如不失一般性,设直径最小者为标准试件,其半径为 R_0,损伤区为 Ω_0,S_0 为 Ω_0 的面积。按式(8.26)得尺寸系数 ε 为

$$\varepsilon = \frac{\dfrac{1}{S_0}\iint\limits_{\Omega_0}\left(\dfrac{\rho}{R_0}\right)\phi(\boldsymbol{r})\mathrm{d}x\mathrm{d}y}{\dfrac{1}{S}\iint\limits_{\Omega}\left(\dfrac{\rho}{R}\right)\phi(\boldsymbol{r})\mathrm{d}x\mathrm{d}y} \qquad (8.27)$$

表 8.16 给出了三种材料不同直径 D 下的疲劳强度的试验值,图 8.26 给出了式(8.27)的预测结果,可以看到预测结果是令人满意的。

表 8.16　旋转弯曲下不同直径圆棒的疲劳强度　　　　　　　　（单位：MPa）

直径 D/mm	5	5.66	6.89	7.50	10.0	20.0	28.3	35.0	38.0	41.3	100	150
0.4%C0.55%Mn 钢	293	—	—	—	288	275	—	—	—	—	260	—
正火碳钢	—	—	—	250	—	—	—	200	—	—	—	150
C37Cr4 调质钢	—	451	441	—	425	388	373	358	—	350	340	—

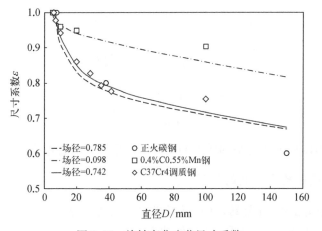

图 8.26　旋转弯曲疲劳尺寸系数

2）反复扭转

图 8.27 为一承受反复扭转的光滑圆棒试件,试件中 P 点处的应力为 $\tau_z = \dfrac{M_T}{J_T}\sqrt{x^2+y^2} = \dfrac{\rho}{R}\tau_{max}$,$\tau_{max}$ 为试件表面的最大剪切应力,因为试件中的应力分布规律与旋转弯曲时的相同,所以 ε 的表达式与式(8.27)完全相同,试验结果表明:旋转弯曲和反复扭转的尺寸系数相近[29]。

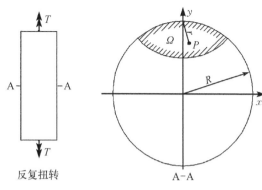

图 8.27　反复扭转试件

3. 缺口试件尺寸系数的估算

缺口试件无论在什么外载下,试件中应力分布不均匀,特别是疲劳损伤区存在应力梯度引起疲劳尺寸效应。图 8.28 为双曲线缺口试件,在旋转弯曲载荷作用下,缺口根部的应力最大。由于不存在应力场的解析表达式,所以不能给出如式(8.27)这样的尺寸系数表达式。表 8.17 给出了三组几何相似试件的疲劳减缩系数 K_f 和以直径 5 mm 为标准试件的疲劳尺寸系数 ε,用式(8.26)可估算出疲劳尺寸系数 ε。图 8.29 给出了估算曲线和试验数据点,表明式(8.26)的估算结果是相当满意的。

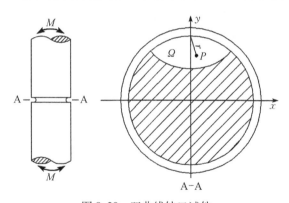

图 8.28　双曲线缺口试件

表 8.17　双曲线缺口试件的 K_f 和疲劳尺寸系数 ε

直径 D /mm		5	10	20	100
0.18C 碳钢	K_f	1.69	1.92	2.44	2.56
	ε	1.00	0.880	0.693	0.660
0.35C 碳钢	K_f	2.13	2.20	2.33	2.31
	ε	1.00	0.968	0.914	0.922
NiCrMo 钢	K_f	2.40	2.46	2.98	3.25
	ε	1.00	0.976	0.805	0.738

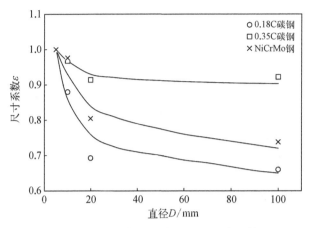

图 8.29　双曲线缺口试件的疲劳尺寸系数 ε

8.3　应力场强法的应用

应力应变场强法估算结构疲劳寿命所需要的材料疲劳性能数据与名义应力法或局部应力应变法相同,分析过程也十分相近。

以应力为控制参量的应力场强法通过局部应力应变分析,按式(8.1)计算得到结构危险部位的应力场强度 σ_{FI},将此参数当作应力查 $S-N$ 曲线,然后结合疲劳损伤累积理论,估算结构的疲劳寿命,其分析过程如图 8.30 所示。

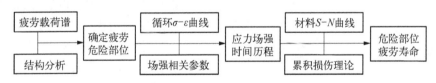

图 8.30　应力场强法估算结构疲劳寿命步骤

以应变为控制参量的应变场强法通过局部应力应变分析,按式(8.1)计算得到结构危险部位的应变场强度 $\varepsilon_{\mathrm{FI}}$,此时式(8.1)中的函数 $f(\sigma_{ij})$ 为应变破坏函数 $f(\varepsilon_{ij})$。将 $\varepsilon_{\mathrm{FI}}$ 当作应变查 $\varepsilon-N$ 曲线,然后结合疲劳损伤累积理论,估算结构的疲劳寿命,其分析过程如图 8.31 所示。

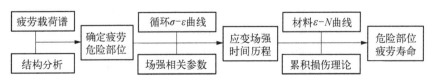

图 8.31　应变场强法估算结构疲劳寿命步骤

8.3.1 算例

算例 8.1 双轴加载缺口试验件

试验件为 40Cr 钢带圆缺口的中厚壁管试件,见图 8.32。拉-扭复合加载,拉伸和扭转循环载荷比均取 0.1,载荷波形为三角波。疲劳裂纹起始寿命 N_i 定义为相应于试件上圆缺口边上出现的起始裂纹长度达到 0.2 mm 时的疲劳循环周次。

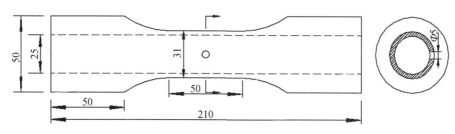

图 8.32 带圆缺口的中厚薄壁管试件

按照图 8.30 的步骤,采用应力场强法对该缺口试件的疲劳寿命作了分析。弹塑性有限元分析采用 NASTRAN 软件,循环应力应变曲线采用稳态 $\sigma - \varepsilon$ 曲线,应力场强度按式(8.1)计算。分析结果和试验结果如图 8.33 所示,结果表明计算结果与试验结果吻合较好。

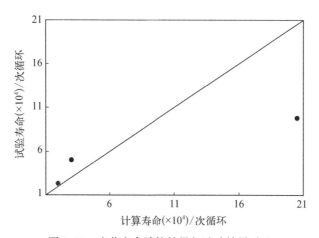

图 8.33 疲劳寿命计算结果与试验结果对比

算例 8.2 缺口试验件 $S - N$ 曲线预测

$S - N$ 曲线是名义应力法的基本材料数据,目前在工程实践中还经常使用,通常它们是由试验获得的。而事实上缺口试验件的 $S - N$ 曲线与光滑试验件的 $S - N$ 曲线之间存在着内在的联系,它们的差异主要是由缺口效应(即应力集中和应力梯度)造成的,因此应力场强法能够在它们之间建立联系。基于式(8.1)和光滑试件 ($K_T = 1$)的 $S - N$ 曲线,通过应力场强法可以获得缺口试件的 $S - N$ 曲线。图 8.34 为一双边缺口试件,按场强法预测的 $S - N$ 曲线及与试验结果[30]的比较见图 8.35, 可以看到预测结果是十分满意的。

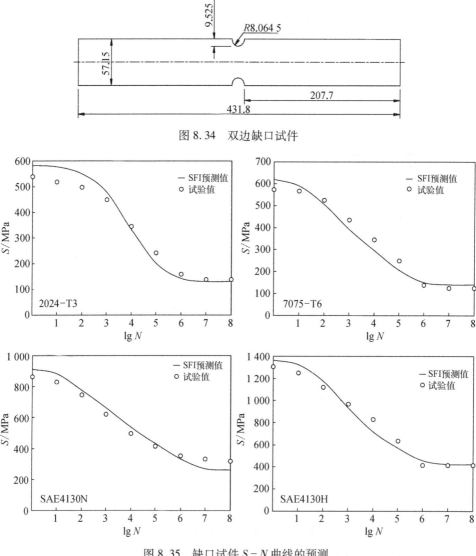

图 8.34　双边缺口试件

图 8.35　缺口试件 $S - N$ 曲线的预测

采用应力场强法还估计了其他形式和材料的缺口试验件的 $S - N$ 曲线。材料 为 2024 - T3、LY12 - CS 和 LC9 - CS 铝合金板材,试验件为中心孔试验件(CNP)和 双边圆缺口试验件(DENP),预测结果与试验数据见图 8.36。

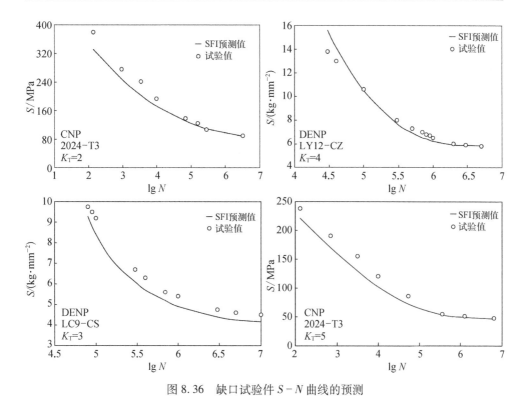

图 8.36　缺口试验件 $S - N$ 曲线的预测

8.3.2　实例

实例 8.1　飞机结构中下陷细节的抗疲劳设计

在某型高级教练机的细节抗疲劳设计过程中发现,通常被认为不存在疲劳问题的下陷处在疲劳试验中意外地发生了疲劳破坏。为此用应力场强法对下陷结构细节参数与疲劳寿命的关系作了系统的分析研究。

按照中国航空工业标准,对一般的下陷结构细节,其模型如图 8.37 所示。在此分析模型中,采用有限元,进行应力、应变和场强分析。主要考察下陷过渡区尺寸 L_2,下陷曲率半径 R 对疲劳寿命的影响,因为它们的实际尺寸通常与名义尺寸有较大的区别,而板厚 B 和下陷深度 H 的实际尺寸通常与名义尺寸基本一致。

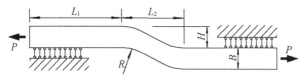

图 8.37　下陷细节分析模型

根据实际情况,在计算中取 $B=H$。由于 R 在实际加工过程中在其误差范围内是个随机值,故在此计算中将 R 看作随机变量,并计算了在 R 服从正态分布 $N(\mu_R, \sigma_R^2)$ 下,应力场强度 σ_{FI} 的分布。通过计算、概率统计分析与假设检验得到应力场强度 σ_{FI} 也服从正态分布,并且 σ_{FI} 随着 L_2 的增大而逐渐减小。图 8.38 反映了 σ_{FI} 和疲劳寿命随 L_2 的变化趋势,从图中可看出,σ_{FI} 均值与 L_2 近似为线性关系。而 R 在小范围内($R^{\pm0.5}$)尺寸变化时,对 σ_{FI} 不会有太大影响,即 σ_{FI} 的方差很小(σ_{FI} 的平均方差为 $D(\sigma_{FI})=0.32$)。随着 L_2 的增加,疲劳寿命 N 急剧上升。

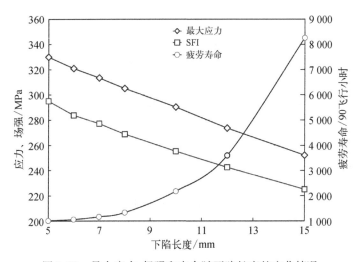

图 8.38　最大应力、场强和寿命随下陷长度的变化情况

分析结果表明,下陷区域的长度对疲劳寿命有很大影响,而下陷曲率半径在小范围内变化时,对疲劳寿命没有太大影响,相应的疲劳试验也证实了这一点。

实例 8.2　连接件的疲劳细节分析

飞机结构的疲劳危险部位一般处于钉孔处,通常它们决定了结构的疲劳寿命。基于结构的全机有限元分析,筛选疲劳危险部位,可以得到连接件的疲劳细节模型。采用板杆结构有限元模型分析得到连接件细节的一般受力情况见图 8.39(a);采用平面应力板、梁、杆有限元模型分析得到连接件细节的一般受力情况见图 8.39(b)。无论是细节模型一还是细节模型二,用 SSF 法或局部应力-应变法作疲劳寿命分析都要在寿命分析模型建立方面作一些几何和边界条件的近似。这些近似通常依赖经验,这使得疲劳寿命分析带有随意性。

实例取自某教练机整体油箱壁板对接区(6.3.3 节),飞机机体结构的设计寿命指标为 8 000 飞行小时,材料为铝合金,目的是验证该部位是否能满足 8 000 飞行小时设计寿命指标。采用板杆模型有限元进行总体应力应变分析,得到如图

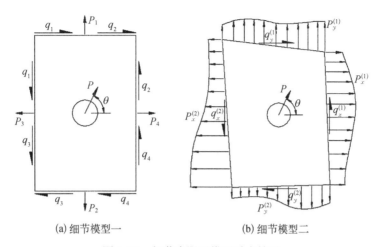

(a) 细节模型一   (b) 细节模型二

图 8.39 细节有限元模型受力情况

8.39(a)所示的危险部位的结构细节。
在总体有限元分析的基础上,通过分析,
确定了若干个疲劳危险点,然后设计相
应的疲劳模拟试验件,最严重的危险点
是 20#钉孔(参见图 6.34),用局部应力
应变法和应力场强法估算其疲劳寿命,
估算结果见表 8.18。在用 SSF 法和局
部应力应变法进行疲劳寿命分析时,需

图 8.40 模拟试验件断裂部位

要对此模型作简化,而应力场强法则可不作人为简化而直接进行应力场强度计算。
疲劳试验在 MTS-880 试验机上进行。疲劳破坏发生在 20#钉孔处,见图 8.40,平
均寿命为 43 830 个飞行小时。试验结果与场强法预测的结果基本一致,且满足设
计寿命要求。

表 8.18 三种方法估算得到的疲劳寿命

方 法	SSF 法	局部应力应变法	应力场强法	试验结果
23#钉孔	1.07×10^7	75 205	32 223	43 830

实例 8.3 某机翼下壁板模拟件

采用应力场强法对实例 7.1 重新分析,计算结果列于表 8.19,同时采用传统名
义应力法进行了疲劳寿命估算。采用应力场强法计算出的疲劳寿命与试验平均寿
命符合较好,名义应力法与局部应力应变法的估算结果相当,见表 8.19。因为本
算例的材料疲劳性能数据很全,所以采用名义应力法简单有效。

表 8.19　寿命计算结果　　　　　　　　（单位：飞行小时）

方　法	载荷谱 I			载荷谱 II		
	$N_{T试(平均)}$	$N_{T计}$	$\dfrac{N_{T计}}{N_{T试(平均)}}$	$N_{T试(平均)}$	$N_{T计}$	$\dfrac{N_{T计}}{N_{T试(平均)}}$
名义应力法		20 560	0.52		30 990	0.71
局部应力应变法	39 540	72 319	1.83	43 840	89 301	2.04
应力场强法		42 340	1.07		47 355	1.09

8.4　小　　结

　　本章介绍了应力场强法的基本原理,用应力场强法对金属材料的多种疲劳行为作了系统的定量描述,给出了缺口疲劳系数 K_f、疲劳尺寸系数 ε、疲劳加载方式因子 C_L、多轴比例载荷下疲劳极限方程的一般表达式,对缺口件 $S-N$ 曲线作了预测计算,引用了大量的试验数据对分析预测结果加以验证,这些分析用名义应力法和局部应力应变法是无法进行的。同时用应力场强法对多个工程实例进行了分析。分析和试验结果表明:应力场强法可很好地定量描述金属材料的多种疲劳行为,有很好的疲劳寿命分析精度。

　　缺口试验件疲劳寿命分析的关键是解决缺口造成的应力应变场与简单载荷下材料疲劳性能试验数据的不一致问题,本章 8.1.3 节作了简单讨论,可以看到不同方法各有优缺点,可以根据具体情况选择相应的方法。对于工程结构的疲劳寿命评估问题,选择估算方法的基本原则是可信度、精度、难易程度。如果材料的 $S-N$ 曲线比较齐全,那么不管是 LCF 还是 HCF,名义应力法应为首选;如果是 LCF 问题,且大多数载荷下疲劳危险部位都进入了弹塑性,那么可选用局部应力应变法;如果载荷的变化幅度比较大,且只有一条 $K_T = 1$ 的 $S-N$ 曲线,那么建议采用应力场强法或临界距离法。对于一些特殊对象的疲劳寿命估算方法研究问题,建议从场强法或者临界域法出发,提出相应的疲劳寿命估算方法。

参 考 文 献

[1]　Yao W. Stress field intensity approach for predicting fatigue life. International Journal of Fatigue, 1993, 15(3): 243 - 246.

[2]　Yao W, Xia K, Yi G. On the fatigue notch factor, K_f. International Journal of Fatigue, 1995, 17(4): 245 - 251.

[3]　姚卫星. 金属材料疲劳行为的应力场强法描述. 固体力学学报,1997,(1): 38 - 48.

[4]　Yao W, Ye B, Zheng L. A verification of the assumption of anti-fatigue design. International Journal of Fatigue, 2001, 23(3): 271 - 277.

[5] 郑楚鸿. 高周疲劳设计方法——应力场强法的研究. 北京:清华大学,1984.

[6] 李玉春,姚卫星. 高周疲劳裂纹萌生的非线性微观力学模型. 南京航空航天大学学报, 1998,30(3):261 - 267.

[7] 李守新,翁宇庆,惠卫军,等. 高强度钢超高周疲劳性能. 北京:冶金工业出版社,2010.

[8] 郑立春. 疲劳裂纹形成寿命估算的应力场强法研究. 南京:南京航空航天大学,1996.

[9] 吴学仁. 飞机结构金属材料力学性能手册. 第 1 卷. 静强度·疲劳/耐久性. 北京:航空工业出版社,1996:212 - 247.

[10] Tanaka K. Engineering formulae for fatigue strength reduction due to crack-like notches. International Journal of Fracture, 1983, 22(2):R39 - R46.

[11] Taylor D. Geometrical effects in fatigue:a unifying theoretical model. International Journal of Fatigue, 1999, 21(5):413 - 420.

[12] Sheppard S D. Field effects in fatigue crack initiation:long life fatigue strength. Journal of Mechanical Design, 1991, 113(2):188 - 194.

[13] Filippini M. Stress gradient calculations at notches. International Journal of Fatigue, 2000, 22(5):397 - 409.

[14] Qylafku G, Azari Z, Kadi N, et al. Application of a new model proposal for fatigue life prediction on notches and key-seats. International Journal of Fatigue, 1999, 21 (8): 753 - 760.

[15] Qilafku G, Kadi N, Dobranski J, et al. Fatigue of specimens subjected to combined loading. Role of hydrostatic pressure. International Journal of Fatigue, 2001, 23(8):689 - 701.

[16] Wetzel R M. Smooth specimen simulation of the fatigue behavior of notches. Journal of Materials, 1968, 3(3):646 - 657.

[17] Topper T H, Wetzel R M, Morrow J. Neuber's rule applied to fatigue of notched specimens. Journal of Materials, 1969, 4(1):200 - 209.

[18] Buch A. Fatigue Strength Calculation. Switzerland:Trans Tech Publications, 1988.

[19] 谢里阳. 疲劳损伤状态的等效性. 机械强度,1995,(2):100 - 104.

[20] Landers C B, Hardrath H F. Results of axial-load fatigue tests on electropolished 2024 - T3 and 7075 - T6 aluminum-alloy-sheet specimens with central holes. NACA TN3631, 1955.

[21] Ting J C, Lawrence F V, Jr. A crack closure model for predicting the threshold stresses of notches. Fatigue & Fracture of Engineering Materials & Structures, 2007, 16(1):93 - 114.

[22] Yu M T, Duquesnay D L, Topper T H. Notch fatigue behaviour of SAE1045 steel. International Journal of Fatigue, 1988, 10(2):109 - 116.

[23] DuQuesnay D L, Topper T H, Ye M T. The effect of notch radius on the fatigue notch factor and the propagation of short cracks//Miller K J, Delos Rios E R. The Behaviour of Short Fatigue Cracks, London:M. E. P, 1986:323 - 335.

[24] Tanaka K, Nakai Y. Propagation and non-propagation of short cracks at a sharp notch. Fatigue & Fracture of Engineering Materials & Structures, 1983, 6(4):315 - 327.

[25] Duggan T V, Byrne J. Fatigue as a design criterion. Landon:Macmillan Press Ltd. , 1977.

[26] Frost N E, Marsh K J, Pook L P. Metal Fatigue. Oxford:Oxford University Press, 1974.

[27] 黄学增,高镇同. 弯扭复合疲劳强度准则. 机械强度,1985,(3):36 - 41.

[28] McDiarmid D L. The effects of mean stress and stress concentration on fatigue under combined

bending and twisting. Fatigue and Fracture of Engineering Materials and Structures, 1985, 8(1): 1 – 12.

[29] Ouchida H. A study of size effect on fatigue strength of steels. Journal of the Japan Society of Mechanical Engineers, 1959, 62: 722 – 733.

[30] Illg W. Fatigue tests on notched and unnotched sheet specimens of 2024 – T3 and 7075 – T6 aluminum alloys and of SAE 4130 steel with special consideration of the life range from 2 to 10 000 cycles. NACA TN3866, Washington, 1956.

第9章 多轴疲劳

　　多轴疲劳是指疲劳危险区域的应力应变场处于多向应力应变状态,各应力应变分量可能是同相位、比例变化的,也可能是不同相、非比例的,同相比例情况归入单轴疲劳研究范畴,其余情况属于多轴疲劳的研究范畴。多轴疲劳问题在工程结构中是普遍存在的,如车辆和机械中广泛采用的轴类零件通常受到弯曲和扭转载荷的共同作用,航空航天结构的整体构件大多受到多轴非比例载荷的作用。

　　本章将主要介绍多轴疲劳载荷、在多轴疲劳载荷下材料的疲劳行为、多轴疲劳损伤参量、多轴疲劳累积损伤理论、缺口件多轴疲劳寿命分析方法等内容。

9.1　多轴疲劳载荷谱的处理

　　结构的疲劳破坏发生于疲劳危险部位,该部位在外载荷的作用下有可能处于单轴应力应变状态,但绝大多数情况下处于多轴应力应变状态,危险部位某点的应力状态可用图9.1表示。

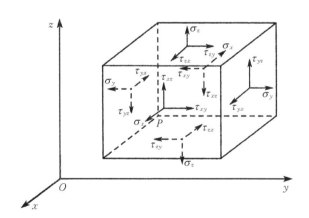

图9.1　结构疲劳危险部位的应力状态

　　各个应力分量都是时间的函数 $\sigma_{ij}(t)$ ($ij=ji$, i, $j=x$, y, z),这6个应力分量如果是由单一外载荷源和单工况引起的,那么各个分量随时间是同步且成比例变化的,如果是由多个载荷源和/或多个工况引起的,那么各个分量随时间是不同步非比例或同步非比例的。如将 $\sigma_{ij}(t)$ 表达为正弦函数,

$$\sigma_{ij}(t) = a_{ij} + b_{ij}\sin(\omega_{ij}t + \varphi_{ij}) \tag{9.1}$$

式中,a_{ij} 和 b_{ij} 是常数;ω_{ij} 和 φ_{ij} 是圆频率和相位。ω_{ij} 反映了应力 $\sigma_{ij}(t)$ 的同步性,φ_{ij} 反映了比例性,不同步肯定是非比例的,除非对于任意 i 和 j,ω_{ij} 为同一常数(即 $\omega_{ij}=\omega$)和 φ_{ij} 为同一常数(即 $\varphi_{ij}=\varphi$),否则 $\sigma_{ij}(t)$ 的各分量之间总是随时间非比例变化的,因此总体上将多轴疲劳分为比例和非比例两大类。

9.1.1　常用的多轴疲劳试验件

多轴疲劳试验通常为双轴试验,如拉-扭、弯-扭、拉-拉等,主要取决于试验设备,相应的疲劳试验件为薄壁圆管试件、变截面轴试件、十字形试件,见图9.2。由于拉扭双轴电液伺服疲劳试验机的出现,目前普遍采用的是拉-扭疲劳试验。

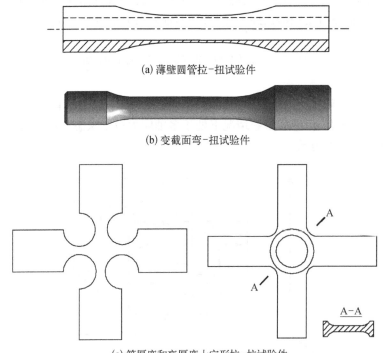

(a) 薄壁圆管拉-扭试验件

(b) 变截面弯-扭试验件

(c) 等厚度和变厚度十字形拉-拉试验件

图 9.2　双轴疲劳试验件

液压拉扭疲劳试验机的出现,使薄壁圆管试验件成为最常用的双轴疲劳试验件。试验件的拉伸应力 $\sigma(t)$ 和剪切应力 $\tau(t)$ 可写为

$$\begin{aligned}\sigma(t) &= \sigma_{m} + \sigma_{a}\sin(\omega_{\sigma}t + \varphi_{\sigma}) \\ \tau(t) &= \tau_{m} + \tau_{a}\sin(\omega_{\tau}t + \varphi_{\tau})\end{aligned} \tag{9.2}$$

式中,σ_m 和 σ_a 为正应力的均值和幅值;τ_m 和 τ_a 为剪应力的均值和幅值。定义应力分量比值 $\lambda = \tau_a / \sigma_a$,相位差 $\varphi = \varphi_\tau - \varphi_\sigma$。

9.1.2 应力不变量和应变不变量

对于图9.1所示的应力状态,切出一个斜面 ABC,其上任意一点 P 的外法线为 N,见图9.3。外法线 N 与坐标轴的方向余弦定义为

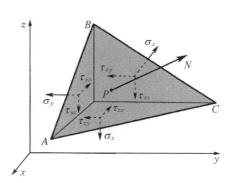

图9.3 斜面上受力情况

$$\cos(N,\ x) = l$$
$$\cos(N,\ y) = m \qquad (9.3)$$
$$\cos(N,\ x) = n$$

由平衡条件,可以得到斜面 ABC 上的应力在坐标轴上的投影 σ_{Nx}、σ_{Ny} 和 σ_{Nz} 为

$$\sigma_{Nx} = l\sigma_x + m\tau_{yx} + n\tau_{zx}$$
$$\sigma_{Ny} = l\tau_{xy} + m\sigma_y + n\tau_{zy} \qquad (9.4)$$
$$\sigma_{Nz} = l\tau_{xz} + m\tau_{yz} + n\sigma_z$$

在斜面 ABC 上的合应力 σ 为

$$\sigma = \sqrt{\sigma_{Nx}^2 + \sigma_{Ny}^2 + \sigma_{Nz}^2} \qquad (9.5)$$

斜面 ABC 上的应力在坐标轴上的投影 σ_{Nx}、σ_{Ny} 和 σ_{Nz} 也可用合应力 σ 表达

$$\sigma_{Nx} = l\sigma$$
$$\sigma_{Ny} = m\sigma \qquad (9.6)$$
$$\sigma_{Nz} = n\sigma$$

合应力 σ 在 ABC 斜面上的正应力 σ_N 和剪应力 τ_N 为

$$\sigma_N = l\sigma_{Nx} + m\sigma_{Nx} + n\sigma_{Nx}$$
$$\tau_N = \sqrt{\sigma^2 - \sigma_N^2} \qquad (9.7)$$

如果在斜面 ABC 上剪应力 τ_N 为0,那么就有 $\sigma_N = \sigma$,将此引入式(9.6),并代入式(9.4)

$$l(\sigma_x - \sigma_N) + m\tau_{yx} + n\tau_{zx} = 0$$
$$l\tau_{xy} + m(\sigma_y - \sigma_N) + n\tau_{zy} = 0 \qquad (9.8)$$
$$l\tau_{xz} + m\tau_{yz} + n(\sigma_z - \sigma_N) = 0$$

运用剪应力互等定理,并写成矩阵形式为

$$\begin{bmatrix} \sigma_x - \sigma_N & \tau_{xy} & \tau_{zz} \\ \tau_{xy} & \sigma_y - \sigma_N & \tau_{zz} \\ \tau_{xz} & \tau_{yz} & \sigma_z - \sigma_N \end{bmatrix} \begin{Bmatrix} l \\ m \\ n \end{Bmatrix} = 0 \tag{9.9}$$

因为 l、m 和 n 不可能同时为 0,因此就有下述成立:

$$\begin{vmatrix} \sigma_x - \sigma_N & \tau_{xy} & \tau_{zz} \\ \tau_{xy} & \sigma_y - \sigma_N & \tau_{zz} \\ \tau_{xz} & \tau_{yz} & \sigma_z - \sigma_N \end{vmatrix} = 0 \tag{9.10}$$

展开行列式,整理后得到

$$\sigma_N^3 - I_1 \sigma_N^2 + I_2 \sigma_N - I_3 = 0 \tag{9.11}$$

式(9.11)为 σ_N 的三次方程,有三个根 σ_1、σ_2 和 σ_3,将它们从大到小排列,称之为第一、第二和第三主应力。其中 I_1、I_2 和 I_3 分别为第一、第二和第三不变量

$$I_1 = \sigma_x + \sigma_y + \sigma_z = \sigma_1 + \sigma_2 + \sigma_3 \tag{9.11a}$$

$$I_2 = \sigma_x \sigma_y + \sigma_y \sigma_z + \sigma_z \sigma_x - \tau_{xy}^2 - \tau_{yz}^2 - \tau_{zx}^2$$
$$= \sigma_1 \sigma_2 + \sigma_2 \sigma_3 + \sigma_3 \sigma_1 \tag{9.11b}$$

$$I_3 = \sigma_x \sigma_y \sigma_z + 2\tau_{xy} \tau_{yz} \tau_{zx} - \sigma_x \tau_{yz}^2 - \sigma_y \tau_{zx}^2 - \sigma_z \tau_{xy}^2 = \sigma_1 \sigma_2 \sigma_3 \tag{9.11c}$$

与应力相似,可以写出应变的三个不变量,

$$J_1 = \varepsilon_x + \varepsilon_y + \varepsilon_z = \varepsilon_1 + \varepsilon_2 + \varepsilon_3 \tag{9.12a}$$

$$J_2 = \varepsilon_x \varepsilon_y + \varepsilon_y \varepsilon_z + \varepsilon_z \varepsilon_x - \frac{1}{4}(\gamma_{xy}^2 + \gamma_{yz}^2 + \gamma_{zx}^2) = \varepsilon_1 \varepsilon_2 + \varepsilon_2 \varepsilon_3 + \varepsilon_3 \varepsilon_1 \tag{9.12b}$$

$$J_3 = \varepsilon_x \varepsilon_y \varepsilon_z + \frac{1}{4}(\gamma_{xy} \gamma_{yz} \gamma_{zx} - \varepsilon_x \gamma_{yz}^2 - \varepsilon_y \gamma_{zx}^2 - \varepsilon_z \gamma_{xy}^2) = \varepsilon_1 \varepsilon_2 \varepsilon_3 \tag{9.12c}$$

9.1.3　等效应力和等效应变

对于工程结构材料,常常采用等效应力和等效应变作为表征材料受载严重程度的参数。等效应力 σ_{eq} 和等效应变 ε_{eq} 可写为[1]

$$\sigma_{eq} = \frac{1}{\sqrt{2}} \sqrt{(\sigma_x - \sigma_y)^2 + (\sigma_y - \sigma_z)^2 + (\sigma_z - \sigma_x)^2 + 6(\tau_{xy}^2 + \tau_{yz}^2 + \tau_{zx}^2)}$$

$$= \frac{1}{\sqrt{2}} \sqrt{(\sigma_1 - \sigma_2)^2 + (\sigma_2 - \sigma_3)^2 + (\sigma_3 - \sigma_1)^2} \quad (9.13)$$

$$\varepsilon_{eq} = \frac{\sqrt{2}}{3} \sqrt{(\varepsilon_x - \varepsilon_y)^2 + (\varepsilon_y - \varepsilon_z)^2 + (\varepsilon_z - \varepsilon_x)^2 + \frac{3}{2}(\gamma_{xy}^2 + \gamma_{yz}^2 + \gamma_{zx}^2)}$$

$$= \frac{\sqrt{2}}{3} \sqrt{(\varepsilon_1 - \varepsilon_2)^2 + (\varepsilon_2 - \varepsilon_3)^2 + (\varepsilon_3 - \varepsilon_1)^2} \quad (9.14)$$

在平面应力状态时,等效应力和等效应变可写为

$$\sigma_{eq} = \sqrt{\sigma_x^2 - \sigma_x \sigma_y + \sigma_y^2 + 3\tau_{xy}^2} = \sqrt{\sigma_1^2 - \sigma_1 \sigma_2 + \sigma_2^2} \quad (9.13a)$$

$$\varepsilon_{eq} = \frac{2}{3} \sqrt{\varepsilon_x^2 - \varepsilon_x \varepsilon_y + \varepsilon_y^2 + \frac{3}{4}\gamma_{xy}^2} = \frac{2}{3} \sqrt{\varepsilon_1^2 - \varepsilon_1 \varepsilon_2 + \varepsilon_2^2} \quad (9.14a)$$

对于拉扭薄壁圆管试验件,试验段的等效应力为

$$\sigma_{eq} = \sqrt{[\sigma(t)]^2 + 3[\tau(t)]^2} \quad (9.15)$$

9.1.4　试验常用的载荷路径

均值、幅值、圆频率和相位的不同组合,形成了不同的载荷路径,材料双轴疲劳性能试验常用的载荷路径见表 9.1,通常取 $\omega_\sigma = \omega_\tau$。

表 9.1　双轴疲劳试验常用的载荷路径

σ_m 和 τ_m	λ	φ		
		0°	45°	90°
$\sigma_m = 0$ $\tau_m = 0$	0			
	0.5			

σ_m 和 τ_m	λ	φ		
		0°	45°	90°
$\sigma_m = 0$ $\tau_m = 0$	1	$\tau/\sqrt{3}$　σ	$\tau/\sqrt{3}$　σ	$\tau/\sqrt{3}$　σ
	2	$\tau/\sqrt{3}$　σ	$\tau/\sqrt{3}$　σ	$\tau/\sqrt{3}$　σ
	∞	$\tau/\sqrt{3}$　σ	$\tau/\sqrt{3}$　σ	$\tau/\sqrt{3}$　σ
$\sigma_m = \sigma_a$ $\tau_m = 0$	0.5	$\tau/\sqrt{3}$　σ	$\tau/\sqrt{3}$　σ	$\tau/\sqrt{3}$　σ
	1	$\tau/\sqrt{3}$　σ	$\tau/\sqrt{3}$　σ	$\tau/\sqrt{3}$　σ
$\sigma_m = 0$ $\tau_m = \tau_a$	1	$\tau/\sqrt{3}$　σ	$\tau/\sqrt{3}$　σ	$\tau/\sqrt{3}$　σ

续表

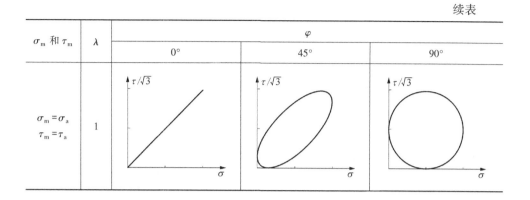

σ_m 和 τ_m	λ	φ		
		0°	45°	90°
$\sigma_m = \sigma_a$ $\tau_m = \tau_a$	1			

9.1.5 多轴疲劳载荷谱的处理

在多轴非比例疲劳载荷作用下,结构内的应力应变状态随之变化,主应力和主应变的方向也随之变化。已有不少多轴疲劳载荷谱循环计数处理方法的研究,如文献[2]~[6],本书作者认为:多轴疲劳载荷谱的处理方法,甚至是否需要进行处理取决于多轴疲劳寿命评估体系,犹如在单轴情况下,采用稳态法进行疲劳寿命分析,对疲劳载荷谱进行雨流处理,可作为疲劳寿命分析的前奏,因为这样做符合材料循环变形的特征。对于多轴非比例载荷谱情况,目前的文献中叙述的方法尚未找到材料变形特征与载荷谱处理方法的联系,因此本书暂不介绍这方面的研究成果,仅仅简单介绍作者对此问题的一个解决方案。

设有两个外载荷 S_1 和 S_2 同时作用于一个结构,结构疲劳寿命的控制参数为某种等效应力 σ_{eq}。由于结构疲劳危险部位的应力应变响应的峰谷值总是与外载荷 S_1 和 S_2 的峰谷值相对应的,因此只需计算对应于外载荷所有峰谷值对应的 σ_{eq} 即可覆盖所有可能的 σ_{eq} 峰谷值,然后进行滤波处理就得到了可用于疲劳寿命分析的控制参数,见图 9.4。图中给出的 1-2-4-5-7-8 为处理完成后结构疲劳危险部位的等效应力的峰谷系列。

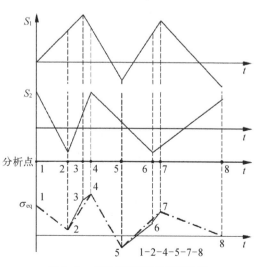

图 9.4 多轴载荷时间历程处理

9.2　多轴循环应力-应变关系

多轴载荷下的应力-应变关系包括了多轴本构关系和多轴循环应力-应变关系。多轴非比例载荷下的本构关系和循环应力-应变关系已有一些研究,如文献[7]~[10]。考虑到篇幅和本书的重点,本书仅简单引用一些典型的循环应力-应变试验结果[11]。试验材料为45#钢,试验件为拉扭薄壁圆管,见图9.5。循环应力-应变迟滞回线的试验结果见图9.6~图9.9。由图可以看到,相对于单轴拉伸和扭转,比例载荷下的拉压和扭转分量的迟滞回线没有变化,而非比例载荷下的迟滞回线的形状发生了明显变化,其所包围的面积明显变大,说明每个循环消耗的塑性功明显增加了。

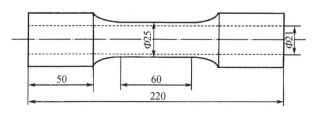

图 9.5　拉扭薄壁圆管试验件(45 号钢)

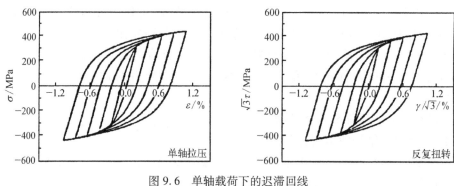

图 9.6　单轴载荷下的迟滞回线

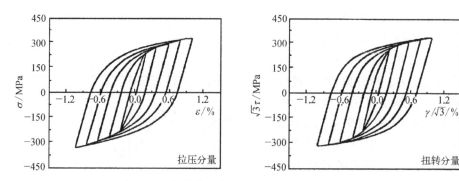

图 9.7　比例载荷下拉压和扭转分量的迟滞回线

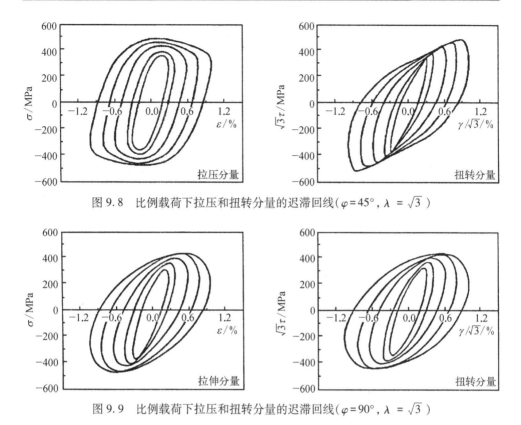

图 9.8 比例载荷下拉压和扭转分量的迟滞回线($\varphi=45°$, $\lambda=\sqrt{3}$)

图 9.9 比例载荷下拉压和扭转分量的迟滞回线($\varphi=90°$, $\lambda=\sqrt{3}$)

9.3 多轴疲劳破坏准则

目前有关多轴疲劳寿命估算的失效准则多为经验或者半经验公式,还没有形成一个对各种材料和载荷均普遍适用的理论。

Shamsaei 等[12]从试验研究、本构模型和宏观方法三个方面对非比例附加强化问题进行了回顾综述。时新红等[13]、王英玉等[14]对高低周多轴加载下的疲劳破坏准则进行了综述。朱正宇等[15]、张成成等[16]对多轴高周疲劳破坏准则进行了综述。张巧丽等[17]、丰崇友[18]、Papuga[19]对多轴非比例加载低周疲劳的研究进行了综述。本节将对主要多轴疲劳破坏准则进行分类介绍。

9.3.1 多轴疲劳破坏准则分类

1. 按照损伤参量的"力学量"进行分类

疲劳损伤参量是描述材料疲劳性能的"力学量",如应力、应变、能量等,多轴疲劳损伤参量也不例外。从这个角度来讲,多轴疲劳破坏准则可以分为:应力准则、应变准则和能量准则。

　　在多轴疲劳研究的初期,由于试验技术条件等的限制,很难对多轴疲劳的损伤机理进行有效考察。在损伤参量的选取上,往往只能依赖于试验和推测。因此,早期的多轴疲劳破坏准则大都是从当时已有的静强度理论出发,通过经验和半经验公式,将多轴应力应变等效为单轴应力应变,相应地出现了等效应力、等效应变的概念。其中应用最广的等效方法是基于 Mises 准则和 Tresca 准则的等效应力或应变法。但在实际应用中发现,这些准则不能很好地描述试验数据,尤其是在非比例载荷情况下,不能考虑非比例附加强化的行为,因而不能用于多轴非比例加载下的疲劳寿命分析。后来的研究者通过对大量的疲劳数据进行分析,提出了很多改进的和创新的多轴疲劳破坏应力或应变准则。比如 Sines[20] 考虑了静水压力的影响,对 Mises 应力准则进行了修改。Findley[21-24] 提出不断变化的剪应力是导致疲劳的主要原因,而临界平面上的正应力对材料抵抗不断变化应力的能力有很大影响。提出了一个剪应力与正应力的线性组合式作为疲劳判据。Brown 等[25] 认为最大剪平面上的剪应变和法向应变这两个参数都应该考虑。他们提出裂纹第一阶段沿最大剪切面生成,第二阶段沿垂直于最大拉应变方向扩展。Brown 准则由一系列最大剪应变 γ_{max} 和最大剪应变平面上的法向应变 ε_n 为坐标所组成的 Γ-平面上的等寿命曲线组成。这些准则被广泛讨论及应用[26-28]。尚德广等[29] 基于临界面概念提出了一种与加载路径无关的多轴疲劳损伤参量,该参量综合考虑了临界面上的最大剪切应变变程和最大剪切应变两个折返点之间的法向应变变程 ε_n^* 两个参数。

　　能量准则是 Morrow[30] 在 1965 年提出的,他认为塑性功的累积是产生材料不可逆损伤并导致疲劳破坏的主要因素。Garud[31] 尝试将 Morrow 的单轴滞后环能量概念应用于多轴疲劳。Ellyin 等[32-34] 提出了塑性应变能和总应变能理论,认为疲劳损伤是循环应变能密度的函数。

2. 按照是否存在损伤平面进行分类

　　不存在损伤平面的多轴疲劳破坏准则主要有基于静强度的等效应力(应变)准则和能量准则,存在损伤平面的多轴疲劳破坏准则主要是临界面准则。

　　临界面准则将多轴疲劳问题在临界面上等效为单轴疲劳问题,然后采用单轴疲劳理论来分析多轴疲劳寿命。临界面准则选用了材料发生最大损伤平面上的应力应变参数作为多轴疲劳损伤参量,因此临界面反映了多轴疲劳破坏面,具有一定的物理意义。临界面的定义是多种多样的,可以是最大损伤参量所在的平面,也可以是经历最大剪切应力变程的平面等。临界面损伤参量的定义多以该平面上的剪应力、正应力及静水应力的均值、幅值、最大值的不同组合来表示。Matake 准则[35] 是临界面法中较为经典的准则,定义剪切应力幅 $C_a(\varphi, \theta)$ 最大时所在的平面为临界面,并将 $C_a(\varphi, \theta)$ 与该平面上的最大法向应力 $N_{\max}(\varphi, \theta)$ 的线性组合作为疲劳判据。Socie[36]认为最大主应变平面为临界面,并将临界面和能量法结合对 Smith 等[37]的能量准则进行了修正。Glinka 等[38,39]、Chu 等[40]也将能量法与临界面法相结合,提出了临界面应变能密度法则。陈旭等[41]认为临界面上的所有应力和应变对于疲劳损伤都有影响,在 SWT 修正模型中加入了剪应变能部分。

3. 按照是否考虑多轴非比例附加强化效应进行分类

按照是否定量考虑多轴非比例附加强化效应,可将多轴疲劳损伤参数划分为两大类:直接损伤量和等效损伤量。

直接损伤量是不需要特别考虑非比例载荷引起的非比例附加强化行为,通过分析非比例加载过程各个应力应变基本分量对材料的损伤的贡献,直接计算危险部位的损伤参量。

等效损伤量唯象地考虑附加强化的行为。它首先定性地分析非比例载荷对微观结构和寿命的影响,然后引入非比例附加强化系数修正等效应力/应变而形成损伤参量。

本书将重点就这种分类方法展开讨论。

9.3.2 等效损伤量

以材料的单轴 $S-N$ 曲线或单轴应变-寿命曲线为基础,引入非比例系数,形成可适用于单轴、比例和非比例加载下的等效应力/应变。由于比例载荷可以看作非比例度为零的非比例载荷,因此等效损伤量均可表示为与非比例附加强化系数相关的形式。

多轴疲劳问题研究的初期,等效损伤量主要是指基于静强度理论的多轴疲劳损伤参量,包括 Mises 等效应力/应变、最大主应力/应变、最大剪应力/应变等。因这类损伤参量还未引入考虑多轴非比例附加强化效应的因子,在用于多轴非比例载荷下的试件的寿命估算时往往会引起很大的误差,目前基本不再使用。因此本节重点介绍考虑非比例附加强化效应的损伤参量。

为方便比较将下面各方法公式中的变量用统一符号表示:σ_{eq} 为等效应力,ε_{eq} 为等效应变,l_{np} 为载荷非比例度,α_{np} 为材料非比例系数,ϕ 为相位角,$f_{np} = 1 + \alpha_{np} l_{np}$ 为非比例附加强化系数。

Kanazawa 等[42]通过微观观察疲劳试样,发现驻留滑移带所在平面与最大剪切平面基本一致,认为:疲劳裂纹萌生发生在最大剪切应变平面,裂纹形成扩展的速率由最大剪切应变变程决定。Garud[31]也提出了类似方法。模型通过应力主轴的旋转系数来修正非比例附加强化的影响,该旋转修正系数定义为最大剪切应

变平面上的剪切应变幅与最大剪切应变平面呈 45°的平面上剪切应变幅之间的比值:

$$l_{\mathrm{np}} = \frac{\gamma_{a,\Delta 45}}{\gamma_{a,\max}} = \frac{\lambda^2 + (1+\nu)^2 - \sqrt{((1+\nu)^2 - \lambda^2)^2 + (2\lambda(1+\nu)\cos\phi)^2}}{\lambda^2 + (1+\nu)^2 + \sqrt{((1+\nu)^2 - \lambda^2)^2 + (2\lambda(1+\nu)\cos\phi)^2}}$$

(9.16)

非比例载荷下的等效剪切应变为

$$\varepsilon_{\mathrm{eq}} = k \cdot \gamma_{\max} f_{\mathrm{np}} = k \cdot \gamma_{\max}(1 + \alpha_{\mathrm{np}} l_{\mathrm{np}})$$

(9.17)

式中,ν 为泊松比;比值 $k = f_{-1}/t_{-1}$,其中 f_{-1} 为拉压疲劳极限,t_{-1} 为扭转疲劳极限。

Fatemi 等[43,44]通过对 Inconel78、SAE1045 进行拉扭试验结果分析,建议用最大剪应变平面上的最大法向应力代替法向应变,以反映材料附加循环强化对疲劳寿命的影响,得到

$$\varepsilon_{\mathrm{eq}} = \frac{\gamma_{\max}}{2}\left(1 + \alpha_{\mathrm{np}}\frac{\sigma_{\mathrm{n}}^{\max}}{\sigma_{\mathrm{y}}}\right)$$

(9.18)

也即定义了 l_{np} 为

$$l_{\mathrm{np}} = \frac{\sigma_{\mathrm{n}}^{\max}}{\sigma_{\mathrm{y}}}$$

(9.19)

式中,σ_{y} 为材料的屈服强度;$\sigma_{\mathrm{n}}^{\max}$ 为最大剪切应变平面上的最大法向应力;$\Delta\gamma_{\max}$ 为最大剪应变变程。此准则中引入最大法向应力项,在一定程度上反映了非比例循环强化对低周疲劳寿命的影响,但是参数随寿命的变化而变化[17]。

Lee[45]在 Gough 椭圆方程的基础上根据试验提出的一个多轴非比例强化参数为

$$f_{\mathrm{np}} = 2(1 + \alpha_{\mathrm{np}}\sin\phi)$$

(9.20)

比例情况下 $f_{\mathrm{np}} = 2$,退化为 Gough 椭圆方程损伤参量,多轴非比例时等效应力为

$$\sigma_{\mathrm{eq}} = \sigma_{\mathrm{a}}\left[1 + \left(\frac{b}{2t}\frac{2\tau_{\mathrm{a}}}{\sigma_{\mathrm{a}}}\right)^{f_{\mathrm{np}}}\right]^{1/f_{\mathrm{np}}} \bigg/ \left[1 - \left(\frac{\sigma_{\mathrm{m}}}{\sigma_{\mathrm{b}}}\right)^n\right]$$

(9.21)

式中,σ_{a} 为弯曲应力幅;τ_{a} 为扭转应力幅;b 和 t 分别为弯曲和扭转疲劳极限;σ_{m} 为平均应力;σ_{b} 为拉伸强度,n 为介于 1 和 2 的经验常数。Lee 的模型由于考虑了非比例附加强化和应力均值的影响,与试验的结果比较吻合,但是参数的确定比较困难。

还有很多学者提出了类似的方法,如 Langer[46] 将 Tresca 准则扩展到非比例循环载荷,并已应用到压力容器的设计中。赵勇铭等[47] 采用最大等效应变和材料屈服极限修正椭圆方程,并用 304 不锈钢和 S45C 钢材料进行验证,发现所提模型对于低周和中高周疲劳寿命预测的分散带和标准差均很小。

Itoh 等[48] 通过不同非比例路径下的多轴试验发现:非比例载荷的影响由主应变方向的变化范围及应变路径的长度决定。定义的路径非比例因子为

$$l_{np} = \frac{1.57}{T \varepsilon_{Imax}} \int_0^T |\sin\xi(t)| \varepsilon_I(t) \ dt \tag{9.22}$$

式中,$\varepsilon_I(t)$ 是 t 时刻理论主应变绝对值中的最大值;$\varepsilon_{Imax} = \max[\varepsilon_I(t)]$;$\xi(t)$ 是 $\varepsilon_I(t)$ 与 ε_{Imax} 的夹角;T 为一个加载的周期。选取最大主应变变程 $\Delta\varepsilon_I$ 为等效应变损伤量,非比例下的等效应变为

$$\varepsilon_{eq} = (1 + \alpha_{np} l_{np}) \Delta\varepsilon_I \tag{9.23}$$

Itoh 方法的形式简洁、物理含义明确,很多学者都在该方法的基础上进行了扩展。如于海生等[49] 考虑了某些不出现非比例附加强化效应的材料在非比例加载情况下,也会产生寿命降低的现象,对 Itoh 的准则进行了修改。

Borodii 等[50,51] 同时考虑应变幅值和路径形状对附加强化的影响,对比了不同非比例参数(应力、应变、混合)在不同路径下的唯一性。将 Itoh 的应变准则进行修正,加入考虑循环路径方向相对主应变轴的变化的循环路径影响因子修正 Itoh 的非比例度:

$$f_{np} = (1 + \beta\sin\varphi)(1 + \alpha_{np} l_{np-Itoh}) \tag{9.24}$$

式中,β 是反映了在不同加载路径下材料非比例循环特性的材料常数,需通过试验得到;φ 是循环路径方向与主轴的夹角。其非比例载荷下的等效剪切应变为

$$\varepsilon_{eq} = f_{np} \Delta\varepsilon_I \tag{9.25}$$

何国求等[52,53] 对非比例载荷下疲劳寿命降低的微观机理进行了研究,发现非比例加载下材料的微观裂纹密度远大于比例加载下的密度,较多的微裂纹加快后续疲劳裂纹扩展的速率。通过显微观察发现非比例加载路径对位错结构具有强烈的影响,将滑移面上的位错自由运动间距的分布定义为应变路径的非比例度,定义新的路径非比例度为

$$l_{np} = K_c \frac{\sqrt{\overline{S}_n / \overline{S}_p} - 1}{\sqrt{\overline{S}_c / \overline{S}_p} - 1} \tag{9.26}$$

式中,$\overline{S}$ 是指在相同等效应变幅值及不同的加载路径下,滑移面上产生的位错结构

中位错自由运动间距的统计平均值;下标 n 表示非比例加载路径,c 表示圆路径,p 表示比例加载;K_c 为圆路径非比例度。将临界面上最大剪切应变幅作为寿命分析的等效损伤参量,非比例加载下的等效剪切应变为

$$\varepsilon_{eq} = k \cdot \frac{\Delta\gamma_{max}^{p}}{2} \cdot (1 + \alpha_{np} l_{np})^{1/n} \tag{9.27}$$

王英玉[54]通过研究疲劳裂纹萌生位置与疲劳破坏参数的分布,分别定义最大剪切应变幅平面和最大损伤平面为临界面,考虑各应力应变参数对多轴裂纹萌生和扩展所起的作用,提出了如下两个反映非比例影响的等效损伤量:

$$\text{最大剪应变幅临界面:} \quad \frac{\Delta\varepsilon_{eq}}{2} = \frac{\Delta\gamma_{max}}{2} + \left(1 - \frac{\sigma_n}{2\sigma_y}\right)\Delta\varepsilon_n$$
$$\text{最大疲劳损伤临界面:} \quad \frac{\Delta\varepsilon_{eq}}{2} = \left[\frac{\Delta\gamma}{2} + \left(1 - \frac{\sigma_n}{2\sigma_y}\right)\Delta\varepsilon_n\right]_{max} \tag{9.28}$$

式中,$\Delta\gamma_{max}$ 是最大剪应变变幅;$\Delta\varepsilon_n$ 是最大剪应变平面上的法向应变变幅;$\Delta\gamma$ 和 $\Delta\varepsilon_n$ 分别为临界面上的剪应变变幅和法向应变变幅;σ_n 是最大剪应变平面上的法向应力幅;σ_y 是屈服应力。

在上述等效参量中,非比例的影响可表示为

$$l_{np} = 1 - \frac{\sigma_n}{2\sigma_y} \tag{9.29}$$

李静等[55]基于临界面法,分析 Wang - Brown 模型[56]的缺陷,引入应力相关因子 $[1 + \Delta\sigma_n/(2\sigma_{0.2})]$ 来反映材料非比例加载下的附加强化现象,提出了一种新的有效循环变量:

$$\frac{\Delta\varepsilon_{eq}^{*}}{2} = \frac{\Delta\gamma_{max}}{2} + \left[1 + \frac{\Delta\sigma_n}{2\sigma_{0.2}}\right] \cdot \frac{\Delta\varepsilon_n}{2} \tag{9.30}$$

式中,$\sigma_{0.2}$ 是屈服强度;$\Delta\sigma_n$ 是虚法向应力范围。

Itoh 等[57]研究了几种循环硬化材料在非比例载荷下的附加强化与材料疲劳寿命降低的关系,同时讨论了损伤参量中的材料常数与疲劳寿命的关系,提出了一种只由静态拉伸试验便可确定材料常数影响的简单方法。材料非比例系数的影响可表示为下式:

$$\alpha_{np} = S \frac{\sigma_b - \sigma_y}{\sigma_b} \tag{9.31}$$

式中,σ_b 为拉伸强度;σ_y 为屈服强度,常系数 $S=1$(面心立方结构材料)或 $S=2$(体心立方结构材料)。

以最大主应变变程平面为临界面,引用 Itoh[48] 提出的路径非比例度,得到如下用于多轴疲劳寿命估算的等效损伤量:

$$\Delta\varepsilon_{eq} = \left(1 + S\,\frac{\sigma_b - \sigma_y}{\sigma_b}l_{np}\right) \cdot \Delta\varepsilon_1 \tag{9.32}$$

式中,$\Delta\varepsilon_1$ 为最大主应变变程。

Babaei 等[58]针对非比例载荷敏感材料,提出了一种直接反映路径非比例度影响的多轴疲劳损伤参量,该损伤参量基于虚应变能法,包括主损伤和由非比例载荷引起的附加损伤两部分。损伤参量的统一表达式如下:

$$D_p = D_1 + F \cdot D_2 \tag{9.33}$$

式中,D_p 为总损伤;D_1 为主损伤,针对剪切型失效和拉伸型失效的材料,分别有不同的表达式,详见文献[59];D_2 为附加损伤,由非比例附加强化引起。F 为自定义的非比例系数。Babaei 方法表达式简洁,应用方便,经多组试验验证,可取得较好的寿命预测精度,但其中的非比例系数没有一个统一明确的定义,选用不同的非比例系数时,可能会产生寿命预测结果不稳定的情况。主要等效损伤量列于表 9.2。

表 9.2　主要附加强化等效损伤量参数对比

作　　者	危险平面	基本参数	载荷非比例度 l_{np}	非比例系数 f_{np}
Kanazawa	最大剪切平面	八面体最大剪切应变幅	$\gamma_{a,\Delta45}/\gamma_{a,max}$	$1+\alpha_{np}l_{np}$
Fatemi	最大剪切平面	最大主应变幅	σ_n^{max}/σ_y	$1+\alpha_{np}l_{np}$
Lee	最大剪切平面	剪切应力幅、正应力幅	$\sin\phi$	$2(1+\alpha_{np}\sin\phi)$
Itoh	最大剪切平面	最大主应变、应力变程	$\dfrac{1.57}{T\varepsilon_{Imax}}\displaystyle\int_0^T \|\sin\xi(t)\|\varepsilon_1(t)\|dt$	$1+\alpha_{np}f_{np}$
Borodii	最大剪切平面	最大主应变	$1+\beta\sin\varphi gl_{np\text{-}Itoh}$	$(1+\beta\sin\varphi)(1+\alpha_{np}l_{np\text{-}Itoh})$
何国求	最大剪切平面	最大剪切应变幅值	$K_c\dfrac{(\overline{S}_n/\overline{S}_p)^{-1/2}-1}{(\overline{S}_c/\overline{S}_p)^{-1/2}-1}$	$(1+\alpha_{np}l_{np})^{-1/n}$
王英玉	最大剪切平面或最大损伤面	最大剪应变幅、法向应变幅	$1-\dfrac{\sigma_n}{2\sigma_y}$	$1-\dfrac{\sigma_n}{2\sigma_y}$
李静	最大剪切平面	最大剪应变幅、法向应变幅	$1+\dfrac{\Delta\sigma_n}{2\sigma_{0.2}}$	$1+\dfrac{\Delta\sigma_n}{2\sigma_{0.2}}$

作　者	危险平面	基本参数	载荷非比例度 l_{np}	非比例系数 f_{np}
Itoh	最大主应变平面	最大主应变程	$\dfrac{1.57}{T\varepsilon_{\mathrm{Imax}}}\displaystyle\int_0^T \mid \sin\xi(t)\mid \mid \varepsilon_1(t) \mid \mathrm{d}t$	$S\dfrac{\sigma_{\mathrm{b}}-\sigma_{\mathrm{y}}}{\sigma_{\mathrm{b}}}l_{\mathrm{np}}$
Babaei	虚应变能最大平面	法向应力、应变和剪应力、剪应变	F	F

9.3.3　直接损伤量

依据疲劳损伤机理,分析疲劳危险部位处疲劳载荷各个应力/应变分量及载荷的非比例性对疲劳损伤的影响,直接计算出用于疲劳强度或疲劳寿命估算的损伤参量。

Susmel 等[59]基于单晶循环变形的疲劳损伤物理机理,挑选在裂纹萌生阶段起重要作用的应力分量。该理论使用累积塑性应变 Γ 来衡量单晶的疲劳损伤为

$$\Gamma = \sum_{i=1}^N \mid \mu\gamma_{\mathrm{pl},i} \cdot \boldsymbol{m} \mid \tag{9.34}$$

式中,$\mu\gamma_{\mathrm{pl},i}$ 是第 i 次循环的微观塑性剪切应变;$\boldsymbol{m}$ 易滑移方向。在完全弹性宏观应变的假设下,宏观剪切应力与微观塑性剪切应力的关系如下:

$$\boldsymbol{\tau} \cdot \boldsymbol{m} = b(\mu\gamma_{\mathrm{p}} \cdot \boldsymbol{m}) \tag{9.35}$$

式中,b 为单调函数;τ 为宏观剪切应力。经推导可得损伤参量为

$$\tau_{\mathrm{eq}} = \tau_{\mathrm{a}} + \left(\iota_{-1} - \frac{f_{-1}}{2}\right)\rho \tag{9.36}$$

式中,$\rho = \dfrac{\sigma_{\mathrm{n,max}}}{\tau_{\mathrm{a}}}(\phi^*,\theta^*)$ 为反映非比例影响的裂纹萌生面上的应力比。

细观积分法根据材料细观尺度上是由各向异性晶体组成的这一特性,认为疲劳裂纹萌生是由材料内部临界体积内特征滑移带上晶粒所经历的塑性变形引起的,且在晶粒尺度范围内的微观剪应力和微观静水应力影响了裂纹的开裂和滑移带的形成。Papadopoulos[60]在此研究基础上,将剪切应力幅在所有材料平面上的滑移带的投影定义为广义剪切应力 $T_{\mathrm{a}}(\varphi,\theta,\chi)$,并将其在所有材料平面上积分的均方根与静水应力的组合作为损伤参量,

$$\sigma_{\mathrm{eq}} = \sqrt{a_{\mathrm{p}} \cdot \int_{\theta=0}^{2\pi}\int_{\psi=0}^{\pi}\int_{\chi=0}^{2\pi}(T_{\mathrm{a}}(\theta,\psi,\chi))^2\mathrm{d}\chi\sin\psi\,\mathrm{d}\psi\,\mathrm{d}\theta} + b_{\mathrm{p}} \cdot \sigma_{\mathrm{H,max}}$$

$$\tag{9.37}$$

式中，a_p、b_p 为材料参数；T_a 为某平面上的剪切应力变程；$\sigma_{H,\max}$ 为最大静水应力值；θ、ψ、χ 为表示平面位置的欧拉角。

由于 Papadopoulos 方法从细观尺度考虑了材料特征滑移带上晶粒所经历的塑性变形，所以可以直接反映非比例附加强化的影响。其他学者如 Zenner 等[61]、Papuga 等[62,63] 对该方法做了一些发展。

Morel[64] 基于弹性均匀化理论，认为裂纹萌生是一些对塑性变形抵抗弱的晶粒失效造成的，损伤参量选用细观累积塑性应变，疲劳裂纹的萌生寿命为

$$N = p\ln\left(\frac{C_A}{C_A - \tau_{-1}}\right) + q\frac{\tau_{-1}}{C_A - \tau_{-1}} - \frac{r}{C_A} \tag{9.38}$$

式中，p、q、r 为材料常数；τ_{-1} 为修正后的剪切疲劳极限；C_A 为按 Papadopoulos 应力分量计算方法[65] 所得剪切应力。定义一个非同相系数 H 来考虑非同相载荷对疲劳损伤累积的影响

$$H = \frac{T_\Sigma}{C_A} \tag{9.39}$$

式中，T_Σ 为按 Papadopoulos 方法计算得到的剪切应力分量。H 表示危险区域多晶粒对损伤的贡献，具体表现在对材料疲劳极限的影响上，随着非同相系数 H 的增大，疲劳极限降低，修正后的疲劳极限为

$$\tau_{-1} = \frac{T_{\Sigma\lim}}{H} = \frac{C_A \cdot T_{\Sigma\lim}}{T_\Sigma} \tag{9.40}$$

由于其损伤参量的定义是对所有材料平面的细观积分，可以一定程度地反映多轴非比例加载下应力应变状态不断变化对寿命的影响。

Skibicki[66] 在 McDiarmid[67] 准则的基础上借用了谱的概念，认为现在的多轴疲劳预测模型往往只考虑一个循环里最危险时刻的载荷，未考虑其他时刻载荷对疲劳裂纹萌生扩展的影响。通过研究对比不同非比例加载路径下最大剪切应力的矢端曲线并结合疲劳损伤累积机理提出了反映载荷路径的非比例度填充系数 H_s，

$$H_s = \frac{\int_\alpha (\tau_\alpha^{MDP} \cdot W)}{\pi(\tau_{\alpha CPA}^{MDP})^2/2} \tag{9.41}$$

式中，τ_α^{MDP} 为 McDiarmid 定义的材料平面 α 上的等效应力；τ_α^{MDP} 为临界面上的等效应力；权函数 $W = \sin(2\cdot(\alpha-\alpha_{CPA}))^k$ 为反映所在位置对损伤的影响；k 由试验数据拟合得到，填充系数 H_s 的几何含义为矢端曲线围成的面积与包围矢端曲线的最大

圆的面积的比。

非比例载荷下等效应力为

$$\sigma_{\text{eq-np}} = \sigma_{\alpha\text{-cpa}}\left(1 + \frac{t_{-1}}{f_{-1}}H_s^n\right) \tag{9.42}$$

式中,t_{-1}/f_{-1} 反映材料的非比例敏感性;n 由试验数据拟合得到。

Spagnoli 等[68,69]认为非比例载荷作用下材料的临界面与比例加载下的临界面存在偏差,通过临界面的法向与最大主应力的加权平均方向的夹角 δ 对临界面的偏转进行修正。等效应力疲劳参量采用该平面上最大正应力和剪切应力幅值的非线性组合表示:

$$\sigma_{\text{eq}} = \sqrt{\kappa^2 C_a^2 + N_a \cdot N_{\text{max}}} \tag{9.43}$$

最大主应力的加权平均方向 $\hat{\phi}$ 为

$$\hat{\phi} = \frac{1}{W}\sum_{t_1}^{t_N} \phi(t_k)\,W(t_k) \tag{9.44}$$

式中,$\phi(t_k)$ 为 t_k 时刻时最大主应力方向;$W(t_k)$ 为权系数,并给出了一个依据单轴拉压 S-N 曲线的权系数,

$$W(t_k) = \begin{cases} 0, & \sigma_1(t_k) < c\sigma_{\text{af}} \\ \left(\dfrac{\sigma_1(t_k)}{c\sigma_{\text{af}}}\right)^{m_\sigma}, & \sigma_1(t_k) \geqslant c\sigma_{\text{af}} \end{cases} \quad (0 < c \leqslant 1) \tag{9.45}$$

式中,σ_{af} 分别为反复扭转或反复弯曲下的疲劳极限;m_σ 是单轴拉压 S-N 曲线斜率的负倒数。

另外,Liu 等[70]也提出了一个有关临界面偏转的多轴疲劳寿命预测方法。Farahani[71]考虑轴向平均应力及非比例加载下的附加强化等因素,采用能量的参数来描述多轴疲劳损伤。程靳等[72]将表征附加强化的非比例度作为摩擦系数引入损伤参量中,建立一种预测多轴非比例疲劳寿命的能量临界面法。Chu[73],Huyen 等[74]分别提出临界面与能量相结合的损伤参量。主要直接损伤量模型列于表9.3。

表9.3　主要直接损伤量参数对比

作　者	非比例影响处理	危险部位	损伤参量计算依据	损　伤　参　量
Susmel	$\rho = \dfrac{\sigma_{n,\text{max}}}{\tau_a}$	最大剪切易滑移方向	单晶累积塑性应变	$\tau_a + \left(t_{-1} - \dfrac{f_{-1}}{2}\right)\rho$

作 者	非比例影响处理	危险部位	损伤参量计算依据	损 伤 参 量
Papadop-oulos	细观损伤参量在所有材料面积分	最大广义剪应力面	特征滑移带上晶粒所经历的塑性变形	$\sqrt{a_{\mathrm{p}} \cdot \int_{\theta=0}^{2\pi} \int_{\psi=0}^{\pi} \int_{\chi=0}^{2\pi} (T_{\mathrm{a}}(\theta, \psi, \chi))^2 \mathrm{d}\chi \sin\psi \mathrm{d}\psi \mathrm{d}\theta} + b_{\mathrm{p}} \cdot \sigma_{\mathrm{H,max}}$
Morel	$\tau_{\lim} = \dfrac{C_A \cdot T_{\Sigma\lim}}{T_{\Sigma}}$	最大宏观剪切应力平面	细观累积塑性应变	$p\ln\left(\dfrac{C_A}{C_A - \tau_{-1}}\right) + q\,\dfrac{\tau_{-1}}{C_A - \tau_{-1}} - \dfrac{r}{C_A}$
Spagnoli	临界面偏角 δ	偏转后平面的临界面	试验、经验	$\sqrt{\kappa^2 C_a^2 + N_a \cdot N_{\max}}$
Skibicki	$H = \dfrac{\int_{\alpha}(\tau_{\alpha}^{\mathrm{MDP}} \cdot W)}{\pi\left(\tau_{\alpha_{\mathrm{CPA}}}^{\mathrm{MDP}}\right)^2 /2}$	最大剪切应力临界面	损伤累积	$\tau_{\alpha\text{-cpa}}\left(1 + \dfrac{t_{-1}}{f_{-1}} H_{\mathrm{s}}^n\right)$

9.3.4 多轴疲劳破坏准则评估

1. 被评估方法的选取

本节从表 9.2 和表 9.3 中选取了 Kanazawa、Itoh、Susmel 和 Spagnoli 这四种典型方法进行试验验证。

首先这些方法影响较大,被广泛引用,而很多其他方法大多是从这些方法发展而来的。其次这些方法不需要或需要较少的材料性能数据尤其是方法自身定义的材料性能数据,比较便于进行寿命估算。例如,Susmel 和 Spagnoli 不需要单轴疲劳性能以外的材料参数,Kanazawa 和 Itoh 只需要额外的一个非比例材料参数,且文献中较详细地介绍了该参数的试验获取方法。而其他方法大多未介绍破坏模型中各个参数的具体试验获取方法,Skibicki 估算寿命需要额外的两个拟合参数,这对于试验数据较少的情况是非常困难的。研究疲劳分析方法所追求的目标之一是降低疲劳分析对大量试验的依赖性,减少分析处理方法中的经验成分,因此对材料性能参数的需求也可以作为评价方法优劣的标准之一。

2. 试验数据

试验数据从原始文献中获取,优先选用对试验条件、试验设备及试验设计描述详细的文献中数据、优先选用成组试验的数据。

此处引用了 11 种材料不同载荷下的 225 个多轴疲劳试验数据点,载荷条件均为常幅、$R=-1$ 正弦波加载,非比例情况只考虑相位角的不同,具体数据列于本章附录的表 A9.1 和表 A9.2。

试验数据包含了应变和应力控制两类,同时寿命估算的方法所用的参数既有使用应力参量也有应变参量,所以需要进行应力-应变之间的转换,此处采用Ramberg - Qsgood 公式进行转换,

$$\varepsilon = \frac{\sigma}{E} + \left(\frac{\sigma}{K}\right)^{1/n} \tag{9.46}$$

3. 评估结果与讨论

为了检验评估结果并得出具有工程指导意义的结论,分别按照式(9.47)和式(9.48)进行了误差统计,即分别计算了寿命估算误差均值、标准差和估算寿命在 2倍、3 倍和 4 倍寿命带内的数据点数分布情况

$$\Delta FI = \frac{N_p - N_m}{N_m} \times 100\% \tag{9.47}$$

$$d = \frac{\sqrt{2}}{2} \mid N_p - N_m \mid \leqslant \frac{\sqrt{2}}{2} \lg(X) \tag{9.48}$$

式中,N_p 为估算对数寿命;N_m 为试验对数寿命;X 分别为 2、3、4。四种方法在不同材料下寿命估算结果见表 9.4。

表 9.4　各方法寿命估算误差统计信息

估算寿命方法	等效损伤量方法		直接损伤量方法	
	Kanazawa	Itoh	Susmel	Spagnoli
对数寿命误差均值/%	−6.03	5.03	1.58	−3.83
对数寿命误差标准差/%	22.26	23.86	17.94	19.55
2 倍寿命带内数据点数	42	37	50	54
3 倍寿命带内数据点数	62	53	70	75
4 倍寿命带内数据点数	72	67	89	83

表 9.4 的结果表明:

各方法估算寿命误差的均值均较小,说明所选择的 4 种方法能够比较准确地进行多轴疲劳寿命估算;4 种方法估算结果的方差均较大,说明各方法估算结果的分散性较大,各方法的适用范围有限。

直接损伤量法寿命估算的结果要好于等效损伤量,其主要原因是直接损伤量法一般有较好的物理基础,经验成分相对较少。而等效损伤量则对材料非比例参数和试验数据存在更大的依赖性。

9.3.5　讨论

(1) 不考虑破坏方向的等效损伤参量形式简单,但缺乏合理的物理解释,且主

要用于比例加载,对于非比例加载的预测,误差往往很大。考虑破坏方向的等效损伤量具有合理的物理解释,可以根据疲劳裂纹的萌生和扩展类型、载荷路径和材料的特性等因素来选择合适的损伤参量,但有时临界面的确定比较困难。

(2)直接损伤量法虽然有较好的物理基础,但其所使用的理论大部分是单晶、弹性均匀状态、弹塑性损伤累积等经典理想的理论,与实际工程结构的材料、工作状态存在较大差别,这使得该类方法的使用受到限制。

(3)如何考虑载荷均值、载荷路径等对高低周疲劳寿命的影响,如何减少准则中的材料常数及一些不确定的参数,从而建立有工程价值的多轴疲劳失效准则,须针对特定的材料进行专门研究。

9.4　多轴疲劳累积损伤理论

近年来多轴疲劳累积损伤理论的研究得到了人们重视。本节首先对现有多轴疲劳累积损伤理论进行了分类和总结,然后收集整理了相关多轴累积损伤试验的信息。通过所收集的试验数据,对不同模型的适用范围、预测效果等进行了对比分析与讨论。

9.4.1　疲劳累积损伤理论分类

第 5 章对疲劳累积损伤理论进行了分类,这一分类同样可用于多轴疲劳问题。对于多轴疲劳累积损伤理论,按其来源还可分为以下三类:

(1)直接采用单轴疲劳的累积损伤模型:如在多轴变幅载荷下被广泛采用的有 Miner 理论[2,3,75-78]、Corten - Dolan 模型[79]和 Manson 损伤曲线模型[80,81]等。

(2)单轴累积损伤模型的改进:由于单轴模型完全没有考虑多轴载荷的特点,因此有学者对单轴累积损伤模型进行改进从而使之适用于多轴情况,比如金丹[82]通过在 Manson 损伤曲线模型中引入非比例度,考虑了非比例路径引起的附加强化效应。

(3)针对多轴情况提出的累积损伤模型:为了更进一步反映多轴疲劳载荷下疲劳损伤的累积规律,有学者针对多轴载荷提出了累积损伤模型,如损伤应力模型[83]等。

夏天翔等[89]考虑到多轴载荷下累积损伤规律与单轴情况的不同,进一步将现有多轴疲劳累积损伤理论分为以下四类:

(1)不分方向的线性累积损伤模型;

(2)不分方向的非线性累积损伤模型;

(3)分方向的线性累积损伤模型;

（4）分方向的非线性累积损伤模型。

所谓分方向累积是指在材料内部各方向上分别进行损伤累积；而不分方向的损伤累积与单轴情况无根本区别。

下面按照多轴疲劳累积损伤模型的理论依据对多轴疲劳累积损伤理论进行分类描述。

9.4.2 多轴线性累积损伤模型

Miner 理论作为经典线性累积模型（见 5.3.1 节），也被广泛应用于多轴情况。线性累积损伤理论认为疲劳损伤按线性累加，各级载荷相互独立。单轴随机载荷下，由于载荷间的相互影响大多会被抵消，因此按 Miner 理论计算材料破坏时的临界损伤通常在 1 附近。而多轴载荷下，载荷间的相互作用常常不能相互抵消。这时，有学者通过改变临界损伤 D_{CR} 的方式来间接地反映载荷间的相互作用。Sonsino 等[85]在对焊接接头进行多轴疲劳寿命分析时，依据经验和试验结果将材料失效时的临界损伤 D_{CR} 修正为 0.35~0.38。Susmel 等[86]通过引入如下含有材料常数的方程在临界损伤 D_{CR} 与多轴疲劳载荷之间建立了函数关系：

$$D_{CR}(\bar{\rho}_{eff}) = d_1 \cdot \bar{\rho}_{eff} + d_2 \tag{9.49}$$

其中，$\bar{\rho}_{eff}$ 是多轴变幅载荷作用下临界面上平均正应力与平均切应力的比值；d_1 和 d_2 是材料常数。这样，通过改变临界损伤 D_{CR} 的大小来反映不同材料在不同多轴载荷下损伤累积的不同速率。

此外，Carpinteri 等[87,88]针对应力控制的多轴随机载荷提出一种与雨流计数法相结合的累积损伤模型。该模型认为使用雨流法得到的一个半循环造成的损伤与半循环最大应力的大小有关，而各半循环造成的损伤基于 Miner 理论采用线性累积。Carpinteri 等使用该模型处理了多轴随机载荷谱，得到了较好效果，69%的结果在 2 倍分散带内。然而，夏天翔等[89]使用该模型处理多轴块谱载荷时，得到的累积损伤临界值与试验结果差别较大。

实际上，材料在多轴变幅载荷下，内部各个方向上都存在疲劳损伤的累积。疲劳损伤在某个方向平面上达到最大，裂纹在该方向平面上萌生，疲劳寿命由这个方向平面上的损伤状态确定。近年来，有学者基于临界面法的思想结合 Miner 理论提出了一些考虑材料或零件破坏方向的累积损伤法。

以平面应变情况为例，该方法首先使用临界面法计算材料内部 0°~180°各方向上的多轴等效应变 $\varepsilon(\theta)$，然后由各方向上的多轴等效应变 $\varepsilon(\theta)$ 使用多轴疲劳寿命分析方法计算相应的寿命 $N_f(\theta)$，再分别使用 Miner 理论进行累积损伤计算。

该方法认为一个循环造成的损伤为

$$D = \max_{0 \leqslant \theta < 180} \left(\frac{1}{N_{\mathrm{f}}(\theta)} \right) \qquad (9.50)$$

对于等幅载荷,n 次循环造成的累积损伤为公式

$$D = \max_{0 \leqslant \theta < 180} \left(\frac{n}{N_{\mathrm{f}}(\theta)} \right) \qquad (9.51)$$

对于变幅载荷,总损伤为

$$D = \max_{0 \leqslant \theta < 180} \left(\sum \frac{n_i}{N_{\mathrm{fi}}(\theta)} \right) \qquad (9.52)$$

材料失效时的临界损伤 $D_{\mathrm{CR}} = 1$。

Lee 等[90]简单地在各方向上使用 Miner 理论对受复杂载荷作用的 304 不锈钢进行了累积损伤计算,而没有考虑载荷次序的影响。Shamsaei 等[91]对阶梯谱、块谱作用下的纯钛和 BT9 钛合金使用 Miner 模型在各方向进行累积计算,同时对载荷次序影响进行了初步定性分析。夏天翔等[89]使用该方法对多轴块谱和随机谱载荷进行了累积损伤计算,得到了很好的预测结果。

9.4.3 多轴非线性累积损伤模型

基于损伤曲线的累积损伤模型是一类典型的非线性累积损伤理论,最早由 Marco 等[92]提出,后来 Manson 等发展了不同的损伤曲线法。多轴载荷下,Manson 损伤曲线模型可直接应用,而应用更多的是在其基础上进行改进的模型

$$
\begin{aligned}
&\text{损伤定义：} \quad D = \left(\frac{1}{N_i} \right)^{BN_i^{\beta}} \\[2mm]
&\text{损伤累积：} \quad D = \sum_{i=1}^{n} D_i = \sum_{i=1}^{n} \left(\frac{n_i}{N_i} \right)^{BN_i^{\beta}} \\[2mm]
&\text{临界损伤：} \quad D_{\mathrm{CR}} = 1
\end{aligned}
\qquad (9.53)
$$

其中,B 和 β 为材料常数。

王英玉[54]和徐姣等[93,94]将基于临界面法的等效应变和等效应力引入了 Manson 损伤曲线模型;金丹等[95]通过在 Manson 损伤曲线模型中引入非比例度,考虑了非比例路径引起的附加强化效应。Chen 等[96]对 Morrow 准则进行了改进,将原模型中的应力替换为多轴等效应变。

Inoue 等[97]在累积损伤计算中考虑了多轴载荷下材料内部滑移带的方向,给

出了一种考虑破坏方向的损伤曲线模型。表达式如下：

$$D = \delta(N)\left(\frac{n}{N_{\mathrm{f}}}\right)^{-ck/a} \tag{9.54}$$

其中，$\delta(N)$ 表示 N 方向上滑移带的密度，不同 N 对应的值可以不同，不同种载荷在相同 N 上对应的值也可以不同；a 为硬化指数；c 取自 $\Delta\varepsilon_{\mathrm{Tresca}} = (g(N))^{c}$；$k$ 取自循环应力应变关系 $\Delta\sigma_{\mathrm{Tresca}} = (h(\Delta\varepsilon_{\mathrm{Tresca}}))^{k}$。材料失效时的临界损伤 $D_{\mathrm{CR}} = 1$。对于变幅载荷，该方法在各方向上采用"损伤等效方法"进行累积。当某个方向 N 上的累积损伤到达 1，就认为材料出现微裂纹。

Chaboche[98] 首先将连续损伤力学方法系统地应用到疲劳寿命预测。Chaboche 理论假设疲劳损伤与材料内部微塑性应变有关，在每个循环中，疲劳损伤增量为

$$\frac{\delta D}{\delta N} = \left[1 - (1-D)^{1+\beta}\right]^{\alpha}\left(\frac{\Delta\sigma}{M(1-D)}\right)^{\beta} \tag{9.55}$$

其中，α、β 和 M 均为与温度相关的材料常数。由上式得

$$D = 1 - \left[1 - \left(\frac{N}{N_{\mathrm{f}}}\right)^{\frac{1}{1-\alpha}}\right]^{\frac{1}{1+\beta}} \tag{9.56}$$

其中，N_{f} 为疲劳破坏时的循环次数。

孙国芹等[99] 使用 Chaboche 模型求解多轴变幅加载下的疲劳损伤，并推导出多级加载下的疲劳损伤累积公式，将其用于变幅加载块的疲劳损伤估算。

9.4.4　多轴疲劳累积损伤新模型

近年来出现了一些针对多轴载荷情况提出的疲劳累积损伤模型，其中损伤应力模型（damage stress model，DSM）和投影法（projection by projection approach，PbP）是目前较为新颖的两种。

DSM 模型最早于 2005 年由 Mesmacque 等[100] 针对多轴变幅载荷提出的，但之后很长一段时间内一直用于单轴变幅载荷下[101,102]，直到 2012 年才由 Aid 等[83] 应用到多轴随机载荷下。DSM 模型用材料疲劳强度的退化程度定义疲劳损伤。为方便描述该模型，首先假设材料或结构的全寿命等效应变-寿命曲线可以用函数 $\varepsilon = F(N_{\mathrm{f}})$ 表示。对于多轴低周变幅载荷，DSM 法认为一个循环造成的损伤为

$$D = \frac{\varepsilon(N_{\mathrm{f}} - 1) - \varepsilon_{\mathrm{eq}}}{\varepsilon_{\mathrm{u}} - \varepsilon_{\mathrm{eq}}} \tag{9.57}$$

其中，ε_{u} 为拉伸强度对应的应变；$\varepsilon_{\mathrm{eq}}$ 为载荷的多轴等效应变，使用多轴低周疲劳寿

命分析模型计算得到;$\varepsilon(N_f-1)$表示全寿命等效应变-寿命曲线上N_f-1次循环对应的等效应变;N_f为载荷ε_{eq}对应的寿命。对于等幅载荷,n次循环造成的累积损伤为

$$D = \frac{\varepsilon(N_f - n) - \varepsilon_{eq}}{\varepsilon_u - \varepsilon_{eq}} \tag{9.58}$$

其中,$\varepsilon(N_f-n)$表示全寿命等效应变-寿命曲线上N_f-n次循环对应的等效应变。对于变幅载荷,采用"损伤等效"方法计算。材料失效时的临界损伤$D_{CR}=1$,此时式(9.58)的分子正好也等于$\varepsilon_u-\varepsilon_{eq}$。

DSM法抛弃了传统的$f(1/N_f)$损伤形式,而是从材料疲劳强度退化的角度定义疲劳损伤。在多轴情况下,只要选定了一种多轴等效应变,就能用它进行累积损伤的计算,因此它同时适用于高周疲劳(HCF)和低周疲劳(LCF)。但是,由于需要提前知道材料的全寿命等效应变-寿命曲线的表达式,所以若要在工程中应用,必须提前对材料进行全寿命疲劳试验。

2008年,Cristofori等[103]提出了一种新的多轴疲劳损伤计算方法——PbP法。该方法先将复杂应力路径投影到5个相互正交的方向上,然后分别在各投影方向上计算载荷造成的损伤,最后对各方向上的损伤进行求和,从而得到总损伤。Cristofori等[104]从频域角度将PbP法用于多轴随机载荷。

9.4.5 方法评估

1. 被评估方法的选取

此处收集了17种材料,上百组数据。由于其中有些试验数据信息不全,无法用上述方法逐一进行评估,因此本书采用按损伤累积模型进行分类评估。

2. 试验数据统计结果

统计结果如表9.5~表9.8。其中,表中数据点数一列给出了文献中试验数据的个数,而准确率一栏给出了预测结果落在2倍寿命分散带中的数据数占总数据数的百分比。

表9.5 多轴线性模型的评估结果

模型或改进者	文 献	材 料	谱 型	数据点数	准确率*
Miner 理论	[75]	S45C	随机谱	29	90%
	[2],[3]	En14R	随机谱	40	100%
	[76]	SAE1045	高斯随机谱	9	56%

续表

模型或改进者	文　献	材　料	谱　　型	数据点数	准确率*
Miner 理论	[77]	StE 460	高斯随机谱	27	67%
	[78]	Enl5R	随机谱	14	57%
	[80]	Haynes 188	阶梯谱	18	78%
	[82]	304	变路径阶梯谱	13	69%
	[83]	10HNAP	高斯随机谱	7	100%
	[89]	LY12 − CZ	9 种变幅变路径块谱 4 种随机谱	26	96%
	[54]	LY12 − CZ	变幅变路径阶梯谱	29	52%
	[95],[96]	S45C	变路径阶梯谱	17	65%
	[105],[106]	1045	3 种变幅阶梯谱 2 种变幅值块谱	16	100%
	[107]	6061 − T6	变路径阶梯谱	34	100%
	[93]	GH4169	变路径块谱	8	75%
	[94]	BT9	变路径块谱	8	88%
Susmel	[86]	39NiCrMo3	双轴块谱,两方向载荷不同频率	11	91%
		35NCD16	随机谱	16	100%
		SAE1045	高斯随机谱	17	65%
		S460N	高斯随机谱	6	100%
Carpinteri 等	[87]	10HNAP	高斯随机谱	35	69%
	[89]	LY12 − CZ	9 种变幅变路径块谱,4 种随机谱	26	0%
基于临界面的线性累积模型	[89]	LY12 − CZ	9 种变幅变路径块谱,4 种随机谱	26	96%
	[90]	304	拉扭不同频率的块谱	9	100%
	[91]	纯钛	10 种变幅变路径阶梯谱 1 种变幅变路径块谱	13	100%
		BT9	8 种变幅变路径阶梯谱,4 种变幅变路径块谱,2 种随机谱	16	100%

* 准确率表示预测结果落在 2 倍分散带中的数据数占总数据数的百分比。

表9.6　损伤曲线模型的评估结果

模型或改进者	文　献	材　料	谱　　型	数据点数	准确率
Manson 模型	[80]	Haynes 188	变幅变路径的阶梯谱	18	100%
	[82]	304	变路径的阶梯谱	13	54%

续表

模型或改进者	文 献	材 料	谱 型	数据点数	准确率
Manson 模型	[89]	LY12‐CZ	9 种变幅变路径块谱,4 种随机谱	26	92%
	[54]	LY12‐CZ	变幅变路径的阶梯谱	30	55%
	[95],[96]	S45C	变路径阶梯谱	18	72%
	[93]	GH4169	变路径块谱	8	75%
	[94]	BT9	变路径块谱	8	88%
王英玉模型	[54]	LY12‐CZ	变幅变路径的阶梯谱	29	59%
金丹模型	[82]	304	变路径的阶梯谱	13	100%
	[96]	S45C	变路径的阶梯谱	18	100%
徐姣模型	[93]	GH4169	变路径块谱	8	100%
改进的 Morrow 准则	[82]	304	变路径的阶梯谱	13	69%
	[89]	LY12‐CZ	9 种变幅变路径块谱,4 种随机谱	26	85%
	[95],[96]	S45C	变路径的阶梯谱	18	67%
	[108]	304	随机谱	11	73%
Inoue 模型	[97]	JIS C1020	变路径块谱	3	100%

表9.7　连续损伤力学模型的评估结果

模型或改进者	文 献	材 料	谱 型	数据点数	准确率
Chaboche 模型	[99]	GH4169	变路径块谱	7	71%
尚德广模型	[54]	LY12‐CZ	变幅变路径的阶梯谱	29	55%
	[106]	1045	3 种变幅阶梯谱,2 种变幅块谱	16	100%
	[104]	BT9	变路径块谱	8	88%
	[104]	GH4169	变路径块谱	8	88%

表9.8　多轴损伤累积新模型的评估结果

模型或改进者	文 献	材 料	谱 型	数据点数	准确率
DSM 法	[83]	10HNAP	高斯随机谱	7	71%
PbP 法	[104]	18G2A	高斯随机谱	50	78%

3. 评估结果与讨论

为了对上述四类多轴疲劳累积损伤理论的使用范围和预测效果有更加清晰的认识,下面将表9.5~表9.8 中的试验结果按试验载荷的谱型重新进行整理,列于

表 9.9 中。表中数据点数一栏给出了对应谱型下的试验数据总数,而准确率一栏仍旧给出了落在 2 倍分散带内的百分比。需要指出的是,同一种试验数据可能为不同模型所使用。为了从全局上分析一类模型的预测能力,此处没有将这类试验数据进行归并。

表 9.9　试验数据总结

模　　型	阶梯谱		块　谱		随机谱	
	数据点数	准确率	数据点数	准确率	数据点数	准确率
Miner 及改进模型	137	80%	190	78%	141	79%
Manson 及改进模型	157	73%	90	89%	—	—
Chaboche 模型	35	63%	33	88%	—	—
多轴新模型	—	—	—	—	57	77%

从上表可以发现,由于 Miner 理论在单轴情况下就已大量应用于复杂载荷的寿命预测,所以以 Miner 理论为基础的线性累积模型也可用来处理复杂多轴载荷。值得注意的是,基于临界面的其他三种多轴疲劳损伤累积方法都得到了较好的预测结果。

(1) Miner 理论及其改进模型广泛用于处理各种载荷谱且都具有相对较高的准确率,对于每种载荷谱,都有 80% 左右的数据落在了 2 倍分散带内。

(2) 基于损伤曲线和连续损伤力学的损伤累积模型对阶梯谱和块谱有较高的预测准确率。这类模型由于考虑了载荷顺序、载荷非比例性等因素对损伤累积的影响,在处理阶梯谱这样形式简单的变幅载荷时,可以有较高的准确度。而对于包含更多变化的块随机谱,这类模型的应用就比较少,这和计算的难易程度也有一定关系。

(3) 目前考虑破坏方向的临界面模型(尤其是非线性模型)应用较少,但是准确率较高。在阶梯谱载荷下,该方法的准确率为 100%,对于块谱载荷,该方法的准确率为 97%。临界面线性累积模型在块谱载荷下的准确率与普通非线性累积模型相似,但是从计算难易的角度看,其比后者简便很多;随机载荷下的应用还较少,不过从目前情况看准确率也很高。

(4) 考虑破坏方向的非线性累积模型目前的应用太少。不过该方法可以在分方向累积的基础上考虑载荷顺序影响,具有较好的发展前景。

9.4.6　阶梯谱下的多轴疲劳损伤累积研究

1. 对阶梯谱进一步分类

阶梯谱是最简单的一类疲劳载荷谱;而两级阶梯谱又是最简单的阶梯谱。研究多轴两级阶梯谱下疲劳损伤的累积规律对揭示多轴疲劳损伤机理有重要意义。两级阶梯谱由两级载荷组成,第一级载荷循环 n_1 次后,转换到第二级载荷加载,直至材料失效。按照载荷路径和幅值的变化情况,它可以分为:① 恒路径变幅谱;② 变路径常幅谱;③ 变路径变幅谱。

恒路径变幅谱所包含的各级载荷的路径完全相同,但是幅值不同。按照载荷的非比例性可以将之分为比例载荷变幅谱和非比例载荷变幅谱。前者的各级为应力(应变)比相同但幅值不同的比例载荷;后者则为路径完全相同而幅值不同的非比例载荷。材料受比例载荷变幅谱作用时,由于前后两级载荷的应力或应变分量的比例相同,应力或应变主轴一直没有发生改变。而非比例载荷变幅谱在同一级载荷内应力或应变主轴在不断变化,但不同级载荷之间应力或应变主轴的变化规律完全相同。虽然上述两类模型还可以进一步按照幅值分为高-低、低-高两类,但是考虑到高-低、低-高谱在单轴累积损伤研究中已经有过深入研究,而恒路径变幅谱在应力或应变主轴变化情况看与单轴情况类似,因此此处不再进一步细分高-低、低-高谱。

变路径常幅谱的"等幅"在理想情况下是使两级载荷的常幅疲劳寿命相等。但鉴于很难实现,目前一般采用基于某种破坏准则的相同的等效应力或应变作为常幅载荷。按各级载荷的路径,该类阶梯谱可进一步分为比例型、混合型和非比例型。比例型是指各级载荷均为比例载荷,但各级应力或应变的主轴不同。非比例型的各级载荷在整个加载过程中应力或应变主轴始终在变化,且不同级载荷的应力或应变主轴的变化规律不全相同。混合型谱的各级载荷可能为比例载荷,也可能为非比例载荷,在载荷级的转化之间,主轴路径要么从变化转为不变,要么从不变转为变化。

变路径变幅谱,是指各级载荷的幅值和路径均不相同。这类阶梯谱的载荷变化复杂,损伤累积规律也更加复杂。目前对于这类谱型的试验和研究还较少。

2. 多轴两级阶梯谱试验

1)试验件与载荷路径

为了完全涵盖上述的各类多轴两级阶梯谱,选取文献[54]和文献[109]的LY12-CZ铝合金两级阶梯谱试验,并补充进行了一系列多轴两级阶梯谱试验。

试验件材料为LY12-CZ铝合金,取自直径为30 mm的棒材。材料机械性能见表9.10,试验件尺寸见图9.9。

表 9.10 LY12-CZ 机械性能

E/GPa	σ_y/MPa	σ_U/MPa	ν	σ_f/MPa	ε_f	K/MPa	n
73	400	545	0.33	643.44	0.18	849.78	0.158

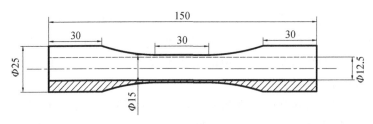

图 9.9　试验件几何尺寸

试验在 MTS809 双轴疲劳试验机上进行,试验温度为室温,采用等效应力幅控制的正弦波对称加载。载荷谱由拉压、纯扭、比例、45°非比例和 90°非比例载荷等六种路径组合而成。

试件的正应力与剪应力采用下式计算:

$$\sigma = \frac{4F}{\pi(D^2 - d^2)} \quad\quad (9.59)$$

$$\tau = \frac{16MD}{\pi(D^4 - d^4)} \quad\quad (9.60)$$

式中,F 和 M 分别为加载的轴向力和扭转力矩;D 和 d 分别为试验件标距段的外径和内径。按以上方式计算的轴向应力幅值和扭转应力幅值分别用 σ_a、τ_a 表示。同时定义剪切拉伸应力比 $\lambda = \tau_a/\sigma_a$。六种载荷的应力加载路径如图 9.10 所示。

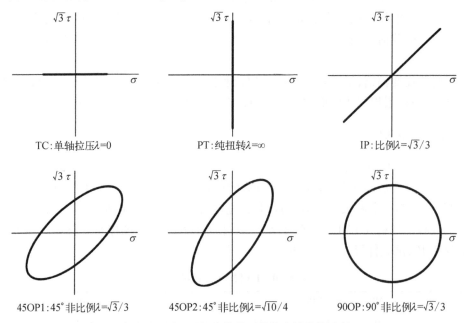

图 9.10　用于两级阶梯谱组谱的多轴载荷路径

2）常幅载荷试验结果

各载荷路径下的应力幅值和常幅疲劳试验结果列于表9.11，表中 N_f 为 2~4 个试验件疲劳寿命的平均值。

表 9.11 用于两级阶梯谱组谱的多轴常幅载荷

路 径	载荷类型	编 号	$\varphi/(°)$	λ	σ_a/MPa	τ_a/MPa	N_f
TC	单轴拉压	TC1	0	0	250	0	53 760
PT	纯扭转	PT1	0	∞	0	202	8 911
		PT2	0	∞	0	167	48 990
		PT3	0	∞	0	144	75 299
IP	比例	IP1	0	$\sqrt{3}/3$	248	143	6 488
		IP2	0	$\sqrt{3}/3$	198	114	16 832
		IP3	0	$\sqrt{3}/3$	177	102	80 107
		IP4	0	$\sqrt{3}/3$	142	82	377 694
45OPA	45°非比例	45OPA1	45	$\sqrt{3}/3$	248	143	7 363
		45OPA2	45	$\sqrt{3}/3$	198	114	10 229
		45OPA3	45	$\sqrt{3}/3$	177	102	106 031
		45OPA4	45	$\sqrt{3}/3$	142	82	348 894
45OPB	45°非比例	45OPB1	45	$\sqrt{10}/4$	158	125	52 694
90OP	90°非比例	90OP1	90	$\sqrt{3}/3$	248	143	4 634
		90OP2	90	$\sqrt{3}/3$	198	114	11 067
		90OP3	90	$\sqrt{3}/3$	177	102	49 292
		90OP4	90	$\sqrt{3}/3$	142	82	85 688

3）两阶梯谱试验结果

两级阶梯载荷谱情况列于表9.12。试验仍然在MTS809双轴疲劳试验机上进行，试验温度为室温。试验时，试件首先在第一级载荷下循环 n_1 次循环，然后继续使用第二级载荷进行加载，直至试件失效。当第二级载荷开始加载时，记录试件轴向和扭转方向上位移随循环次数的变化情况。当任意方向上的位移发生10%的增加时认为试件发生疲劳破坏。试验结果列于表9.12。

表 9.12 阶梯谱试验数据

谱型	编号	1st	n_1	N_{f1}	2nd	N_{f2}	n_2
恒路径 变幅谱	VA01	IP1	3 366	6 488	IP3	80 107	28 934, 52 406
	VA02	IP1	1 298	6 488	IP3	80 107	38 607, 50 382

谱型	编号	1st	n_1	N_{f1}	2nd	N_{f2}	n_2
恒路径变幅谱	VA03	IP2	8 416	16 832	IP4	377 694	120 107, 25 305, 58 920
	VA04	IP3	75 539	80 107	IP1	6 488	1 226, 506
	VA05	IP3	16 021	80 107	IP1	6 488	7 085, 9 239
	VA06	IP4	188 847	377 694	IP2	16 832	13 331, 5 908, 6 716
	VA07	45OPA1	2 046	7 363	45OPA3	106 031	63 102, 53 665
	VA08	45OPA1	5 317	7 363	45OPA3	106 031	51 518, 18 542
	VA09	45OPA2	5 115	10 229	45OPA4	348 894	38 710, 31 383, 163 265
	VA10	45OPA3	29 428	106 031	45OPA1	7 363	5 474, 6 122
	VA11	45OPA3	76 603	106 031	45OPA1	7 363	3 428, 1 108
	VA12	45OPA4	174 450	348 894	45OPA2	10 229	10 382
	VA13	90OP1	2 213	4 634	90OP3	49 292	18 638, 6 808
	VA14	90OP1	1 240	4 634	90OP3	49 292	14 191, 22 324
	VA15	90OP2	5 534	11 067	90OP4	85 688	14 820, 24 674, 6 937
	VA16	90OP3	32 155	49 292	90OP1	4 634	296, 1 984
	VA17	90OP3	17 137	49 292	90OP1	4 634	6 531, 1 859
	VA18	90OP4	42 842	85 688	90OP2	11 067	7 138, 7 127, 11 919
变路径常幅谱	VP01	TC1	26 880	53 760	PT1	48 990	23 417, 28 365, 21 164
	VP02	TC1	26 880	53 760	45OPB1	52 694	49 005, 35 990, 24 028
	VP03	TC1	26 880	53 760	90OP3	49 292	27 751, 23 907, 34 603
	VP04	PT1	24 495	48 990	TC1	53 760	12 472, 20 160, 16 236
	VP05	PT2	24 495	48 990	45OPB1	52 694	19 866, 8 853, 11 803
	VP06	PT2	24 495	48 990	90OP3	49 292	8 281, 13 851, 13 999
	VP07	PT3	37 650	75 299	IP3	80 107	59 199, 62 964
	VP08	IP3	40 054	80 107	PT3	75 299	77 332, 65 811
	VP09	45OPB1	26 347	52 694	TC1	53 760	80 801, 12 741, 56 556
	VP10	45OPB1	26 347	52 694	PT2	48 990	13 864, 32 137, 12 541
	VP11	45OPB1	26 347	52 694	90OP3	49 292	35 737, 27 998, 39 483
	VP12	90OP3	24 646	49 292	TC1	53 760	66 125, 78 113, 59 512
	VP13	90OP3	24 646	49 292	PT2	48 990	18 616, 20 135, 12 982
	VP14	90OP3	24 646	49 292	45OPB1	52 694	19 286, 22 184, 27 717

续表

谱型	编号	1st	n_1	N_{f1}	2nd	N_{f2}	n_2
变路径变幅谱	VAP01	PT1	3 564	8 911	TC1	53 760	10 754, 15 055
	VAP02	IP2	8 420	16 832	90OP2	11 067	3 738, 739, 14 185
	VAP03	IP3	40 054	80 107	TC1	53 760	88 528, 97 426
	VAP04	45OPA2	4 092	10 229	90OP1	4 634	2 160, 1 877
	VAP05	90OP1	1 854	4 634	45OPB1	52 694	21 815, 19 444
	VAP06	90OP1	1 854	4 634	45OPA2	10 229	3 651, 2 178
	VAP07	90OP2	5 534	11 067	IP2	16 832	5 773, 521, 18 447

4）累积损伤模型的选择

从多轴疲劳损伤累积模型中选取了最具代表性和最常用的 5 种模型：Miner 理论、Morrow 模型、Manson 模型、金丹模型和 Shamsaei 模型。用试验结果对 5 种模型进行评估。

（1）Miner 理论。对于两级阶梯谱载荷，Miner 理论给出试件破坏时的总损伤为

$$D = \frac{n_1}{N_{f1}} + \frac{n_2}{N_{f2}} \tag{9.61}$$

式中，N_{f1} 和 N_{f2} 分别为第 1 级载荷和第 2 级载荷单独作用时的疲劳寿命；n_1 和 n_2 为第 1 级载荷和第 2 级载荷作用的次数。

（2）Morrow 模型。Morrow 模型是一种考虑了载荷大小影响的线性累积损伤模型。依据该模型，两级阶梯谱载荷结束时的总损伤为

$$D = \frac{n_1}{N_{f2}} \left(\frac{\sigma_{eq,a1}}{\sigma_{eq,a\,max}} \right)^d + \frac{n_2}{N_{f2}} \left(\frac{\sigma_{eq,a2}}{\sigma_{eq,a\,max}} \right)^d \tag{9.62}$$

其中，$\sigma_{eq,a1}$ 和 $\sigma_{eq,a2}$ 为第 1、2 级载荷的等效应力幅值；$\sigma_{eq,a\,max}$ 为整个载荷历程中最大的等效应力幅值；d 为材料常数。对于应变控制载荷，Chen 等[108] 指出可以用 Fatemi-Socie[110] 应变损伤参量代替式（9.62）中的应力型损伤参量。

（3）Manson 损伤曲线模型。对于两级阶梯谱，Manson 损伤曲线模型给出试件破坏时的总损伤为

$$D = \frac{n_1}{N_{f1}} + \left(\frac{n_2}{N_{f2}} \right)^{\left(\frac{N_{f2}}{N_{f1}} \right)^{0.4}} \tag{9.63}$$

（4）金丹模型。Manson 损伤曲线模型的改进模型很多，其中金丹模型[82]通过

引入非比例度,考虑了多轴载荷非比例性和路径变化对损伤累积的影响。对于两级阶梯谱,它认为试件破坏时的总损伤为

$$D = \frac{n_1}{N_{f1}} + \left(\frac{n_2}{N_{f2}}\right)^{\left(\frac{1}{1+\beta J}\right)\left(\frac{N_{f2}}{N_{f1}}\right)^{0.4}} \tag{9.64}$$

其中,β 为材料常数;J 为非比例度参数,

$$J = \frac{1.57}{T\varepsilon_{1\max}} \int_0^T |\sin\xi(t)| \, |\varepsilon_1(t)| \, dt \tag{9.65}$$

(5) Shamsaei 模型。Shamsaei 模型首先使用临界面法计算材料内部 0°~180° 各方向上的损伤参量 $F(\theta)$,然后由各方向上的损伤参量 $F(\theta)$ 使用多轴疲劳寿命分析方法计算相应的寿命 $N_f(\theta)$,再分别使用 Miner 理论进行累积损伤计算。对于两级阶梯谱,该方法认为试件破坏时的总损伤为

$$D = \max_{0° \leqslant \theta < 180°} \left(\frac{n_1}{N_{f1}(\theta)} + \frac{n_2}{N_{f2}(\theta)}\right) \tag{9.66}$$

5) 累积损伤计算结果

使用上述的 5 种模型对表 9.12 中的多轴两级阶梯谱试验数据进行处理,计算各试件在疲劳失效的累积损伤。表 9.13 给出了由各模型计算得到的试件失效时的累积损伤计算值。

表 9.13　试件失效时的累积损伤临界值

谱　型	试件编号	1st	2nd	D_{Miner}	D_{Manson}	D_{Morrow}	$D_{金}$	$D_{Shamsaei}$
	VA01	IP1	IP3	1.027	0.707	1.098	1.292	0.971
	VA02	IP1	IP3	0.756	0.409	0.834	1.005	0.724
	VA03	IP2	IP4	0.680	0.507	0.706	1.087	0.686
	VA04	IP3	IP1	1.076	1.411	1.209	0.949	1.126
	VA05	IP3	IP1	1.458	1.285	1.486	2.150	1.137
恒路径变幅谱	VA06	IP4	IP2	1.014	1.314	1.084	0.671	1.008
	VA07	45OPA1	45OPA3	0.828	0.457	0.905	1.107	0.910
	VA08	45OPA1	45OPA3	1.052	0.786	1.098	1.411	1.194
	VA09	45OPA2	45OPA4	0.723	0.510	0.735	1.222	0.829
	VA10	45OPA3	45OPA1	1.065	1.198	1.104	0.813	1.153
	VA11	45OPA3	45OPA1	1.031	1.368	1.132	0.792	1.261
	VA12	45OPA4	45OPA2	1.515	1.504	1.585	1.548	1.642

续表

谱　型	试件编号	1st	2nd	D_{Miner}	D_{Manson}	D_{Morrow}	$D_{金}$	$D_{Shamsaei}$
恒路径 变幅谱	VA13	90OP1	90OP3	0.899	0.672	0.929	1.303	0.621
	VA14	90OP1	90OP3	0.729	0.423	0.773	1.107	0.547
	VA15	90OP2	90OP4	0.681	0.527	0.702	1.085	0.790
	VA16	90OP3	90OP1	0.982	1.279	1.058	0.785	0.779
	VA17	90OP3	90OP1	1.562	1.374	1.603	2.776	1.051
	VA18	90OP4	90OP2	1.289	1.394	1.347	1.214	1.240
变路径 常幅谱	VP01	TC1	PT2	0.997	1.009	1.003	1.097	0.832
	VP02	TC1	45OPB1	1.190	1.192	1.205	1.238	1.188
	VP03	TC1	90OP3	1.083	1.094	1.087	1.147	0.732
	VP04	PT2	TC1	0.803	0.790	0.807	0.887	0.762
	VP05	PT2	45OPB1	0.757	0.747	0.765	0.870	1.023
	VP06	PT2	90OP3	0.744	0.743	0.749	0.904	0.806
	VP07	PT3	IP3	1.263	1.258	1.286	1.302	1.070
	VP08	IP3	PT3	1.451	1.452	1.507	1.458	1.320
	VP09	45OPB1	TC1	1.431	1.431	1.459	1.415	1.308
	VP10	45OPB1	PT2	0.899	0.908	0.906	1.023	1.244
	VP11	45OPB1	90OP3	1.198	1.204	1.224	1.278	1.174
	VP12	90OP3	TC1	1.764	1.775	1.767	1.724	1.554
	VP13	90OP3	PT2	0.852	0.853	0.862	1.013	0.776
	VP14	90OP3	45OPB1	0.937	0.928	0.956	1.046	0.956
变路径 变幅谱	VAP01	PT1	TC1	0.640	0.452	0.678	0.996	0.576
	VAP02	IP2	90OP2	1.062	1.078	1.087	1.077	0.863
	VAP03	IP3	TC1	2.151	2.045	2.162	2.152	1.750
	VAP04	45OPA2	90OP1	0.835	0.945	0.877	0.889	0.727
	VAP05	90OP1	45OPB1	0.792	0.478	0.826	1.198	0.738
	VAP06	90OP1	45OPA2	0.685	0.582	0.686	0.959	0.530
	VAP07	90OP2	IP2	0.990	0.971	0.990	1.065	0.857

为了进一步分析各模型在不同类型两级阶梯谱下的表现，下面计算了各模型在不同类型两级阶梯谱下的累积损伤均值 μ、标准差 σ 和变异系数 CV。

因为疲劳损伤的临界值为 1，所以均值越接近 1，模型的精度就越高，变异系数越小模型的稳定性越好。表 9.14 的结果表明 5 个模型的精度相当，如果考虑到计算方便性，那么可以认为 Miner 理论是比较合适的。

表 9.14　各模型计算结果的统计特性

谱　　型	统计特性	Miner	Manson	Morrow	金　丹	Shamsaei
恒路径变幅谱	均值 μ	1.020	0.951	1.077	1.240	0.982
	标准差 σ	0.280	0.422	0.287	0.512	0.275
	变异系数 CV	27.5%	44.4%	26.6%	41.3%	28.0%
变路径常幅谱	均值 μ	1.098	1.099	1.113	1.172	1.053
	标准差 σ	0.303	0.306	0.309	0.247	0.254
	变异系数 CV	27.6%	27.8%	27.8%	21.1%	24.2%
变路径变幅谱	均值 μ	1.022	0.936	1.044	1.191	0.863
	标准差 σ	0.520	0.551	0.515	0.435	0.411
	变异系数 CV	50.9%	58.9%	49.4%	36.5%	47.6%
综　合	均值 μ	1.048	1.002	1.084	1.207	0.986
	标准差 σ	0.333	0.406	0.335	0.411	0.295
	变异系数 CV	31.7%	40.6%	30.9%	34.1%	29.9%

9.4.7　块谱和随机谱下的累积损伤理论研究

在工程实际中,疲劳载荷谱通常以块谱和随机谱的形式给出。目前,多轴块谱与随机谱试验的相关研究依旧较少。此处以 LY12 - CZ 铝合金为研究对象,进行了一系列不同级数和随机程度的块谱与随机谱试验;然后选取五种较常用的多轴累积损伤理论对比讨论了它们在多轴块谱和随机谱下的累积损伤预测效果。

1. 多轴载荷试验

试验材料仍然为 LY12 - CZ 铝合金,试验件尺寸见图 9.9。

为构造块谱和随机载荷,首先进行了 16 种载荷情况的常幅拉扭双轴疲劳试验,见表 9.15。这 16 种载荷包含了单轴拉压、纯扭转、比例、非比例等不同载荷幅值和路径的多轴载荷。使用这些载荷进行组谱,可以充分考虑载荷幅值和路径的变化,从而保证构造出的块谱和随机谱具有足够的随机性。

试验在 MTS809 双轴疲劳试验机上进行,载荷波形为正弦波,应力比为-1,加载频率 5 Hz。所有试验均在室温下进行,采用应力控制。试件的正应力与剪应力采用式(9.59)和式(9.60)。

载荷的应力加载路径如图 9.11 所示。各载荷路径下的应力幅值、试件常幅疲劳寿命如表 9.15 所示。

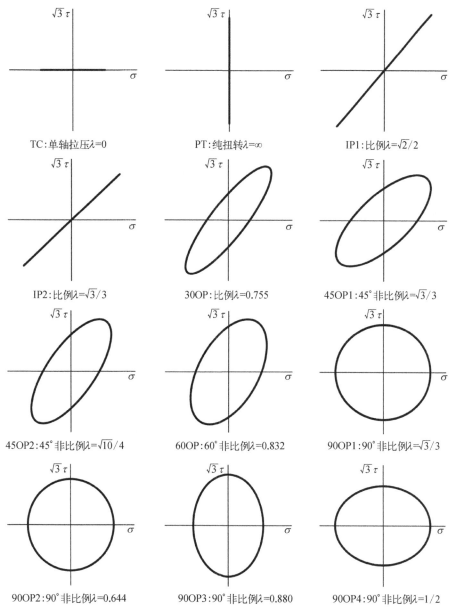

图 9.11 用于块谱和随机谱组谱的多轴常幅载荷路径

表 9.15 用于块谱和随机谱组谱的多轴常幅载荷

路 径	载荷类型	编 号	$\varphi/(°)$	λ	σ_a/MPa	τ_a/MPa	N_f
TC	单轴拉压	A	0	0	250	0	53 760
		B	0	0	350	0	6 167

续表

路　径	载荷类型	编　号	$\varphi/(°)$	λ	σ_a/MPa	τ_a/MPa	N_f
PT	纯扭转	C	0	∞	0	144	75 299
		D	0	∞	0	167	48 990
IP1	比例	E	0	$\sqrt{2}/2$	158	112	76 451
IP2	比例	F	0	$\sqrt{3}/3$	177	102	80 107
		G	0		248	143	6 488
30OP	30°非比例	H	30	0.755	158	120	63 584
45OP1	45°非比例	I	45	$\sqrt{3}/3$	248	143	7 363
45OP2	45°非比例	J	45	$\sqrt{10}/4$	158	125	52 694
60OP1	60°非比例	K	60	0.832	158	132	30 893
90OP1	90°非比例	L	90	$\sqrt{3}/3$	177	102	49 292
		M	90		248	143	4 634
90OP2	90°非比例	N	90	0.644	244	157	3 453
90OP3	90°非比例	O	90	0.880	158	139	15 459
90OP4	90°非比例	P	90	0.500	250	125	6 811

　　工程结构在服役期间受到的变幅载荷通常是不规则的、随机的,所以在利用以上 16 种载荷编制累积损伤试验载荷谱时,首先从中随机抽取 50 个载荷组成随机谱。共进行 4 次取样,生成 4 组随机谱,排列顺序见表 9.17。考虑到变幅载荷在不规则的同时又具有一定的周期性,比如飞机结构的载荷具有地-空-地周期性,所以本报告还使用 3 种 2 级块谱、4 种 4 级块谱、2 种 8 级块谱。组成块谱的载荷仍从表中选取,排列顺序见表 9.16。其中,2 级块谱 201、202 中应力主轴存在突变,203 中两级载荷的寿命差距较大;4 级块谱使用相同载荷路径,但排列顺序不同;8 级块谱路径是随机选取 8 个路径组成。2~8 级块谱中每级载荷的循环次数为相应寿命的 5%,随机谱中每级载荷的循环次数为相应寿命的 3%,每种载荷谱做两个试件。

　　表 9.16 同时也给出了每种载荷谱下的试件寿命。表中,"k"表示试件破坏时经历的完整块谱数,"X"表示试件破坏时对应的载荷情况,"n"表示试件破坏时在情况 X 下经历的循环次数。对于随机谱,这里认为每级载荷就是一个块谱。随机谱的 k^{th} 表示已完成到第 k 个载荷情况。

表 9.16　块谱和随机谱的组成与试验结果

谱　型	编号	组　　成	试验结果 $k-X-n$	
2 级块谱	201	A－D	17－A－1555	11－A－2204
	202	D－A	14－D－1154	13－A－409

续表

谱 型	编号	组 成	试验结果 $k-X-n$	
2级块谱	203	M－J	8－J－357	8－M－221
4级块谱	401	D－M－J－A	3－J－1036	4－J－1429
	402	M－A－D－J	2－M－126	3－M－80
	403	J－A－D－M	4－J－2409	4－J－2697
	404	D－M－A－J	5－J－320	5－M－136
8级块谱	801	A－P－H－E－O－K－M－J	3－E－352	4－M－50
	802	D－L－I－G－B－N－F－H	2－B－117	2－N－69
随机谱	R01	M－D－G－O－H－F－G－H－M－H－O－I－O－N－I－E－K－F－G－G－K－A－F－N－B－B－B－B－B－I－F－I－P－M－A－B－B－B－B－B－B－B－B－B－B－B－N－M－B－B－B	$26^{th}－B－113$	$31^{th}－J－57$
	R02	L－C－A－C－J－G－C－D－B－N－D－P－B－B－G－M－L－J－P－B－D－C－L－J－A－L－C－H－O－P－D－A－H－C－J－I－O－P－D－K－K－H－D－E－F－D－L－M－G－J	$25^{th}－K－349$	$22^{th}－O－437$
	R03	M－O－B－B－B－B－B－F－G－E－L－A－O－J－I－B－B－B－B－B－I－H－A－P－H－G－P－J－B－B－B－B－B－I－D－M－P－P－H－M－O－A－H－G－D－K－I－M－L－A	$28^{th}－B－182$	$38^{th}－H－669$
	R04	E－B－B－B－B－B－E－P－B－B－B－B－B－G－D－K－N－N－F－L－M－G－O－A－P－M－L－E－F－G－J－D－B－B－B－B－H－L－I－M－H－O－M－P－D－J－B－B－B	$47^{th}－J－620$	$44^{th}－P－92$

2. 累积损伤分析与讨论

1）试验结果分析

以 Miner 理论的计算结果作为度量块谱个数的依据。试件在破坏时经历的块谱数的计算方法如下：

$$L_{block} = \frac{D_{Miner}}{D_{block\text{-}total}} \qquad (9.67)$$

式中，D_{Miner} 表示根据 Miner 理论计算的试件在破坏时的累积损伤。$D_{block\text{-}total}$ 表示单个块谱的损伤（也由 Miner 理论得到）。以表 9.16 中 201 的第 1 个试件为例，由 Miner 理论得到的累积损伤为 1.423，一个块谱的损伤为 0.05×2＝0.1，因此试件经历的块谱数 L_{block}＝1.423/0.1＝14.23 个。对于随机谱，认为一级载荷就是一个块谱,即 $D_{\text{block-total}}=0.03$。

对于 2 级块谱,201 和 202 谱都含有 A 和 D 两种载荷,只是顺序不同。虽然 201 谱的寿命分散性较大,两次试验相差 6 个块谱,但是其平均寿命与 202 谱一样,都在 14 个块谱左右。这是因为尽管载荷顺序对调,但是从整个寿命期看,除第一个载荷不同外,其后都是"…- A - D - A - D -…"的循环。同时需要注意的是,A、D 两种载荷的寿命很相近,这说明他们的严重程度是相似的。对于 203 谱寿命,由于载荷 M 的寿命远小于载荷 J,因此可以认为它是高-低型载荷谱。

随着块谱级数的增大,试验寿命的分散性逐渐减小。对于 4 级和 8 级块谱,同种载荷谱的试验寿命最多相差 1 个块谱。对于 4 级块谱,它们的组成完全相同——单轴拉压、纯扭转和两种不同相位角的非比例载荷。由于载荷的排列顺序不同,这 4 种块谱的最终寿命并不相同。这种寿命差异可以说完全是由载荷顺序造成的。载荷 M 的常幅寿命最短,约为 5×10^3 次循环,所以可以认为它是块谱中的高载;其他三级载荷的载荷寿命都在 5×10^4 左右,可以认为是块谱中的低载。

2) 累积损伤计算

表 9.17 和表 9.18 给出了由 Miner 理论与其他三种累积损伤方法计算得到的试件破坏时的累积损伤值。由于五种方法均认为试件破坏时的临界损伤 $D_{\text{CR}}=1$,所以累积损伤计算值与 1 越接近则认为该方法越准确。

表 9.17　累积损伤临界值预测结果

载荷谱	试件	块谱数	Miner	Manson	Morrow	Shamsaei
201	201_1	17.28	1.728	2.897	1.739	0.995
	201_2	11.39	1.139	1.286	1.751	1.495
202	202_1	14.23	1.423	1.998	1.432	1.210
	202_2	13.57	1.357	1.820	1.366	1.184
203	203_1	8.56	0.856	1.068	0.892	0.895
	203_2	8.48	0.848	1.053	0.883	0.932
401	401_1	3.59	0.718	0.831	0.769	0.699
	401_2	4.63	0.925	1.221	0.992	0.902
402	402_1	2.14	0.427	0.501	0.457	0.399
	402_2	3.06	0.612	0.768	0.662	0.583
403	403_1	4.21	0.842	0.894	0.906	0.835
	403_2	4.24	0.847	0.903	0.911	0.842
404	404_1	5.78	1.156	2.897	1.241	1.084
	404_2	5.40	1.079	1.286	1.157	1.043
801	801_1	3.56	1.423	1.998	1.486	1.314
	801_2	4.78	1.911	1.820	1.991	1.759
802	802_1	2.59	1.037	1.068	1.090	1.081
	802_2	2.68	1.070	1.053	1.142	1.092

续表

载荷谱	试件	块谱数	Miner	Manson	Morrow	Shamsaei
R01	R01_1	26.60	0.798	0.929	1.407	0.804
	R01_2	31.27	0.938	1.128	1.659	0.915
R02	R02_1	25.37	0.761	0.728	1.375	0.569
	R02_2	22.93	0.688	0.635	1.231	0.503
R03	R03_1	29.00	0.870	1.100	1.517	0.652
	R03_2	38.37	1.151	1.381	2.014	0.839
R04	R04_1	46.37	1.391	1.781	2.590	1.058
	R04_2	44.47	1.334	1.665	2.339	0.965

表 9.18　累积损伤计算值的统计特性

谱型	Miner		Manson		Morrow		Shamsaei	
	均值	方差	均值	方差	均值	方差	均值	方差
2级块谱	1.225	0.345	1.687	0.711	1.344	0.387	1.119	0.226
4级块谱	0.826	0.239	1.163	0.744	0.887	0.256	0.798	0.230
8级块谱	1.36	0.407	1.485	0.495	1.427	0.415	1.312	0.317
随机谱	0.991	0.267	1.168	0.416	1.767	0.494	0.788	0.197
综合	1.051	0.346	1.335	0.621	1.346	0.512	0.948	0.302

3) 小结

(1) 作为源自单轴载荷下的非线性累积损伤模型,Manson 模型、Morrow 模型虽然各载荷谱下的累积损伤计算均值在 2 倍寿命分散带内,但是与其他模型相比,优势不明显。

(2) 随着载荷谱级数与随机性的增加,Miner 理论可以较好地计算试件在多轴变幅载荷作用下的疲劳损伤。考虑到在实际工程中,结构通常受到多级且随机的载荷,因此对于受多轴疲劳载荷作用的工程结构,使用 Miner 理论进行疲劳寿命分析是合理可行的。

(3) 作为 Miner 理论的改进模型,虽然 Shamsaei 模型没有考虑载荷大小关系与顺序对损伤累积的影响,但是由于它基于临界面理论考虑了损伤的方向性,所以其计算结果稍偏危险。

9.4.8　小结

(1) 多轴疲劳累积损伤理论的研究还比较有限。大部分是单轴模型或者由单轴情况改进而来的模型,针对多轴情况提出的累积损伤模型还很少。

(2) Miner 理论与其他改进的疲劳累积损伤模型相比,并没有显著的劣势。随着载荷随机性的增加,Miner 理论的计算准确率会逐渐提高。考虑到实际工程中,结构受到多轴载荷通常具有极高的随机性,因此使用 Miner 理论进行疲劳损伤累积计算是合理可行的。

9.5　缺口件的多轴疲劳寿命分析

目前人们普遍认识到应力集中局部区域的平均应力、应力梯度和尺寸效应等均对疲劳寿命产生重要影响。人们根据对疲劳缺口效应的解释不同及相应的控制参数,将缺口件多轴疲劳寿命预测方法分为名义应力法、局部应力应变法、临界距离法和应力场强法等。

9.5.1　名义应力法

名义应力法基本原理已在第 6 章做了详细介绍。名义应力法估算缺口件疲劳寿命通常有两种做法:一是直接按照缺口件的名义应力 S_n 和相应 K_T 下的 $S-N$ 曲线估算该缺口件的疲劳寿命,如 Tanaka 等[111] 通过扭转弯曲试验得到了某轴承钢的 $S-N$ 曲线,并且通过此曲线获得了该材料表面和内部裂纹扩展的规律;二是对材料的 $S-N$ 曲线修改,得到缺口件的 $S-N$ 曲线,然后估算其疲劳寿命。如 Collins[112]、Liu 等[113] 提出用疲劳缺口系数 K_f 对材料 $S-N$ 曲线中疲劳极限寿命所对应的极限强度进行修正,得到缺口件的修正 $S-N$ 曲线,进而由名义应力幅确定其疲劳寿命。

传统的名义应力法是针对单轴加载情况提出的,对于多轴非比例载荷情况一般通过某些修改再使用。Gough 准则[114] 对人们研究缺口件多轴疲劳问题仍然具有深远的影响。Gough 提出的模型如下:

$$\sigma_{eq} = \sqrt{(\sigma_b \cdot K_{tb})^2 + 3(\tau_n \cdot K_{tt})^2} \tag{9.68}$$

式中,K_{tb} 和 K_{tt} 分别是弯曲和扭转弹性应力集中系数;σ_b 和 τ_n 分别是弯曲和扭转的名义应力。

Sonsino[115] 研究了 StE290 十字形焊接件和 StE460 法兰管、双管焊接试件在双轴常幅载荷下中高周疲劳的裂纹萌生和扩展行为,假设裂纹在局部剪应力和不同平面单元上的剪应力的共同作用下萌生,从而提出了一种等效应力 $\sigma_{eq}(\delta)$ 来改善非比例载荷下的寿命预测精度。此等效应力不仅包含了焊点几何的尺寸效应和载荷模式,而且考虑了作用在材料自由表面不同方向的局部剪应力的相互作用,从而考虑了非比例载荷的影响。有效等效应力定义为

$$\sigma_{eq}(\delta) = \sigma_{eq}\big|_{\delta=0°} \cdot \frac{\tau_{arith}(\delta)}{\tau_{arith}\big|_{\delta=0°}} \cdot \sqrt{G\exp\left[1 - \left(\frac{\delta-90°}{90°}\right)^2\right]} \tag{9.69}$$

$$\sigma_{eq}\big|_{\delta=0°} = \sqrt{\sigma_x^2 + \sigma_y^2 - \sigma_x\sigma_y + f_G^2 3\tau_{xy}^2}$$

其中,δ 为加载相位角;φ 为所分析应力平面与 y 轴夹角,$\tau_{arith} = \frac{1}{\pi}\int_0^\pi \tau_n(\varphi)\mathrm{d}\varphi$ 为有效剪应力;f_G 和 G 分别是尺寸因子和相应应力集中系数比。

吴文涛等[116]对 LY12‐CZ 铝合金圆孔缺口薄壁管件进行了不同路径下的双轴拉扭疲劳试验,考虑拉扭非比例度对疲劳寿命的影响,提出了一种新的等效名义应力

$$\sigma_{a,eq}(t) = \sigma_a\sin(\omega t + \varphi_1) + \lambda\sin(\varphi_2 - \varphi_1)\tau_a\sin(\omega t + \varphi_2) \tag{9.70}$$

式中,σ_a 为轴向应力幅;φ_1 为轴向应力相位角;τ_a 为剪应力的幅;φ_2 为剪应力相位角;ω 为加载圆频率;λ 为拉扭载荷比。

该等效应力能够较好地反映各级多轴载荷下缺口件的受力情况,而且也能够反映出拉扭载荷之间的非比例度对于疲劳寿命的影响。预测寿命处于 2 倍误差带范围之内。

9.5.2 局部应力应变法

局部应力应变法基本原理已在第 7 章做了详细介绍。用局部应力应变法预测疲劳寿命的关键是危险点局部应力应变响应的确定,目前确定多轴载荷下局部应力应变的主要方法是弹塑性有限元法[117‐119],但计算量巨大,工程应用时较为烦琐[120,121]。工程中倾向于采用简单而实用的近似计算法,其中应用最广泛的近似方法是 Neuber 近似方法[122]和修正 Neuber 近似方法[123,124]等。

Hoffmann‐Seeger[125]通过等效折算,在 Neuber 法的基础上提出了一个基于等效缺口应力集中因子的近似分析方法:

$$E\sigma_q\varepsilon_q = (K_{tq}S)^2\frac{Ee^*}{S^*} \tag{9.71}$$

式中,E 为弹性模量;K_{tq} 为等效应力集中系数;ε_q 为等效应变;σ_q 为等效应力;S 为名义应力;S^* 为修正的名义应力;e^* 为修正的名义应变。其中等效准则为 von Mises 准则。

Glinka 等[126]提出了扩展的 Neuber 法,即在 Neuber 法中加入了对双轴应力状态的应力应变分配比假设,

$$\frac{\sigma_2^e \varepsilon_2^e}{\sigma_2^e \varepsilon_2^e + \sigma_3^e \varepsilon_3^e} = \frac{\sigma_2^N \varepsilon_2^N}{\sigma_2^N \varepsilon_2^N + \sigma_3^N \varepsilon_3^N} \tag{9.72}$$

式中,标记 e 代表用线弹性分析求出的值;N 代表的是由 Neuber 法求出的相应项的值。

Moftakhar 等[127]也提出了一个扩展的 Neuber 近似方法,该方法给出了缺口根部应变估计的上限,它可用于一般的多轴加载情况。Singh 等在 Moftakhar 法的基础上,提出增量 Neuber 近似方法,该类增量式的近似方法能描述非比例加载工况。该方法仅限于缺口表面应力应变分析,忽略了应力应变梯度的影响。Tipton 等[128]给出了一个缺口韧带上应力应变分布的方法。

Sakane 等[129,130]在单轴 Neuber 法的基础上,基于 von Mises 屈服准则提出了一种线性应力集中系数 K_{tc},进而将该线性应力集中系数与基于缺口根部位移的等效应变相结合,提出了一种新的局部应力应变法。该方法考虑了拉扭载荷共同作用对寿命的影响,在进行缺口件多轴低周疲劳寿命估算时,大大改善了寿命预测精度。

$$\text{线性应力集中系数}: K_{tc} = \sqrt{\frac{(K_{tp})^2 + 3(K_{tt}R)^2}{1 + 3R^2}} \tag{9.73}$$

$$\text{新的等效应力}: \bar{\varepsilon} = K_{tc}(\varepsilon_{eq})_n$$

式中,K_{tp} 为单轴拉伸弹性应力集中系数;K_{tt} 为纯扭情况下弹性应力集中系数;$R = \tau_n / \sigma_n$ 为名义应力比;ε_{eq} 是缺口根部应变。

由于上述近似方法是在 Prandtl - Reuss 塑性变形理论上发展起来的,所以这些近似方法仅仅能描述单调加载工况,不能描述循环加载工况,因此,后来的研究者们对其进行了改进。

邱宝象等[131]以 16MnR 钢缺口棒状试样为研究对象,提出结合 A - F 类循环塑性理论和增量式 Neuber 近似方法的多轴局部应力应变近似方法,并采用基于临界面概念的增量式的疲劳损伤模型[132],构造了一个局部应力应变法来预测缺口构件疲劳寿命。经验证,该法预测的缺口构件裂纹萌生位置和疲劳寿命都与试验结果比较吻合。该法中的疲劳损伤模型公式为

$$dD = \left(\frac{\sigma_{mr}}{\sigma_0} - 1\right)^m \left(1 + \frac{\sigma}{\sigma_f}\right)\left(b\sigma d\varepsilon^p + \frac{1-b}{2}\tau d\gamma^p\right) \tag{9.74}$$

式中,σ_{mr} 是材料记忆参数;σ_0 表示材料的持久极限;σ_f 表示材料的断裂应力;ε^p 和 γ^p 分别表示塑性正应变和剪应变;m 和 b 是材料常数。每一加载循环后材料点累积的疲劳损伤为 $\oint dD$,当材料点经过 N_i 个加载循环后,在材料面上累积的疲劳

损伤达到损伤临界值 D_0,材料点失效,形成新的裂纹。经历最大临界损伤的材料面为临界面,失效时材料点经历的加载循环数为材料的疲劳裂纹萌生寿命。采用线性疲劳损伤累积形式得到常幅加载下的疲劳裂纹萌生寿命的公式为

$$N_i = \frac{D_0}{\oint \mathrm{d}D} \qquad (9.75)$$

李佳[133]同样以 16MnR 钢缺口棒状试样为研究对象,在分析缺口根部点时,考虑六个应力和六个应变分量,结合能描述材料非 Masing 特性的 A－F 类循环塑性理论和增量式 Neuber 法,提出三维近似方法,不但在轴向方向和剪切方向的应力应变迟滞环与有限元结果十分接近。Barkey 等[134]和 Köttgen 等[135]提出了基于结构屈服面理论的近似方法。Hertel 等[136]把 Jiang-Sehitoglu 循环塑性模型引入 Buczynski-Glinka[137]和 Köttgen 近似方法中,提高了非比例加载下缺口件局部应力状态的预测能力。基于以上缺口根部应力应变的分析,Fatemi[43]、Socie[138]、尚德广[139]等诸多学者提出了众多疲劳损伤参量,结合 $S - N$ 曲线或 $\varepsilon - N$ 曲线预测缺口件多轴疲劳寿命时均取得了较好的结果。

9.5.3 临界距离法

临界距离法(theory of critical distance method, TCD)是由 Tanaka[140]和 Taylor[141]先后提出的。将缺口附近区域中某点、线、面或体上的应力特征值作为描述材料失效的参量。当某一临界尺度内的平均应力 σ_{av} 超过材料的疲劳强度时认为材料疲劳失效。特征应力 σ_{av} 结合材料的 $S - N$ 曲线即可获得缺口根部危险部位的疲劳寿命。临界距离法可分为以下几类,参见图 9.12。

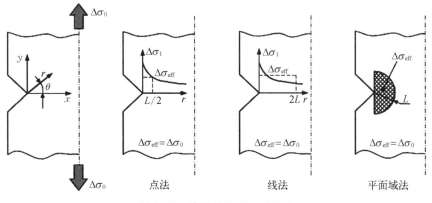

图 9.12 临界域法的不同形式

$$
\text{点法：} \sigma_{av} = \sigma_1 \left(r = \frac{L_0}{2}, \ \theta = 0 \right)
$$

$$
\text{线法：} \sigma_{av} = \frac{1}{2L_0} \int_0^{2L_0} \sigma_1(r, \theta = 0) \, dr
$$

$$
\text{面法：} \sigma_{av} = \frac{2}{1.1\pi L_0^2} \int_{-\pi/2}^{\pi/2} \int_0^{L_0} \sigma_1(r, \theta) r \, dr \, d\theta \tag{9.76}
$$

$$
\text{体法：} \sigma_{av} = \frac{3}{2\pi(1.54L_0)^3} \int_0^{2\pi} \int_0^{\pi/2} \int_0^{1.54L_0} \sigma_1(r, \theta, \varphi) r^2 \sin\theta \, dr \, d\theta \, d\varphi
$$

式中，σ_1 为缺口弹性应力场中极坐标 (r, θ) 处的最大主应力；$L_0 = \dfrac{1}{\pi} \left(\dfrac{\Delta K_{th}}{\Delta f_{-1}} \right)^2$ 称为临界距离[142]，其中 Δf_{-1} 和 ΔK_{th} 分别是材料疲劳极限变程和疲劳裂纹扩展门槛值变程。

临界距离法充分考虑了缺口局部区域的应力应变梯度对缺口根部裂纹萌生的影响，因而在缺口件的多轴疲劳方面得到了广泛的应用。特别地，当采用临界距离法中的点法(PM)或线法(LM)预测寿命时，其实质就是名义应力法。

Susmel 等[143]考虑到缺口根部应力梯度的存在，将双参数临界面多轴疲劳寿命预测方法与 TCD 中的点法相结合，提出了一种缺口件中低周疲劳寿命预测方法，并对 En3B 低碳钢 V 型缺口件进行了不同多轴载荷(包括比例和非比例载荷)下的疲劳寿命预测，对照 150 多组试验结果发现，预测寿命均在 2 倍误差带内。该方法的寿命方程为

$$
N_f = N_A \left[\frac{\tau_{A,ref}(\rho_{eff})}{\tau_a} \right]^{k_\tau(\rho_{eff})} \tag{9.77}
$$

式中，N_A 为参考失效寿命；$\tau_{A,ref}(\rho_{eff})$ 为寿命为 N_A、临界面有效应力比为 ρ_{eff} 时的剪应力幅值；τ_a 为加载的剪应力幅值；$k_\tau(\rho_{eff})$ 为界面有效应力比为 ρ_{eff} 时的 Wöhler 曲线的负斜率。

Susmel 等[144-146]对 BS040A12 低碳钢 V 型平板缺口件在多种应力比下的混合 Mode Ⅰ 和 Mode Ⅱ 型比例加载下的疲劳极限强度预测结果显示误差在 ±20% 以内。随后 Susmel 等[147]指出只有基于临界面法的多轴疲劳破坏准则能成功应用于 TCD 模型。

Carpinteri 等[148]假设孔边危险点的临界面方向与临界距离 $L/2$ 处点 P 的临界面方向一致，利用点法进行多轴疲劳寿命预测。

吴志荣等[149]根据疲劳失效的基本概念，将疲劳损伤看成一个过程量，以最大疲劳损伤位置处(损伤参数最大)为疲劳危险点，应用基于临界面法的多轴疲劳寿

命模型[150]，并基于临界距离理论的点法和线法原理，对缺口根部的损伤进行梯度修正，

$$Dp_{eq} = Dp_{r^*}$$

$$Dp_{eq} = \frac{1}{r_0 - r^*} \int_{r^*}^{r_0} (Dp) \, dr \tag{9.78}$$

式中，Dp_{eq} 为等效损伤参数；r^* 为临界半径；r_0 为缺口径向剖面半径。

黄佳等[151]考虑到镍基定向凝固合金滑移相关的塑性流动和裂纹萌生机制，并以最大切应变变程 $\Delta\gamma_{max}$ 为损伤参数，分别采用临界距离理论对 DZ125 的低循环疲劳寿命进行了分析和预测，提出了一种 K_t 修正的 TCD 处理方法，但此法中不确定参数太多，不便于工程应用。Liu 等[152]考虑缺口周围应力场对疲劳寿命的影响，结合临界距离法中的体法(VM)和有限元分析法，提出了一种缺口件的高周疲劳寿命模型。试验结果表明该模型有很好的疲劳寿命预测能力。

9.5.4　应力应变场强法

应力场强法已在第 8 章做了详细介绍。尚德广等[11]考虑到缺口应力峰值点周围的应力梯度与局部应力应变场的特性，在应力场强法的基础上，提出了局部应力应变场强理论。该理论认为缺口件的疲劳强度取决于材料危险部位局部小区域内的损伤累积，此损伤不仅与小区域内的应力场强有关，而且也与其应变场强有关，并给出了描述这一区域受载严重程度的两个参数 σ_{FI} 和 ε_{FI}。该理论不仅考虑了缺口根部应力变化特性，而且考虑了局部应变梯度，从而可用场强理论预测随机加载下的低周疲劳寿命。

陈健等[153]近似地认为对于缺口件，缺口根部附近凡是当量应力高于材料疲劳极限的点，即认为该点对裂纹的萌生和扩展有"贡献"，通过重新定义损伤场的概念和选用新的权函数，对原有应力场强法进行了改进。

李玉春等[154]探索了将应力场强法应用到复杂加载下的疲劳研究中，取破坏函数为临界面上的等效应力，提出了可同时适用于不同加载方式下的多轴疲劳寿命预测理论。

9.5.5　小结

通过上述分析可以发现，4 类缺口件多轴疲劳寿命分析方法对缺口疲劳效应的解释和描述各不相同，所使用的控制变量也有较大差别，相应地所需的材料性能数据、计算工作量以及适用范围和精度高低也各不相同，现将其汇总入表 9.19。

表 9.19　缺口件多轴疲劳寿命估算模型对比

方　　法	控制参量	适用范围	分析精度	计算复杂性
名义应力法	名义应力 σ_{nom} 应力集中系数 K_T	应力水平较低、结构简单的构件	结果不稳定 精度较低	简单
局部应力应变法	局部应力应变 σ、ε	有一定塑性变形,通常寿命在 $10^1 \sim 10^5$ 的构件	结果常偏保守 精度较高	较复杂
临界距离法	临界尺度内的特征应力 σ_{av}	处于线弹性应力区或小范围进入塑性区的构件	分析结果可靠 精度较高	较简单(仅需线弹性分析)
场强法	应力场强度 σ_{FI} 应变场强度 ε_{FI}	所有构件	分析结果可靠 精度较高	复杂

附录　疲劳寿命数据

表 A9.1　应力控制材料试验数据及寿命估算结果

材　料	$\phi/$ (°)	$\sigma/$ MPa	$\tau/$ MPa	试验寿命	估算寿命 Kanazawa	Itoh	Susmel	Spagnoli
LY12-CZ[54]	0	200	0	335 621, 263 460, 82 157	826 957	286 310	725 056	837 375
	0	250	0	34 519, 64 118, 80 695	159 595	55 255	189 063	161 605
	0	300	0	11 312, 13 115	41 616	14 408	60 679	42 140
	0	336.68	0	6 693, 6 868, 7 066	17 780	6 156	29 103	18 004
	0	0	111.289	2 058 844, 1 385 893	375 851	21 562 533	1 708 146	1 707 413
	0	0	139.111	306 684, 281 163	72 537	4 161 412	329 660	329 518
	0	0	166.933	42 031, 59 271	18 915	1 085 136	85 963	85 926
	0	0	202.08	10 839, 7 277, 7 916, 10 101	4 624	265 283	21 015	21 006
	0	158.114	111.803	99 385, 61 203, 73 463	19 626	162 408	175 640	84 808
	0	126.491	91.571	562 025, 651 726, 306 988	87 770	781 462	687 571	403 092
	0	189.737	137.356	30 589, 21 034, 18 919	4 417	39 326	46 304	20 285
	30	126.491	95.507	293 864, 601 024	95 579	772 454	763 388	415 627
	30	158.114	119.384	46 332, 65 068, 85 273	18 446	149 074	171 913	82 233
	45	126.491	100	193 078, 279 092, 388 165	106 841	777 261	798 376	402 734
	45	158.114	125	76 955, 34 168, 70 448	20 619	150 003	178 305	57 576
	60	126.491	105.193	323 847, 163 901, 233 280	124 685	827 994	942 342	282 251
	60	158.114	131.491	31 588, 31 534, 29 602	24 063	159 795	204 066	54 523
	90	151.186	75.593	57 169, 23 567, 40 055	3 932 011	201 006	2 090 074	508 599

续表

材 料	φ/(°)	σ/MPa	τ/MPa	试验寿命	估算寿命			
					Kanazawa	Itoh	Susmel	Spagnoli
LY12-CZ[54]	90	188.982	94.491	7 462, 8 613, 4 918	758 854	38 793	638 388	98 157
	90	141.422	81.65	12 865, 15 897, 14 287	2 066 708	280 140	727 865	564 961
	90	176.777	102.062	4 094, 6 058, 4 014	398 869	54 066	238 526	109 035
	90	126.491	111.289	25 574, 65 847, 178 127	158 319	1 538 832	319 601	269 981
	90	158.114	139.111	16 684, 11 570, 19 140	30 554	296 979	83 770	52 104
C35 钢[19]	0	195	97.5	742 000	79 594	336 293	513 524	244 008
	0	195	97.5	2 000 000	79 594	336 293	513 524	244 008
	0	195	97.5	600 000	79 594	336 293	513 524	244 008
	0	205	102.5	317 000	55 686	235 278	378 698	170 713
	0	200	100	565 000	66 427	280 660	440 273	203 641
	0	197	98.5	2 000 000	73 999	312 654	482 672	226 855
	0	197	98.5	430 000	73 999	312 654	482 672	226 855
	0	150	150	203 000	6 374	270 227	216 660	142 303
	0	145	145	311 000	8 121	344 266	270 347	181 293
	0	140	140	562 000	10 434	442 335	339 736	232 937
	0	135	135	2 000 000	13 529	573 545	430 170	302 033
	0	137.5	137.5	2 000 000	11 867	503 091	381 916	264 931
	0	155	155	147 000	5 043	213 802	174 793	112 589
	0	140	140	546 000	10 434	442 335	339 736	232 937
	90	195	97.5	1 000 000	1 836 917	224 878	1 272 875	328 308
	90	225	112.5	880 104	660 961	80 916	624 093	118 132
	90	235	117.5	223 572	484 485	59 311	499 544	86 591
	90	230	115	310 503	564 930	69 160	557 872	100 969
	90	240	120	128 973	416 841	51 030	448 067	74 501
	90	245	122.5	102 046	359 756	44 042	402 550	64 298
	90	220	110	987 340	776 049	95 005	699 425	138 701
	90	225	112.5	505 640	660 961	80 916	624 093	118 132
SM45[44]	90	449	282	29 900	2 332	1 101	2 573	889
	90	354	334	35 700	222	26 986	1 574	1 055
	90	485	223	50 000	15 672	720	15 578	1 003
	90	357	309	73 800	579	31 069	2 621	1 698

材　料	$\phi/$ (°)	$\sigma/$ MPa	$\tau/$ MPa	试验寿命	估算寿命			
					Kanazawa	Itoh	Susmel	Spagnoli
SM45[44]	90	449	217	106 000	33 749	1 537	27 016	2 259
	90	370	285	106 000	1 608	19 689	3 989	2 357
	90	449	199	11 200	36 433	1 683	29 585	2 259
	90	457	194	131 000	31 358	1 457	26 838	1 876
	90	354	252	333 000	6 531	15 877	8 709	5 807
	90	437	154	431 000	57 747	2 730	44 243	3 005
	90	286	143	1 660 000	3 770 369	170 676	665 938	260 530
	90	354	165	1 860 000	425 852	19 519	166 953	27 589
1045[54]	0	0	206.85	6 050	209 096	67 822 824	1 677 543	100
	0	0	258.56	1 080	19 964	6 475 458	160 165	160 067
	0	379.23	110.66	3 500	33 819	51 656	82 372	44 053
	0	423.70	127.56	1 100	9 325	15 355	32 252	12 660
	90	432.32	219.95	1 800	39 890	2 161	7 831	3 163
	90	464.723	235.19	980	19 808	1 016	4 870	1 506
	45	430.94	217.19	2 450	1 597	5 141	13 121	1 984
	45	479.204	251.67	1 090	392	1 516	4 337	502
0.51% 高碳钢[75]	0	327.7	0	4 152 521	6 733 305	1 114 813	3 172 080	2 310 795
	0	308	63.9	1 046 479	654 225	1 458 468	2 949 699	797 437
	0	255.1	127.5	962 127	20 590	2 429 849	1 747 368	441 122
	0	141.9	171.3	1 041 879	159	23 987 691	2 127 203	1 382 388
	0	0	201.2	2 454 247	516 963	495 802 480	1 394 661	1 393 645
	30	255.1	127.5	1 484 022	47 220	2 837 603	2 575 481	663 916
	30	142	171.2	927 407	390	33 179 442	2 762 066	1 644 019
	60	255.1	127.5	323 672	517 883	3 354 738	8 611 033	549 153
	60	147.2	177.6	2 743 870	2 486	56 729 368	3 418 020	1 551 437
	90	308	63.9	69 117	5 091 356	236 383	5 607 917	109 960
	90	264.9	132.4	723 590	8 692 449	749 347	17 239 915	723 590
	90	152.5	184.2	3 778 298	8 844	237 284 433	1 137 272	953 587
30CrMnSiA[54]	0	368.52	266.78	141 567, 91 075, 87 605	53 528	994 207	322 694	155 533
	0	0	324.23	519 045, 399 100	445 762	37 709 539	445 940	445 730
	0	0	346.41	266 915, 227 138	261 168	22 093 715	261 272	261 149

续表

材 料	φ/(°)	σ/MPa	τ/MPa	试验寿命	估算寿命			
					Kanazawa	Itoh	Susmel	Spagnoli
30CrMnSiA[54]	0	0	400	89 760, 74 538	81 695	6 911 077	81 728	81 689
	45	368.52	291.34	123 739, 73 593, 86 377	70 357	279 342	340 813	160 869
	90	368.52	324.23	116 323, 65 110, 48 917	121 797	267 256	240 280	104 898
	90	268.1	324.23	119 345, 92 752	78 683	1 533 203	283 064	194 467
310 不锈钢[76]	90	877	491.2	1 838	100	131	100	100
	90	621	355	38 879	381	79 911	3 032	100
	90	472.4	274.2	383 011	41 992	3 300 428	95 206	13 758
	0	0	340.4	50 980	44 708	40 380 317	279 201	278 969
	0	0	286.4	368 523	575 241	176 497 644	2 686 472	2 684 592
	0	0	285.2	835 713	608 842	182 378 560	2 825 092	2 823 124
304 不锈钢[76]	90	954	534	3 560	21 232	52 392	1 870	38 179
	90	600	336	50 000	87 458	154 558	2 707	118 802
	0	352	202	52 900	96 950	219 860	88 952	310 416
	0	1 880	0	3 053	4 230	1 825	8 896	26 709
	0	1 504	0	4 390	12 536	6 399	12 612	54 753
	0	1 128	0	19 410	37 149	22 436	17 880	112 239
	0	940	0	31 000	63 952	42 009	21 290	160 700
	0	752	0	107 433	110 092	78 659	25 349	230 084
	0	0	2 156	6 911	100	727	17 664	17 660
	0	0	1 848	14 697	100	2 031	31 291	31 285
	0	0	1 386	59 980	321	9 487	73 774	73 763
	0	0	1 155	125 632	1 221	20 503	113 279	113 265
	0	940	231	28 865	24 994	35 118	27 044	83 470
	0	752	462	45 979	5 170	37 797	47 296	81 771
OFHC 铜[76]	90	320	166.4	6 051	100	417	124	100
	90	250.8	133.2	34 582	5 510	34 645	7 108	4 835
	90	211	120.4	116 587	27 007	453 182	36 927	80 394
	0	0	128.2	61 670	60 935	40 873 986	54 727	60 935
	0	0	114	340 315	335 478	109 435 367	304 907	335 477
Ti-6Al-4V[77]	0	821	0	6 200	7 680	5 050	6 905	6 056
	0	0	386	72 141	9 345	232 262	12 660	12 657

材　料	$\phi/$ (°)	$\sigma/$ MPa	$\tau/$ MPa	试验寿命	估算寿命			
					Kanazawa	Itoh	Susmel	Spagnoli
Ti – 6Al – 4V[77]	0	0	266	241 250	47 421	98 147	89 354	100
	0	0	249	961 806	74 890	70 864	172 602	100
	0	365	185	67 965	10 125	62 066	40 903	28 482
	90	357	182	111 783	255 939	49 981	51 016	48 466

表 A9.2　应变控制材料试验数据及寿命估算结果

材　料	$\phi/$ (°)	ε	γ	试验寿命	估算寿命			
					Kanazawa	Itoh	Susmel	Spagnoli
S355J2[76]	0	0.002 0	0	64 710, 38 685, 94 907	218 761	78 283	106 879	301 391
	0	0.001 8	0	161 585, 142 942, 93 947	282 030	100 924	127 212	388 558
	0	0.001 7	0	274 622, 236 083, 192 869	328 157	117 431	141 002	452 107
	0	0.001 6	0	226 521, 374 295, 295 734	390 196	139 631	158 470	537 580
	0	0.001 5	0	426 517, 1 212 701, 392 807	477 114	170 734	181 280	657 327
	0	0	0.004 0	124 408, 129 370, 86 331	15 864	802 291	110 476	110 430
	0	0	0.003 8	318 735, 106 675, 117 296	17 944	907 486	124 962	124 910
	0	0	0.003 6	181 162, 209 569, 321 370	20 576	1 040 568	143 287	143 228
	0	0	0.003 4	224 361, 495 019, 706 836	23 979	1 212 685	166 988	166 919
	0	0.001 5	0.003 2	91 936, 36 147	46 121	15 873	18 771	11 119
	0	0.001 5	0.002 8	141 938, 103 138	54 636	19 080	22 626	13 667
	0	0.001 5	0.002 6	47 894, 162 119	60 738	21 327	26 500	15 488
	0	0.001 1	0.003 2	179 628, 72 011	100 085	31 155	28 872	20 441
	0	0.001 1	0.002 8	179 446, 268 051	118 517	38 567	35 618	25 860
	0	0.001 1	0.002 6	196 232, 662 706	132 029	43 923	42 451	29 872
	0	0.000 9	0.003 2	248 009, 188 219	207 063	53 206	38 138	32 799
	0	0.000 9	0.002 8	624 521, 1 000 000	241 661	67 566	51 832	42 653
	0	0.000 9	0.002 6	406 996, 870 886	267 515	78 221	57 797	50 118
	0	0.000 9	0.002 4	759 229	302 987	92 731	72 027	60 412
	90	0.001 5	0.003 2	19 078, 9 838	62 933	102 131	13 532	15 474
	90	0.000 9	0.003 2	38 376, 65 674	89 344	423 562	26 731	43 898
	90	0.001 1	0.002 8	44 319, 44 800	107 556	309 150	23 690	35 853
	90	0.000 9	0.002 8	158 248, 521 107	127 637	554 572	32 944	57 789
	90	0.000 9	0.002 6	248 540, 95 229	160 363	648 865	37 215	68 347
	90	0.001 5	0.002 6	47 996, 46 196	117 208	91 735	17 045	21 423

参 考 文 献

[1] 徐秉业. 塑性理论简明教程. 北京：清华大学出版社, 1981.

[2] Wang C H, Brown M W. Life prediction techniques for variable amplitude multiaxial fatigue—Part 1: Theories. Journal of Engineering Materials & Technology, 1996, 118(3): 367－370.

[3] Wang C H, Brown M W. Life prediction techniques for variable amplitude multiaxial fatigue—Part 2: Comparison with experimental results. Journal of Engineering Materials & Technology, 1996, 118(3): 371－374.

[4] Langlais T E, Vogel J H, Chase T R. Multiaxial cycle counting for critical plane methods. International Journal of Fatigue, 2003, 25(7): 641－647.

[5] Chen H, Shang D G, Liu E T. Multiaxial fatigue life prediction method based on path-dependent cycle counting under tension/torsion random loading. Fatigue & Fracture of Engineering Materials & Structures, 2011, 34(34): 782－791.

[6] Anes V, Reis L, Li B, et al. New cycle counting method for multiaxial fatigue. International Journal of Fatigue, 2014, 67(10): 78－94.

[7] Doong S H, Socie D F. Constitutive modeling of metals under nonproportional cyclic loading. Journal of Engineering Materials and Technology (United States), 1991, 113(1): 23－30.

[8] Kang G, Li Y, Gao Q. Non-proportionally multiaxial ratcheting of cyclic hardening materials at elevated temperatures: Experiments and simulations. Mechanics of Materials, 2005, 37(11): 1101－1118.

[9] Shamsaei N, Fatemi A, Socie D F. Multiaxial cyclic deformation and non-proportional hardening employing discriminating load paths. International Journal of Plasticity, 2010, 26(12): 1680－1701.

[10] Vincent L, Calloch S, Marquis D. A general cyclic plasticity model taking into account yield surface distortion for multiaxial ratchetting. International Journal of Plasticity, 2004, 20(10): 1817－1850.

[11] 尚德广, 王德俊. 多轴疲劳强度. 北京：科学出版社, 2007.

[12] Shamsaei N, Fatemi A, Socie D F. Multiaxial cyclic deformation and non-proportional hardening employing discriminating load paths. International Journal of Plasticity, 2010, 26(12): 1680－1701.

[13] 时新红, 张建宇, 鲍蕊, 等. 材料多轴高低周疲劳失效准则的研究进展. 机械强度, 2008, 30(3): 515－521.

[14] Wang Y Y, Yao W X. Evaluation and comparison of several multiaxial fatigue criteria. International Journal of Fatigue, 2004, 26(1): 17－25.

[15] 朱正宇, 何国求, 陈成澍, 等. 多轴非比例加载高周疲劳研究进展. 同济大学学报(自然科学版), 2006, 34(9): 1221－1225.

[16] Zhang C C, Yao W X. An improved multiaxial high-cycle fatigue criterion based on critical plane approach. Fatigue & Fracture of Engineering Materials & Structures, 2011, 34(5): 337－344.

[17] 张巧丽, 陈旭. 多轴非比例载荷下低周疲劳寿命估算方法. 机械强度, 2004, 26(1):

76 - 79.

[18] 丰崇友. 多轴非比例加载低周疲劳的研究综述. 腐蚀科学与防护技术, 2010, 22(2): 124 - 127.

[19] Papuga J. A survey on evaluating the fatigue limit under multiaxial loading. International Journal of Fatigue, 2011, 33(2): 153 - 165.

[20] Sines G. Behaviour of metals under complex static and alternating stresses//Sines G, Waisman J L. Metal Fatigue. New York: McGraw-Hill, 1959.

[21] Findley W N. Combined fatigue strength of 76S - T61 aluminum alloy with superimposed mean stresses and correction for yielding. NACA TN 2924, National Advisory Committee for Aeronautics, Washington, DC, 1953, 90.

[22] Findley W N. Modified theories of fatigue failure under combined stress. Proceeding of the Society of Experimental Stress Analysis, 1956, 14(1): 35 - 46.

[23] Findley W N, Coleman J J, Hanley B C. Theory for combined bending and torsion fatigue with data for SAE 4340 steel. Proceeding of the International Conference on Fatigue of Metals, Institute of Mechanical Engineers, London, 1956: 150 - 156.

[24] Findley W N. A theory for the effect of mean stress on fatigue of metals under combined torsion and axial load or bending. Journal of Engineering for Industry, 1959, 81: 301 - 306.

[25] Brown M W, Miller K J. A theory for fatigue failure under multiaxial stress-strain conditions. ARCHIVE Proceedings of the Institution of Mechanical Engineers 1847 - 1982 (vols 1 - 196), 2006, 187(1973): 745 - 755.

[26] Socie D F, Waill L A, Dittmer D F. Biaxial fatigue of inconel 718 including mean stress effects//Miller K J, Brown M W. Multiaxial Fatigue. ASTM STP853, Philadelphia: ASTM, 1985: 463 - 478.

[27] Fash J W, Socie D F, McDowell D L. Fatigue life estimates of a simple notched component under biaxial loading//Miller K J, Brown M W. Multiaxial Fatigue. ASTM STP853, Philadelphia: ASTM, 1985: 497 - 513.

[28] 肖林, 宋凯. Zr - 4 双轴低周疲劳寿命估算. 金属学报, 1999, 35(4): 397 - 402.

[29] Shang D G, Wang D J. A new multiaxial fatigue damage model based on the critical plane approach. International Journal of Fatigue, 1998, 20(3): 241 - 245.

[30] Morrow J. Cyclic plastic strain energy and fatigue of metals//Friction I. Damping and Cyclic Plasticity. Philadelphia: ASTM STP378, 1965: 45 - 84.

[31] Carud Y S. A new approach to the evaluation of fatigue under multiaxial loadings. Journal of Engineering Materials & Technology Transactions of the Asme, 1981, 103(2): 118 - 125.

[32] Ellyin F, Kujawski D. Plastic strain energy in fatigue failure. Journal of Pressure Vessel Technology, 1984, 106(4): 342 - 347.

[33] Ellyin F, Golos K. Multiaxial fatigue damage criterion. Journal of Engineering Materials & Technology, 1988, 110(1): 63 - 68.

[34] Ellyin F, Xia Z. A general fatigue theory and its application to out-of-phase cyclic loading. Journal of Engineering Materials & Technology, 1993, 115(4): 411 - 416.

[35] Matake T. An explanation on fatigue limit under combined stress. Bulletin of JSME, 1977, 20: 257 - 263.

[36] Socie D. Multiaxial fatigue damage models. Journal of Engineering Materials & Technology Transactions of the ASME, 2006, 324 – 325(4): 747 – 750.

[37] Smith K N, Watson P, Topper T H. A stress-strain function for the fatigue of metals. Journal of Materials, 1970, 5(4): 767 – 778.

[38] Glinka G, Shen G, Plumtree A. A multiaxial fatigue strain energy parameter related to the critical plane. Fatigue & Fracture of Engineering Materials & Structures, 1995, 18(1): 37 – 46.

[39] Glinka G, Wang G, Plumtree A. Mean stress effects in multiaxial fatigue. Fatigue & Fracture of Engineering Materials & Structures, 1995, 18: 755 – 764.

[40] Chu C C, Conle F A, Bonnen J J. Multiaxial stress-strain modeling and fatigue life prediction of SAE axle shafts//McDowell D L, Ellis R. Advances in Multiaxial Fatigue. ASTM STP 1191. Philadelphia: ASTM, 1993: 37 – 54.

[41] Chen X, Xu S, Huang D. A critical plane-strain energy density criterion for multiaxial low-cycle fatigue life under non-proportional loading. Fatigue & Fracture of Engineering Materials & Structures, 1999, 22(8): 679 – 686.

[42] Kanazawa K, Miller K J, Brown M V. Cyclic deformation of 1% Cr – Mo – V steel under out-of-phase loads. Fatigue of Engineering Materials and Structures, 1979, 2: 217 – 228.

[43] Fatemi A, Socie D F. A critical plane approach to multiaxial fatigue damage including out-of-phase loading. Fatigue Fract. Engng. Matrer. Tecknol, 1988, 11: 149 – 165.

[44] Fatemi A, Kurath P. Multiaxial fatigue life predictions under the influence of mean-stresses. Journal of Engineering Materials & Technology, 1988, 110(4): 380 – 388.

[45] Lee S B. Out-of-phase, combined bending and torsion fatigue of steels. Biaxial and Multiaxial Fatigue, EGF 3, Mechanical Engineering Publications, London, 1989: 621 – 634.

[46] Langer B F. Design of pressure vessels for low-cycle fatigue. Journal of Basic Engineering (U.S.) Divided into J. Eng. Mater. Technol. and J. Fluids Eng., 1962, 84(3): 389 – 402.

[47] 赵勇铭,宋迎东.椭圆方程式的多轴疲劳寿命预测模型.机械工程学报,2009,45(11): 312 – 316.

[48] Itoh T, Sakane M, Ohnami M, et al. Nonproportional low cycle fatigue criterion for type 304 stainless steel. Journal of Engineering Materials & Technology, 1995, 117(3): 285 – 292.

[49] 于海生,谢·尼·舒卡耶夫,王兴国,等.一种多轴非比例载荷低周疲劳寿命预测方法.机械强度,2004,26(S): 250 – 253.

[50] Borodii M V, Strizhalo V A. Analysis of the experimental data on a low cycle fatigue under nonproportional straining. International Journal of Fatigue, 2000, 22(4): 275 – 282.

[51] Borodii M V, Adamchuk M P. Life assessment for metallic materials with the use of the strain criterion for low-cycle fatigue. International Journal of Fatigue, 2009, 31(10): 1579 – 1587.

[52] 何国求,陈成澍,高庆,等.基于微结构分析定义应变路径非比例度.金属学报,2003,39 (7): 715 – 720.

[53] 何国求,陈成澍,丁向群,等.新的非比例加载低周疲劳寿命估算方法.同济大学学报(自然科学版),2004,32(12): 1637 – 1641.

[54] 王英玉.金属材料的多轴疲劳行为与寿命估算.南京:南京航空航天大学,2005.

[55] 李静, 孙强, 乔艳江, 等. 基于临界平面法的拉扭双轴疲劳寿命估算模型. 固体力学学报, 2010, 31(1): 101-108.

[56] Wang C H, Brown M W. A path-independent parameter for fatigue under proportional and non-proportional loading. Fatigue & Fracture of Engineering Materials & Structures, 1993, 16 (12): 1285-1297.

[57] Itoh T, Yang T. Material dependence of multiaxial low cycle fatigue lives under non-proportional loading. International Journal of Fatigue, 2011, 33(8): 1025-1031.

[58] Babaei S, Ghasemi-Ghalebahman A, Hajighorbani R. A fatigue model for sensitive materials to non-proportional loadings. International Journal of Fatigue, 2015, 80: 266-277.

[59] Susmel L, Lazzarin P. A bi-parametric Wöhler curve for high cycle multiaxial fatigue assessment. Fatigue & Fracture of Engineering Materials & Structures, 2002, 25(1): 63-78.

[60] Papadopoulos I V. A new criterion of fatigue strength for out-of-phase bending and torsion of hard metals. International Journal of Fatigue, 1994, 16(6): 377-384.

[61] Zenner H, Simburger A, Liu J. On the fatigue limits of ductile metals under complex multi-axial loading. International Journal of Fatigue, 2000, 22(9): 137-145.

[62] Papuga J, Růžička M. Two new multiaxial criteria for high cycle fatigue computation. International Journal of Fatigue, 2008, 30(1): 58-66.

[63] Papuga J. Improvements of two criteria for multiaxial fatigue limit evaluation. Bulletin of Applied Mechanics, 2010, 5(20): 80-86.

[64] Morel F. A fatigue life prediction method based on a mesoscopic approach in constant amplitude multiaxial loading. Fatigue & Fracture of Engineering Materials & Structures, 2002, 21(3): 241-256.

[65] Papadopoulos I V, Davoli P, Gorla C, et al. A comparative study of multiaxial high-cycle fatigue criteria for metals. International Journal of Fatigue, 1997, 19(3): 219-235.

[66] Skibicki D, Sempruch J. Use of a load non-proportionality measure in fatigue under out-of-phase combined bending and torsion. Fatigue & Fracture of Engineering Materials & Structures, 2004, 27(5): 369-377.

[67] McDiarmid D L. A general criterion for high cycle multiaxial fatigue failure. Fatigue & Fracture of Engineering Materials & Structures, 1991, 14(4): 429-453.

[68] Spagnoli A. A new high-cycle fatigue criterion applied to out-of-phase biaxial stress state. International Journal of Mechanical Sciences, 2001, 43(11): 2581-2595.

[69] Carpinteri A, Macha E, Brighenti R, et al. Expected principal stress directions under multiaxial random loading. Part I: Theoretical aspects of the weight function method. International Journal of Fatigue, 1999, 21(1): 83-88.

[70] Liu Y M, Mahadevan S. Multiaxial high-cycle fatigue criterion and life prediction for metals. International Journal of Fatigue, 2005, 27(7): 790-800.

[71] Varvani-Farahani A. A new energy-critical plane parameter for fatigue life assessment of various metallic materials subjected to in-phase and out-of-phase multiaxial fatigue loading conditions. International Journal of Fatigue, 2000, 22(4): 295-305.

[72] 付德龙, 张莉, 程靳. 多轴非比例加载低周疲劳寿命预测方法的研究. 应用力学学报, 2006, 23(2): 218-221.

[73] Chu C C. Fatigue damage calculation using the critical plane approach. Journal of Engineering Materials & Technology, 1995, 117(1): 41 – 44.

[74] Huyen N, Flaceliere L, Morel F. A critical plane fatigue model with coupled meso-plasticity and damage. Fatigue & Fracture of Engineering Materials & Structures, 2008, 31 (1): 12 – 28.

[75] Kim K S, Park J C. Shear strain based multiaxial fatigue parameters applied to variable amplitude loading. International Journal of Fatigue, 1999, 21(5): 475 – 483.

[76] Bannantine J A. A variable amplitude multiaxial fatigue life prediction method. 1989.

[77] Susmel L. Estimating fatigue lifetime of steel weldments locally damaged by variable amplitude multiaxial stress fields. International Journal of Fatigue, 2010, 32(7): 1057 – 1080.

[78] Chen H, Shang D G. An on-line algorithm of fatigue damage evaluation under multiaxial random loading. International Journal of Fatigue, 2011, 33(2): 250 – 254.

[79] Marciniak Z, Rozumek D, Macha E. Fatigue lives of 18G2A and 10HNAP steels under variable amplitude and random non-proportional bending with torsion loading. International Journal of Fatigue, 2008, 30(5): 800 – 813.

[80] Kalluri S. Sequenced axial and torsional cumulative fatigue: Low amplitude followed by high amplitude loading. European Structural Integrity Society, 2003, 31: 165 – 182.

[81] Manson S S, Halford G R. Practical implementation of the double linear damage rule and damage curve approach for treating cumulative fatigue damage. International Journal of Fracture, 1981, 17(2): 169 – 192.

[82] 金丹. 多轴非规则载荷下低周疲劳寿命预测. 天津: 天津大学, 2004.

[83] Aid A, Bendouba M, Aminallah L, et al. An equivalent stress process for fatigue life estimation under multiaxial loadings based on a new non linear damage model. Materials Science & Engineering A, 2012, 538(3): 20 – 27.

[84] 夏天翔, 姚卫星, 嵇应凤. 金属材料多轴疲劳累积损伤理论研究进展. 机械强度, 2014(4): 605 – 613.

[85] Sonsino C M, Kueppers M. Multiaxial fatigue of welded joints under constant and variable amplitude loading. Fatigue & Fracture of Engineering Materials & Structures, 2001, 24(5): 309 – 327.

[86] Susmel L, Tovo R. Estimating fatigue damage under variable amplitude multiaxial fatigue loading. Fatigue & Fracture of Engineering Materials & Structures, 2011, 34 (12): 1053 – 1077.

[87] Carpinteri A, Spagnoli A, Vantadori S. A multiaxial fatigue criterion for random loading. Fatigue & Fracture of Engineering Materials & Structures, 2003, 26(6): 515 – 522.

[88] Carpinteri A, Spagnoli A, Vantadori S, et al. Structural integrity assessment of metallic components under multiaxial fatigue: the C – S criterion and its evolution. Fatigue & Fracture of Engineering Materials & Structures, 2013, 36(9): 870 – 883.

[89] Xia T X, Yao W X. Comparative research on the accumulative damage rules under multiaxial block loading spectrum for 2024 – T4 aluminum alloy. International Journal of Fatigue, 2013, 48(1): 257 – 265.

[90] Lee B L, Kim K S, Nam K M. Fatigue analysis under variable amplitude loading using an

energy parameter. International Journal of Fatigue, 2003, 25(7): 621 - 631.

[91] Shamsaei N, Gladskyi M, Panasovskyi K, et al. Multiaxial fatigue of titanium including step loading and load path alteration and sequence effects. International Journal of Fatigue, 2010, 32(11): 1862 - 1874.

[92] Marco S M, Starkey W L. A concept of fatigue damage. Transaction of the ASME, 1954, 76: 627 - 632.

[93] 徐姣, 尚德广, 孙国芹, 等. 多轴变幅加载下 GH4169 合金疲劳寿命预测. 北京工业大学学报, 2012, 38(10): 1462 - 1466.

[94] 徐姣, 尚德广, 陈宏. 多轴块载加载下疲劳损伤累积方法研究. 机械强度, 2012, (6): 875 - 880.

[95] 金丹, 陈旭, 金光洙. S45C 钢轴向-扭转两阶段载荷下的疲劳寿命预测. 天津大学学报, 2005, 38(7): 569 - 572.

[96] Chen X, Jin D, Kim K S. Fatigue damage of medium carbon steel under sequential application of axial and torsional loading. Fatigue & Fracture of Engineering Materials & Structures, 2006, 29(3): 243 - 253.

[97] Inoue T, Hoshide T, Yoshikawa T, et al. A damage mechanics approach to crack initiation in polycrystalline copper under multiaxial low cycle fatigue. Engineering Fracture Mechanics, 1986, 25(5/6): 665 - 675.

[98] Chaboche J L. Continuum damage mechanics: Part II—Damage growth, crack initiation, and crack growth. Journal of Applied Mechanics, 1988, 55(1): 65 - 72.

[99] 孙国芹, 尚德广, 王冬. 高温多轴变幅疲劳损伤累积. 北京工业大学学报, 2012, 38(11): 1629 - 1632.

[100] Mesmacque G, Garcia S, Amrouche A, et al. Sequential law in multiaxial fatigue, a new damage indicator. International Journal of Fatigue, 2005, 27(4): 461 - 467.

[101] Aid A, Amrouche A, Bouiadjra B B, et al. Fatigue life prediction under variable loading based on a new damage model. Materials & Design, 2011, 32(1): 183 - 191.

[102] Garcia S, Amrouche A, Mesmacque G, et al. Fatigue damage accumulation of cold expanded hole in aluminum alloys subjected to block loading. International Journal of Fatigue, 2005, 27(10): 1347 - 1353.

[103] Cristofori A, Susmel L, Tovo R. A stress invariant based criterion to estimate fatigue damage under multiaxial loading. International Journal of Fatigue, 2008, 30(9): 1646 - 1658.

[104] Cristofori A, Benasciutti D, Tovo R. A stress invariant based spectral method to estimate fatigue life under multiaxial random loading. International Journal of Fatigue, 2011, 33(7): 887 - 899.

[105] Hua C T, Socie D F. Fatigue damage in 1045 steel under variable amplitude biaxial loading. Fatigue & Fracture of Engineering Materials & Structures, 2010, 8(2): 101 - 114.

[106] 尚德广, 姚卫星. 单轴非线性连续疲劳损伤累积模型的研究. 航空学报, 1998, 19(6): 325 - 330.

[107] Lin H, Nayeb-Hashemi H, Berg C A. Cumulative damage behavior of anisotropic Al - 6061 - T6 as a function of axial-torsional loading mode sequence. Journal of Engineering Materials & Technology, 1994, 116(1): 27 - 34.

[108] Chen X, Jin D, Kim K S. A weight function-critical plane approach for low-cycle fatigue under variable amplitude multiaxial loading. Fatigue & Fracture of Engineering Materials & Structures, 2006, 29(4): 331 – 339.

[109] 张大川, 王英玉. LY12 – CZ 铝合金拉扭复合载荷下疲劳损伤律实验研究. 机械强度, 2012, (5): 144 – 148.

[110] Fatemi A, Socie D F. A critical plane approach to multiaxial fatigue damage including out-of-phase loading. Fatigue & Fracture of Engineering Materials & Structures, 1988, 14(3): 149 – 165.

[111] Tanaka K, Akiniwa Y, Tanaka K, et al. Fatigue crack propagation behavior derived from $S - N$ data in very high cycle regime. Fatigue & Fracture of Engineering Materials & Structures, 2002, 25(8/9): 775 – 784.

[112] Collins J A. Failure of Materials in Mechanical Design: Analysis, Prediction, and Prevention. 2nd ed. New York: Wiley Publication, 1993.

[113] Liu J, Shao X J, Liu Y J, et al. The effect of holes quality on fatigue life of open hole. Materials Science & Engineering A, 2007, 467(1/2): 8 – 14.

[114] Gough H J, Pollard H V. Strength of metals under combined alternating stresses. ARCHIVE Proceedings of the Institution of Mechanical Engineers 1847 – 1982 (vols 1 – 196), 1935, 131(1935): 3 – 103.

[115] Sonsino C M. Multiaxial fatigue of welded joints under in-phase and out-of-phase local strains and stresses. International Journal of Fatigue, 1995, 17(95): 55 – 70.

[116] 吴文涛, 王英玉. 一种新的多轴缺口疲劳寿命预测方法. 飞机设计, 2015, (4): 18 – 22.

[117] 孙国芹, 尚德广, 陈建华, 等. 缺口件两轴循环弹塑性有限元分析及寿命预测. 机械工程学报, 2008, 44(2): 134 – 138.

[118] Savaidis A, Savaidis G, Zhang C. Elastic – plastic FE analysis of a notched shaft under multiaxial nonproportional synchronous cyclic loading. Theoretical & Applied Fracture Mechanics, 2001, 36(2): 87 – 97.

[119] Gates N, Fatemi A. Notched fatigue behavior and stress analysis under multiaxial states of stress. International Journal of Fatigue, 2014, 67(67): 2 – 14.

[120] Firat M, Kozan R, Ozsoy M, et al. Numerical modeling and simulation of wheel radial fatigue tests. Engineering Failure Analysis, 2009, 16(5): 1533 – 1541.

[121] Ye D, Hertel O, Vormwald M. A unified expression of elastic-plastic notch stress-strain calculation in bodies subjected to multiaxial cyclic loading. International Journal of Solids & Structures, 2008, 45(24): 6177 – 6189.

[122] Neuber H. Theory of stress concentration for shear-strained prismatical bodies with arbitrary nonlinear stress-strain law. Journal of Applied Mechanics, 1961, 28(4): 544.

[123] Singh M N K, Glinka G, Dubey R N. Elastic-plastic stress-strain calculation in notched bodies subjected to non-proportional loading. International Journal of Fracture, 1996, 76(1): 39 – 60.

[124] 刘克格. 多轴加载下缺口件应力应变分析与寿命预测的研究. 北京: 北京工业大学, 2003.

[125] Hoffmann M, Seeger T. A generalized method for estimating multiaxial elastic-plastic notch

stresses and strains, Part 2: Application and general discussion. Journal of Engineering Materials & Technology, 1985, 107(4): 250.

[126] Molski K, Glinka G. A method of elastic-plastic stress and strain calculation at a notch root. Materials Science & Engineering, 1981, 50(1): 93 – 100.

[127] Moftakhar A, Buczynski A, Glinka G. Calculation of elasto-plastic strains and stresses in notches under multiaxial loading. International Journal of Fracture, 1994, 70(4): 357 – 373.

[128] Tipton S M, Nelson D V. Fatigue life predictions for a notched shaft in combined bending and torsion. 1985.

[129] Sakane M, Zhang S, Kim T J. Notch effect on multiaxial low cycle fatigue. International Journal of Fatigue, 2011, 33(8): 959 – 968.

[130] Umeda H. Notch root displacement (NRD) approach to predict crack initiation life of notched specimen in high-temperature multiaxial low cycle fatigue. Journal of Engineering Materials & Technology, 1990, 112(4): 724.

[131] 邱宝象, 王效贵, 高增梁, 等. 基于 A – F 类循环塑性理论的多轴局部应力应变法. 机械强度, 2011, 33(4): 590 – 596.

[132] Zhang J, Jiang Y. Constitutive modeling of cyclic plasticity deformation of a pure polycrystalline copper. International Journal of Plasticity, 2008, 24(10): 1890 – 1915.

[133] 李佳. 缺口棒状试样多轴应力应变三维近似方法研究. 上海: 上海交通大学, 2012.

[134] Barkey M E, Socie D F, Hsia K J. A yield surface approach to the estimation of notch strains for proportional and nonproportional cyclic loading. Journal of Engineering Materials & Technology, 1994, 116(2): 173 – 180.

[135] Köttgen V B, Barkey M E, Socie D F. Pseudo stress and pseudo strain based approaches to multiaxial notch analusis. Fatigue & Fracture of Engineering Materials & Structures, 1995, 18(9): 981 – 1006.

[136] Hertel O, Vormwald M, Seeger T, et al. Notch stress and strain approximation procedures for application with multiaxial nonproportional loading. Materialprufung, 2005, 47 (5): 268 – 277.

[137] Buczynski A, Glinka G. An analysis of elasto-plastic strains and stresses in notched bodies subjected to cyclic non-proportional loading paths. European Structural Integrity Society, 2003, 31: 265 – 283.

[138] Socie D. Multiaxial fatigue damage models. Key Engineering Materials, 2006, 324, 325(4): 747 – 750.

[139] 尚德广, 姚卫星. 基于临界面法的多轴疲劳损伤参量的研究. 航空学报, 1999, 20(4): 295 – 298.

[140] Tanaka K. Engineering formulae for fatigue strength reduction due to crack-like notches. International Journal of Fracture, 1983, 22(2): R39 – R46.

[141] Taylor D. Geometrical effects in fatigue: a unifying theoretical model. International Journal of Fatigue, 1999, 21(5): 413 – 420.

[142] Haddad M H E, Dowling N E, Topper T H, et al. J integral applications for short fatigue cracks at notches. International Journal of Fracture, 1980, 16(1): 15 – 30.

[143] Susmel L, Taylor D. The modified wöhler curve method applied along with the Theory of

Critical Distances to estimate finite life of notched components subjected to complex multiaxial loading paths. Fatigue & Fracture of Engineering Materials & Structures, 2008, 31: 1047 - 1064.

[144] Susmel L, Taylor D. Two methods for predicting the multiaxial fatigue limits of sharp notches. Fatigue & Fracture of Engineering Materials & Structures, 2003, 26(9): 821 - 833.

[145] Susmel L. A unifying approach to estimate the high-cycle fatigue strength of notched components subjected to both uniaxial and multiaxial cyclic loadings. Fatigue & Fracture of Engineering Materials & Structures, 2004, 27(5): 391 - 411.

[146] Susmel L, Taylor D. On the use of the Theory of Critical Distances to predict static failures in ductile metallic materials containing different geometrical features. Engineering Fracture Mechanics, 2008, 75(15): 4410 - 4421.

[147] Susmel L, Taylor D. Can the conventional high-cycle multiaxial fatigue criteria be re-interpreted in terms of the Theory of Critical Distances? Sdhm Structural Durability & Health Monitoring, 2006, 2(2): 91 - 108.

[148] Carpinteri A, Spagnoli A, Vantadori S, et al. A multiaxial criterion for notch high-cycle fatigue using a critical-point method. Engineering Fracture Mechanics, 2008, 75(7): 1864 - 1874.

[149] 吴志荣,胡绪腾,宋迎东. 多轴载荷下缺口件的疲劳寿命估算方法. 工程力学,2014(10): 216 - 221.

[150] 吴志荣,胡绪腾,宋迎东. 基于最大切应变幅和修正 SWT 参数的多轴疲劳寿命预测模型. 机械工程学报,2013,49(2): 59 - 66.

[151] 黄佳,杨晓光,石多奇,等. 基于临界距离-临界平面方法预测 DZ125 缺口低循环疲劳寿命. 机械工程学报,2013,49(22): 109 - 115.

[152] Liu X Y, Su T X, Zhang Y, et al. A multiaxial high-cycle fatigue life evaluation model for notched structural components. International Journal of Fatigue, 2015, 80: 443 - 448.

[153] 陈健,崔海涛,温卫东. 基于应力场强法的缺口构件疲劳寿命预测方法研究. 长春理工大学学报(自然科学版),2010,33(4): 87 - 91.

[154] 李玉春,姚卫星,温卫东. 应力场强法在多轴疲劳寿命估算中的应用. 机械强度,2002,24(2): 258 - 261.

第10章 振 动 疲 劳

工程结构在振动载荷环境下工作时,会因振动载荷作用而出现疲劳破坏,如飞机进气道、机翼、尾翼、燃油管道、航炮支架等结构。工程结构受到的振动载荷通常是一个随机过程,所以振动疲劳是结构在随机振动载荷作用下的疲劳失效问题。

本章主要介绍振动疲劳的定义、振动疲劳寿命分析理论、振动疲劳寿命分析方法、缺口件和连接件的振动疲劳寿命分析方法等内容。

10.1 振动疲劳的定义

1963 年 Crandall 提出了振动疲劳的概念[1],但是至今还没有一个被人们普遍接受的振动疲劳的定义。Crandall 从一般意义上将振动疲劳定义为"结构在振动载荷作用下产生的具有不可逆、累积性的损伤或破坏",这一定义借用了常规疲劳的定义,并没有涉及振动疲劳问题的动力学本质。

姚起杭等[2]从结构的动力学特性出发给出一个定义:振动疲劳是指结构所受动态交变载荷(冲击、振动、噪声载荷)的频率分布与结构固有频率分布具有交集或相接近,从而使结构产生共振所导致的疲劳破坏现象。可以看出姚起杭给出的是共振条件下的振动疲劳定义。

我们认为振动疲劳与常规疲劳在材料疲劳破坏机理上是完全相同的,疲劳裂纹的萌生和扩展过程是一致的,两者的不同仅在于外载荷与结构内部应力应变之间的关系:常规疲劳的外载荷与结构内部应力应变是依时间一一对应,而振动疲劳的外载荷与结构内部的应力应变并不一一对应,一次外载荷作用引起的结构内部应力应变的大小和次数不仅与外载荷的量值大小和作用时长有关,而且还与结构的动态特性有关,为此我们给出如下振动疲劳定义:结构在振动载荷作用下引起的结构内部交变应力应变使结构出现裂纹和失效破坏。

10.2 振动疲劳寿命分析

10.2.1 结构振动

振动是物体围绕平均位置往复运动的一种形式,根据运动的不同规律,振动可分为确定性振动和随机振动两大类,见图 10.1。

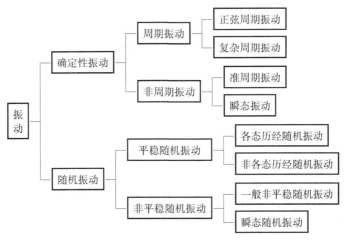

图 10.1 振动的分类

确定性振动的特点是其时间历程可以用一个以时间为自变量的确定性函数描述。确定性振动又分为周期振动和非周期振动。周期振动包括简谐振动和复杂周期振动,所谓复杂周期振动就是除简谐振动以外的周期振动。非周期振动包括准周期振动和瞬态振动。

随机振动的幅值和频率都是随机变化的,它的特性只能用统计参数描述。随机振动又分为平稳随机振动和非平稳随机振动。所谓平稳随机振动是指其统计特性不随时间而变化。非平稳随机振动则相反,统计特性随时间而变化。

10.2.2 振动疲劳寿命分析方法分类

结构疲劳寿命分析首先对结构进行响应分析,得到外载荷作用下的结构危险部位的响应,然后根据材料的疲劳性能曲线和疲劳累积损伤理论进行寿命估算。

在振动载荷作用下,通过结构动力学分析可以得到结构的应力应变响应。这一响应既可以用载荷-时间历程来表示,也可以用应力应变谱密度来表示,由此形成振动疲劳寿命分析的时域法和频域法,见图 10.2。

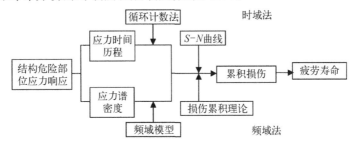

图 10.2 振动疲劳寿命分析方法分类

10.3　结构振动疲劳试验

为后续振动疲劳寿命分析方法验证的需要,本节集中介绍 4 个结构振动疲劳试验,其中椭圆孔板振动疲劳试验引用自文献,其余试验为本书作者课题组设计和完成的。

10.3.1　椭圆孔板

椭圆孔板振动疲劳试验摘自文献[3]。板材料为 LY12 - CZ,预制的椭圆孔边与固支边相切,椭圆孔短半轴为 1.5 mm,长半径轴为 2.4 mm,配重 G 为 2.25 kg,几何尺寸和边界条件见图 10.3,所加载的加速度功率谱见图 10.4。

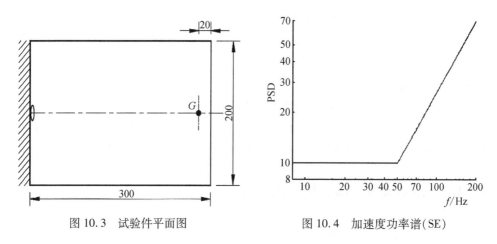

图 10.3　试验件平面图　　　　　　图 10.4　加速度功率谱(SE)

共完成了三个试验件的疲劳试验,疲劳寿命分别为 372 min、325 min 和 398 min。

10.3.2　半圆形槽缺口试验件

1. 试验件

试验件的材料为 LY12 - CZ 铝合金,取自厚度为 6 mm 的板材。试验件的形状和几何尺寸见图 10.5,试验件编号为 R -#,#代表试验件系列号。

2. 模态试验

采用锤击法进行模态试验。图 10.6 和表 10.1 给出了两件半圆形槽缺口件的

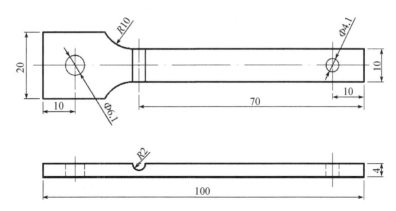

图 10.5　半圆形槽缺口件(R -#)

加速度响应幅-频特性曲线测量结果,取其平均值,1 阶固有频率为 53.1 Hz,2 阶固有频率为 255.3 Hz。

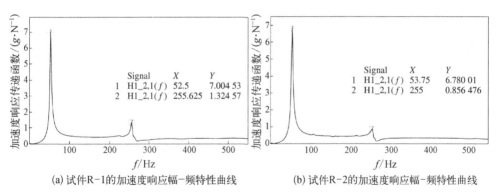

(a) 试件 R -1 的加速度响应幅-频特性曲线　　　　(b) 试件 R -2 的加速度响应幅-频特性曲线

图 10.6　半圆形槽缺口试验件模态试验结果

表 10.1　半圆形槽缺口试验件模态试验结果

试　验　件		试验件 R - 1	试验件 R - 2
固有频率/Hz	第一阶	52.5	53.8
	第二阶	255.6	255.0
模态阻尼比/%	第一阶 ζ_1	2.20	2.31
	第二阶 ζ_2	1.13	1.38

3. 振动疲劳试验载荷谱

半圆形槽缺口试验件共进行了两种疲劳载荷谱下的随机振动疲劳试验,两种疲劳载荷谱分别为谱 SR_I 和谱 SR_{II},见图 10.7。

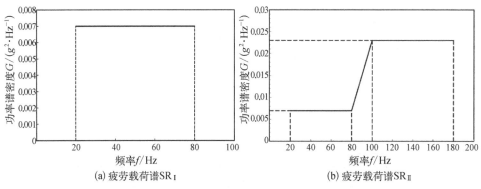

(a) 疲劳载荷谱SR$_I$　　　　　　　　　　　(b) 疲劳载荷谱SR$_{II}$

图 10.7　半圆形槽缺口试验件的振动疲劳试验载荷谱

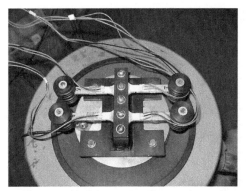

图 10.8　试验件安装

4. 振动疲劳试验

振动疲劳试验用的激振器为 ET - 127,传感器有 BE120 - 3AA 电阻应变计和压电式加速度传感器,信号放大设备为 PA - 141 线性功率放大器和 NI SCXI - 1000 型动态应变仪,试验件安装见图 10.8。

在疲劳载荷谱 SR$_I$ 和 SR$_{II}$ 下半圆形槽缺口试验件危险部位的响应应力谱由测量得到的应变历程计算得到,见图 10.9。在每种载荷谱下做了 4 个试验件,振动疲劳寿命列于表 10.2。

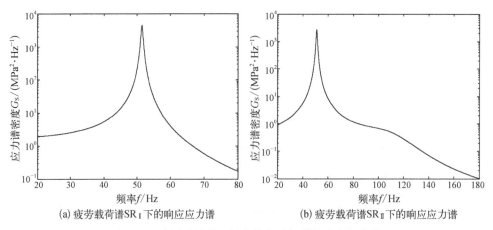

(a) 疲劳载荷谱SR$_I$下的响应应力谱　　　　　　(b) 疲劳载荷谱SR$_{II}$下的响应应力谱

图 10.9　半圆形槽缺口试验件危险部位的响应应力谱

表 10.2　半圆形槽缺口试验件的振动疲劳寿命试验结果

疲劳载荷谱	振动疲劳寿命/min	平均寿命/min
SR$_I$	163, 133, 233, 236	191.3
SR$_{II}$	155, 155, 185, 105	150.0

10.3.3　U 形槽缺口试验件

1. 试验件

试验件的材料为 LY12 - CZ 铝合金,取自厚度为 6 mm 的板材。试验件的形状和几何尺寸见图 10.10,试验件编号为 U -#,#代表试验件系列号。

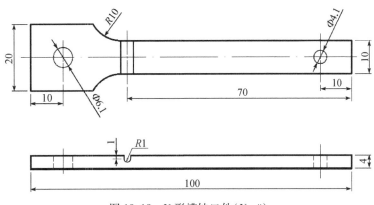

图 10.10　U 形槽缺口件(U -#)

2. 模态试验

采用锤击法进行模态试验。图 10.11 和表 10.3 给出了两件 U 形槽缺口件的

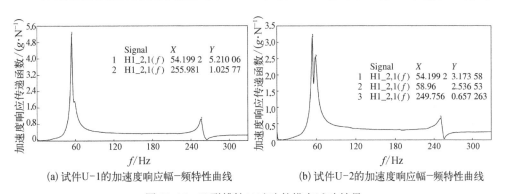

(a) 试件U-1的加速度响应幅-频特性曲线　　　　(b) 试件U-2的加速度响应幅-频特性曲线

图 10.11　U 形槽缺口试验件模态试验结果

加速度响应幅-频特性曲线测量结果,取其平均值,第一阶固有频率为 54.2 Hz,第二阶固有频率为 252.9 Hz。

表 10.3　U 形槽缺口试验件模态试验结果

试　　验　　件		试验件 U－1	试验件 U－2
固有频率/Hz	第一阶	54.2	54.2
	第二阶	256.0	249.8
模态阻尼比/%	第一阶 ζ_1	2.14	1.96
	第二阶 ζ_2	1.18	1.26

3. 振动疲劳试验载荷谱

U 形槽缺口试验件共进行了三种疲劳载荷谱下的随机振动疲劳试验,它们分别为谱 SU_I、谱 SU_{II} 和 SU_{III},见图 10.12。

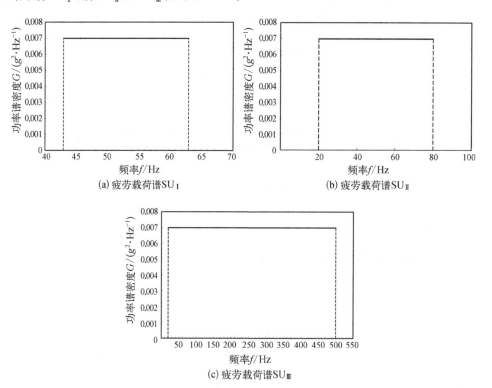

(a) 疲劳载荷谱SU_I　　　　　(b) 疲劳载荷谱SU_{II}

(c) 疲劳载荷谱SU_{III}

图 10.12　U 形槽缺口试验件的振动疲劳试验载荷谱

4. 振动疲劳试验

振动疲劳试验用的仪器设备和试验件安装与 10.3.2 节第 4 部分相同。

  在疲劳载荷谱 SU_I、SU_{II} 和 SU_{III} 下 U 形槽缺口试验件危险部位的响应应力谱由测量得到的应变历程计算得到,见图 10.13,振动疲劳寿命列于表 10.4。

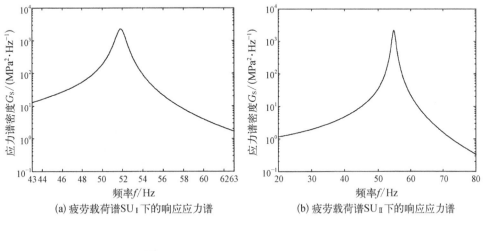

(a) 疲劳载荷谱SU_I下的响应应力谱   (b) 疲劳载荷谱SU_{II}下的响应应力谱

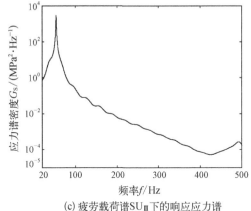

(c) 疲劳载荷谱SU_{III}下的响应应力谱

图 10.13 U 形槽缺口试验件危险部位的响应应力谱

表 10.4 U 形槽缺口试验件的振动疲劳寿命试验结果

疲劳载荷谱	振动疲劳寿命/min	平均寿命/min
SU_I	153, 180	166.5
SU_{II}	133, 122, 151, 129	133.8
SU_{III}	99, 102, 116, 107	106.0

10.3.4 连接件

1. 试验件

试验件为两块连接板通过螺栓连接,与夹具连接那块是厚度为 2.84 mm 的 304 不锈钢板材,另一块板是厚度为 4 mm 的 LY12‑CZ 铝合金板材,螺栓为 6 mm 标准螺栓,材料为 30CrMnSiA 合金钢,见图 10.14。试验件的编号为 L‑#,#为试验 件序号。

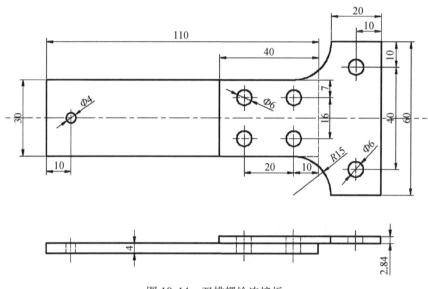

图 10.14 双排螺栓连接板

2. 模态分析试验

采用锤击法完成了双排螺栓连接件的模态试验,见图 10.15,第一阶固有频率 为 70.11 Hz,第二阶固有频率为 641.12 Hz。

3. 振动疲劳试验载荷谱

连接件共进行了两种疲劳载荷谱下的随机振动疲劳试验,它们分别为谱 SL_I 和 SL_{II},见图 10.16。

4. 振动疲劳试验

振动疲劳试验用的仪器设备和试验件安装与 10.3.2 节第 4 部分相同。振动 疲劳寿命列于表 10.5。

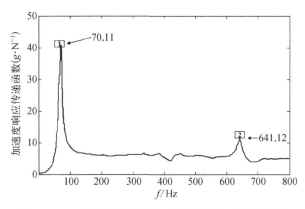

图 10.15 双排螺栓连接件加速度响应幅-频特性曲线

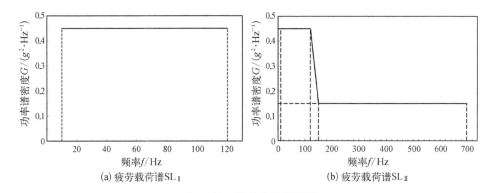

图 10.16 振动疲劳载荷谱

表 10.5 双排螺栓连接试验件的振动疲劳试验寿命结果

疲劳载荷谱	振动疲劳试验寿命/min	平均寿命/min
SL_I	182. 19,156. 41,197. 23,139. 51	168. 84
SL_{II}	137. 55,160. 02,116. 37,125. 13	134. 81

10.4 结构振动疲劳寿命估算的时域法

结构振动疲劳寿命分析的时域法首先对结构振动响应进行时域模拟,获得应力或应变响应的时间历程,采用循环计数法进行循环计数处理,然后根据材料的疲劳性能曲线和疲劳累积损伤理论进行疲劳寿命估算。

10.4.1 时域法

随机振动载荷通常用功率谱密度表示。将频域内的一个功率谱密度转变成时域内的信号,理论上是一个时间无限长的信号。通常工程结构既受到一般疲劳载荷的作用,同时又承受随机振动载荷。为了计算这两类载荷共同作用下的疲劳寿命,作者提出如下的分析模型[4],见图 10.17。

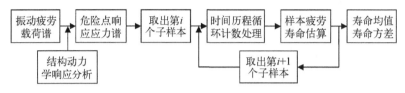

图 10.17　样本法疲劳寿命分析流程

对应于第 i 个子样本可以得到一个疲劳寿命 N_i,M 个子样本的疲劳寿命的均值 $\overline{N}$ 和方差 N_S 为

$$\overline{N} = \frac{1}{M}\sum_{i=1}^{M} N_i$$
$$N_\mathrm{S}^2 = \frac{1}{M-1}\sum_{i=1}^{M}(\overline{N}-N_i)^2 \tag{10.1}$$

10.4.2　随机过程时域模拟方法

时域模拟方法有三角级数法、参数模型法和逆傅里叶变换(IFFT)法等。

三角级数法也称为谐波叠加法,是一种成熟的时域模拟方法,适用于各种谱形随机过程的时域模拟,基本思想是采用以离散谱逼近目标随机过程[5]。

设一个随机过程的功率谱密度如图 10.18 所示,在频率轴上取 m 个点,f_1,f_2,…,f_i,…,f_m,每个点对应一个谱密度值 $G(f_i)$。根据三角级数法的思想,随机过程可以由无限个简谐振动的叠加近似。简谐振动的幅值由随机过程的均方根确定,振动频率取决于功率谱密度函数的频率点,简谐振动的初相位 φ_i 在 $(0, 2\pi]$ 内服从均匀分布。

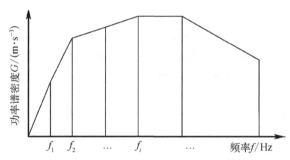

图 10.18　功率谱密度频域内非均匀采样

平稳随机过程的均方值由谱密度对应于频域内曲线下的面积确定,由此得出该频率范围内响应谱的均方应力幅值 a_i^2 为

$$a_i^2 = (f_{i+1} - f_i)(G(f_i) + G(f_{i+1})), \quad i = 2,3,\cdots,m-1 \tag{10.2}$$

简谐振动的频率 ω_i 由下式确定:

$$\omega_i = \pi(f_i + f_{i+1}), \quad i = 2,3,\cdots,m-1 \tag{10.3}$$

通过改进的三角级数法得到真实随机过程的一个子样本

$$x^{\mathrm{d}}(t) = \sum_{i=1}^{m} \sqrt{2(f_{i+1} - f_i)(G(f_i) + G(f_{i+1}))} \cos(\pi(f_i + f_{i+1})t + \varphi_i) \tag{10.4}$$

为了显示由简谐振动叠加得到随机振动的过程,取 $m=5$,如图 10.19 所示。在工程计算中 m 值取决于谱密度的频率范围和抽样频率,应该远大于 5。

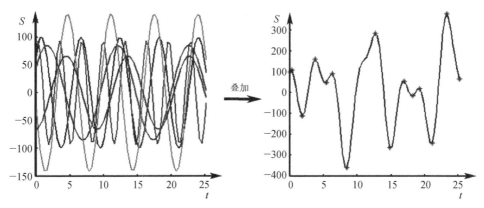

图 10.19 由 m 个简谐分量叠加得到的一个子样本($m=5$)

对图 10.19 所示的子样本进行雨流处理,滤掉对于结构疲劳损伤影响很小的载荷值循环,得到可用于疲劳寿命分析的载荷-时间历程,如图 10.20 所示,这是随机振动信号的一个子样本。

10.4.3 算例

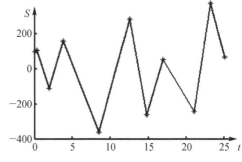

图 10.20 经过计数处理的一个子样本

采用时域法对 10.3 节给出的椭圆孔试验件、半圆槽缺口试验件和 U 形槽缺口试验件进行了振动寿命分析,抽取 50 个振动载荷子样,分析结果和试验结果列于表 10.6。

表 10.6　振动疲劳寿命分析结果与试验结果对比

试 验 件	载荷谱	试验结果/min		计算结果/min		均值寿命 相对误差/%
		均 值	标准差	均 值	标准差	
椭圆孔试验件	SE	365.0	37.0	355.2	15.3	−2.68
半圆槽缺口试验件	SR$_I$	191.3	51.0	135.8	11.0	−27.4
	SR$_{II}$	150.0	33.2	132.4	7.3	−11.7
U 形槽缺口试验件	SU$_I$	166.5	19.1	67.3	4.7	−59.6
	SU$_{II}$	133.8	12.4	61.9	5.8	−53.8
	SU$_{III}$	106.0	7.4	60.0	3.3	−43.4

表 10.6 的结果表明,振动疲劳寿命分析的结果普遍小于试验结果,主要原因是此处没有考虑缺口效应,采用危险点的最大应力进行疲劳寿命估算。

振动疲劳寿命估算的时域法与一般循环疲劳寿命估算方法的思想最为接近,但是由于随机过程的时域模拟的计算量非常大,在工程计算中很难应用,所以目前对振动疲劳寿命估算时域法的研究很少。

10.5　结构振动疲劳寿命分析的频域法

结构振动疲劳寿命分析的频域法采用应力或应变响应谱参数表达响应的幅值信息,结合材料的疲劳寿命曲线和疲劳累积损伤理论进行寿命估算。频域法具有思路简单和计算量小等特点,受到学术界和工程界的重视。

10.5.1　功率谱密度

相关函数可用来描述平稳随机过程随时间变化的特性(即时域特性),功率谱密度(PSD)用来描述平稳随机过程随频率变化的特性(即频域特性),PSD 表征了随机过程的平均能量随频率分布。

对于一个平稳随机过程而言,其功率谱密度函数 $S_X(\omega)$ 和其自相关函数 $R_X(\tau)$ 恰好构成一傅里叶变换对,

$$S_X(\omega) = \frac{1}{2\pi} \int_{-\infty}^{+\infty} R_X(\tau) e^{-i\omega\tau} d\tau$$

$$R_X(\tau) = \int_{-\infty}^{+\infty} S_X(\omega) e^{i\omega\tau} d\omega$$

(10.5)

功率谱密度函数 $S_X(\omega)$ 是关于频率 ω 的非负函数,也是实的偶函数。引入双

边谱密度 $G_X(\omega)$,将负频率的功率谱密度折算到正频率段,可以得到

$$G(\omega) = \begin{cases} 2S_X(\omega), & \omega \geqslant 0 \\ 0, & \omega < 0 \end{cases} \tag{10.6}$$

统计矩可用来描述随机过程概率密度分布函数(PDF)的数字特征,谱矩可用来描述平稳随机过程功率谱密度的数字特征。平稳过程 $X(t)$ 的 i 阶谱矩 m_i 的表达式为

$$m_i = \int_0^\infty \omega^i G_X(\omega) \mathrm{d}\omega \tag{10.7}$$

随机过程以及其导出过程(随机过程对时间进行一阶、二阶求导)和谱矩的关系如下:

$$m_0 = \sigma_X^2 = E[X^2(t)]$$
$$m_2 = \sigma_{\dot{X}}^2 = E[\dot{X}^2(t)] \tag{10.8}$$
$$m_4 = \sigma_{\ddot{X}}^2 = E[\ddot{X}^2(t)]$$

用谱矩 m_i 来定义功率谱密度函数的重心频率和回转半径

$$\omega_1 = \frac{m_1}{m_0} = \frac{\displaystyle\int_0^\infty \omega G_X(\omega) \mathrm{d}\omega}{\displaystyle\int_0^\infty G_X(\omega) \mathrm{d}\omega}$$

$$\omega_2 = \sqrt{\frac{m_2}{m_0}} = \sqrt{\frac{\displaystyle\int_0^\infty \omega^2 G_X(\omega) \mathrm{d}\omega}{\displaystyle\int_0^\infty G_X(\omega) \mathrm{d}\omega}} \tag{10.9}$$

式中,ω_1 是 $G_X(\omega)$ 所围面积的重心频率,简称为 $G_X(\omega)$ 的重心频率。同样,ω_2 是 $G_X(\omega)$ 所围面积关于纵轴(功率谱密度)的回转半径,简称为 $G_X(\omega)$ 的回转半径。

平稳随机过程根据其功率谱密度形状的不同,可以分为窄带平稳随机过程和宽带平稳随机过程。窄带平稳随机过程的谱密度主要分布在重心频率 ω_1 附近的狭窄频率范围内,功率谱密度具有尖峰性,其接近于简谐振动形式。宽带随机过程的功率谱密度较为平坦,分布在较宽的频段范围内,具有很大的随机性,见图 10.21。

随机过程的基本参数有带宽系数 ε、不规则因子 γ、峰值期望率以及均值正穿

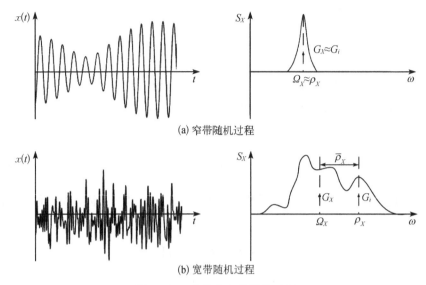

图 10.21　窄带和宽带随机过程

越期望率等。这些基本参数都可以用其功率谱密度来表示。带宽系数 ε 和不规则因子 γ 定义为

$$\varepsilon = \sqrt{1 - \frac{m_1^2}{m_0 m_2}} = \sqrt{1 - \gamma^2} \qquad (10.10)$$

$$\begin{cases} \gamma_i = \dfrac{m_i}{\sqrt{m_0 m_{2i}}} \\[3mm] \gamma = \gamma_2 = \dfrac{m_2}{\sqrt{m_0 m_4}} = \sqrt{1 - \varepsilon^2} \end{cases} \qquad (10.11)$$

对于一个高斯平稳过程,其单位时间峰值数 ν_{p} 和单位时间水平正穿越均值期望数 ν^+ 为

$$\nu_{\mathrm{p}} = \frac{1}{2\pi} \sqrt{\frac{m_4}{m_2}},$$

$$\nu^+ = \frac{1}{2\pi} \sqrt{\frac{m_2}{m_0}} \qquad (10.12)$$

当 $\gamma \to 1$ 时,随机过程是规则的(类似正弦波),单位时间内正穿越期望数和峰值数是相等的。窄带过程相当于有规则的波形。当 $\gamma \to 0$ 时,随机过程是不规则

的,此时对应的是宽带随机过程。当 $\gamma=0$,其对应的随机过程就是一个白噪声过程。带宽系数 ε 的取值范围是 $0\leqslant\varepsilon\leqslant1$。当带宽系数 ε 值接近 0 时,对应的是窄带随机过程;当 ε 值接近 1 时,对应的是宽带随机过程。在工程实际中,如果 $\varepsilon<0.3$,此类问题都可以近似看作窄带随机过程[6]。

10.5.2 寿命分析基本理论

根据 Miner 线性累积损伤理论,结构在变幅载荷作用下的疲劳损伤为

$$D=\sum D_i=\sum\frac{n_i}{N_i} \tag{10.13}$$

式中,n_i 表示第 i 级应力水平 S_i 下的载荷循环数;N_i 表示应力水平为 S_i 时对应的结构疲劳寿命,也可记为 $N(S_i)$。对于连续分布的应力状态,应力范围 $(S_i, S_i+\Delta S_i)$ 内的应力循环次数为

$$n_i=\nu Tp(S_i)\Delta S_i \tag{10.14}$$

式中,ν 表示单位时间内的应力循环次数;T 是应力区间 $(S_i, S_i+\Delta S_i)$ 对应的时间;$p(S_i)$ 表示应力幅值概率密度函数,即应力水平为 S_i 的载荷出现的概率。

将式(10.14)代入式(10.13)可以得到

$$D=\nu T\sum\frac{p(S_i)\Delta S_i}{N_i} \tag{10.15}$$

对于连续分布应力的情况,其疲劳损伤可写为

$$D=\nu T\int_{S_{ae}}^{\infty}\frac{p(S)}{N(S)}dS \tag{10.16}$$

式中,$N(S)$ 表示应力水平 S 对应的材料疲劳寿命;S_{ae} 为材料理论疲劳极限。这里选用 S_{ae} 作为积分下限是因为小于材料理论疲劳极限 S_{ae} 的载荷通常被认为不产生疲劳损伤。

当疲劳损伤 $D=D_{CR}=1$ 时结构发生疲劳破坏,结构疲劳寿命 T 为

$$T=\frac{1}{\nu\int_{S_{ae}}^{\infty}\frac{p(S)}{N(S)}dS} \tag{10.17}$$

由于真实结构在随机振动时频率是不断变化的,所以式中单位时间内应力循环次数 ν 实际上是一个随机变量。

10.5.3　频域法疲劳寿命分析流程

振动疲劳寿命分析的频域法的流程见图10.22。

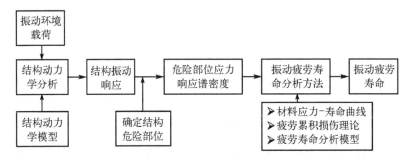

图 10.22　振动疲劳寿命分析的频域法流程

振动疲劳寿命分析的频域法通过有限元分析获得结构疲劳危险部位的应力功率谱密度,然后采用上节理论进行疲劳寿命分析,与传统疲劳寿命分析不同的主要是应力幅值分布函数 $p(S)$ 的计算。

10.5.4　应力幅值的概率密度函数 $p(S)$

应力幅值分布函数 $p(S)$ 给出了应力响应随机过程的幅值分布,文献中有很多幅值分布函数模型[6]。应力随机过程特征不同,所采用的 $p(S)$ 模型也不同。

1. 窄带信号

理想窄带应力随机过程的幅值分布可用瑞利(Rayleigh)分布来近似

$$p(S) = \frac{S}{\sigma^2}\exp\left(-\frac{S^2}{2\sigma^2}\right) \tag{10.18}$$

式中,S 为应力幅值;σ 为应力均方根。

2. 宽带信号

宽带随机过程的幅值分布有很多模型,下面介绍其中3个模型。

1) Rice 模型

1944 年,Rice 提出了零均值宽带高斯随机振动应力响应峰值概率密度函数的

近似表达式,

$$p(S) = \frac{1}{(2\pi)^{1/2}\sigma}(1-\gamma^2)^{1/2}\exp[-S^2(2\sigma^2(1-\gamma^2))^{-1}]$$
$$+ \frac{S}{2\sigma^2\gamma}\left[1 + \mathrm{erf}\left(\frac{S}{\sigma(2\gamma^{-2}-2)^{1/2}}\right)\right]\exp\left(-\frac{S^2}{2\sigma^2}\right) \qquad (10.19)$$

式中,S 为应力峰值;γ 为不规则因子;σ 为应力均方根;$\mathrm{erf}(x)$ 是误差函数,其表达式为

$$\mathrm{erf}(x) = \frac{2}{\sqrt{\pi}}\int_0^x \exp(-t^2)\,\mathrm{d}t \qquad (10.20)$$

2) Dirlik 模型

1985 年,Dirlik 通过对 70 种不同形状的功率谱密度函数进行了蒙特卡罗时域模拟,指出用一个指数分布和两个瑞利分布能够很好地描述应力幅值概率密度函数。Dirlik 模型与实际情况吻合较好,应用十分广泛,该模型表达式为

$$p(S) = \frac{\dfrac{D_1}{Q}\mathrm{e}^{\frac{-z}{Q}} + \dfrac{D_2 Z}{R^2}\mathrm{e}^{\frac{-z^2}{2R^2}} + D_3 Z\mathrm{e}^{\frac{-z^2}{2}}}{2\sqrt{m_0}} \qquad (10.21)$$

式中

$$D_1 = \frac{2(\chi_m - \gamma^2)}{1+\gamma^2}, \qquad D_2 = \frac{1-\gamma-D_1+D_1^2}{1-R}, \qquad D_3 = 1 - D_1 - D_2$$

$$Z = \frac{S}{2\sqrt{m_0}}, \qquad Q = \frac{1.25(\gamma - D_3 - D_2 R)}{D_1}, \qquad D_1 = \frac{\gamma - \chi_m - D_1^2}{1-\gamma - D_1 + D_1^2}$$

$$\gamma = \frac{m_2}{\sqrt{m_0 m_4}}, \qquad \chi_m = \frac{m_1}{m_0}\sqrt{\frac{m_2}{m_4}}$$

$$(10.22)$$

3) 我们的模型

我们研究了限带白噪声、单峰谱、双峰谱以及一般宽带随机过程的雨流幅值分布,并结合随机振动疲劳试验提出了相应的应力幅值概率密度函数[7-9]。

对于一般宽带随机过程,作者认为可以由斜谱和平直谱组成。考虑到斜谱和平直谱随机过程的雨流幅值分布均为双参数 Weibull 分布,所以可以假设一般宽带

随机过程的应力幅值分布模型由 n 个双参数 Weibull 分布组成。

　　虽然采用无限多个 Weibull 分布的加权组合可以更加精确地描述随机过程的应力幅值分布,但是其参数的计算极其复杂。通过对随机过程雨流幅值的统计分析可知,用如下的三个 Weibull 分布的加权组合描述一般宽带随机过程的应力幅值分布即可得到较好的效果,足够适用于疲劳寿命估算。

$$p(S) = \sum_{i=1}^{3} w_i \alpha_i \beta_i^{-\alpha_i} S^{\alpha_i - 1} \exp(-(S/\beta_i)^{\alpha_i}) \tag{10.23}$$

式中各参数取值采用如下经验表达式:

$$w_1 = \frac{2\sqrt{2}\gamma_2(\gamma_1 - \gamma_2)}{1 + \gamma_2^2}, \qquad \alpha_1 = 2 - \varepsilon, \qquad \beta_1 = \frac{\sqrt{2}\sigma(\gamma_1 - \gamma_2)}{(\gamma_1 + \gamma_2)}$$

$$w_2 = \frac{\gamma_2(1 - \gamma_2 - w_1 + w_1^2)}{1 - 2\gamma_2 + \gamma_1\gamma_2}, \qquad \alpha_2 = 2, \qquad \beta_2 = \frac{\sqrt{2}\sigma\gamma_2(1 - \gamma_1)}{1 - \gamma_2}$$

$$w_3 = 1 - w_1 - w_2, \qquad \alpha_3 = 2, \qquad \beta_3 = \sqrt{2}\sigma$$

$$\tag{10.24}$$

10.5.5　算例分析

　　采用频域法对 10.3 节给出的椭圆孔试验件、半圆槽缺口试验件和 U 形槽缺口试验件进行了振动寿命分析,分析结果和试验结果列于表 10.7。

表 10.7　振动疲劳寿命分析结果与试验结果对比

试 验 件	载荷谱	试验寿命均值/min	式(10.21)计算寿命		式(10.23)计算寿命	
			均值/min	误差因子	均值/min	误差因子
椭圆孔试验件	SE	365.0	522.2	1.43	259.3	1.41
半圆槽缺口试验件	SR$_{\text{I}}$	191.3	725.9	3.79	99.5	1.92
	SR$_{\text{II}}$	150.0	612.7	4.08	96.9	1.55
U 形槽缺口试验件	SU$_{\text{I}}$	166.5	49.4	3.37	69.4	2.40
	SU$_{\text{II}}$	133.8	39.1	3.42	55.1	2.43
	SU$_{\text{III}}$	106.0	37.7	2.81	50.0	2.12

　　表 10.7 的结果表明,振动疲劳寿命频域分析结果在 4 倍试验结果之内。

10.6　缺口件的振动疲劳寿命分析

10.6.1　动力学下的应力集中系数

1. 动力学的理论应力集中系数

缺口件静载下的理论应力集中系数 K_T 表示为

$$K_T = \frac{\text{最大局部弹性应力 } \sigma_{max}}{\text{名义应力 } \sigma_0} \tag{10.25}$$

在振动激励下,应力响应的功率谱密度正比于应力幅值的平方,表征了结构动力学响应的能量,因此可以用应力功率谱密度定义动力学理论应力集中系数 K_d,用作描述缺口件在动载荷激励下缺口根部的应力集中程度[10],其表达式为

$$K_d = \sqrt{\frac{\text{局部应力响应 PSD 最大值}}{\text{名义应力响应 PSD 最大值}}} \tag{10.26}$$

式中,PSD 为功率谱密度,局部应力响应 PSD 最大值指的是缺口件危险点在整个频带内的应力响应功率谱密度峰值;名义应力响应 PSD 最大值是完整件上和危险点位置相同点处的应力响应功率谱密度峰值。这里的完整件是指与缺口件材料、外形相同,只是填满缺口后的构件。

结构应力响应的功率谱密度峰值不仅与其动力学特性有关,还与其共振频率点(主要是一阶共振点)处激励谱密度的值有关。完整件和缺口件由于质量分布的不同,其结构共振频率也存在差异。因此在相同的激励谱下,它们在一阶共振频率点处的激励谱密度的值可能是不同的。为了考察完整件和缺口件在相同激励下的应力响应 PSD 的不同,可以进一步定义动力学理论应力集中系数的基准值 K_{d0},

$$K_{d0} = \sqrt{\frac{\text{限带白噪声激励下局部应力响应 PSD 最大值}}{\text{限带白噪声激励下名义应力响应 PSD 最大值}}} \tag{10.27}$$

结构响应谱在共振频率点处出现峰值,在一阶共振频率点处的响应谱密度和其他频率点处的响应相差很大。传递函数是连接动力学的激励和响应的桥梁,若同一结构激励谱密度的带宽和形式不变,只是数值成比例地增大或者减小,则其响应的功率谱密度也只会成比例地变化。也就是说,动力学理论应力集中系数 K_d 与动力学理论应力集中系数的基准值 K_{d0} 之间存在如下关系:

$$K_d = K_{d0}\sqrt{\frac{\text{缺口件一阶共振频率点处的激励谱密度}}{\text{完整件一阶共振频率点处的激励谱密度}}} \tag{10.28}$$

2. 动力学的均方应力集中系数

动力学理论应力集中系数 K_d 通常用来描述应力响应峰值的集中程度,然而疲劳问题要考虑一段时间内的载荷激励以及疲劳损伤的累积。考虑到应力均方根可以反映整个频段上的应力响应谱分布特征,因此进一步定义均方应力集中系数 K_{RMS}

$$K_{RMS} = \frac{危险点处应力均方根值\ RMS_{max}}{完整件对应点处名义应力均方根值\ RMS_0} \qquad (10.29)$$

定义 K_{RMS0} 为动力学均方应力集中系数的基准值,用于表示缺口件和完整件在相同限带白噪声激励下缺口件危险应力均方根和名义应力均方根的比值

$$K_{RMS0} = \frac{限带白噪声激励下危险点处应力均方根值\ RMS_{max}}{相同限带白噪声激励下完整件对应点处名义应力均方根值\ RMS_0}$$
$$(10.30)$$

而动力学均方应力集中系数 K_{RMS0} 和静力理论应力集中系数 K_T 存在以下的关系:

$$K_{RMS0} = K_T \sqrt{\frac{f_{1N}}{f_1}} \qquad (10.31)$$

式中,f_{1N} 为缺口件的一阶共振频率;f_1 为完整件的一阶共振频率。

此外,与动力学理论应力集中系数 K_d 类似,动力学的均方应力集中系数 K_{RMS} 和其基准值 K_{RMS0} 存在如下关系:

$$K_{RMS} = K_{RMS0} \sqrt{\frac{缺口件一阶共振频率点处的激励谱密度}{完整件一阶共振频率点处的激励谱密度}} \qquad (10.32)$$

缺口根部存在应力梯度,低应力区域对高应力区有支撑效应。为了描述缺口件的疲劳特性,研究者们提出了疲劳缺口系数 K_f 用于描述缺口效应,在振动疲劳寿命分析中用 K_{RMS} 代替 K_T 计算 K_f。

在振动载荷作用下,缺口件的疲劳寿命分析可以按照局部应力分析法和名义应力分析法两种思路进行。

10.6.2 局部应力分析法

局部应力分析法直接对缺口件进行结构动力学分析,求出缺口件疲劳危险点的应力响应功率谱密度函数,然后对其做缺口效应修正,最后计算疲劳寿命,其流程见图 10.23。

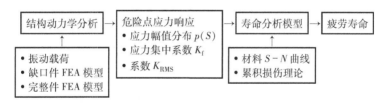

图 10.23　缺口件振动疲劳寿命分析的局部应力法

（1）根据缺口件的形式确定其理论应力集中系数 K_T，结合缺口件和完整件的一阶共振频率以及激励谱密度求得均方应力集中系数 K_{RMS}。

（2）根据缺口形式的不同，采用相应的公式计算其疲劳缺口系数 K_f，见式（4.7）和表 4.4，注意式中的 K_T 由 K_{RMS} 代替。

（3）对缺口件进行动力学分析，提取疲劳危险点的应力响应功率谱密度。

（4）通过危险点的应力响应功率谱密度求得危险点的应力幅值概率密度函数 $p(S)$ 以及单位时间内应力循环次数 ν。

（5）根据 Miner 线性累积损伤理论和材料全寿命 $S-N$ 曲线，按下式计算缺口件的振动疲劳寿命 T，

$$T = \frac{1}{\nu \int_{S_{ae}K_{RMS}/K_f}^{\infty} \frac{p(S)}{N(SK_f/K_{RMS})}\mathrm{d}S} \qquad (10.33)$$

对于 10.3 节给出试验结果，用局部应力法进行振动疲劳寿命的分析。首先计算缺口件的应力集中系数，得到 U 形槽试件的 $K_f=4.15$，圆形槽试件的 $K_f=4.20$，椭圆形孔缺口件 $K_f=1.54$；然后进行振动疲劳寿命分析，分析结果见表 10.8。可以看到，通过缺口效应修正，振动疲劳寿命计算结果令人满意。

表 10.8　局部应力法振动疲劳寿命分析结果与试验结果对比

试 验 件	载荷谱	试验寿命均值/min	K_f	K_{RMS}	计算寿命均值/min	相对误差/%
椭圆孔试验件	SE	365.0	1.54	2.44	310.77	14.86
半圆槽缺口试验件	SR$_I$	191.3	4.20	4.52	193.72	1.27
	SR$_{II}$	150.0			160.12	6.75
U 形槽缺口试验件	SU$_{II}$	133.8	4.15	5.40	200.26	49.67
	SU$_{III}$	106.0			161.57	52.42

10.6.3　名义应力分析法

名义应力法主要分析缺口件对应的完整件的动力响应，求出疲劳危险点处的振动疲劳缺口疲劳系数 K_f，然后进行疲劳寿命分析，其流程见图 10.24。

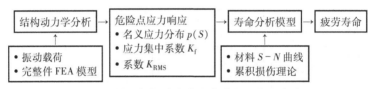

图 10.24　缺口件振动疲劳寿命分析的名义应力法

（1）根据缺口件的形式确定其理论应力集中系数 K_T，结合缺口件和完整件的一阶共振频率以及激励谱密度求得均方应力集中系数 K_{RMS}。

（2）根据缺口的形式，计算其疲劳缺口系数 K_f。

（3）对完整件进行动力学分析，提取名义应力响应功率谱密度。

（4）由完整件应力响应功率谱密度求得应力幅值概率密度函数 $p(S)$ 以及单位时间的应力循环次数 ν。

（5）由 Miner 线性累积损伤理论和材料全寿命 $S-N$ 曲线，按下式计算缺口件的振动疲劳寿命：

$$T = \cfrac{1}{\nu \displaystyle\int_{S_{ae}/K_f}^{\infty} \cfrac{p(S)}{N(SK_f)} \mathrm{d}S} \qquad (10.34)$$

对于 10.3 节给出试验结果，用局部应力法进行振动疲劳寿命的分析。首先计算缺口件的应力集中系数，然后进行振动疲劳寿命分析，分析结果见表 10.9。振动疲劳寿命分析结果与局部应力法结果相当。

表 10.9　名义应力法振动疲劳寿命分析结果与试验结果对比

试　验　件	载荷谱	试验寿命均值/min	K_f	K_{RMS}	计算寿命均值/min	相对误差/%
椭圆孔试验件	SE	365.0	1.54	2.44	324.59	11.07
半圆槽缺口试验件	SR$_I$	191.3	4.20	4.52	194.16	1.50
	SR$_{II}$	150.0			116.65	22.23
U 形槽缺口试验件	SU$_{II}$	133.8	4.15	5.40	204.05	52.50
	SU$_{III}$	106.0			129.74	22.40

10.7　连接件的振动疲劳寿命分析

10.7.1　动力学下的应力严重系数 SSF

1. 动力学的应力严重系数 SSF_d

在进行连接件疲劳寿命分析时，应力集中系数应该用应力严重系数 SSF 来代替(具体见第 6 章)。

由于连接件在振动激励和一般疲劳载荷下的破坏机理相同,因此可以认为在一般疲劳载荷和振动载荷作用下孔表面质量状况和紧固件的充填作用是相同的。参考式(10.26)定义动力学应力严重系数 SSF_d,

$$SSF_d = \alpha\beta\sqrt{\frac{连接件危险点处应力响应 PSD 最大值}{名义响应 PSD 最大值}} \tag{10.35}$$

式中,名义响应 PSD 最大值指完整件上危险点处的应力响应功率谱密度在整个频带内的最大值;α、β 分别是孔表面质量系数和孔充填系数,其取值见表 6.16 和表 6.17。

可以进一步定义动力学应力严重系数基准值 SSF_{d0},

$$SSF_{d0} = \alpha\beta\sqrt{\frac{限带白噪声激励下连接件局部应力响应 PSD 最大值}{限带白噪声激励下名义应力响应 PSD 最大值}} \tag{10.36}$$

而动力学应力严重系数 SSF_d 和动力学应力严重系数基准值 SSF_{d0} 存在如下关系:

$$SSF_d = SSF_{d0}\sqrt{\frac{连接件一阶共振频率点处的激励谱密度}{完整件一阶共振频率点处的激励谱密度}} \tag{10.37}$$

2. 动力学的均方应力严重系数 SSF_{RMS}

同样地可定义均方应力严重系数 SSF_{RMS},

$$SSF_{RMS} = \alpha\beta\frac{连接件危险点处应力均方根值 RMS_{max}}{完整件对应点处名义应力均方根值 RMS_0} \tag{10.38}$$

类似地,这里也给出均方应力严重系数的基准值 SSF_{RMS0},

$$SSF_{RMS0} = \alpha\beta\frac{限带白噪声激励下连接件危险点处应力均方根值 RMS_{max}}{相同限带白噪声激励下完整件对应点处名义应力均方根值 RMS_0} \tag{10.39}$$

其与均方应力严重系数 SSF_{RMS} 的关系如下:

$$SSF_{RMS} = SSF_{RMS0}\sqrt{\frac{连接件一阶共振频率点处的激励谱密度}{完整件一阶共振频率点处的激励谱密度}} \tag{10.40}$$

10.7.2　连接件的振动疲劳寿命分析步骤

连接件的振动疲劳寿命分析[11]步骤见图 10.25。

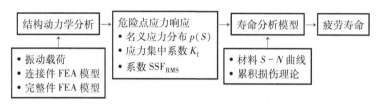

图 10.25　连接件振动疲劳寿命分析流程

（1）建立连接件和完整件的有限元模型,进行动力学分析,计算均方应力严重系数 SSF_{RMS}。

（2）由均方应力严重系数 SSF_{RMS} 计算连接件危险点的疲劳缺口系数 K_f。

（3）对连接件进行动力学分析,提取危险点的应力响应功率谱密度。

（4）通过危险点的应力响应功率谱密度求得危险点的应力幅值概率密度函数 $p(S)$ 以及单位时间内应力循环次数 ν。

（5）根据 Miner 线性累积损伤理论和材料 $S-N$ 曲线,按下式计算缺口件的振动疲劳寿命:

$$T = \cfrac{1}{\nu \displaystyle\int_{S_{ac}SSF_{RMS}/K_f}^{\infty} \cfrac{p(S)}{N(SK_f/SSF_{RMS})} dS} \tag{10.41}$$

10.7.3　算例

对 10.3.4 节的连接件进行振动疲劳寿命分析,所有试验件均为不锈钢接头发生振动疲劳破坏。

1）均方应力严重系数

试验件在加工时,螺栓孔为钻孔,螺栓与孔为过渡配合,因此孔表面质量系数 $\alpha=1.1$,孔充填系数 $\beta=1.0$。计算得到均方应力严重系数 $SSF_{RMS}=3.55$。

2）疲劳缺口系数 K_f

按 Peterson 公式计算螺栓孔根部危险点的疲劳缺口系数 K_f,

$$K_f = 1 + \cfrac{SSF_{RMS}-1}{1+a/\rho} \tag{10.42}$$

式中, a 为材料常数, 对于 304 不锈钢取 0.254 mm; ρ 为连接件孔的半径; SSF_{RMS} 为连接件的均方应力严重系数。经计算, 疲劳缺口系数 $K_f = 3.39$。

3) 材料 $S - N$ 曲线

采用三参数 Weibull 公式 $N_f = S_f (S - S_{ae})^b$ 表示材料的 $S - N$ 曲线, 对于 304 不锈钢, $S_f = 2.24 \times 10^9$ MPa, $S_{ae} = 159$ MPa, $b = -2$。

4) 应力幅值的概率密度函数

使用作者提出的式(10.23)计算应力幅值分布密度函数, 相关参数列于表 10.10。

表 10.10　应力幅值分布密度函数相关参数计算结果

参　　数	谱 SL_I	谱 SL_{II}
m_0	1.62×10^4	1.24×10^4
m_1	1.08×10^6	9.44×10^5
m_2	7.32×10^7	7.32×10^7
m_3	3.50×10^{11}	4.56×10^{11}
σ	127.32	111.40
γ_1	0.990	0.990
γ_2	0.972	0.972
ε	0.14	0.14
α_1	1.86	1.86
α_2	2	2
α_3	2	2
β_1	1.59	1.44
β_2	67.70	55.00
β_3	180.03	157.52
w_1	2.45×10^{-2}	2.54×10^{-2}
w_2	0.214	0.152
w_3	0.762	0.822

5) 疲劳寿命结果

按式(10.41)进行振动疲劳寿命估算, 计算结果见表 10.11。可以看到, 本章提出的连接件振动疲劳寿命分析方法能够很好地预测连接件的振动疲劳寿命。

表 10.11　寿命计算结果

激 励 谱	试验寿命/min	计算寿命/min	误差/%
SL_1	168.84	203.04	20.25
SL_2	134.81	161.60	19.87

参 考 文 献

[1]　Crandall S H. Zero crossings, peaks, and other statistical measures of random responses.

Journal of the Acoustical Society of America, 1963, 34(12): 1693 – 1699.

[2] 姚起杭,姚军. 工程结构的振动疲劳问题. 应用力学学报,2006,23(1): 12 – 15.

[3] 安刚,龚鑫茂. 随机振动环境下结构的疲劳失效分析. 机械科学与技术,2000,19(s): 40 – 42.

[4] 王明珠,姚卫星,孙伟. 结构随机振动疲劳寿命估算的样本法. 中国机械工程,2008,19(8): 792 – 795.

[5] Figwer J. A new method of random time-series simulation. 1997, 5(3): 217 – 234.

[6] 李杰,陈建兵. 随机振动理论与应用新进展. 上海:同济大学出版社,2009.

[7] 王明珠. 结构振动疲劳寿命分析方法研究. 南京:南京航空航天大学,2009.

[8] 王明珠,姚卫星. 限带白噪声过程雨流幅值分布. 航空学报,2009,30(6): 1007 – 1011.

[9] 王明珠,姚卫星. 双峰应力谱密度雨流幅值分布. 航空学报,2009,30(9): 1666 – 1671.

[10] 李德勇,姚卫星. 缺口件振动疲劳寿命分析的名义应力法. 航空学报,2011,32(11): 2036 – 2041.

[11] 崔泗鹏,姚卫星,夏天翔. 连接件振动疲劳寿命分析的名义应力法. 中国机械工程,2014, 25(18): 2519 – 2522.